计算机应用基础任务驱动教程

（Windows 10＋Office 2016）

主　编　吴俊强
副主编　王明芳　张卓云　史志英

东南大学出版社
·南京·

内 容 提 要

本书紧跟计算机应用主流技术和全国计算机等级考试一级 MS Office 应用考试大纲，突出"理论必需，应用为主"重构课程教学内容，基于任务驱动编写，介绍目前流行的 Windows 10 操作系统和 Office 2016 办公软件的操作方法和技巧，包括计算机基础知识、Windows 10 操作系统、Word 2016 文字处理、Excel 2016 电子表格、PowerPoint 2016 演示文稿、Internet 应用六个单元。

本书可作为高等院校计算机应用公共基础课教材，也可作为各类计算机基础知识和应用能力考试的培训教材，或作为计算机初学者的入门参考书。

图书在版编目（CIP）数据

计算机应用基础任务驱动教程：Windows 10 ＋
Office 2016 / 吴俊强主编. —南京：东南大学出版社，
2023.9（2024.7 重印）
　ISBN 978-7-5766-0632-4

　Ⅰ.①计… Ⅱ.①吴… Ⅲ.①电子计算机—高等职业
教育—教材 Ⅳ.①TP3

　中国版本图书馆 CIP 数据核字（2022）第 248886 号

责任编辑：戴坚敏　　责任校对：子雪莲　　封面设计：顾晓阳　　责任印制：周荣虎

计算机应用基础任务驱动教程（Windows 10 ＋ Office 2016）
Jisuanji Yingyong Jichu Renwu Qudong Jiaocheng（Windows 10 ＋ Office 2016）

主　　编：吴俊强
出版发行：东南大学出版社
社　　址：南京市四牌楼 2 号　邮编：210096　电话：025-83793330
出 版 人：白云飞
网　　址：http://www.seupress.com
电子邮箱：press@seupress.com
经　　销：全国各地新华书店
印　　刷：丹阳兴华印务有限公司
开　　本：787 mm×1092 mm　1/16
印　　张：21.5
字　　数：544 千字
版　　次：2023 年 9 月第 1 版
印　　次：2024 年 7 月第 2 次印刷
书　　号：ISBN 978-7-5766-0632-4
定　　价：59.00 元

前　言

随着信息技术的迅猛发展与日益广泛的应用,计算机技术的运用已经成为人们工作、学习、生活必备的基本能力。计算机应用基础是高等院校各专业的公共必修课程,培养学生信息收集、信息处理、信息呈现的计算机应用能力,是学习其他计算机技术课程的基础。

本书紧跟计算机应用技术发展和全国计算机等级考试一级 MS Office 应用考试大纲,突出"理论必需,应用为主"重构课程教学内容,介绍目前流行的 Windows 10 操作系统和 Office 2016 办公软件的操作方法和技巧,包括计算机基础知识、Windows 10 操作系统、Word 2016 文字处理、Excel 2016 电子表格、PowerPoint 2016 演示文稿、Internet 应用六个单元。

本书根据计算机应用基础课程概念多、操作性强、课时有限的特点,采用任务驱动方式开展教学,精心挑选任务,取材实用,难度适当,将考试认证和职场应用紧密结合起来。内容组织由浅入深、讲练结合,具有很强的实用性和可操作性,既便于教师按自己的知识结构和习惯组织教学,又便于学生自学。任务采用"任务展示→相关知识→任务实施"的结构组织内容,将知识点融入任务中,学生可以边学习、边实践、边总结建构,增强学生解决问题的能力。"任务展示"将本任务的目标和结果呈现在学生面前;"相关知识"按学生认知规律较全面和系统地介绍任务中所涉及的知识点,帮助学生对知识系统全面地理解掌握,又方便学生课前预习,满足学生自主学习需要,以及学生在任务实施中对知识的检索和总结;"任务实施"详细讲解任务的操作步骤,图文并茂,并对关键点进行"知识链接"补充说明。单元的"知识拓展"部分对单元内容进行拓展,学有余力者可以进一步深入学习软件的应用,引导学生逐步建立自主学习、终身学习的意识。单元的"习题"练习,使学生能够巩固所学知识与技能,对自己的学习成果予以客观评价,为后续学习做好必要的准备。

本书配有授课计划、PPT 教学课件、课后习题、习题答案、案例素材和结果文件等教学资源,素材丰富、资源立体,既方便教师组织教学,又促进学生对知识的理解和技能的提高。

本书由无锡工艺职业技术学院多年从事计算机专业教学的一线教师编写,教学经验和教材编写经验丰富。本书由吴俊强主编,各单元主要执笔人员分别为:单元 1 由史志英编写,单元 2 由孔祥雅编写,单元 3 由王明芳编写,单元 4 由吴俊强编写,单元 5 由张卓云编写,单元 6 由顾宇明编写。

本书的编写,得益于同行众多同类教材的启发,得到了本校众多同事的真诚关怀,在此深表感谢。由于编写时间紧、作者水平有限,书中难免存在疏漏之处,敬请读者批评指正。

编　者

2023 年 7 月

目 录

计算机基础知识

计算机的产生是 20 世纪重大的科技成果之一。自从世界上诞生第一台电子计算机以来，计算机科学已经成为 21 世纪发展最快的一门学科，尤其是微型计算机的出现和计算机网络的发展，大大促进了社会信息化的进程和知识经济的发展，引起了社会的深刻变革。计算机已广泛地应用于社会的各行各业，它使人们传统的工作、学习、生活乃至思维方式都发生了深刻变化，使人类开始步入信息化社会。因此，作为现代人，必须掌握以计算机为核心的信息技术以及具备计算机的应用能力，不会使用计算机将很难有效地学习和成功地工作。

本单元主要介绍计算机的基础知识，为进一步学习和使用计算机打下必要的基础。通过本单元的学习，应掌握：

1. 计算机的发展、特点、分类及其应用领域。
2. 计算机中信息的表示：二进制和十进制整数之间的转换，数值、字符和汉字的编码。
3. 一般计算机的系统组成与工作原理。
4. 微型计算机硬件系统的组成和作用，各组成部分的功能和简单工作原理。
5. 计算机软件系统的组成和功能，系统软件和应用软件的概念和作用。
6. 多媒体技术和计算机系统安全的相关知识。

任务 1 了解计算机的发展

【任务展示】

本任务将认识最早的计算机 ENIAC，计算机的发展经历了电子管计算机、晶体管计算机、小规模集成电路和大规模超大规模集成电路等几个发展阶段。计算机具有精度高、运算速度快等特点，并具有在科学技术、信息处理、人工智能、计算机辅助等方面的应用。

【相关知识】

计算机科学技术作为一种获取、处理、传输信息的手段，对社会的影响已经是人所共知的事实了。计算机应用领域覆盖了社会各个方面，从字表处理到数据库管理，从科学计算到多媒体应用，从工业控制到电子化、信息化的现代战争，从智能家电到航天航空，从娱乐消遣到大众化教育，从局域网到远距离通信，计算机应用无处不在。在信息社会里，计算机是人们需要接触和使用的非常重要的工具。

1. 了解计算机的定义

什么是计算机？可能很多人脑海中都会浮现出一个计算机的影像。我们知道，计算机不仅可以做很多事情，还可以变换出各种各样的形状、外观，那么到底怎样才能够给计算机下一个确切的定义呢？实际上，计算机就是一台根据事先已经存储的一系列指令，接收输入，处理数据，存储数据，并且产生输出结果的设备。

计算机的使用者通过一定的输入设备，如键盘、鼠标、触摸屏、扫描仪等，给计算机输入待处理的数据。这些数据包括文字、符号、数字、图片、温度、声音等。计算机接收各种形式输入的数据，按照一定指令序列对数据进行处理。当数据处理完毕，计算机又能够通过一定的输出设备，如显示器、打印机、绘图仪等，输出数据处理的结果。输出形式可以包括报表、文档、音乐、图片、图像等。

一台计算机由硬件系统和软件系统组成。硬件系统包括控制器、运算器、存储器、输入设备和输出设备。软件系统包括系统软件和应用软件。

结合硬件系统和软件系统，计算机就有了"头脑"，可以帮助人们解决科学计算、工程设计、经营管理、过程控制和人工智能等问题。人们觉得计算机很神奇，似乎会自己思考，所以很多时候称之为"电脑"。其实，这些都是计算机工程师的功劳。工程师给计算机编写程序，让计算机在这些程序指挥下完成相应的任务，从而使计算机有了"智能"。

2. 了解计算机的诞生及发展

（1）计算机的诞生

在人类社会的发展历程中，人类在不断地发明和改进计算工具。从古老的结绳计数、算筹、算盘、计算尺、机械计算机等，到世界上第一台电子计算机的诞生，已经历了漫长的过程。

我国唐代发明的算盘是世界上最早的一种手动式计算器。1622年，英国数学家奥特瑞德（William Oughtred）发明了可执行加、减、乘、除、指数、三角函数等运算的计算尺。1642年，法国数学家帕斯卡（Blaise Pascal）发明了机械式齿轮加减法器。1673年，德国数学家莱布尼兹（Gottfried Leibniz）发明了机械式乘除法器。

英国数学家巴贝奇（Charles Babbage）是国际计算机界公认的"计算机之父"。1822年，巴贝奇设计出了一种机械式差分机，想用这种差分机解决数学计算中产生的误差问题；1834年，他设计的分析机更加先进，是现代通用计算机的雏形。巴贝奇分析机基本具备了现代计算机的五大部分：输入部分、处理部分、存储部分、控制部分、输出部分。由于当时的工业生产水平低下，他的设计根本无法实现。

1936年，美国数学家艾肯（Howard Aiken）提出用机电方法来实现巴贝奇的分析机。在IBM公司的支持下，经过8年的努力，他终于研制出了自动程序控制的计算机Mark-I。它用继电器作为开关元件，用十进制计数的齿轮组作为存储器，用穿孔纸带进行程序控制。Mark-I的计算速度虽然很慢（1次乘法运算约需3 s），但它使巴贝奇的设想变成了现实。

图1-1　艾伦·麦席森·图灵

计算机科学的奠基人是英国科学家艾伦·麦席森·图灵（Alan Mathison Turing，1912—1954，如图1-1所示），他于1912年出生于英国伦敦,许多人工智能的重要方法源自这位伟大的科学家。他对计算机的重要贡献在于他提出的有限状态自动机也就是图灵机的概念。早在1936年,在美国普林斯顿大学攻读博士学位时,他开发出了以后称之为"图灵机"的计算机模型。这个模型由一个处理器P、一个读写头W/R和一条无限长的存储带M组成,由P控制W/R在M上左右移动,并在M上写入符号和读出符号,这与现代计算机的处理器——读写存储器相类似。图灵机被公认为现代计算机的原型,这种假想的机器可以读入一系列的0和1,这些数字代表了解决某一问题所需要的步骤,按这个步骤走下去,就可以解决某一特定的问题。这种观念在当时是具有革命性意义的,因为即使在50年代的时候,大部分的计算机还只能解决某一特定问题,不是通用的,而图灵机从理论上却是通用机。在图灵看来,这台机器只需保留一些最简单的指令,只要把一个复杂的工作分解为这几个最简单的操作就可以实现了,在当时能够具有这样的思想是很了不起的。他相信有一个算法可以解决大部分问题,而困难的部分则是如何确定最简单、最少的指令集,而且又能应用;还有一个难点是如何将复杂问题分解为这些指令的问题。尽管图灵机当时还只是一纸空文,但其思想奠定了整个现代计算机发展的理论基础。

另一位"计算机之父"是美籍匈牙利科学家约翰·冯·诺依曼(John von Neumann,1903—1957),如图1-2所示。冯·诺依曼对人类的最大贡献是对计算机科学、计算机技术和数值分析的开拓性工作。冯·诺依曼于1945年发表的题为"电子计算机逻辑结构初探"的报告,首次提出了电子计算机中存储程序的概念,提出了构造电子计算机的基本理论。他提出的"冯·诺依曼原理"又称为存储程序原理,该原理确立了现代计算机的基本结构。存储程序原理就是将需要由计算机处理的问题,按确定的解决方法和步骤编成程序,将计算指令和数据用二进制形式存放在存储器中,由处理部件完成计算、存储、通信工作,对所有计算进行集中的顺序控制,并重复寻找地址、取出指令码、翻译指令码、执行指令这一过程。冯·诺依曼体系结构的计算机由运算器、存储器、控制器、输出设备和输入设备五大部分组成。

图1-2 约翰·冯·诺依曼

第二次世界大战结束后,由于军事科学计算(弹道计算)的需要,美国物理学家莫奇利(Mauchly)和埃克特(Echert)终于在1946年2月15日于宾夕法尼亚大学研制出了世界上第一台电子数字计算机,命名为ENIAC(Electronic Numerical Integrator And Calculator,电子数字积分式计算机),如图1-3所示。ENIAC耗资超过4万美元,它使用了18800个电子管,占地170 m²,重30多t,功率为150 kW,每

图1-3 ENIAC

秒运算5000次加法或者400次乘法,比机械式的继电器计算机快1000倍。当ENIAC公开展出时,一条炮弹的轨道用20 s就算出来,比炮弹本身的飞行速度还快。ENIAC计算机最主要的缺点是存储容量太小,只能存20个字长为10位的十进制数,基本上不能存储程序,要用线路连接的方法来编排程序,每次解题都要依靠人工改接连线来编程序,准备时间远远超过实际

计算时间。虽然这台计算机体积庞大、造价昂贵、可靠性较低、使用不方便、维护也很困难,但是,它的诞生使人类的运算速度和计算能力有了惊人的提高,它完成了当时依靠人工无法完成的一些重大课题的计算工作。因此,ENIAC 的诞生标志着人类进入了电子计算机时代。

ENIAC 是世界上第一台开始设计并投入运行的电子计算机,但它还不具备现代计算机的主要原理特征——存储程序和程序控制。

世界上第一台具有存储程序功能的计算机是 EDVAC(Electronic Discrete Variable Automatic Computer),它是由曾担任 ENIAC 小组顾问的冯·诺依曼博士领导设计的。EDVAC 从 1946 年开始设计,于 1950 年研制成功。与 ENIAC 相比,EDVAC 机有两个非常重大的改进:采用了二进制,不但数据采用二进制,指令也采用二进制;提出了存储程序的概念,使用汞延迟线作存储器,指令和数据可一起放在存储器里,提高运行效率,保证计算机能够按照事先存入的程序自动进行运算。EDVAC 由运算器、逻辑控制装置、存储器、输入部件和输出部件五部分组成,简化了计算机的结构,提高了计算机运算速度和自动化程度。冯·诺依曼提出的存储程序和程序控制的理论,以及计算机硬件基本结构和组成的思想,奠定了现代计算机的理论基础。计算机发展至今,四代计算机统称为"冯·诺依曼计算机",冯·诺依曼也被世人称为"计算机鼻祖"。

"冯·诺依曼计算机"主要包含 3 个要点:

① 在计算机内部,采用二进制数的形式表示数据和指令。

② 将指令和数据进行存储,由程序控制计算机自动执行。

③ 由控制器、运算器、存储器、输入设备、输出设备五大部分组成计算机。

但是,世界上第一台投入运行的存储程序式的电子计算机是 EDSAC(The Electronic Delay Storage Automatic Calculator),它是由英国剑桥大学的维尔克斯教授在接受了冯·诺依曼的存储程序计算机思想后,于 1947 年开始领导设计的,该机于 1949 年 5 月制成并投入运行,比 EDVAC 早一年多。

(2) 计算机的发展阶段

从第一台电子计算机诞生至今,在短短的 60 多年时间里,计算机经历了电子管、晶体管、集成电路、大规模超大规模集成电路等几个阶段。按采用的电子器件的不同来划分,计算机通常可以划分为如表 1-1 所示的几代。

表 1-1 计算机的发展简史

年代	内存	外存储器	电子器件	数据处理方式	运算速度	应用领域
第一代 1946—1958 年	汞延迟线	纸带、穿孔卡片	电子管	机器语言、汇编语言	几千到几万次/秒	国防、军事及科研
第二代 1959—1964 年	磁芯存储器	磁带	晶体管	汇编语言、高级语言	几万到几十万次/秒	数据处理、事务管理
第三代 1965—1971 年	半导体存储器	磁带、磁盘	中、小规模集成电路	高级语言、结构化程序设计语言	几十万到几百万次/秒	工业控制、信息管理
第四代 1971 年至今	半导体存储器	磁盘、光盘等大容量存储器	大规模、超大规模集成电路	分时、实时数据处理,计算机网络	几百万到上亿次/秒	工作、生活各方面

(3) 微型计算机的发展

随着集成度更高的超大规模集成电路(Super Large Scale Integrated circuits,SLSI)技术

的出现,使计算机朝着微型化和巨型化两个方向发展。尤其是微型计算机,自 1971 年世界上第一片 4 位微处理器 4004 在 Intel 公司诞生以来就异军突起,以迅猛的气势渗透到工业、教育、生活等许多领域中。

　　微处理器是大规模和超大规模集成电路的产物。以微处理器为核心的微型计算机属于第四代计算机,通常人们以微处理器作为标志来划分微型计算机,如 286 机、386 机、486 机、Pentium 机、PⅡ机、PⅢ机、P4 机等。微处理器是微型计算机中技术含量最高、对性能影响最大的部件,它的性能决定着微型计算机的性能,因而微型计算机的发展史实际上就是微处理器的发展史。微处理器的发展,一直按照摩尔(Moore)定律,其性能以平均每 18 个月提高 1 倍的高速度发展着。现在,微机上使用的有两类 CPU。一类是几乎 90% 的微机都使用的 Intel 公司或 AMD(Advanced Micro Devices)公司制造的 Intel 系列芯片,另一类是 Apple Macintosh 微机使用 Motorola 的公司制造的 Motorola 系列芯片。

　　Intel 公司的芯片设计和制造工艺一直领导着芯片业界的潮流,Intel 公司的芯片发展史从一个侧面反映了微处理器和微型计算机的发展史,它宏观上可划分为 80×86 和 Pentium 时代。

　　下面主要介绍 Intel 公司微处理器的发展历程。

　　1971 年,Intel 公司成功研制出了世界上第一块微处理器 4004,其字长只有 4 位。利用这种微处理器组成了世界上第一台微型计算机 MCS-4。该公司于 1972 年推出了 8008,1973 年推出了 8080,它们的字长为 8 位。1976 年,Apple 公司利用微处理器 R6502 生产出了著名的微型计算机 AppleⅡ。

　　Intel 公司于 1977 年推出了 8085,1978 年推出了 8086,1979 年推出了 8088。8088 的内部数据总线为 16 位,外部数据总线为 8 位,它不是真正的 16 位微处理器,因此人们称它为准 16 位微处理器。而 8086 的内部和外部数据总线(字长)均为 16 位,是 Intel 公司生产的第一块真正的 16 位微处理器。8086 和 8088 的主频(时钟频率)都为 4.77 MHz,地址总线为 20 位,可寻址范围为 1 MB。

　　1981 年 8 月 12 日,IBM 公司宣布 IBM PC 微型计算机面世,计算机历史从此进入了个人电脑新纪元。第一台 IBM PC 采用 Intel 4.77 M 的 8088 芯片,仅 64 K 内存,采用低分辨率单色或彩色显示器,单面 160 K 软盘,并配置了微软公司的 MS-DOS 操作系统。IBM 稍后又推出了带有 10 M 硬盘的 IBM PC/XT。IBM PC 和 IBM PC/XT 成为 20 世纪 80 年代初世界微机市场的主流产品。

　　1982 年,Intel 80286 问世,其主频最初为 6 MHz,后来提高到 8 MHz、10 MHz、12.5 MHz、16 MHz 和 20 MHz。80286 的内外数据总线均为 16 位,是一种标准的 16 位微处理器。80286 采用了流水线体系结构,总线传输速率为 8 MB/s,中断响应时间为 3.5 μs,地址总线为 24 位,可以使用 16 MB 的实际内存和 1 GB 的虚拟内存。其指令集还提供了对多任务的硬件支持,并增加了存储管理与保护模式。IBM 公司采用 Intel 80286 推出了微型计算机 IBM PC/AT。

　　1985 年,Intel 公司开始推出 32 位的微处理器 80386,其主频最初为 12.5 MHz,后来提高到 16 MHz、20 MHz、25 MHz、33 MHz 以及 50 MHz。80386 的地址总线为 32 位,可以使用 4 GB 的实际内存和 64 GB 的虚拟内存。在 1985 年至 1990 年期间,有多种类型的 80386 问世,先后推出了 80386SX、80386DX、80386EX、80386SL 和 80386DL。80386SX 的内部字长为 32 位,外部字长为 16 位,地址总线为 24 位,是一种准 32 位的微处理器。80386DX 的内外字长均为 32 位,是一种真正的 32 位微处理器。

1989 年,Intel 80486 问世,其主频最初为 25 MHz,后来提高到 33 MHz、50 MHz、66 MHz 甚至 100 MHz。它是一种完全 32 位的微处理器。在 80486 芯片上集成了一块 80387 的数学协处理器和 8 kB 的超高速缓冲存储器(Cache),使 32 位微处理器的性能有了进一步的提高。80486 微处理器的发展速度很快,在较短的时间内,Intel 公司先后推出了 80486SX、80486DX、80486SL、80486SX2、80486DX2 和 80486DX4。80486SX 未使用数学协处理器。80486SX2、80486DX2 和 80486DX4 采用了时钟倍速技术,80486SX2 的主频为 55 MHz,80486DX2 的主频为 66 MHz。在 80486 的各种芯片中,80486DX4 的速度最快,其主频为 100 MHz。

Intel 公司于 1993 年推出了新一代微处理器 Pentium(奔腾)。Intel 在 Pentium 处理器中引进了许多新的设计思想,使 Pentium 的性能提高到了一个新的水平。继 Pentium 之后,Intel 于 1995 年推出了称之为高能奔腾的 Pentium Pro 处理器。后来,又相继推出了 Pentium MMX、Pentium Ⅱ 和 Pentium Ⅲ。2000 年 11 月,Intel 推出 Pentium 4(奔腾 4)芯片,奔腾 4 电脑也同时进入市场,并很快成为主流产品。个人电脑在网络应用以及图像、语音和视频信号处理等方面的功能得到了新的提升。目前,CPU 技术向多核技术发展,双核 CPU 已经成为产品出售。

仅仅二十多年的发展时间,微型机已发展到了双核 Pentium D 和 Intel Core 2 Duo 机了,与最初的 IBM PC 机相比,其性能已不可同日而语。随着微型机的迅速发展与应用,为局域网的研究和发展提供了良好的基础。客户机(Client)/服务器(Server)结构模式的局域网系统组网成本低、灵活且应用面广,为广大中、小型企业,机关,学校所欢迎和采用。互联网的崛起与迅速发展,使世界进入了互联网时代。

展望未来,计算机将是半导体技术、超导技术、光学技术、纳米技术和仿生技术相互结合的产物。从发展上看,它将向着巨型化和微型化方向发展;从应用上看,它将向着系统化、网络化、智能化方向发展。

21 世纪,微型机将会变得更小、更快、更人性化,在人们的工作、学习和生活中发挥更大的作用;超级巨型机将成为各国体现综合国力和军力的战略物资以及发展高科技的强有力工具。

(4) 我国计算机的发展概况

我国从 1956 年开始研制计算机,1958 年 8 月研制出的第一台电子管数字计算机定名为 103 型。1959 年夏,我国研制成功运行速度为每秒 1 万次的 104 机,是我国研制的第一台大型通用电子数字计算机。103 机和 104 机的研制成功,填补了我国在计算机技术领域的空白,为促进我国计算机技术的发展做出了贡献。1964 年研制成功晶体管计算机,1971 年研制以集成电路为主要器件的 DJS 系列计算机。小型机的研制生产是在 1973 年开始的,代表性的机型有 100 系列的 DJS-130 并批量生产。1977—1980 年间由国家组织并确定了 050 和 060 两种微型机系列,1980 年两种系列机的产品先后被研制成功。在微型计算机方面,我国研制开发了长城系列、紫金系列、联想系列等微机,并取得了迅速发展。

在国际高科技竞争日益激烈的今天,高性能计算技术及应用水平已成为显示综合国力的一种标志。1978 年,邓小平同志在第一次全国科技大会上曾说:“中国要搞四个现代化,不能没有巨型机!”二十多年来,在我国计算机专家的不懈努力下,取得了丰硕成果,“银河”“曙光”和“神威”计算机的研制成功使我国成为具备独立研制高性能巨型计算机能力的国家之一。

1983 年底,我国第一台被命名为“银河”的亿次巨型电子计算机诞生了。1992 年,10 亿次巨型计算机银河-Ⅱ研制成功。1997 年 6 月,每秒 130 亿次浮点运算,全系统内存容量为 9.15 GB 的银河-Ⅲ并行巨型计算机在北京通过国家鉴定。

1995 年 5 月曙光 1000 研制完成,这是我国独立研制的第一套大规模并行机系统,打破了外国在大规模并行机技术方面的封锁和垄断。1998 年,曙光 2000-Ⅰ诞生,它的峰值运算速度为每秒 200 亿次浮点运算。2008 年 8 月,我国自主研发制造的百万亿次超级计算机"曙光 5000"获得成功,其峰值运算速度达到每秒 230 万亿次。这标志着中国成为继美国之后第二个能制造和应用超百万亿次商用高性能计算机的国家。

1999 年 9 月,"神威"并行计算机研制成功并投入运行,其峰值运算速度可高达每秒 3840 亿次浮点结果,位居当今全世界已投入商业运行的前 500 位高性能计算机的第 48 位。

从 2001 年起,我国自主研发通用 CPU 芯片。2002 年推出了完全具有自主知识产权的"龙腾"服务器。龙芯(Godson)CPU 是中国科学院计算技术研究所自行研制的高性能通用 CPU,也是国内研制的第一款通用 CPU。龙芯 2 号已达到 Pentium Ⅲ 的水平。2006 年 9 月,龙芯 2E 通过了技术鉴定,其性能比龙芯 2 号大有提高。可以预测,未来的龙芯 3 号将是一个多核的 CPU。我国在微型机通用 CPU 的研发方面,已走上了自主创新的发展之路。

3. 了解计算机的发展趋势

随着人类社会的发展,科学技术的不断进步,计算机技术也在不断向纵深发展,不论是在硬件还是在软件方面都不断有新的产品推出,但总的发展趋势可以归纳为以下几个方面:

(1)计算机的发展趋势

① 巨型化

巨型化并不是指计算机的体积大,而是指计算机存储容量更大、运算速度更快、功能更强。巨型机的发展集中体现了计算机技术的发展水平,它可以推动多个学科的发展。

② 微型化

由于大规模和超大规模集成电路的飞速发展,使计算机的微型化发展十分迅速,体积、功耗不断缩小,功能不断提高,笔记本电脑、掌上电脑等产品层出不穷。微处理器是将运算器和控制器集成在一起的大规模或超大规模集成电路芯片,称为中央处理单元。以微处理器为核心再加上存储器和接口芯片,便构成了微型计算机。自 1971 年微处理器问世以来,发展非常迅速,几乎每隔 2～3 年就要更新换代,从而使微型计算机的性能不断跃上新台阶。

③ 网络化

计算机网络可以实现计算机的硬件资源、软件资源和数据资源的共享。网络应用已成为计算机应用的重要组成部分,现代的网络技术已成为计算机技术中不可缺少的内容。

④ 智能化

智能化是指让计算机具有模拟人的感觉和思维过程的能力。智能计算机具有解决问题和逻辑推理的功能、知识处理和知识库管理的功能等。人与计算机的联系是通过智能接口,用文字、声音、图像等与计算机进行自然对话。目前,已研制出各种"机器人",有的能代替人从事危险环境的劳动、有的能与人下棋等。智能化使计算机突破了"计算"这一初级的含义,从本质上扩充了计算机的能力,可以越来越多地代替人类的思维活动和脑力劳动。

(2)未来新一代的计算机

① 模糊计算机

1956 年,英国人查德创立了模糊信息理论。依照模糊理论,判断问题不是以是、非两种绝对的值或 0 与 1 两种数码来表示，而是取许多值，如接近、几乎、差不多及差得远等模糊值来表示。用这种模糊的、不确切的判断进行工程处理的计算机就是模糊计算机。模糊计算机是建立在模糊数学基础上的电脑。模糊计算机除具有一般电脑的功能外，还具有学习、思考、判断和对话的能力，可以立即辨识外界物体的形状和特征，甚至可帮助人们从事复杂的脑力劳动。

日本科学家把模糊计算机应用在地铁管理上：日本东京以北 320 km 的仙台市的地铁列车，在模糊计算机控制下，自 1986 年以来一直安全、平稳地行驶着。车上的乘客可以不必攀扶拉手吊带，因为，在列车行进中，模糊逻辑"司机"判断行车情况的错误，几乎比人类司机要少 70%。1990 年，日本松下公司把模糊计算机装在洗衣机里，能根据衣服的肮脏程度、衣服的质料调节洗衣程序。我国有些品牌的洗衣机也装上了模糊逻辑计算机芯片。人们还把模糊计算机装在吸尘器里，可以根据灰尘量以及地毯的厚实程度调整吸尘器功率。模糊计算机还能用于地震灾情判断、疾病医疗诊断、发酵工程控制、海空导航巡视等方面。

② 量子计算机

量子计算机是利用一种链状分子聚合物的特性来表示开与关的状态，利用激光脉冲来改变分子的状态，使信息沿着聚合物移动，从而进行运算。量子计算机有四大优点：一是加快了解题速度（它的运算速度可能比目前个人计算机的 Pentium Ⅲ 芯片快上 10 亿倍）；二是大大提高了存储能力；三是可以对任意物理系统进行高效率的模拟；四是能使计算机的发热量极小。

③ 光子计算机

光子计算机即全光数字计算机，以光子代替电子、光互联代替导线互联、光硬件代替计算机中的电子硬件、光运算代替电运算。光子计算机系统的互联数和每秒互联数远远高于电子计算机，接近人脑；光子计算机的处理能力强，具有超高速运算速度；光子计算机的信息存储量大，抗干扰能力强，将具有与人脑相似的容错性。

④ 生物计算机

生物计算机的运算过程就是蛋白质分子与周围物理化学介质相互作用的过程。计算机的转换开关由酶来充当，而程序则在酶合成系统本身和蛋白质的结构中极其明显地表示出来。生物计算机的信息储存量大，模拟人脑思维，既有自我修复的功能，又可以直接与生物活体相连。

⑤ 超导计算机

1911 年，昂尼斯发现纯汞在 4.2 K 低温下电阻变为零的超导现象，超导线圈中的电流可以无损耗地流动。在计算机诞生之后，就有很多学者试图将超导体这一特殊的优势应用于开发高性能的计算机。早期的工作主要是延续传统的半导体计算机的设计思路，只不过是将半导体材料制备的逻辑门电路改为用超导体材料制备的逻辑门电路，从本质上讲并没有突破传统计算机的设计构架，而且，在 80 年代中期以前，超导材料的超导临界温度仅在液氦温区，实施超导计算机的计划费用昂贵。然而，1986 年左右出现重大转机，高温超导体的发现使人们可以在液氮温区获得新型超导材料，于是超导计算机的研究又获得各方面的广泛重视。

4. 认识计算机的分类

计算机的分类方法有很多，主要有以下几种：

（1）按所处理数据的形态分类

① 数字计算机

数字计算机电子电路处理的是按脉冲的有无、电压的高低等形式表示的非连续变化的（离散的)物理信号,该离散信号可以表示 0 和 1 组成的二进制数字。处理结果以数字形式输出,其基本运算部件是数字逻辑电路。数字计算机的计算精度高,存储量大,抗干扰能力强。现在大多数计算机是数字计算机。

② 模拟计算机

模拟计算机的电子电路处理连续变化的模拟量,模拟量以电信号的幅值来模拟数值或某物理量的大小,如电压、电流、温度等物理量的变化曲线。这种计算机精度低,抗干扰能力差,应用面窄,已基本被数字计算机所取代。

③ 混合计算机

混合计算机则是集数字计算机和模拟计算机的优点于一身。

(2) 按使用范围分类

① 通用计算机

通用计算机硬件系统是标准的,并具有扩展性,装上不同的软件就可做不同的工作。它可进行科学计算,也可用于信息处理,如果在扩展槽中插入相关硬件,还可实现数据采集、完成实时测控等任务。因此,它的通用性强,应用范围广。常说的计算机就是指通用数字计算机。

② 专用计算机

专用计算机是为适应某种特殊应用需要而设计的计算机,它的软硬件全部根据应用系统的要求配置,因此具有最好的性能价格比。其运行程序不变、效率高、速度快、精度高,但只能完成某个专门任务,不宜做他用。如飞机的自动驾驶仪和坦克上火控系统中用的计算机等均属于专用计算机。

(3) 按性能分类

这是一种最常用的分类方法,所依据的性能主要包括字长、存储容量、运算速度、外部设备、允许同时使用一台计算机的用户多少和价格高低等。根据这些性能可将计算机分为超级计算机、大型计算机、小型计算机、工作站和微型计算机 5 类。

① 超级计算机(Supercomputer)

超级计算机又称巨型机,它是目前功能最强、速度最快、价格最贵的计算机,一般用于解决诸如气象、太空、能源、医药等尖端科学研究和战略武器研制中的复杂计算。它们安装在国家高级研究机关中,可供几百个用户同时使用。这种机器价格昂贵,号称国家级资源。世界上只有少数几个国家能生产这种机器,如美国克雷公司生产的 Cray - 1、Cray - 2 和 Cray - 3 是著名的巨型机。我国自主生产的银河-Ⅲ型百亿次机、曙光- 2000 型机和"神威"千亿次机都属于巨型机。巨型机的研制开发是一个国家综合国力和国防实力的体现。

② 大型计算机(Mainframe)

这种计算机也有很高的运算速度和很大的存储量,并允许相当多的用户同时使用,当然在量级上都不及超级计算机,价格也比巨型机来得便宜。大型机通常都像一个家族一样形成系列,如 IBM 4300 系列、IBM 9000 系列等。同一系列不同型号的机器可以执行同一个软件,称为软件兼容。这类机器通常用于大型企业、商业管理或大型数据库管理系统中,也可用作大型计算机网络中的主机。

③ 小型计算机(Minicompute)

其规模比大型机要小,但仍能支持十几个用户同时使用。这类机器价格便宜,适合于中小型企事业单位采用。如 DEC 公司生产的 VAX 系列、IBM 公司生产的 AS/400 系列都是典型的小型机。

④ 工作站（Workstation）

这里所说的工作站和网络中用作站点的工作站是两个完全不同的概念，这里的工作站是计算机中的一个类型。

工作站与功能较强的高档微机之间的差别并不十分明显。通常，它比微型机有较大的存储容量和较快的运算速度，而且配备一个大屏幕显示器。主要用于图像处理和计算机辅助设计等领域。它一般还内置网络功能。工作站一般都使用精减指令芯片，使用 UNIX 操作系统。目前也出现了基于 Pentium 系列芯片的工作站，这类工作站一般配置 Windows NT 操作系统。由于这类工作站和传统的使用精减指令（RISC）芯片的高性能工作站还有一定的差距，因此，常把这类工作站称为"个人工作站"，而把传统的高性能工作站称为"技术工作站"。

⑤ 微型计算机（Microcomputer）

其最主要的特点是小巧、灵活、便宜，但通常一次只能供一个用户使用，所以微型计算机也叫个人计算机（Personal Computer，PC）。除台式机外，还有体积更小的微机，如笔记本电脑、掌上型微机和 PDA 等。

微型机按字长可分为：8 位机、16 位机、32 位机和 64 位机；按结构分为：单片机、单板机、多芯片机和多板机；按 CPU 芯片分为：286 机、386 机、486 机、Pentium 机、P Ⅱ 机、P Ⅲ 机和 Pentium D 机等。

不过，随着计算机技术的发展，包括前几类机器在内，各类机器之间的差别有时也不再是那么明显了。比如，现在高档微机的内存容量比前几年小型机甚至大型机的内存容量还大得多。

随着网络时代的到来，网络计算机的概念也应运而生。Acorn 公司在 1997 年底推出网络计算机型，其主要宗旨是适应计算机网络的发展，降低机器成本。这种机器只能联网运行而不能单独使用，它不需配置硬盘，所以价格较低。

5. 认识计算机的特点

计算机是一种能自动、高速进行科学计算和信息处理的电子设备，它不仅具有计算功能，还具有记忆和逻辑推理的功能，可以模仿人的思维活动，代替人的脑力劳动，所以又称为电脑。计算机之所以能够应用于各个领域，能完成各种复杂的处理任务，是因为它具有以下一些基本特点：

（1）处理速度快

通常以每秒钟完成基本加法指令的数目表示计算机的运算速度。现在每秒执行数百万次运算的计算机已很平常，有的机器可达数百亿次甚至数千亿次，使过去人工计算难以完成的科学计算（如天气预报、有限元计算等）能在几小时或更短时间内得到结果。计算机的高运算速度使它在金融、交通、通信等领域中能达到实时、快速的服务。这里的"处理速度快"指的不仅局限于算术运算速度，也包括逻辑运算速度。极高的逻辑判断能力是计算机广泛应用于非数值数据领域中的首要条件。

（2）计算精度高

由于计算机采用二进制数字进行运算，计算精度主要由表示数据的字长决定。随着字长的增长和先进计算技术的配合，计算精度不断提高，可以满足各类复杂计算对计算精度的要求。如用计算机计算圆周率 π，目前已可达到小数点后数百万位了。

（3）存储容量大

计算机的存储器类似于人类的大脑，可以"记忆"（存储）大量的数据和信息。随着微电子技术的发展，计算机内存储器的容量越来越大。目前一般的微机内存容量已达 256 MB～1 GB，加上 80～120 GB 大容量的磁盘、光盘等外部存储器，实际上存储容量已达到了海量。而且，计算机所存储的大量数据，可以迅速查询。这种特性对信息处理是十分有用和重要的。

（4）可靠性高

计算机硬件技术的迅速发展，采用大规模和超大规模集成电路的计算机具有非常高的可靠性，其平均无故障时间可达到以"年"为单位。人们所说的"计算机错误"，通常是由于与计算机相连的设备或软件的错误造成的，由于计算机硬件引起的错误愈来愈少了。

（5）工作全自动

冯·诺依曼体系结构计算机的基本思想之一是存储程序控制。计算机在人们预先编制好的程序控制下自动工作，不需要人工干预，工作完全自动化。

（6）适用范围广，通用性强

计算机靠存储程序控制进行工作。一般来说，无论是数值的还是非数值的数据，都可以表示成二进制数的编码；无论是复杂的还是简单的问题，都可以分解成基本的算术运算和逻辑运算，并可用程序描述解决问题的步骤。所以，各个应用领域中的专家研发、编制出许多"以人为本"的应用软件产品，使得人们可以很轻松地使用计算机解决本领域中的各类实际问题。计算机已经渗透到科研、学习、工作和生活的方方面面。

6. 认识计算机的应用

计算机具有存储容量大、处理速度快、工作全自动、可靠性高，同时又具有很强的逻辑推理和判断能力等特点，所以已被广泛应用于各种学科领域，并迅速渗透到人类社会的各个方面，同时也进入了家庭。

数据有数值数据和非数值数据两大类，相应的数据处理也可分为数值数据处理和非数值数据处理。从计算机所处理的数据类型这个角度来看，计算机的应用原则上分成数值计算和非数值计算两大类，而后者包含有信息处理、计算机辅助设计、计算机辅助教学、过程控制、企业管理、人工智能等，其应用范围远远超过数值计算。计算机应用已形成一门专门的学科，这里只是对应用的几个主要方面作简单介绍。

（1）科学计算（数值计算）

这是计算机应用最早也是最成熟的应用领域。计算机是为科学计算的需要而发明的，科学计算所解决的大都是从科学研究和工程技术中所提出的一些复杂的数学问题，计算量大而且精度要求高，只有能高速运算和存储量大的计算机系统才能完成。例如：在高能物理方面的分子、原子结构分析，可控热核反应的研究，反应堆的研究和控制；在水利、农业方面设施的设计计算；地球物理方面的气象预报、水文预报、大气环境的研究；在宇宙空间探索方面的人造卫星轨道计算、宇宙飞船的研制和制导；此外，科学家们还利用计算机控制的复杂系统，试图发现来自外星的通信信号。如果没有计算机系统高速而又精确的计算，许多近代科学都是难以发展的。

（2）信息处理（数据处理）

现代社会是信息化的社会。随着社会的不断进步，信息量也在急剧增加。现在，信息已和能源、物资一起构成人类社会活动的基本要素。信息处理是目前计算机应用最广泛的领域之一。有关资料表明,世界上80%左右的计算机主要用于信息处理。信息处理是指用计算机对各种形式的信息(如文字、图像、声音等)收集、存储、加工、分析和传送的过程。当今社会,计算机用于信息处理,对办公自动化、管理自动化乃至社会信息化都有积极的促进作用。

应该指出:办公自动化大大地提高了办公效率和管理水平,不仅在企业、事业单位的管理中被广泛采用,而且也越来越多地应用到各级政府机关的办公事务中。信息化社会要求各级政府办公人员掌握计算机和网络的使用技术。

(3)过程控制

过程控制又称实时控制,它在工业生产、国防建设和现代化战争中都有广泛的应用。过程控制是指用计算机对生产或其他过程中所采集到的数据按照一定的算法经过处理,然后反馈到执行机构去控制相应过程,是生产自动化的重要技术和手段。比如,在冶炼车间可将采集到的炉温、燃料和其他数据传送给计算机,由计算机按照预定的算法计算并确定控制吹氧或加料的多少等。过程控制可以提高自动化程度,减轻劳动强度,提高生产效率,节省生产原料,降低生产成本,保证产品质量的稳定。

(4)计算机辅助设计和辅助制造

计算机辅助设计和计算机辅助制造分别简称为CAD(Computer Aided Design)和CAM(Computer Aided Manufacturing)。在CAD系统与设计人员的相互作用下,能够实现最佳化设计的判定和处理,能自动将设计方案转变成生产图纸。CAD技术提高了设计质量和自动化程度,大大缩短了新产品的设计与试制周期,从而成为生产现代化的重要手段。以飞机设计为例,过去从制定方案到画出全套图纸要花费大量人力、物力,用2.5～3年时间才能完成,采用计算机辅助设计之后,只需3个月就可完成。

CAM与CAD密切相关。CAD侧重于设计,CAM侧重于产品的生产过程。CAM是利用CAD的输出信息控制、指挥生产和装配产品。现在通常把CAD和CAM放在一起,形成CAD/CAM一体化,如图1-4所示。CAD/CAM使产品的设计、制造过程都能在高度自动化的环境中进行,具有提高产品质量、降低成本、缩短生产周期和减轻管理强度等特点。目前,从复杂的飞机到简单的家电产品都广泛使用了CAD/CAM技术。

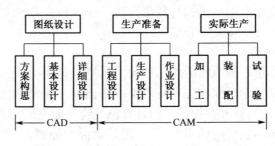

图1-4 CAD/CAM系统

将CAD、CAM和数据库技术集成在一起,形成了CIMS(计算机集成制造系统)技术,实现了设计、制造和管理完全自动化。

(5)人工智能

人工智能,又称"智能模拟",是计算机应用的一个较新领域,它是用计算机执行某些与人的智能活动有关的复杂功能。目前研究的方向有:模式识别、自然语言理解、自动定理证明、自动程序设计、机器学习、专家系统、机器人等。

人工智能研究中最有成就的要算"机器人"。智能机器人,它会自己识别控制对象和工作环境,作出判断和决策,直接领会人的口令和意图,能避开障碍物,适应环境条件的变化,灵活机动地完成控制任务与信息处理任务。

(6)网络应用

计算机技术与现代通信技术的结合构成了计算机网络,它使用通信设备和线路将分布在不同地理位置功能自主的多台计算机系统互联起来,以功能完善的网络软件实现资源共享、信息传递等功能。计算机网络的建立,不仅解决了一个单位、一个地区、一个国家中计算机与计算机之间的通信,实现了各种软硬件资源的共享,也大大促进了国际文字、图像、视频和声音等各类数据的传输与处理。

(7)多媒体应用

近些年来,随着多媒体应用技术的发展和多媒体计算机的普及以及网络应用的发展,多媒体技术广泛应用于文化教育、各类技术培训、家庭娱乐、电子图书和商业应用等领域。在现代教育技术的应用中,计算机作为现代教学手段在教育领域中应用得越来越广泛和深入。

(8)嵌入式系统

实际应用中,并不是所有计算机都是通用的。有许多特殊的计算机用于不同的设备中,包括大量的消费电子产品和工业制造系统,都是把处理器芯片嵌入其中,完成特定的处理任务,这些系统称为嵌入式系统。如数码相机、数码摄像机以及高档电动玩具等都使用了不同功能的处理器。

(9)云计算机

云计算(Cloud Computing)是分布式计算、网格计算、并行计算、网络存储及虚拟化计算机和网络技术发展融合的产物,或者说是它们的商业实现。美国国家技术与标准局给出的定义是:云计算是对基于网络的、可配置的共享计算资源池能够方便地、按需访问的一种模式。这些共享计算资源池包括网络、服务器、存储、应用和服务等资源,这些资源以最小化的管理和交互可以快速提供和释放。

云计算的构成包括硬件、软件和服务。用户不再需要购买复杂的硬件和软件,只需要支付相应的费用给"云计算"服务商,通过网络就可以方便地获取所需要的计算、存储等资源。云其实是网络(互联网)的一种比喻说法。云计算的核心思想是对大量用网络连接的计算资源进行统一管理和调度,构成一个计算资源池向用户提供按需服务。提供资源的网络被称为"云"。

任务 2 认识计算机中信息的表示和存储

【任务展示】

在计算机内部,无论是存储过程、处理过程、传输过程,还是用户数据、各种指令,使用的全都是由 0、1 组成的二进制数,所以了解二进制数的概念、运算,数制转换及二进制编码,对于用好计算机是十分重要的。本任务要求掌握常用数制及其转换规则,了解数值、西文字符和汉字的编码规则,进而了解计算机的存储应用。

【相关知识】

数据是信息的载体。计算机中可以处理的数据可以分为两类:数值数据和非数值数据。数值数据有大小、正负之分,包含量的概念;非数值数据用以表示一些符号、标记,如英文字母 A-Z、a-z,数字 0~9,各种专用字符如+、-、*、[、]、(、)及标点符号等。汉字、图形、声音数据也属非数值数据。不同的数字编码表示不同的含义。在计算机中是如何表示数值、非数值数据的呢?这就是本任务要讨论的主要问题。

1. 认识计算机中的数制

按进位的原则进行计数称为进位计数制,简称"数制"。日常生活中常用十进制进行计数。除了十进制计数外,还有很多其他数制,如 1 年有 12 个月(十二进制),1 分钟等于 60 秒(六十进制)等。

(1)数制的特点

① 逢基数进位

基数是指数制中每个数据位所需要的数字字符的总个数。如十进制中有 10 个数字字符,基数是 10,表示"逢十进一"。

② 位权表示法

位权是指一个数值每一位上数字的权值的大小。处在不同位置上的数字符号所代表的值不同,每个数字的位置决定了它的值或者位权。例如,十进制数 2394,左起的第一个 2 表示 2 个千,最右边的 4 表示 4 个。这就是说,该数从右向左的位权依次是个位(10^0)、十位(10^1)、百位(10^2)和千位(10^3)。对每一个数位赋予的数值,在数学上叫做"权"。某一位数码代表的数值的大小是该位数码与位权的乘积。相邻两位中高位权值与低位权值之比一般是一个常数,此常数即为该数制的基数。

位权与基数的关系是:位权的值等于基数的若干次幂。

【例 1-1】 十进制数 1234.56 可以展开为下面多项式的和:

$$1234.56 = 1 \times 10^3 + 2 \times 10^2 + 3 \times 10^1 + 4 \times 10^0 + 5 \times 10^{-1} + 6 \times 10^{-2}$$

式中:10^3、10^2、10^1、10^0、10^{-1}、10^{-2} 即为每位的位权,每一位的数码与该位权的乘积就是该位的数值。

(2)计算机常用数制

计算机是一种通过数字电路实现的电子设备,数字电路器件通常只有"导通"和"断开"两种状态,我们可以用"1"和"0"分别代表这两种状态。在计算机中的所有数据,如数字、符号以及图形等都是用电子元器件的不同状态表示的,也就是通过"1""0"序列表示。自然可以想象只有"1"和"0"两个数字的表示就是二进制数。所以,在计算机系统中,所有数据的表示都采用二进制形式。

二进制是计算机中采用的数制,这是因为二进制具有如下特点:

① 简单可行,容易实现。因为二进制仅有两个数码 0 和 1,可以用两种不同的稳定状态(如有磁和无磁、高电位与低电位)来表示。计算机的各组成部分都仅两个稳定状态的电子元件组成,它不仅容易实现,而且稳定可靠。

② 运算规则简单。二进制的计算规则非常简单。

③ 适合逻辑运算。二进制中的 0 和 1 正好分别表示逻辑代数中的假值(False)、真值(True)。二进制数代表逻辑值,容易实现逻辑运算。

(3) 书写规则

为了区分各种计数制的数,常采用如下方法进行书写:

① 在数字后面加写相应的英文字母作为标识

B(Binary)——表示二进制数。二进制数的 100 可写成 100 B。

O(Octonary)——表示八进制数。八进制数的 100 可写成 100 O。

D(Decimal)——表示十进制数。十进制数的 100 可写成 100 D。

H(Hexadecimal)——表示十六进制数。十六进制数 100 可写成 100 H。

一般约定 D 可省略,即无后缀的数字为十进制数字。

② 在括号外面加数字下标

$(1101)_2$——表示二进制数的 1101。

$(3174)_8$——表示八进制数的 3174。

$(6678)_{10}$——表示十进制数的 6678。

$(2DF6)_{16}$——表示十六进制数的 2DF6。

(4) 十六进制数

对比十进制计数制,十六进制计数制的加法规则是"逢十六进一"。它含有十六个数字符号:0、1、2、3、4、5、6、7、8、9、A、B、C、D、E、F,其中 A、B、C、D、E、F 分别表示数码 10、11、12、13、14、15。权为 16^i。

【例 1-2】 $(FA5)_{16} = 15 \times 16^2 + 10 \times 16^1 + 5 \times 16^0 = (4005)_{10}$

应当指出,二进制、八进制和十六进制都是计算机中常用的数制,所以在一定数值范围内直接写出它们之间的对应表示也是经常遇到的。表 1-2 给出了常用计数制的基数和所需要的数字字符。表 1-3 给出了常用计数制的表示方法。

表 1-2 常用计数制的基数和数字字符

数　制	基　数	数字字符
二进制	2	0 1
八进制	8	0 1 2 3 4 5 6 7
十进制	10	0 1 2 3 4 5 6 7 8 9
十六进制	16	0 1 2 3 4 5 6 7 8 9 A B C D E F

表 1-3 常用计数制的表示方法

十进制数	二进制数	八进制数	十六进制数
0	0	0	0
1	1	1	1
2	10	2	2
3	11	3	3

续表 1-3

十进制数	二进制数	八进制数	十六进制数
4	100	4	4
5	101	5	5
6	110	6	6
7	111	7	7
8	1000	10	8
9	1001	11	9
10	1010	12	A
11	1011	13	B
12	1100	14	C
13	1101	15	D
14	1110	16	E
15	1111	17	F
16	10000	20	10

（5）十进制数与二进制数间的转换

对于各种数制间的转换重点要求掌握二进制整数与十进制整数之间的转换。

① 二进制数转换成十进制数的方法

利用按权展开的方法，可以把任意数制的一个数转换成十进制数。下面是将二进制数转换成十进制数的例子。

【例 1-3】 将二进制数 1010.101 转换成十进制数。

$$1010.101B = 1 \times 2^3 + 0 \times 2^2 + 1 \times 2^1 + 0 \times 2^0 + 1 \times 2^{-1} + 0 \times 2^{-2} + 1 \times 2^{-3}$$
$$= 8 + 2 + 0.5 + 0.125 = 10.625D$$

② 十进制数转换成二进制数的方法

通常一个二进制数包含整数和小数两部分，对整数部分和小数部分处理方法不同。

a. 把十进制整数转换成二进制整数的方法是采用"除二取余"法。

具体步骤：把十进制整数除以 2 得一商数和一余数；再将所得的商除以 2，得到一个新的商和余数；这样不断地用 2 去除所得的商数，直到商等于 0 为止。每次相除所得的余数便是对应的二进制整数的各位数字。第一次得到的余数为最低有效位，最后一次得到的余数为最高有效位。

【例 1-4】 将十进制数 268 转换成二进制数。

【解】 按上述方法得：

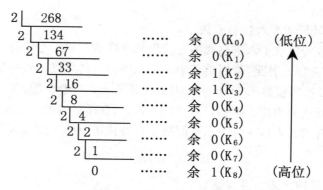

$$所以\ (268)_{10} = (100001100)_2$$

也可以记为：268D＝100001100B

所有的运算都是除 2 取余，只是本次除法运算的被除数须用上次除法所得的商来取代，这是一个重复过程。

b. 把十进制小数转换成二进制小数的方法是采用"乘 2 取整"法。

具体步骤：把十进制小数不断地乘以 2 取整数，直到小数部分等于 0 或达到要求的精度为止（小数部分可能永远不会得到 0）。每次相乘所得的整数从小数点自左往右排列，取有效精度，第一次得到的整数排在最左边，由上向下读取数据。

【例 1-5】 将十进制数 0.6875 转换成二进制数。

【解】 按上述方法得：

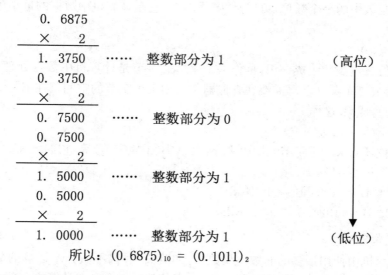

$$所以：(0.6875)_{10} = (0.1011)_2$$

也可以记为：0.6875D＝0.1011B

用类似于将十进制数转换成二进制数的方法可将十进制数转换成十六进制数、八进制数，只是所使用的数以 16、8 去替代 2 而已。

（6）二进制数与十六进制数间的转换

用二进制数编码，存在这样一个规律：n 位二进制数最多能表示 2^n 种状态，分别对应：0,1,2,3,$\cdots$,$2^n - 1$。可见，用 4 位二进制数就可对应表示 1 位十六进制数。其对照关系如

表 1-3 所示。

① 二进制整数转换成十六进制整数

将一个二进制数转换成十六进制数的方法是从个位数开始向左按每 4 位二进制数一组划分,不足 4 位的组前面以 0 补足,然后将每组 4 位二进制数代之以十六进制数字即可。

【例 1-6】 将二进制整数 1111101011010B 转换成十六进制整数。

【解】 按上述方法分组得:0001,1111,0101,1010,在所划分的二进制数组中,最后一组是不足 4 位经补 0 而成的。再以 1 位十六进制数字符替代每组的 4 位二进制数字得:

$$1111101011010B = 1F5AH$$

② 十六进制整数转换成二进制整数

将十六进制整数转换成二进制整数,其过程与二进制数转换成十六进制数相反。即将每 1 位十六进制数字代之以与其等值的 4 位二进制数展开即可。

【例 1-7】 将 2BFH 转换成二进制数。

【解】 因为
$$\begin{matrix} 2 & B & F \\ 0010 & 1011 & 1111 \end{matrix}$$

所以,得结果:2BFH = 1010111111B

(7) 计算机存储和处理二进制数的常用单位

在计算机内部,一切数据都用二进制形式来表示。为了衡量计算机中数据的量,人们规定了一些二进制数的常用单位,如位、字节等。

① 位(bit)

位是二进制数中的一个数位,可以是"0"或"1"。它是计算机中数据的最小单位,称为比特(bit)。

② 字节(Byte)

通常将 8 位二进制数组成一组,称作一个字节。字节是计算机中数据处理和存储容量的基本单位,如存放 1 个英文字母需要在存储器中占用 1 个字节的空间。在书写时,常将字节英文单词 Byte 简写成 B,这样

1 B = 8 bit(8 个二进制位)

常用的单位还有 kB(千字节)、MB(兆字节)、GB(千兆字节)等,它们之间的关系是:

1 kB = 2^{10} B = 1024 B

1 MB = 2^{20} B = 1024^2B = 1024 kB

1 GB = 2^{30} B = 1024^3B = 1024 MB

2. 了解字符编码

字符是计算机中使用最多的非数值型数据,如英文字母、不做算术运算的数字、可印刷的符号、控制符号等,它是人与计算机进行通信、交互的重要媒介。在计算机内部,可以采用不同的编码方式对字符进行二进制编码。当用户输入一个字符时,系统自动将用户输入字符按编码的类型转换为相应的二进制形式存入计算机存储单元中。在输出过程中,再由系统自动将二进制编码数据转换成用户可以识别的数据格式输出给用户。编码方式主要有如下几种。

(1) ASCII 码

目前微型机中使用最广泛的字符编码是 ASCII 码,即美国标准信息交换码(American

Standard Code for Information Interchange），被国际标准化组织（ISO）指定为国际标准。ASCII 包括 32 个通用控制字符、10 个十进制数码、52 个英文大小写字母和 34 个专用符号，共 128 个元素，故需要用 7 位二进制数 $b_7 b_6 b_5 b_4 b_3 b_2 b_1$ 进行编码，以区分每个字符。通常使用一个字节（即 8 个二进制位）表示一个 ASCII 码字符，规定其最高位总是 0。ASCII 码见表 1-4。表中每个字符都对应一个数值，称为该字符的 ASCII 码值。如数字"0"的 ASCII 码值为 00110000B（或 48D，或 30H），字母"A"的码值为 01000001B（或 65D，或 41H），"a"的码值为 01100001B（或 97D，或 61H）等。

表 1-4　七位 ASCII 码编码表

$b_4 b_3 b_2 b_1$ ＼ $b_7 b_6 b_5$	000	001	010	011	100	101	110	111
0000			空格	0	@	P	`	p
0001			!	1	A	Q	a	q
0010			"	2	B	R	b	r
0011			#	3	C	S	c	s
0100			$	4	D	T	d	t
0101			%	5	E	U	e	u
0110			&	6	F	V	f	v
0111			`	7	G	W	g	w
1000	32 个控制字符		(	8	H	X	h	x
1001			)	9	I	Y	i	y
1010			*	:	J	Z	j	z
1011			+	;	K	[	k	{
1100			,	<	L	\	l	|
1101			—	=	M	]	m	}
1110			.	>	N	ˆ	n	~
1111			/	?	O	o	o	DEL

【例 1-8】　分别用二进制数和十六进制数写出"GOOD!"的 ASCII 编码。

用二进制数表示：01000111B　01001111B　01001111B　01000100B　00100001B

用十六进制数表示：47H　4FH　4FH　44H　21H

（2）BCD 码

BCD（Binary Coded Decimal）码又称"二—十进制编码"，专门解决用二进制数表示十进制数的问题。二—十进制编码方法很多，有 8421 码、2421 码、5211 码、余 3 码、右移码等。最常用的是 8421 编码，其方法是用四位二进制数表示一位十进制数，自左至右每一位对应的位权是 8、4、2、1。四位二进制数有 0000～1111 共十六种状态，而十进制数只有 0～9 十个数码，所以，BCD 码只取 0000～1001 十种状态，其余六种不用。8421 编码见表 1-5。

表 1-5　8421 编码表

十进制数	8421 编码	十进制数	8421 编码
0	0000	8	1000
1	0001	9	1001
2	0010	10	0001 0000
3	0011	11	0001 0001
4	0100	12	0001 0010
5	0101	13	0001 0011
6	0110	14	0001 0100
7	0111	15	0001 0101

由于 BCD 码中的 8421 编码应用最广泛,所以经常将 8421 编码混称为 BCD 码,也被人们所接受。

由于需要处理的数字符号越来越多,为此又出现"标准六位 BCD 码"和八位的"扩展 BCD 码"(EBCDIC 码)。在 EBCDIC 码中,除了原有的 10 个数字之外,又增加了一些特殊符号、大、小写英文字母和某些控制字符。IBM 系列大型机采用 EBCDIC 码。

3. 了解汉字编码

汉字的输入、转换、传输和存储方法与英文相似,但是由于汉字数量多,汉字一般不能由键盘直接输入,所以汉字的编码和处理相对英文要复杂得多。经过多年的努力,我国在汉字信息处理的研制和开发方面取得了突破性进展,使我国的汉字信息处理技术处于世界领先地位。汉字通常用两个字节进行编码,且根据传输、输入、存储和处理、打印或显示等不同处理场合,分为交换码、输入码、机内码和字形码。

(1) 汉字交换码

不同设备之间交换信息需要有共同的信息表示方法,对于字符和汉字的交换也需要制定一种人们共同遵守的编码标准,这就是交换码标准。现在,汉字交换码主要采用国标码和 BIG5 码两种编码方式。

① 国标码

1981 年,我国公布了《通用汉字字符集(基本集)及其交换码标准》,代号"GB 2312—80"编码,简称国标码,它规定每个汉字编码由两个字节构成。第一个字节的范围为 A1H~FEH,共 94 种,第二个字节的范围也为 A1H~FEH,共 94 种。利用这两个字节可定义出 94×94＝8836 种汉字,实际共定义了 6763 个汉字和 682 个图形符号。汉字分为两级,即一级(常用)汉字 3755 个(按汉语拼音排序)和二级(次常用)汉字 3008 个(按偏旁部首排序)。

为了满足信息处理的需要,在国标码的基础上,2000 年 3 月我国又推出了《信息技术·信息交换用汉字编码字符集·基本集的扩充》新国家标准,共收录了 27000 多个汉字,还包括藏、蒙、维吾尔等主要少数民族文字,采用单、双、四字节混合编码,基本上解决了计算机汉字和少数民族文字的使用标准问题。

② BIG5 码

BIG5 码是我国台湾地区计算机界实行的汉字编码字符集。BIG5 码规定:每个汉字编码由两个字节构成,第一个字节的范围为 A1H～F9H,共 89 种;第二个字节的范围分别为 40H～7EH,A1H～FEH,共 157 种。也就是说,利用这两个字节共可定义出 89×157＝13973 种汉字,其中,常用字共 5401 个,次常用字共 7652 个,剩下的便是一些特殊字符。

（2）汉字输入码

在计算机系统处理汉字时,首先遇到的问题是如何输入汉字。汉字输入码是指从键盘输入汉字时采用的编码,又称为外码,主要有:

- 数字编码,如区位码。
- 拼音码,如全拼输入法、微软拼音输入法、紫光输入法、智能 ABC 输入法等。
- 形码,如五笔字型输入法、表形码。
- 音形码,如双拼码、五十字元等。

（3）汉字机内码

汉字机内码是指计算机内部存储、处理加工汉字时所用的代码,要求它与 ASCII 码兼容但又不能相同,以便实现汉字和英文的并存兼容。输入码经过键盘被接收后就由汉字操作系统的"输入码转换模块"转换为机内码。一般要求机内码与国标码之间有较简单的转换规则,通常将国标码前两个字节的最高位置"1"作为汉字的机内码。以汉字"啊"为例,其机内码为B0A1H,即 10110000　10100001。

（4）汉字字形码

字形码是指文字信息的输出编码。文字信息在计算机内部是以二进制形式存储、处理的,当需要显示这些文字信息时,必须通过字形码将其转换为人能看懂且能表示为各种字型字体的图形格式,然后通过输出设备输出。

字形码通常采用点阵形式,不论一个字的笔画多少,都可以用一组点阵表示。每个点即二进制的一位,由"0"和"1"表示不同状态,如明、暗或不同颜色等特征,表现字的型和体。一种字形码的全部编码就构成"字模库",简称"字库"。根据输出字符要求的不同,每个字符点阵中点的多少也不同。点阵越大,点数越多,分辨率就越高,输出的字形也就越清晰美观。汉字字型有 16×16、24×24、32×32、48×48、128×128 点阵等,不同字体的汉字需要不同的字库。点阵字库存储在文字发生器或字模存储器中。字模点阵的信息量是很大的,所占存储空间也很大。以 16×16 点阵为例,每个汉字就要占用 32 个字节。

（5）各种编码之间的关系

各种汉字编码使用的场合及其之间的关系如图 1-5 所示。汉字通常通过汉字输入码,并借助输入设备输入到计算机内,再由汉字系统的输入管理模块进行查表或计算,将输入码(外码)转换成机器内码存入计算机存储器中。当存储在计算机内的汉字需要在屏幕上显示或在打印机上输出时,要借助汉字机内码在字模库中找出汉字的字形码,在输出设备上将该汉字的图形信息显示出来。当要与其他设备进行信息交换时,需要进行机内码和交换码之间的转换。

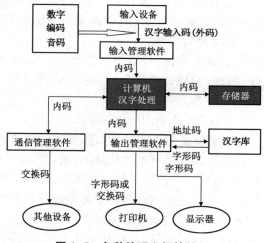

图 1-5　各种编码之间的关系

任务 3 认识计算机的硬件系统

【任务展示】

随着计算机的逐渐普及,使用计算机的人也越来越多,但是很多使用计算机的人,并不是很了解计算机是如何工作的,计算机内部的硬件结构是怎么样的,计算机的软件程序有哪些。

本任务要求认识计算机的基本结构,了解计算机工作的基本原理,并对微型计算机的各组成硬件,如主机及主机内部的硬件、显示器、键盘和鼠标等有一个基本的认识和了解。

【相关知识】

1. 了解计算机系统

一个完整的计算机系统应当包括硬件系统(Hardware)和软件系统(Software)两部分。组成一台计算机的物理设备的总称叫做计算机硬件系统,是实实在在的物体。通常所看到的计算机,总会有一些机柜或机箱,里面是各式各样的电子器件或装置。此外,还有键盘、鼠标、光盘驱动器、硬盘、显示器和打印机等,这些都是所谓的硬件,它们是计算机工作的物质基础。当然,大型计算机的硬件组成比微型机复杂得多。但无论什么类型的计算机,都有负责完成功能相同的硬件部分。

软件是指运行在计算机硬件上的程序、运行程序所需的数据和相关文档的总称。程序就是根据所要解决问题的具体步骤编制成的指令序列。当程序运行时,它的每条指令依次指挥计算机硬件完成一个简单的操作,这一系列简单操作的组合,最终完成指定的任务。程序执行的结果通常是按照某种格式产生输出。

硬件是软件发挥作用的舞台和物质基础,软件是使计算机系统发挥强大功能的灵魂,两者相辅相成,缺一不可。计算机系统的组成示意图如图 1-6 所示。

(1)硬件系统

到目前为止,计算机的主流产品仍然是按照冯·诺依曼提出的模型构建的。冯·诺依曼计算机的硬件系统包括:运算器、控制器、存储器、输入和输出设备。冯·诺依曼机模型如图 1-7 所示。

① 运算器(Arithmetical and Logical Unit,ALU)

运算器是计算机处理数据形成信息的加工厂,它的主要功能是对二进制数码进行算术运算或逻辑运算。算术运算是加、减、乘、除等按算术规则进行的运算。逻辑运算指比较大小、移位、逻辑"与""或""非"等非算术性质的运算。所以,也称运算器为算术逻辑部件(ALU)。参加运算的数(称为操作数)全部是在控制器的统一指挥下从内存储器中取到运算器里,绝大多数运算任务都由运算器完成。

由于在计算机内,各种运算均可归结为相加和移位这两种基本操作,所以,运算器的核心是加法器(Adder)。为了能将操作数暂时存放,能将每次运算的中间结果暂时保留,运算器还需要若干个寄存数据的寄存器(Register)。若一个寄存器既保存本次运算的结果而又参与下次的运算,它的内容就是多次累加的和,这样的寄存器又叫做累加器(Accumulator,AC)。

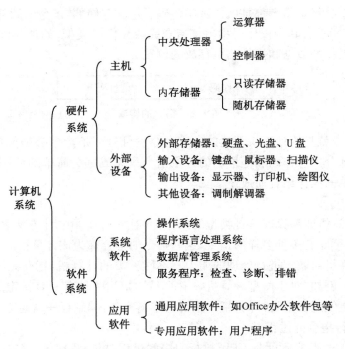

图 1-6　计算机系统的组成示意图

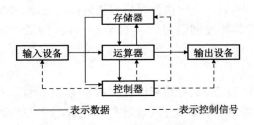

图 1-7　冯·诺依曼机模型

运算器主要由一个加法器、若干个寄存器和一些控制线路组成。

② 控制器(Control Unit，CU)

控制器是计算机的神经中枢，由它指挥全机各个部件自动、协调地工作，就像人的大脑指挥躯体一样。控制器的主要部件有：指令寄存器、译码器、时序节拍发生器、操作控制部件和指令计数器(也叫程序计数器)。控制器的基本功能是根据指令计数器中指定的地址从内存取出一条指令，对其操作码进行译码，再由操作控制部件有序地控制各部件完成操作码规定的功能。控制器是计算机的指挥中心，在它的控制之下，将输入设备输入的程序和数据存入存储器，并按照程序的要求指挥运算器进行运算和处理，然后把运算和处理的结果再存入存储器中，最后将处理结果传送到输出设备上。控制器也记录操作中各部件的状态，使计算机能有条不紊地自动完成程序规定的任务。

a. 指令

指令是计算机硬件能够直接识别的指挥计算机完成某个基本操作的命令，一条指令控制计算机完成一种基本操作。它告诉计算机要做什么操作、参与此项操作的数据来自何处、操作结果又将送往哪里。每条指令都是由二进制代码表示和存储的,指令由两部分组成:操作码和地址码,如图 1-8 所示。其中操作码指出该指令完成操作的类型,如加、减、乘、除、传送等,而地址码指出参与操作的数据和操作结果存放的位置。

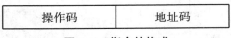

操作码	地址码

图 1-8 指令的构成

简单说来,指令就是给计算机下达的一道命令,所以,一条指令必须包括操作码和地址码(或称操作数)两部分。操作码和地址码的一条指令只完成一个简单的动作,而一个复杂的操作则是由许多简单的操作组合而成。

b. 指令系统

通常,一台计算机能够完成多种类型的操作,而且允许使用多种方法表示操作数的地址。因此,一台计算机可能有多种多样的指令,这些指令的集合称为该计算机的指令系统。指令系统充分反映了计算机对数据进行处理的能力。不同种类的计算机,指令系统所包含的指令数目与格式也不同。例如,对于微型计算机,一种型号的 CPU 具有一套特定的指令系统。指令系统是根据计算机使用要求设计的,指令系统越丰富完备,编制程序就越方便灵活。

c. 计算机执行指令的过程

计算机的工作过程,实际就是 CPU 执行程序的过程,执行程序就是依次执行程序的指令。CPU 执行一条指令分为取指令、分析指令、执行指令三个阶段。每执行完一条指令,CPU 会自动取下一条指令执行,如此下去,直到程序执行完毕或遇到停机指令、外来事件的干预为止。

在现代计算机中,运算器和控制器经常被封装在一起,构成中央处理器(CPU)的重要组成部分。

③ 存储器(Memory)

存储器是计算机的记忆装置,主要用来保存程序和数据,所以,存储器应该具备存数和取数功能。存数是指往存储器里"写入"数据;取数是指从存储器里"读取"数据。读写操作统称对存储器的访问。存储器分为内存储器(简称内存)和外存储器(简称外存)两类。

中央处理器(CPU)只能直接访问存储在内存中的数据。外存中的数据只有先调入内存后,才能被中央处理器访问和处理。

④ 输入设备(Input Devices)

输入设备是用来向计算机输入命令、程序、数据、文本、图形、图像、音频和视频等信息的。其主要作用是把人们可读的信息转换为计算机能识别的二进制代码输入计算机,供计算机处理。例如,用键盘输入信息时,敲击它的每个键位都能产生相应的电信号,再由电路板转换成相应的二进制代码送入计算机。

目前常用的输入设备有键盘、鼠标器、扫描仪等。

⑤ 输出设备(Output Devices)

输出设备的主要功能是将计算机处理后各种内部格式的信息转换为人们能识别的形式(如文字、图形、图像和声音等)表达出来。例如,在纸上打印出印刷符号或在屏幕上显示字符、图形等。常见的输出设备有显示器、打印机、绘图仪和音箱等,它们分别能把信息直观地显示在屏幕上或打印出来。

（2）计算机系统的层次结构

作为一个完整的计算机系统，硬件和软件是按一定的层次关系组织起来的。最底层是硬件，然后是系统软件中的操作系统，其上是其他软件，最上层是用户程序或文档。硬件为软件的运行提供了支持，计算机通过硬件（输入设备）获得软件处理的数据；通过硬件（CPU）执行软件中处理数据的指令；通过硬件（输出设备）输出处理数据的结果。操作系统直接管理和控制硬件，它非常清楚计算机的硬件细节。用户程序、其他软件需要通过操作系统才能够与硬件进行交互。同时，操作系统也是计算机的使用者与计算机打交道的桥梁。

操作系统向下控制硬件，向上支持软件，即所有其他软件都必须在操作系统的支持下才能运行。也就是说，操作系统最终把计算机的使用者与物理机器隔离开了，对计算机的操作一律转化为对操作系统的使用，所以使用计算机就变成使用操作系统了。这种层次关系为软件开发、扩充和使用提供了强有力的手段。

计算机系统的层次结构如图 1-9 所示。

综上所述，计算机系统由硬件系统和软件系统组成，两者缺一不可。软件系统又由系统软件和应用软件组成，操作系统是系统软件的核心，在每个计算机系统中是必不可少的，其他的系统软件，如语言处理系统可根据不同用户的需要配置不同程序语言编译系统；应用软件则随各用户应用领域的不同而可以有不同的配置。

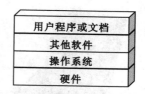

图 1-9　计算机系统层次结构

2. 认识微型计算机的硬件系统

微型计算机是如今广泛在人们生活中使用的一类计算机，它是与我们贴得最近的一类计算机，计算机的硬件是由电子器件和机电元件装置组成的物理实体。

（1）微型计算机硬件系统结构

① 微型计算机的基本逻辑结构

微型计算机的硬件系统也采用冯·诺依曼体系结构，即由运算器、控制器、存储器、输入设备和输出设备五大部分组成。随着超大规模集成电路技术的发展，运算器和控制器集成在一起，构成微型计算机的重要组成部分——中央处理器（即 CPU）。微型计算机基本逻辑结构如图 1-10 所示。

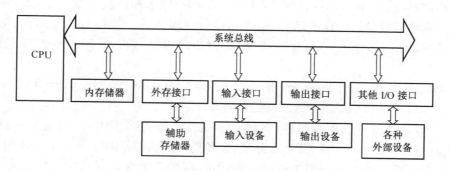

图 1-10　微型计算机的基本逻辑结构

在微型计算机技术中，通过系统总线把 CPU、存储器、输入设备和输出设备连接起来，实现信息交换。通过总线连接计算机各部件，使微型机系统结构简洁、灵活、规范，可扩充性好。

② 微型计算机的实际构成

对用户而言，计算机只是一个由多种设备组合在一起的硬件体。每种设备自身的内部结构和功能特点是计算机设计者关心的问题。目前几乎所有的微型计算机制造商都尽可能地把各个部件集成在一起，提高微机的性价比。

通常，我们所看到的微型计算机由主机、显示器、键盘、鼠标、音箱等构成。实际上有许多其他部件被封装在主机箱内部，如有主板、中央处理器、内存条、高速缓冲存储器、显卡、声卡、网卡、磁盘控制器等，这些部件通过主板组装在一起。

从外观上看，微型计算机有笔记本和台式计算机两大类，如图 1-11、图 1-12 所示。

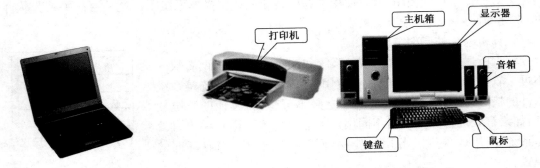

图 1-11　笔记本计算机　　　　图 1-12　微型计算机的硬件组成

(2) 中央处理器(Central Processing Unit,CPU)

① 什么是中央处理器

中央处理器(CPU)是一体积不大而元件的集成度非常高、功能强大的芯片，又称微处理器(Micro-Processor Unit,MPU)，它是计算机的心脏，计算机的所有操作都受 CPU 控制，它的性能强弱能直接决定整个计算机的性能，是衡量计算机档次的一个重要指标。CPU 可以直接访问内存储器，它和内存储器构成了计算机的主机，是计算机系统的主体。输入/输出(I/O)设备和辅助存储器(又称外存)通称为外部设备(简称外设)，它们是沟通人与主机联系的桥梁。CPU 主要包括运算器(ALU)和控制器(CU)两大部件，此外，还包括若干个寄存器和高速缓冲存储器(Pentium 以后，目前的 CPU 内部都集成了高速缓冲存储器 Cache)，用内部总线连接。运算器可以执行算术运算，也可以执行逻辑运算。寄存器临时保存将要被运算器处理的数据和结果。控制器负责取指令，并对指令进行分析，按照指令的要求控制各部件工作。

微处理器的主要生产厂家有 Intel 公司和 AMD(Advanced Micro Devices)公司。图 1-13 是 Intel 产品中的一款微处理器的正面、背面图片。

随着 CPU 制造技术的不断提高，多核技术是进一步提高 CPU 性能的又一途径，多核 CPU 已经成为当代微机的主流 CPU。简言之，多核处理器即是基于单个半导体的一个处理器上拥有多个一样功能的处理器核心。换句话说，将多个物理处理器核心整合入一个 CPU 芯片中，从而提高计算能力。

② 处理器的主要技术参数

CPU 的性能指标直接决定了由它构成的微型计算机系统性能指标。CPU 的性能指标主

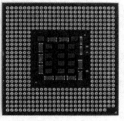

图 1-13　微处理器的正面、背面

要有字长和时钟主频。

◇　字长

字长是指计算机运算部件一次能同时处理的二进制数据的位数。字长表示 CPU 每次处理数据的能力，微处理器的字长主要是根据运算器和寄存器的比特位数确定的。如 80286 型号的 CPU 每次能处理 16 位二进制数据，而 80386 型号的 CPU 和 80486 型号的 CPU 每次能处理 32 位二进制数据，Pentium 4 型号的 CPU 每次能处理 32 位二进制数据。那么我们就说这个 Pentium 4 型号的微处理器的字长为 32 位，并且把这个微处理器称为"32 位微处理器"。字长的大小直接反映计算机的数据处理能力，字长越长，作为存储数据，则计算机的运算精度就越高；作为存储指令，则计算机的处理能力就越强。

◇　主频

主频即微处理器的时钟频率(Clock Speed)，它决定了微处理器每秒钟可以执行多少个指令周期，通常，时钟频率越高微处理器处理数据的速度相对也就越快。注意，时钟频率和处理器 1 秒钟处理的指令数目不相等，因为一条指令的执行可能需要多个指令周期。时钟频率以 MHz(兆赫兹)或 GHz(吉赫兹)为单位来度量。CPU 的时钟频率也由几百兆赫兹发展到 1～3GHz，如 Pentium 4 的时钟频率最高可达到 3.8 GHz。

同时，随着 CPU 主频的不断提高，它对内存 RAM 的存取更快了，而 RAM 的响应速度达不到 CPU 的速度，这样就可能成为整个系统的"瓶颈"。为了协调 CPU 与 RAM 之间的速度差问题，在 CPU 芯片中又集成了高速缓冲存储器(Cache)，一般在几十千字节到几百千字节之间。

◇　外频

外频即微处理器的外部时钟频率，它直接影响微处理器与内存之间的数据交换速度。外频由计算机主板提供。

◇　高速缓存(Cache)

随着微电子技术的不断发展，微处理器的主频不断提高。内存由于容量大、寻址系统和读写电路复杂等原因，造成了内存的工作速度大大低于微处理器的工作速度，直接影响了计算机的性能。为了解决内存与微处理器工作速度上的矛盾，设计者们在微处理器和内存之间增设一级容量不大但速度很高的高速缓冲存储器。封闭在微处理器芯片内部的 Cache 中暂时存储微处理器运算时的部分指令和数据，当微处理器访问这些程序和数据时，首先从 Cache 中查找，如果所需程序和数据不在 Cache 中，则到内存中读取，并同时写入 Cache 中。因此采用 Cache 可以提高系统的运行速度。缓存的容量单位一般为 kB。缓存越大，微处理器工作时与存取速度较慢的内存间交换数据的次数越少，运算速度越快。Cache 由静态存储器(SRAM)

构成,常用的容量为 256 kB、512 kB、1 MB 等。在高档微机中为了进一步提高性能,还把 Cache 设置成二级或三级(L1 Cache、L2 Cache、L3 Cache)。

◇ 地址总线宽度

地址总线宽度决定了微处理器可以访问的物理地址空间。简单地说,就是微处理器能够使用多大容量的内存。假设微处理器有 n 根地址线,则其可以访问的物理地址为 2^n。目前,微型计算机地址总线有 8 位、16 位、32 位等之分。

◇ 数据总线宽度

数据总线负责整个系统的数据传输,数据总线宽度决定了微处理器与二级高速缓存、内存以及输入/输出设备之间一次数据传输的信息量。

◇ 运算速度

计算机的运算速度通常是指每秒钟所能执行加法指令的数目,常用百万次/秒(Million Instructions Per Second,MIPS)来表示。这个指标更能直观地反映机器的速度。

(3) 存储器

存储器分为两大类:一类是设在主机中的内部存储器(简称内存),也叫主存储器,用于存放当前运行的程序和程序所用的数据,属于临时存储器;另一类是属于计算机外部设备的存储器,叫外部存储器(简称外存),也叫辅助存储器(简称辅存)。外存属于永久性存储器,存放着暂时不用的数据和程序,当需要某一程序或数据时,首先应调入内存,然后再运行。

一个二进制(bit)是构成存储器的最小单位。实际上,存储器是由许许多多个二进制位的线性排列构成的。为了存取到指定位置的数据,通常将每 8 位二进制位组成的一个存储单元称为字节(Byte),并给每个字节编上一个号码,称为地址(Address)。

存储器可容纳的二进制信息量称为存储容量。目前,度量存储容量的基本单位是字节(Byte)。此外,常用的存储容量单位还有:kB(千字节)、MB(兆字节)和 GB(吉字节)。

① 主存储器(Main Memory)

内存储器是直接与微处理器相联系的存储设备,内存储器是计算机中最主要的部件之一,它的性能在很大程度上影响计算机的性能。

◇ 内存的分类

微机的内存储器分为随机存取存储器(Random Access Memory,RAM)、只读存储器(Read Only Memory,ROM)两类。

a. 随机存取存储器(RAM)

随机存储器也叫读写存储器。RAM 是计算机程序和数据的存储器,一切要执行的程序和数据都要先装入该存储器。随机存取的含义是指既能读数据,也可以往里写数据。通常所说的 256 M 内存指的就是 RAM。目前,所有的计算机大都使用半导体 RAM 存储器。半导体存储器是一种集成电路,其中有成千上万的存储元件。依据存储元件结构的不同,RAM 又可分为静态 RAM(Static RAM,SRAM)和动态 RAM(Dynamic RAM,DRAM)。静态 RAM 是利用其中触发器的两个稳态来表示所存储的"0"和"1"的,这类存储器集成度低、价格高,但存取速度快,常用来做高速缓冲存储器(Cache)用。动态 RAM 则是用半导体器件中分布电容上有无电荷来表示"1"和"0"的。因为保存在分布电容上的电荷会随着电容器的漏电而逐渐消失,所以需要周期性地给电容充电,称为刷新。这类存储器集成度高、价格低,但由于要周期性地刷新,所以存取速度较 SRAM 慢。微机的内存一般采用 DRAM。RAM 一般以内存条的形式插入主板,图 1-14 为一款 RAM 内存条。

图 1-14　RAM 内存条

　　RAM 中存储当前使用的程序、数据、中间结果以及与外存交换的数据,CPU 根据需要可以直接读/写 RAM 中的内容。RAM 有两个主要特点:一是其中的信息随时可以读出或写入,当写入时,原来存储的数据将被冲掉;二是加电使用时其中的信息会完好无缺,但是一旦断电(关机或意外掉电),RAM 中存储的数据就会消失,而且无法恢复。由于 RAM 的这一特点,所以也称它为临时存储器。

　　b. 只读存储器(ROM)

　　顾名思义,对只读存储器只能做读出操作而不能做写入操作,ROM 中的信息只能被 CPU 随机读取。ROM 主要用来存放固定不变的控制计算机的系统程序和数据,如:常驻内存的监控程序、基本 I/O 系统、各种专用设备的控制程序和有关计算机硬件的参数表等。例如,安装在系统主板上的 ROM - BIOS 芯片中存储着系统引导程序和基本输入输出系统。ROM 中的信息是在制造时用专门设备一次写入的,是由计算机的设计者和制造商事先编制好固化在里面的一些程序,使用者不能随意更改。ROM 中存储的内容是永久性的,即使关机或掉电也不会丢失。随着半导体技术的发展,已经出现了多种形式的只读存储器,如可编程的只读存储器 PROM(Programmable ROM)、可擦除可编程的只读存储器 EPROM(Erasable Programmable ROM)以及掩膜型只读存储器 MROM(Masked ROM)等,它们需要特殊的手段改变其中的内容。

　　◇ 内存的性能指标

　　a. 存储容量

　　存储器可以容纳的二进制信息量称为存储容量,通常以 RAM 的存储容量来表示。存储器的容量以字节(Byte)为单位。显然,内存容量越大,机器所能运行的程序就越大,处理能力就越强。尤其是当前多媒体 PC 机应用多涉及图像信息处理,要求存储容量会越来越大,甚至没有足够大的内存容量就无法运行某些软件。目前微机的内存容量一般为 256～512 MB。

　　b. 存取周期

　　简单来说,存取周期就是 CPU 从内存储器中存取数据所需的时间。目前,内存的存取周期在 7～70 ns 之间,ns 为毫微秒。存储器的存取周期是衡量主存储器工作速度的重要指标。

　　c. 功耗

　　这个指标反映了存储器耗电量的大小,也反映了发热程度。功耗小,对存储器的工作稳定有利。

② 辅助存储器（Auxiliary Memory）

与内存相比，外部存储器的特点是存储量大、价格较低，而且在断电的情况下也可以长期保存信息，所以又称为永久性存储器。主要包括：硬盘存储器、光盘存储器、U 盘存储器。

◇ 硬盘存储器

a. 硬盘的组成

微机中的硬盘存储器由于采用了"温彻斯特"技术，所以又称"温盘"。其主要特点是将盘片、磁头、电机驱动部件乃至读/写电路等做成一个不可随意拆卸的整体，并密封在金属盒中，硬盘内部如图 1-15 所示。所以，防尘性能好、可靠性高，对环境要求不高。

一个硬盘可以有多张盘片，所有盘片按同心轴方式固定在同一轴上，每片磁盘都装有读写磁头，在控制器的统一控制下沿着磁盘表面径向同步移动。每张盘片按磁道、扇区来组织硬盘数据的存取。硬盘有多个记录面，不同记录面的同一磁道称为柱面。

图 1-15 硬盘内部

硬盘的容量计算公式是：

硬盘的存储容量＝磁头数×柱面数×每磁道扇区数×每扇区字节数（512 Byte）

硬盘通常用来作为大型机、服务器和微型机的外部存储器。它有很大的容量，常以兆字节（MB）或以吉字节（GB）为单位。随着硬盘技术的发展，其容量已从几百兆字节提升至几千兆字节甚至更大。硬盘容量已达到 500 GB、1 TB、2 TB 了，转速也有 5400 rpm（转/分钟）、7200 rpm、10000 rpm 以及 15000 rpm 等规格。但是，硬盘多固定在机箱内部，不便携带。

b. 硬盘的主要性能指标

• 转速：单位是 rpm，目前硬盘主轴电机的转速为 5400 rpm～15000 rpm。

• 平均寻道时间：指磁头从初始位置到目标磁道的时间，单位是 ms，硬盘的平均寻道时间为 8～12 ms。

• 数据传输率：指硬盘读写数据的速度，单位是 Mb/s。目前硬盘的最大外部传输率不低于 16.6 Mb/s。

c. 硬盘使用注意事项

• 硬盘转动时不要关闭电源。

• 防止震动、碰撞。

• 防止病毒对硬盘数据的破坏，应注意对重要数据的备份。

• 未经允许，严禁对硬盘进行低级格式化、分区、高级格式化等操作。

◇ USB 移动硬盘

随着多媒体技术的不断应用，有越来越多的图像、声音、动画和视频文件需要保存和交流，而这类文件一般都非常庞大，传统的软盘片不能满足需求了，于是 USB 移动硬盘和闪盘就应运而生。USB 移动硬盘的优点是：体积小，重量轻（一般重 200 g 左右），容量大（500 GB、1 TB、2 TB 等规格），存取速度快（USB 1.1 标准接口的传输率是 12 MB/s，而 USB 2.0 的传输率为 480 MB/s），可以通过 USB 接口即插即用，当前的计算机都配有 USB 接口，在

Windows 2000 或以上操作系统下,无须驱动程序,可直接热插拔,使用非常方便。

◇ USB 优盘(U 盘)

U 盘(如图 1-16)作为存储设备正在被广泛使用。USB 优盘又称拇指盘。U 盘的存储介质是快闪存储器,闪存(Flash Memory)具有在断电后还能保持存储的数据不丢失这一特点。将闪存和一些外围数字电路焊接在电路板上,并封装在颜色比较亮丽的外壳内。U 盘可重复擦写达 100 万次。有的还提供了写保护的功能。

图 1-16　U 盘

U 盘具有许多优点:

• 直接使用 USB 接口,无须外接电源,支持即插即用和热插拔,只要用户所使用的计算机主板上有 USB 接口就可以使用 U 盘。当计算机使用 Windows ME/2000/XP 及以上版本操作系统时不用安装驱动程序就可以直接使用 U 盘。

• 存取速度比最早的软盘快,存储容量比软盘大。U 盘容量通常为 1GB、2GB、8GB、16GB 等。

• 体积小,重量轻,便于携带。

◇ 光盘存储器

计算机常采用光盘存储器存储声音、图像等大容量信息。光盘存储器由光盘(如图 1-17)、光盘驱动器和接口电路组成。

a. 光盘存储原理

光盘的存储原理很简单,在其螺旋形的光道上,刻上能代表“0”和“1”的一些凹坑;读取数据时,用激光去照射旋转着的光盘片,从凹坑和非凹坑处得到的反射光,其强弱是不同的,根据这样的差别就可以判断出存储的是“0”还是“1”。

图 1-17　光盘

光盘的特点:一是存储容量大,价格低。目前,微机上广泛使用的直径为 4.72 英寸(120 mm)光盘的存储容量达 650 MB。二是不怕磁性干扰,所以,光盘比磁盘的记录密度更高,也更可靠。三是存取速度快。一般光驱为 52 倍速、72 倍速甚至更高。传输率 150 kB/s 为单倍速。例如:50 倍速光驱的传输率为:$50×150 kB/s=7500 kB/s$。

b. 常用光盘标准

• CD-ROM(Compact Disk Read Only Memory)光盘

光盘在十多年的发展过程中,制定了许多标准。目前常用的 CD-ROM 光盘其存储容量达 650 MB。CD-ROM 中的程序或数据预先由生产厂家写入,用户只能读出,不能改变其内容。

由于声音、视频和图形文件的使用,CD-ROM 的应用极为广泛。它的制作成本低,信息存储量大,保存时间长。CD-ROM 只有一面有数据,在它的表面有一层保护膜,但它还是很容易被划伤。CD-ROM 的印刷面不含数据,数据刻录在光滑的一面。在 CD-ROM 上,数据的读取靠激光来实现,表面的灰尘和划痕都会影响到读盘质量。CD-ROM 的容量不是固定的,对一片 CD 来说,它有一个最大容量。CD-ROM 有 12 cm 和 8 cm 两种尺寸,最常见的是 12 cm 的一种,我们平时所说的就是这一种。同样是 12 cm 的光盘,CD-R74 可存储 650 MB 的数据或 74 min 的音乐,CD-R63 可存储 550 MB 的数据或 63 min 的音乐。让我们计算一下,一张 CD-R74 有 333000 个扇区,每个扇区有 2048 个字节,则它可录制 $333000×2048=$

681984000 B，即 650 MB。

● DVD 光盘

随着 MPEG-2 的成熟，促使具有更高密度、更大容量的 DVD 光盘的产生。DVD(Digital Versatile Disk，数字多功能光碟，也称作 Digital Video Disk，数字影像光碟)大小和普通的 CD-ROM 完全一样。它采用与普通 CD 相类似的制作方法，但具有更密的数据轨道、更小的凹坑和较短波长的红激光激光器，大大增加光盘的存储容量。DVD 定义了单面单层、单面双层、双面单层、双面双层 4 种规格。容量分别是：4.7 GB、8.5 GB、9.4 GB 和 17 GB。普通的 CD-ROM 容量仅为 650 MB。DVD 和我们熟悉的 CD-ROM、VCD 一样，既可以存储数据，也可以存储电影数据。

DVD 是代替 CD-ROM 的下一代存储媒体。它以电影院级的声像，强大的交互功能，给电影界带来革命。一张和普通 CD-ROM 大小一样的 DVD 光盘上，可以存储数倍于 CD-ROM 的数据，这也给计算机信息界带来了巨大的进步。

● 可擦写光盘 CD-RW(CD-Rewriteable)和一次写入型光盘 CD-R(CD-Recordable)

CD-ROM 光盘、VCD 光盘和 DVD 光盘都是只读式光盘，也就是说，信息一旦写入上述光盘之中，就不能对其进行修改，光盘只能一次性使用。为了用户能方便地制作多媒体软件和多媒体节目，又研制了用户可擦写光盘 CD-RW 和一次写入型光盘 CD-R 的光盘存储器，其制作成本比大批量模压生产的 CD 盘要高出许多。

c. 光盘驱动器

● CD-ROM 光盘驱动器(光驱)

光驱是读取光盘数据的设备，通常固定在主机箱内，光驱的外观及其控制面板结构如图 1-18 所示。

光驱是一个结合光学、机械及电子技术的产品。在光学和电子结合方面，激光光源来自一个激光二极管，它可以产生波长约 0.54～0.68 μm 的光束，经过处理后光束更集中且能精确控制，光束首先打在光盘上，再由光盘反射回来，经过光检测器捕获信号。光盘上有两种状态，即凹点和空白，它们的反射信号相反，很容易经过光检测器识别。检测器所得到的信息只是光盘上凹凸点的排列方式，驱动器中有专门的部件把它转换并进行

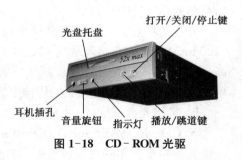

图 1-18　CD-ROM 光驱

校验，然后我们才能得到实际数据。光盘在光驱中高速转动，激光头在伺服电机的控制下前后移动读取数据。

数据传输率是光驱的基本参数，指光驱在 1 s 内所能读出的最大数据量。早期的光驱数据传输率为 150 kB/s，称为"单倍速光驱"，目前的光驱已达到了 52、72 倍速，甚至更高。

● DVD 驱动器

DVD 驱动器是用来读取 DVD 盘上数据的设备，从外形上看和 CD-ROM 驱动器一样。DVD 驱动器的读盘速度比原来 CD-ROM 驱动器提高了 4 倍以上。目前 DVD 驱动器采用的是波长为 635～650 mm 的红激光。DVD 的技术核心是 MPEG2 标准，MPEG2 标准的图像格式共有 11 种组合，DVD 采用的是其中"主要等级"的图像格式，使其图像质量达到广播级水平。DVD 驱动器也完全兼容现在流行的 VCD，CD-ROM，CD-R，CD-AUDIO。但是普通

的光驱却不能读 DVD 光盘。因为 DVD 光盘采用了 MPEG2 标准进行录制,所以播放 DVD 光盘上的视频数据需使用支持 MPEG2 解码技术的解码器。

d. 光盘使用注意事项

• 将光盘放入光驱和光盘保护盒中时要小心轻放。

• 光盘用后最好装在光盘保护盒中,以免盘面划伤。

• 光盘处于高速旋转状态,中途不能按面板上的打开/关闭/停止键,因中途取出光盘有可能损坏盘片。

• 不要用有油渍、污垢的手拿光盘。

（4）存储系统的层次结构

如上所述,在计算机中存储设备有内存、硬盘、软盘、光盘、移动硬盘、U 盘等。内存具有较快的存取速度,但存储容量有限,且价格相对昂贵。硬盘、光盘的存储容量大,但存取速度慢,价格相对低廉。为了充分发挥各种存储设备的长处,将其有机地组织起来,就构成了具有层次结构的存储系统。

存储系统的层次结构如图 1-19 所示。

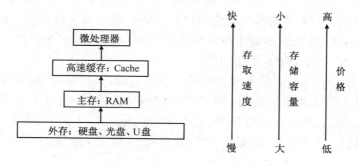

图 1-19　存储系统层次结构图

（5）输入设备（Input Devices）

输入设备是向计算机输入信息的设备,是人与计算机对话的重要工具。常用的输入设备有键盘、鼠标、扫描仪、数码相机等。

① 键盘（Key Board）

键盘是计算机最常用的一种输入设备,专家认为在未来相当长的时间内也会是这样。键盘实际上是组装在一起的一组按键矩阵,当按下一键时就产生与该键面对应的二进制代码,并通过接口送入计算机,同时将按键键面字符显示在屏幕上。键盘通常包括数字键、字母键、符号键、功能键和控制键等,并分别放在一定的区内。目前,微机上流行的 101 键的标准键盘如图 1-20 所示。

➤ 主键盘区

本区的键位排列与标准英文打字机的键位相同,位于键盘中部,包括 26 个英文字母、数字、常用字符和一些专用控制键。具体分别叙述如下:

• 控制键:转换键 Alt、控制键 Ctrl 和上档键 Shift（左右各一个,通常左右的功能一样）。一般它们都要与其他键配合组成组合键使用,书面表达上在其前后两个键之间用加号"＋"连接表示。方法是要先按住其中某一个 Alt、Ctrl 或 Shift 键,再按其他键,然后同时松开。例

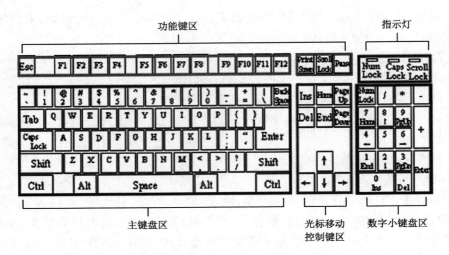

图 1-20 101 键的标准键盘

如：在 Windows 操作系统下，按 Alt＋F4 键表示退出程序；按 Ctrl＋Esc 键表示打开"开始"菜单；按 Ctrl＋空格键表示中/英文输入法之间切换。Shift 键和某字母键同时按下，表示该键代表的大写字母；若与某双符键（键面上标有两个符号）同时按下，则表示该键的上排符号，如 Shift＋8 同时按下，表示数字键 8 上面的星号"＊"。

• 大写锁定键 Caps Lock：是开关式的键。没按它以前，指示灯 Caps Lock 是熄灭的，此时按字母键时，键入的都是小写字母；当按 Caps Lock 键后，指示灯 Caps Lock 被点亮，这时再按字母键时，键入的都是大写字母；再按一次 Caps Lock 键后，指示灯 Caps Lock 熄灭，恢复到最初状态。对于要大量输入大写字母的情况，使用 Caps Lock 键是非常方便的。

• 回车键 Enter：主要用于"确认"。例如，键入一条命令后，按 Enter 键表示确认，表示执行键入的命令。

• 制表键 Tab：按一次，光标就跳过若干列，跳过的列数通常可预先设定。

• 回退键 Back Space：按一次，光标就向左移一位，同时删除该位置上的字符。编辑文件时可用它删除多余的字符。

• 字母键：共 26 个。若只按字母键，键入的是小写字母；若 Caps Lock 指示灯被点亮，或先按住了 Shift 键，则键入的是大写字母。

• 数字键：共 10 个。

• 符号键：共有 32 个符号，分布在 21 个键上。当一个键面上分布有两个字符时，上方的字符需要先按住 Shift 键后才能键入，下方的字符则可直接键入。

➢ 功能键区

该区放置 F1～F12 共 12 个功能键和 Esc 键等。具体如下：

• 逃逸键 Esc：在一些软件的支持下，通常用于退出某种环境或状态。例如，在 Windows 下，按 Esc 键可取消打开的下拉菜单。

• 功能键 F1～F12 共 12 个。在一些软件的支持下，通常将常用的命令设置在功能键上，按某功能键，就相当于键入了一条相应的命令，这样可简化计算机的操作，所以比较简便。不过各个功能键在不同的软件中所对应的功能可能是不同的。例如,在 Windows 下,按 F1 键可查看选定对象的帮助信息,按 F10 键可激活菜单栏。

· 打印屏幕键 Print Screen:在一些软件的支持下,按此键可将屏幕上正显示的内容送到打印机去打印。例如,在 Windows 下,按组合键 Alt+Print Screen 可将当前激活的窗口复制到剪贴板中。

➢ 数字小键盘区

数字键区也叫小键盘区,位于键盘右端。其左上角是 Num Lock(数字锁定)键,它是一开关式键,按一下它,Num Lock 指示灯点亮,数字键代表键上的数字;再按一下它,Num Lock 指示灯熄灭,则小键盘上的各键代表键面上的下排符号,用于移动光标。

➢ 光标移动控制键区

该区包括上、下、左、右箭头和 Page Up、Page Down 等键,主要用于编辑修改。

· 插入键 Insert:是开关式的键。按下它可以在"插入"和"替换"状态之间切换。

· 删除键 Delete:在一些软件的支持下,按一次就删除光标位置上(或右边)的一个字符,同时所有右面的字符都向左移动一个字符。

· 行首键 Home:在一些软件的支持下,按一次,光标就跳到光标所在行的首部。

· 行尾键 End:在一些软件的支持下,按一次,光标就跳到光标所在行的末尾。

· 向上翻页键 Page Up:在一些软件的支持下,按一次,屏幕或窗口显示的内容就向下滚动一屏,使当前屏幕或窗口内容前面的内容显示出来。

· 向下翻页键 Page Down:在一些软件的支持下,按一次,屏幕或窗口显示的内容就向上滚动一屏,使当前屏幕或窗口内容后面的内容显示出来。

· 光标移动键↑、←、↓和→:在一些软件的支持下,按一次,光标就向相应的方向移动一行或一列。

➢ Windows 键盘及其他键盘

除标准键盘外,还有 Windows 键盘、各种形式的多媒体键盘和专用键盘。如银行计算机管理系统中供储户用的键盘,按键位数不多,只是为了输入储户的密码和选择操作之用。专用键盘的主要优点是简单,即使没有受过专门训练的人也能使用。

Windows 键盘中,除 101 标准键盘外,增加了:

· 打开"开始"菜单键,键面上标有"视窗"图标的 Windows 键,在空格键左右两侧各有一个。按它可以打开 Windows"开始"菜单。使用与 Windows 键的组合键还可以在 Windows 操作系统中快速实现:

a. Windows 键+R:打开"运行"对话框。

b. Windows 键+M:最小化所有已打开的窗口。

c. Windows 键+E:打开"我的电脑"窗口。

d. Windows 键+F:打开"搜索结果"窗口,用于搜索指定的文件或文件夹。

e. Windows 键+Tab 键:切换任务栏中的对象,当对象被选中后按 Enter 键即可激活此任务。

· 打开"快捷菜单"键,键面上标有"快捷菜单"图标,在空格键右侧。按它可打开光标所指对象的快捷菜单。

➢ 打字指法

准备打字时，双手除拇指外的八个手指分别放在基本键上，如图 1-21 所示。

图 1-21　打字指法基本键位

每个手指分工的击键区域如图 1-22 所示，左右手的小指、无名指、中指各分工一列按键，食指最灵活，包中间的两列按键，最后，空格键由拇指负责。

图 1-22　手指按键分工

练习计算机指法需要将所有按键包键到指，打字前，手指放在基本键上；打字时，迅速有力击打按键；打字后，迅速抬起，返回基本键待命。

注意：击键必须短促，长时间按下某个按键，会造成该字符被重复录入。

② 鼠标器（Mouse）

鼠标器简称鼠标（图 1-23），是一个像老鼠大小的塑料盒子（"鼠标器"正是由此得名），其上有 2（或 3）个按键，当它在平板上滑动时，屏幕上的鼠标指针也跟着移动。它不仅可用于光标定位，还可用来选择菜单、命令和文件，故能减少击键次数，简化操作过程。目前，随着 Windows 操作系统的普及和发展，鼠标已经成为微机常用的输入设备，特别是在图形界面操作方式下，鼠标的使用给人们的操作带来了极大的方便。鼠标在 Windows 环境下的应用软件中是最常用的输入设备之一。

图 1-23　鼠标

鼠标常见的有：机械式、光电式、无线遥控式和蓝牙式。机械式鼠标内有一个实心橡皮球，当鼠标移动时，橡皮球滚动，通过相应装置将移动的信号传送给计算机。光电鼠标的内部有红外光发射和接收装置，它利用光的反射来确定鼠标的移动。无线遥控式鼠标又可分为红外无线型鼠标和电波无线型鼠标。红外无线型鼠标一定要对准红外线发射器后才可以活动自如；而电波无线型鼠标较为灵活，但价格贵。蓝牙鼠标和无线遥控式鼠标类似，使用蓝牙连接。

③ 其他输入设备

键盘和鼠标是微机中最常用的输入设备，此外，还有扫描仪、条形码阅读器、光学字符阅读器(OCR)、触摸屏、手写笔、声音输入设备(麦克风)和图像输入设备(数码相机)等。

a. 扫描仪是一种将图像或文本输入计算机的输入设备,它可以直接将图形、图像、照片或文本输入计算机中。利用扫描仪输入图片已在多媒体计算机中广泛使用。目前,一种 USB 接口的扫描仪支持热插拔,使用方便,可配备在多媒体计算机上进入家庭使用。

b. 条形码阅读器是一种能够识别条形码的扫描装置,连接在计算机上使用。当阅读器从左向右扫描条形码时,就把不同宽窄的黑白条纹翻译成相应的编码供计算机使用。许多自选商场和图书馆里都用它管理商品和图书。

c. 光学字符阅读器(OCR)是一种快速字符阅读装置。它由许许多多的光电管排成一个矩阵,当光源照射被扫描的一页文件时,文件中空白的白色部分会反射光线,使光电管产生一定的电压;而有字的黑色部分则把光线吸收掉,使光电管不产生电压。这些有、无电压的信息组合形成一个图案,并与 OCR 系统中预先存储的模板匹配,若匹配成功就可确认该图案是何字符。有些机器一次可阅读一整页的文件,称为读页机,有的则一次只能读一行。

d. 语音输入设备和手写笔输入设备使汉字输入变得更为方便、容易,免去了计算机用户学习键盘汉字输入法的烦恼,但语音或手写笔汉字输入设备的输入速度还有待提高。

(6) 输出设备(Output Devices)

输出设备的任务是将信息传送到中央处理机之外的介质上,这些介质可分为硬拷贝和软拷贝两大类。显示器和打印机是计算机中最常用的两种输出设备。

① 显示器(Monitor)

显示器又称为"监视器",是微机中最重要的输出设备之一,也是人机交互必不可少的设备。显示器用于微机或终端,可显示多种不同的信息。

➤ 显示器的分类

可用于计算机的显示器有许多种,早期使用的有阴极射线管显示器(简称 CRT)(图 1-24),现在基本是液晶显示器(简称 LCD)(图 1-25)、LED 显示器和等离子显示器(PDP)。CRT 显示器又有球面 CRT 和纯平 CRT 之分,但基本被 LCD 显示器所取代。液晶显示器为平板式,体积小、重量轻、功耗少、不产生辐射,主要用于移动 PC 机和笔记本电脑。LED 显示器色彩鲜艳、动态范围广、亮度高、寿命长、工作稳定,可以满足不同环境的需要。PDP 显示器代表了未来电脑显示器的发展趋势。

图 1-24　CRT 显示器　　　　图 1-25　LCD 显示器

当前,微机上使用的主流显示器是彩色图形显示器,可以显示多达 1600 多万种颜色。而黑白字符显示器常用于金融、商业领域。

➤ 显示器的主要技术参数

a. 屏幕尺寸:指显示器对角线长度,以英寸为单位(1 in＝2.54 cm),常见的显示器为

21 英寸、22 英寸、25 英寸等。

b. 像素(Pixel)与点距(Pitch)：屏幕上图像的分辨率或说清晰度取决于能在屏幕上独立显示的点的直径，这种独立显示的点称作像素，屏幕上两个像素之间的距离叫点距。

c. 分辨率：分辨率是衡量显示器的一个常用指标，它指的是整个屏幕上像素的数目，通常写成"水平点数"×"垂直点数"的形式。目前，有 640×480、800×600、1024×768 和 1280×1024 等几种。显示器的分辨率受点距和屏幕尺寸的限制，也和显示卡有关。

d. 灰度和颜色深度：灰度指像素点亮度的级别数，在单色显示方式下，灰度的级数越多，图像层次越清晰。颜色深度指计算机中表示色彩的二进制位数，一般有 1 位、4 位、8 位、16 位、24 位，24 位可以表示的色彩数为 1600 多万种。

e. 刷新频率：指每秒钟内屏幕画面刷新的次数。刷新频率越高，画面闪烁越小。通常是 75～90 Hz。

f. 扫描方式：水平扫描方式分为隔行扫描和逐行扫描。隔行扫描指在扫描时每隔一行扫一行，完成一屏后再返回来扫描剩下的行；逐行扫描指扫描所有的行。隔行扫描的显示器比逐行扫描闪烁得更厉害，也会让使用者的眼睛感觉更疲劳。现在的显示器采用的都是逐行扫描方式。

➢ 显示卡

显示器是通过"显示器接口"(简称显示卡或显卡)与主机连接的，所以显示器必须与显示卡匹配。如图 1-26 所示。

a. 显卡的结构

显卡主要由显示芯片、显示内存、RAMDAC 芯片、显卡 BI-OS、连接主板总线的接口组成。

图 1-26　显卡外观图

• 显示芯片：显示芯片是显卡的核心部件，它决定了显卡的性能和档次。现在的显卡都具有二维图像或三维图像的处理功能。3D 图形加速卡将三维图形的处理任务集中在显示卡内，减轻了 CPU 的负担，提高了系统的运行速度。

• 显示内存：用来存放显示芯片处理后的数据，其容量、存取速度对显卡的整体性能至关重要，它还直接影响显示的分辨率及色彩的位数。

• RAMDAC 芯片：RAMDAC 芯片将显示内存中的数字信号转换成能在显示器上显示的模拟信号。它的转换速度影响着显卡的刷新频率和最大分辨率。

• 显卡 BIOS：显卡上的 BIOS 存放显示芯片的控制程序，同时还存放着显卡的名称、型号、显示内存等。

• 总线接口：这是显卡与总线的通信接口，目前最多的是 PCI 和 AGP 接口(插入主板的 AGP 插槽中)。

b. 显卡的分类

• 按采用的图形芯片分为：单色显示卡、彩色显示卡、2D 图形加速卡、3D 图形加速卡。

• 按总线类型分为：ISA 显卡、VESA 显卡、PCI 显卡和 AGP 显卡。

• 按显示的彩色数量分为：

伪彩色卡：用 1 个字节表示像素，可显示 256 种颜色。

高彩色卡：用 2 个字节表示像素，可显示 65536 种颜色。

真彩色卡：用 3 个字节表示像素，可显示 1600 多万种颜色。

· 按显示卡发展过程分为：

MDA(Monochrome Display Adapter)卡，即单色字符显示卡。

CGA(Color Graphics Adapter)卡，即彩色图形显示卡。

EGA(Enhanced Graphics Adapter)卡，即增强图形显示卡。

VGA(Video Graphics Array)卡，即视频图形阵列显示卡。

SVGA(Super VGA)卡，即超级视频图形阵列显示卡。

XGA(Extended Graphics Array)卡，即增强图形阵列显示卡。

目前，PC 机上使用的显示卡大多数与 VGA 兼容，SVGA 是一种较流行的 VGA 兼容卡。VGA 的分辨率是 640×480，256 种颜色。SVGA(Super VGA)是 VGA 的扩展，分辨率可达 1280×1024，224 种颜色。

② 打印机(Printer)

打印机用于将计算机运行结果或中间结果打印在纸上。利用打印机不仅可以打印文字，也可以打印图形、图像。因此，打印机是计算机目前最常用的输出设备，也是品种、型号最多的输出设备之一。

➢ 打印机的分类

按打印工作方式分，打印机可分为串行式打印机和行式打印机。所谓串行式打印机是逐字打印成行的。行式打印机则是一次输出一行，故它比串行打印机的打印速度要快。

按打印色彩分为单色打印机和彩色打印机。

按打印机打印原理可分为击打式打印机和非击打式打印机两大类。击打式打印机中有字符式打印机和针式打印机(又称点阵打印机)。目前，普遍使用针式打印机。非击打式打印机种类繁多，有静电式打印机、热敏式打印机、喷墨打印机和激光打印机等。当前流行的是激光打印机和喷墨打印机。

由于击打式打印机依靠机械动作实现印字，因此，打印速度慢，噪声大，打印质量差。而非击打式打印机打印过程中无机械击打动作，速度快，无噪声，打印质量高。

目前使用较多的是击打式针式打印机、喷墨打印机和激光打印机。如图 1-27 所示。

a. 针式打印机

针式打印机主要由打印头、运载打印头的小车机构、色带机构、输纸机构和控制电路等部分组成。打印头是针式打印机的核心部分。针式打印机有 9 针、24 针打印机之分，24 针打印机可以印出质量较高的汉字。

针式打印机是在脉冲电流信号的控制下，打印针击打的针点形成字符或汉字的点阵。这类打印机的最大优点是耗材(包括色带和打印纸)便宜，缺点是打印速度慢、噪声大、打印质量差(字符的轮廓不光顺，有锯齿形)。

b. 喷墨打印机

喷墨打印机属非击打式打印机。其工作原理是，喷嘴朝着打印纸不断喷出极细小的带电的墨水雾点，当它们穿过两个带电的偏转板时接受控制，然后落在打印纸的指定位置上，形成正确的字符，无机械击打动作。喷墨打印机的优点是设备价格低廉、打印质量高于点阵打印机，还能彩色打印、无噪声；缺点是打印速度慢、耗材(主要指墨盒)贵。

c. 激光打印机

激光打印机也属非击打式打印机,工作原理与复印机相似,涉及光学、电磁、化学等。简单说来,它将来自计算机的数据转换成光,射向一个充有正电的旋转的鼓上。鼓上被照射的部分便带上负电,并能吸引带色粉末。鼓与纸接触再把粉末印在纸上,接着在一定压力和温度的作用下熔结在纸的表面。

激光打印机的优点是无噪声、打印速度快、打印质量最好,常用来打印正式公文及图表;其缺点是设备价格高、耗材贵,打印成本在打印机中最高。

图 1-27　喷墨打印机、针式打印机、激光打印机

➢ 打印机主要技术参数

a. 打印分辨率:用 DPI(点/英寸)表示。激光和喷墨打印机一般都达到 600 DPI。

b. 打印速度:可用 CPS(字符/秒)或用"页/分钟"表示。

c. 打印纸最大尺寸:一般打印机是 A4 幅面。

③ 其他输出设备

在微型机上使用的其他输出设备有绘图仪、声音输出设备(音箱或耳机)、视频投影仪等。绘图仪有平板绘图仪和滚动绘图仪两类,通常采用"增量法"在 x 和 y 方向产生位移来绘制图形。视频投影仪常称多媒体投影仪,是微型机输出视频的重要设备。目前,有 CRT 投影仪和使用 LCD 投影技术的液晶板投影仪。液晶板投影仪具有体积小、重量轻、价格低且色彩丰富的优点。

(7) 主板(Main Board)

一台微型计算机需要包括各种形式的硬件部件,这些部件是如何连接在一起,彼此协调工作的呢? 这就离不开计算机的"主板"了。通过主板上的插槽、接口,可以将各种部件连接在一起。主板是微机系统中最大的一块电路板,它的主要功能有两个:一是提供安装微处理器、内存和各种功能卡的插座,部分主板甚至将一些功能卡的功能制作在主板上,如主板集成的显卡、声卡;二是为各种常用外部设备,如打印机、扫描仪、外存等提供通用接口。

图 1-28 和图 1-29 显示了华硕(ASUS)A88X-PLUS 主板中的主要部件。

主板的主要部件包括:

① 芯片组

芯片组是主板的灵魂,由一组超大规模集成电路芯片构成。芯片组控制和协调整个计算机系统的正常运转和各个部件的选型,它被固定在母板上,不能像微处理器、内存等进行简单的升级换代。

② 微处理器插座及插槽

用于固定连接微处理器芯片。微处理器与主板的接口形式根据微处理器的不同分为 Socket 插座和 Slot 插槽。

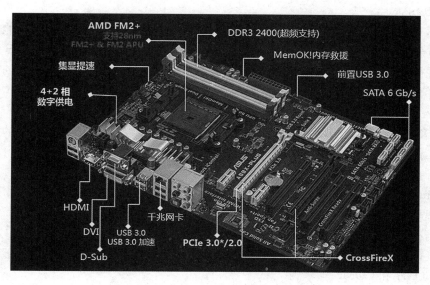

图 1-28　华硕（ASUS）A88X-PLUS 主板

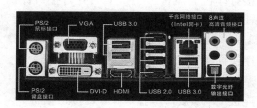

图 1-29　外设接口

③ 内存插槽

主板给内存预留的专用插槽，插入与主板插槽匹配的内存条，可以实现扩充内存。

④ 总线扩展槽

总线扩展槽主要用于扩展微型计算机的功能，也称为 I/O 插槽。在它上面可以插入许多标准选件，如显卡、声卡、网卡等。根据总线的不同，总线扩展槽可分为 ISA、EISA、VESA、PCI、AGP（用来插 AGP 显卡）扩展槽。任何插卡插入扩展槽后，都可以与微处理器相连接，成为系统的一部分。这种开放式的结构为用户组合各种功能设备提供了便利。

⑤ BIOS 芯片

BIOS(Basic Input/Output System)保存着计算机系统中的基本输入/输出程序、系统设置信息、自检程序和系统启动自举程序。现在主板的 BIOS 还具有电源管理、CPU 参数调整、系统监控、病毒防护等功能。BIOS 为计算机提供最基本、最直接的硬件控制功能。

早期的 BIOS 通常采用 PROM 芯片，用户不能更新版本。目前主板上的 BIOS 芯片采用快闪只读存储器(Flash ROM)。由于快闪只读存储器可以电擦除，因此可以更新 BIOS 的内容，升级十分方便，但也成为主板上唯一可被病毒攻击的芯片，BIOS 中的程序一旦被破坏，主板将不能工作。

⑥ CMOS 芯片

CMOS 用来存放系统硬件配置和一些用户设定的参数。参数丢失系统将不能正常启动，必须对其重新设置。设置方法：系统启动时按设置键（通常是"Del"键）进入 BIOS 设置窗口，在窗口内进行 CMOS 的设置。CMOS 开机时由系统电源供电，关机时靠主板上的电池供电。即使关机，信息也不会丢失，但应注意更换电池。

⑦ 输入/输出接口

输入/输出接口是连接外存储设备、打印机等外部设备以及键盘鼠标等设备的装置，主要包括如下几种：

➤ IDE 接口

IDE（Integrated Device Electronics，集成设备电子部件）主要连接 IDE 硬盘和 IDE 光驱。

➤ 软盘驱动器接口

➤ 串行接口（Serial Port）

串行接口主要用于连接鼠标器、外置 Modem 等外部设备。主板上的串口一般为两个，分别标注为 COM1 和 COM2。

➤ 并行接口（Parallel Port）

并行接口主要用于连接打印机等设备。主板上的并行接口标识为 LPT 或 PRN。

➤ USB（Universal Serial Bus）接口

USB 即通用串行总线，是一种新型的接口总线标准。USB 接口可以连接键盘、鼠标、数码相机、扫描仪等外部设备，连接简单，支持热插拔，传输速率高。

➤ PS/2 接口

该接口主要用于对应连接 PS/2 接口键盘和 PS/2 接口鼠标。

➤ 跳线开关

跳线开关主要用于改变主板的工作状态，如：改变 CPU 的工作频率、工作电压等。不同的主板跳线方式与位置不相同，只有通过产品说明书才能正确地配置。目前许多主板采用免跳线技术，除了主板上用于清除 CMOS 信息的跳线之外，再无任何跳线，主板会自动识别 CPU 的频率和工作电压。

（8）总线（Bus）

计算机系统中功能部件必须互连，但如果将各部件和每一种外围设备都分别用一组线路与微处理器直接连接，那么连线将会错综复杂，难以实现。为了简化系统结构，总线技术是目前微型机中广泛采用的连接方法。所谓总线（Bus）就是系统部件之间传送信息的公共通道，各部件由总线连接并通过它传送数据和控制信号。总线经常被比喻为"高速公路"，总线上的信息流被视为公路上的各类车辆。显然，总线技术已成为计算机系统结构的重要方面。

总线连接的方式使各部件之间的连接比较规范且精简了连线，同时也使设备的增减简单、方便可行。当需要增加设备时，只要这些设备发送与接收信息的方式符合总线规定的要求，就可通过接口卡与总线相连。总线体现在硬件上就是计算机主板，主板的制造商在制造主板时会考虑主板应当采用哪种总线标准。总线技术给计算机生产厂商和用户都带来了极大的方便。其缺点是传送速率低，并要增设相应的总线控制逻辑。

① 总线的分类

根据所连接部件的不同，微机中总线可分为内部总线和系统总线。内部总线是同一部件

（如 CPU）内部控制器、运算器和各寄存器之间连接总线。系统总线指同一台计算机各部件，如 CPU、内存、I/O 接口之间相互连接的总线。这里主要介绍微机中的系统总线。

②　系统总线

系统总线根据传送内容的不同，分为数据总线、地址总线、控制总线。

➤　数据总线 DB（Data Bus）

用于微处理器与内存、微处理器与输入/输出接口之间传送信息。数据总线的宽度（根数）决定每次能同时传输信息的位数，因此数据总线的宽度是决定计算机性能的主要指标。微型计算机采用的数据总线有 16 位、32 位、64 位等几种类型。

➤　地址总线 AB（Address Bus）

用于给出源数据或目的数据所在的内存单元或输入/输出端口的地址。地址总线的宽度决定微处理器的寻址能力。若微型计算机采用 n 位地址总线，则该计算机的寻址范围为 2^n。

➤　控制总线 CB（Control Bus）

主要用来控制对内存和输入/输出设备的访问。

③　常用的总线标准

➤　ISA 总线

ISA（Industrial Standard Architecture）总线标准是 IBM 公司 1984 年为推出 PC/AT 机而建立的系统总线标准，所以也叫 AT 总线。它的时钟频率为 8 MHz，数据线的宽度为 16 位，最大传输速率为 16 MB/s。

➤　EISA 总线

EISA（Extended Industrial Architecture）总线是 1988 年由 Compaq 等 9 家公司联合推出的总线标准，它是在 ISA 总线的基础上发展起来的高性能总线。EISA 总线完全兼容 ISA 总线信号，它的时钟频率为 8.33 MHz，数据总线和地址总线都是 32 位，最大传输速率为 33 MB/s。

➤　VESA 总线

VESA（Video Electronics Standard Association）总线简称为 VL（VESA Local Bus）总线。它定义了 32 位数据线，且可扩展到 64 位，使用 33 MHz 时钟频率，最大传输速率达 132 MB/s。VESA 总线可与微处理器同步工作，是一种高速、高效的局部总线。VESA 总线可支持 386SX、386DX、486SX、486DX 及奔腾微处理器。

➤　PCI 总线

PCI（Peripheral Component Interconnect）总线是当前最流行的总线之一。它是由 Intel 公司推出的一种局部总线，定义了 32 位数据总线，且可扩展为 64 位，传输速率可达 132 MB/s，64 位的传输速率为 264 MB/s，可同时支持多组外围设备。PCI 总线不能兼容现有的 ISA、EISA、MCA（Micro Channel Architecture）总线，但它不受制于处理器，是基于奔腾等新一代微处理器的总线。

④　系统总线的性能指标

➤　总线的宽度：指数据总线的根数。

➤　总线的工作频率：也称为总线的时钟频率，以 MHz 为单位。工作频率越高，总线工作速度越快。

➤　标准传输率：在总线上每秒钟能够传输的最大字节量。

3. 了解微型计算机的配置、选购与组装

在实际生活中，如果你想自己动手组装一台微型计算机，需要考虑各方面的问题，如你的计算机需要有哪些硬件部件，具体每种硬件部件选用哪个厂商、哪个型号的，如何把这些部件组装起来，构成一台微型计算机……

（1）微型计算机的配置

在购买微型计算机时，市场上主要有两类计算机可供选购。一类为品牌机，即计算机是由生产微型计算机的厂家整机销售的。国内常见的微型计算机品牌很多，如联想、方正、浪潮、IBM、DELL 等。这类计算机一般整机具有质量保证的承诺以及售后服务。另外一类为组装机，也就是计算机的使用者购买计算机的各种硬件部件，自己动手，或者请专业人士将它们组装在一起而形成的计算机。这类计算机没有整机的质量保证承诺，但是各个部件都有质量保证承诺。一般来说，组装机的价格比同档次的品牌机价格便宜。

微型计算机的配置主要指在微型计算机中，具体选用哪些硬件部件。对于品牌机，一般会推出几种不同配置、不同档次的计算机供购买者选择，计算机中的硬件配置是不能随意更改的。对于组装机，购买者可以根据自己的情况任意调换硬件配置。

（2）微型计算机的选购

当我们到市场上选购各种微机部件前，首先应该做到以下两点：

- 明确自己的需求定位

搞清楚自己购买计算机主要想完成哪些工作。如果仅仅完成一些文字处理、上网之类的任务，可以选购配置比较低、价钱便宜的计算机。如果希望用计算机完成大量的图形、视频等信息的处理，则需要考虑选购配置比较高、价钱相对昂贵的计算机。

- 充分查阅当前流行的各种微机硬件情况

计算机的各种硬件部件品牌、种类繁多，在购买计算机之前，可以上网通过相关硬件报价网站（如中关村在线、太平洋电脑网、新浪时代等）查阅具体哪个厂家、哪种型号的部件性能比较好，当真正进行选购时，做到心中有数。

下面，介绍一些在购买微机主要部件时应该考虑的问题。

① 机箱

在这里大家可能会问：机箱有些什么？机箱怎么会影响性能呢？事实上，机箱是一个非常重要的角色，它的尺寸、设计、空气对流、风扇卡槽等都大大地影响性能。一个足够大、设计精良的机箱，价钱上不会贵多少，但是便宜的机箱可能会出现风扇卡不紧、空气对流差，结果热气排不出去，系统频频死机的现象。所以建议购买大一些的机箱，这样可以有较大的空气对流空间，布线方便，也方便安装其他部件。

② 电源供应器

目前计算机的性能大增，电源供应器的重要性不言而喻。为了散热，电源供应器一般都配有风扇。电源供应器风扇可能是计算机上最吵的东西，如果你想要一个安静点的电源供应器，就需要仔细挑选了。最好不要选购没有品牌、没有质量保证的电源供应器。

③ 微处理器

购买微处理器，该选 Intel 的，还是 AMD 的呢？根据你的实际情况，如果你想用低廉的价钱，买到更快的 CPU，那么不妨选择 AMD 的产品；如果你更注重品牌效应，那么就选择 Intel 的吧。在选购微处理器时应注意，微处理器的种类、处理速度和散热息息相关。为了给微处理器散热,需要给微处理器加装风扇。一般 AMD 与 Intel 同档次的微处理器,AMD 的微处理器发热量比较大,需要更好的散热能力,这样必须选购转速比较快的微处理器风扇,所以噪声往往比较大。

④ 主板

在选购主板时应该注意,主板与微处理器是否匹配。主板的设计非常复杂,在出厂前还有许多测试及修改。主板一旦出现问题,往往我们也很难判断其中的原因,所以,尽量选用性能比较稳定的主板。

⑤ 内存

建议购买品牌内存条,如 Kingston(金士顿)。无品牌的内存条可能经常会出现一些故障。再有,可能买 1 条 8 GB 的内存会好过买 2 条 4 GB 的内存,因为主板容易因为内存数目的增多而不稳定。还要注意内存条与主板的兼容性。

⑥ 硬盘

在购买硬盘时,同样应该注意选购带有品牌的,如希捷。购买时主要考虑它的转速和容量大小,注意当时硬盘的性能价格比。

⑦ 显示器

在购买显示器时,除了注意显示器的尺寸、分辨率等,还应该注意显示画面的稳定性,是否有倾斜、凹凸的现象等。

(3)微型计算机的组装

如果你通过专门从事组装机销售的销售商购买计算机零部件,这些销售商可以帮助你组装计算机而无需你自己动手。如果你想自己动手组装计算机,下面介绍一些基本的方法。

① 准备工作

仔细阅读主板说明书,了解各个插槽、插座究竟应该插接什么。准备好一把螺丝刀。一些零部件(如主板)会装在防静电的袋子中,这时把所有的零部件连同防静电袋子一起从盒中取出备用。

② 注意防静电

静电无所不在,人身体上、地毯、尼龙混纺的衣服都有静电。静电很容易损伤电子部件,在组装计算机时要注意防静电。防静电的方法很多,如可以在接触零件前,一手握住接地的东西(如果可以的话,握着不放)。握着接地的东西可以将你身体上的静电释放出来,90%的静电伤害都可以避免。

③ 组装过程提示

先装什么,后装什么,没有具体的步骤,主要就是将各种零部件很好地与主板插接或者连接在一起。下面对其中一些问题做一点提示,以方便组装。

➤ 在主板装进机箱前,可以先装上微处理器、微处理器风扇、内存,要不然到后面可能会很难装。

➤ 硬盘、软盘线的安排非常重要,不要让它们挡住气流的方向。

➤ 尽量不要让排线、连线一团团地堆在机箱内,用合适的方式将一些线绑成一束。

➤ 组装完以后,应该对计算机进行测试,看一看各部件是否都能够被计算机识别出来,能否在一起正常工作,然后再开始安装软件。

任务4　认识计算机的软件系统

【任务展示】

一般情况下,新买的计算机中除了已安装操作系统软件外,其他软件暂时都没有安装,可以在需要时再安装。

本任务要求了解计算机软件的定义,认识系统软件的分类,并了解有哪些常用的应用软件。

【相关知识】

计算机的工作过程可以归纳为输入、处理、输出和存储4个过程。输入是指接收由输入设备提供的信息;处理是对信息进行加工处理的过程,并按一定方式进行转换;输出是将处理结果在输出设备上显示或打印出来;存储是将原始数据或处理结果进行保存以便再次使用。这4个步骤是一个循环过程。输入、处理、输出和存储并不一定按照固定顺序操作,在程序的指挥下,计算机根据需要决定采取哪一个步骤。因此,计算机程序在计算机工作过程中起着非常重要的作用。

所谓软件是指为方便使用计算机和提高使用效率而组织的程序以及用于开发、使用和维护的有关文档。计算机软件系统包括系统软件和应用软件两大类,下面主要介绍系统软件中的操作系统、语言处理程序、数据库管理系统软件以及常用的应用软件。

1. 了解软件系统

计算机软件包括计算机运行所需要的各种程序、数据及有关技术文档资料。有了软件,人们可以不必过多了解计算机本身的结构与原理而方便灵活地使用计算机。因此,一个性能优良的计算机硬件系统能否发挥其应有的功能,很大程度上取决于所配置的软件是否完善和丰富。

根据软件的用途,通常把软件划分为系统软件和应用软件两大类。

(1)系统软件是用于管理、控制和维护计算机系统资源的软件。系统软件有两个显著的特点:一是通用性,其算法和功能不依赖于特定的用户,普遍适用于各个应用领域;二是基础性,其他软件都是在系统软件的支持下进行开发和运行的。系统软件通常又分为操作系统、语言处理系统、服务程序和数据库管理系统四大类。

(2)应用软件是用于解决各种实际问题的软件,常用的应用软件有文字处理软件、表格处理软件、辅助设计软件等。

2. 认识系统软件

系统软件由一组控制计算机系统并管理其资源的程序组成,其主要功能包括:启动计算机,存储、加载和执行应用程序,对文件进行排序、检索,将程序语言翻译成机器语言等。实际上,系统软件可以看作用户与计算机的接口,它为应用软件和用户提供了控制、访问硬件的手段,这些功能主要由操作系统完成。此外,编译系统和各种工具软件也属此类,它们从另一方面辅助用户使用计算机。下面分别介绍它们的功能。

（1）操作系统（OS：Operating System）

操作系统是整个计算机系统中非常重要的部分，它是管理、控制和监督计算机软、硬件资源协调运行的程序系统，由一系列具有不同控制和管理功能的程序组成，如目前微机中使用最广泛的微软的 Windows 系统。它是直接运行在计算机硬件上的、最基本的系统软件，是系统软件的核心。操作系统是计算机发展中的产物，它的主要目的有两个：一是方便用户使用计算机，是用户和计算机的接口。比如用户键入一条简单的命令就能自动完成复杂的功能，这就是操作系统帮助的结果。二是统一管理计算机系统的全部资源，合理组织计算机工作流程，以便充分、合理地发挥计算机的效率。

① 操作系统的功能

现代操作系统的功能十分丰富，操作系统通常应包括处理器管理、存储管理、文件管理、设备管理、作业管理五大功能模块。

a. 处理器管理

处理器管理是操作系统的主要功能之一，当多个程序同时运行时，解决处理器（CPU）时间的分配问题。它负责为进程（指程序的一次执行过程）分配处理器，即通过对进程的管理和调度来有效地提高处理器的效率，实现程序的并行执行或资源的共享。具体地说，处理器管理就是根据特定规则（或算法）从进程就绪队列中选择一个合适的进程，并为该进程分配处理器。处理器管理中所采用的 CPU 调度策略有多种，如抢占算法、非抢占算法、最短作业优先、轮转算法、最短停留时间优先算法等。当一个进程运行完毕或时间片已用完时，则由 CPU 调度程序选择下一个进程并分配处理器。对时间片用完的进程保留现场，放入就绪队列。当发生诸如 I/O 中断请求等程序性中断时，保存现场并将现行进程放入等待队列，转而执行中断服务进程等。

b. 存储管理

存储管理是为各个程序及其使用的数据分配存储空间，并保证它们互不干扰。存储管理的职责是合理、有效地分配和使用系统的存储资源。在内存、高速缓存和外存三者之间合理地组织程序和数据，实现由逻辑地址空间到物理地址空间的映射，使系统的运行效率达到满意的程度，并提供一定的保护措施。存储管理所采取的主要技术有：界地址管理、段式管理、页式管理、段页式管理等。由于内存空间有限，在多道程序系统中为保证用户尽可能方便、尽可能多地使用内存资源，出现了虚拟存储管理技术，其中包括覆盖和交换技术，使多个用户、多个任务可以共享内存资源，这是现代操作系统的关键技术之一。

c. 文件管理

操作系统的文件管理程序，采用统一、标准的方法管理在辅助存储器中的用户和系统文件数据的存储、检索、更新、共享和保护，并为用户提供一整套操作和使用的方法。

文件指有组织的数据可用集合。文件结构分为逻辑结构和物理结构。文件逻辑结构是指用户概念中文件数据的排列方法和组织关系，有流式结构和记录式结构。文件物理结构指文件数据在存储空间中的存放方法和组织关系，用计算法和指针法等构造物理结构。

早期，用户按物理地址存储媒体上的信息，使用不便，效率很低。引入文件概念后，用户不再需要了解文件物理结构，可以实现"按名存取"，由文件管理程序根据用户给出的文件名自动地完成数据传输操作。把数据组织成文件加以管理是计算机数据管理的重大进展，其主要优点是:使用方便、安全可靠、便于共享。

文件共享指一个文件可以让规定的某些用户共同使用。文件保护和保密与文件的共享是互为依存的。文件保护指防止文件拥有者误用或授权者破坏文件;文件保密指不经文件拥有者授权,任何其他用户不得使用文件。两者均涉及用户对文件的访问权限。以下方法可以规定使用权限:存取控制矩阵,存取控制表,文件使用权限,文件可访问性。文件保密措施有:隐蔽文件目录、口令、密码等。

文件目录是文件系统实现"按名存取"的主要手段和工具,文件系统的基本功能之一就是文件目录的建立、检索和维护。文件目录应包含有关文件的说明信息、存取控制信息、逻辑和物理结构信息、管理信息。目录结构采用树形结构,在 Windows 中目录称为文件夹,目录结构即为文件夹结构。

操作系统一般都把 I/O 设备看作是"文件",称为设备文件,这样用户无需考虑保存其文件的设备差异,可用统一的观点去处理驻留在各种存储媒体上的信息,给使用带来极大方便。

d. 设备管理

根据用户提出使用设备的请求进行设备分配,同时还能随时接收设备的请求(称为中断),如要求输入信息。设备管理负责组织和管理各种输入输出设备,有效地处理用户(或进程)对这些设备的使用请求,并完成实际的输入/输出操作。它通过建立设备状态或控制表来管理设备,并通过中断和设备队列来处理用户的输入/输出请求。最后通过 I/O 设备驱动程序来完成实际的设备操作。设备管理与存储管理技术相结合可实现虚拟设备、假脱机输入/输出等功能,从而大大提高了系统的性能。

e. 作业管理

作业指用户请求计算机系统完成的一个计算任务,由用户程序、数据及其所需的控制命令组成。作业管理的任务主要是为用户提供一个使用计算机的界面使其方便地运行自己的作业,并对所有进入系统的作业进行调度和控制,尽可能高效地利用整个系统的资源。作业管理负责所有作业从提交到完成期间的组织、管理和调度工作。通常,一个作业被提交到系统之后,将按某种规则放入作业队列中,并被赋予某一优先级,作业调度程序则根据作业的状态及其优先级,按某种算法从作业队列中选择一个作业运行。

此外,操作系统具有安全和保护功能,以保证系统正常运行,防止系统中某种资源受到有意或无意破坏。通常安全是指非法用户不能进入系统,而保护是指操作系统中用户控制程序、进程以及用户对系统资源和用户资源的存取所采用的控制措施。例如,用户进入系统需要核对口令,文件的存取必须受文件权限的限制,以及用户级别的划分等。

② 操作系统的分类

操作系统的种类繁多,按其功能和特性分为批处理操作系统、分时操作系统和实时操作系统等;按同时管理用户的多少分为单用户操作系统和多用户操作系统;适合管理计算机网络环境的网络操作系统。按其发展前后过程,通常分成以下 6 类:

a. 单用户操作系统(Single User Operating System)

单用户操作系统的主要特征是,计算机系统内一次只能支持运行一个用户程序,整个计算机系统的软、硬件资源都被该用户占有。这类系统的最大缺点是计算机系统的资源不能充分利用。微型机的 Windows 操作系统属于这一类。

b.　批处理操作系统(Batch Processing Operating System)

批处理操作系统是 20 世纪 70 年代运行于大、中型计算机上的操作系统。当时由于单用户单任务操作系统的 CPU 使用效率低，I/O 设备资源未充分利用，因而产生了多道批处理系统，它主要运行在大、中型机上。多道是指多个程序或者多个作业(Multi Programs or Multi Jobs)同时存在和运行，故也称为多任务操作系统。IBM 的 DOS/VSE 就是这类系统。

c.　分时操作系统(Time-Sharing Operating System)

分时操作系统也称多用户操作系统，分时系统是一种具有如下特征的操作系统：在一台计算机周围挂上若干台近程或远程终端(终端是连接到计算机上可对计算机进行操作及控制的设备)，每个用户可以在各自的终端上以交互的方式控制作业运行。

在分时系统管理下，虽然各用户使用的是同一台计算机，但却能给用户一种"独占计算机"的感觉。实际上是分时操作系统将 CPU 时间资源划分成极短的时间片(毫秒量级)，轮流分给每个终端用户使用，当一个用户的时间片用完后，CPU 就转给另一个用户，前一个用户只能等待下一次轮到。由于人的思考、反应和键入的速度通常比 CPU 的速度慢得多，所以只要同时上机的用户不超过一定数量，人们就不会有延迟的感觉，好像每个用户都独占着计算机。分时系统的优点是：第一，经济实惠，可充分利用计算机资源；第二，由于采用交互会话方式控制作业，用户可以坐在终端前边思考、边调整、边修改，从而大大缩短了解题周期；第三，分时系统的多个用户间可以通过文件系统彼此交流数据和共享各种文件，在各自的终端上协同完成共同的任务。分时操作系统是多用户多任务操作系统，UNIX 是国际上最流行的分时操作系统。此外，UNIX 具有网络通信与网络服务的功能，也是广泛使用的网络操作系统。

d.　实时操作系统(Real-Time Operating System)

在某些应用领域，要求计算机对数据能进行迅速处理。例如，在自动驾驶仪控制下飞行的飞机、导弹的自动控制系统中，计算机必须对测量系统测得的数据及时、快速地进行处理和反应，以便达到控制的目的，否则就会失去战机。这种有响应时间要求的快速处理过程叫做实时处理过程，当然，响应的时间要求可长可短，可以是秒、毫秒或微秒级的。对于这类实时处理过程，批处理系统或分时系统均无能为力了，因此产生了另一类操作系统——实时操作系统。配置实时操作系统的计算机系统称为实时系统。实时系统按其使用方式可分成两类：一类是广泛用于钢铁、炼油、化工生产过程控制，武器制导等各个领域中的实时控制系统；另一类是广泛用于自动订购飞机票、火车票系统，情报检索系统，银行业务系统，超级市场销售系统中的实时数据处理系统。

e.　网络操作系统(Network Operating System)

计算机网络是通过通信线路将地理上分散且独立的计算机联结起来的一种网络，有了计算机网络之后，用户可以突破地理条件的限制，方便地使用远方的计算机资源。提供网络通信和网络资源共享功能的操作系统称为网络操作系统。

网络操作系统包括很多功能，不同的网络，需要不同的网络操作系统。网络操作系统除具备通常的操作系统中所应有的功能外，还包括网络管理、网络通信、远程作业录入服务、分时系统服务、文件传输、网络资源共享、用户权限控制等。如 Novell、Windows NT/2000/2003、Unix、Linux 等均是使用广泛的网络操作系统。

网络操作系统与多用户操作系统的区别在于：网络操作系统管理的是多个各自独立的计算机系统，而多用户操作系统管理的是多个用户使用的单台计算机。

f. 微机操作系统

微机操作系统随着微机硬件技术的发展而发展，从简单到复杂。Microsoft 公司开发的 DOS 是一单用户单任务系统，而 Windows 操作系统则是一单用户多任务系统，经过十几年的发展，已从 Windows 3.0 发展到 Windows 2000、Windows XP、Windows Vista、Windows 7、Windows 8、Windows 9、Windows 10，它是当前微机中应用最广泛的操作系统。Linux 是一个源码公开的操作系统，目前已被越来越多用户所采用，是 Windows 操作系统强有力的竞争对手。

（2）语言处理系统

像人们交往需要语言一样，人与计算机交往也要使用相互理解的语言，以便人们把意图告诉计算机，而计算机则把工作结果反馈给人们。人们用于同计算机交往的语言叫作程序设计语言，也称为计算机语言。程序设计语言通常分为：机器语言、汇编语言和高级语言三类。机器语言是计算机唯一能直接识别和执行的程序语言。如果要在计算机上运行高级语言程序就必须配备语言处理系统（简称翻译程序），将高级语言源程序翻译成等价的机器语言程序（称目标程序）。语言处理系统本身是一组程序，具备翻译功能，不同的高级语言都有相应的翻译程序。

（3）服务程序

服务程序能够提供一些常用的服务性功能，它们为用户开发程序和使用计算机提供了方便，像微机上经常使用的诊断程序、调试程序、编辑程序均属此类。

（4）数据库管理系统

在信息社会里，人们的社会和生产活动产生更多的信息，以至于人工管理难以应付，希望借助计算机对信息进行搜集、存储、处理和使用，数据库系统（Data Base System，DBS）就是在这种需求背景下产生和发展的。

数据库（Data Base，DB）是指为了一定的目的而组织起来的相关数据的集合，可为多种应用所共享。如工厂中职工的信息、医院的病历、人事部门的档案等都可分别组成数据库。数据库管理系统（Data Base Management System，DBMS）则是能够对数据库进行加工、管理的系统软件。其主要功能是建立、消除、维护数据库及对库中数据进行各种操作。传统的数据库管理系统有关系型、层次型和网状型 3 种类型，使用较多的是关系型数据库管理系统。目前常用的中小型数据库管理系统有 Visual FoxPro、Access 等。大型数据库管理系统有 Oracle、Sybase、SQL Server、Informix 等。从某种意义上讲它们也是编程语言。数据库系统主要由数据库（DB）、数据库管理系统（DBMS）以及相应的应用程序组成。比如，某机关的工资管理系统就是一个具体的数据库系统。数据库系统不但能够存放大量的数据，更重要的是能迅速、自动地对数据进行检索、修改、统计、排序、合并等操作，以得到所需的信息。

数据库技术是计算机技术中发展最快、应用最广的一个分支。可以说，在今后的计算机应用开发中大都离不开数据库。因此，了解数据库技术尤其是微机环境下的数据库应用是非常必要的。

3. 了解计算机语言

在日常生活中，人与人之间交流思想一般是通过语言进行的，人类所使用的语言一般称为自然语言。而人与计算机之间的"沟通"，或者说人们让计算机完成某项任务，也需用一种语言，这就是计算机语言。随着计算机技术的不断发展，计算机所使用的"语言"也在快速地发展,并形成了一种体系。

程序是为完成特定任务的计算机指令(语句)的集合。程序可以直接用二进制指令代码编写(机器语言),也可以用汇编或高级语言编写,但计算机能直接识别执行的是二进制形式的指令代码,所以,汇编语言和高级语言源程序要使用专门的工具翻译成二进制代码表示的机器语言才能执行。

(1) 机器语言(Machine Language)

一般来说,不同型号(或系列)的 CPU,具有不同的指令系统。对于早期的大型机来说,不同型号的计算机就有不同的指令系统;对于现代的微型机来说,使用不同系列 CPU(如 Intel 80X86 或 Intel Pentium 系列)的微机具有不同的指令系统。

指令系统也称机器语言。每条指令都对应一串二进制代码。机器语言是计算机唯一能够识别并直接执行的语言,所以与其他程序设计语言相比,其执行效率高。

用机器语言编写的程序叫机器语言程序,由于机器语言中每条指令都是一串二进制代码,可读性差、不易记忆,编写程序既难又繁且容易出错,程序的调试和修改难度也很大,总之,机器语言不易掌握和使用,但是执行速度快。此外,因为机器语言直接依赖于机器,所以在某种类型计算机上编写的机器语言程序不能在另一类计算机上使用,也就是说,可移植性差,是"面向机器"的语言。

(2) 汇编语言(Assemble Language)

为了方便地使用计算机,人们一直在努力改进程序设计语言。20 世纪 50 年代初,出现了汇编语言。汇编语言不再使用难以记忆的二进制代码,而是使用比较容易识别、记忆的助记符号,所以汇编语言也叫符号语言。下面就是几条 Intel 80x86 的汇编指令:

ADD AX,AB 表示(BX)+(AX)→AX,即把寄存器 AX 和 BX 中的内容相加并送到 AX;

SUB AX,NUM1 表示(AX)-NUM1→AX,即把寄存器 AX 中的内容减去 NUM1 并将结果送到 AX;

MOV AX,NUM1 表示 NUM1→AX,即把数 NUM1 送到寄存器 AX 中。

汇编语言和机器语言的性质差不多,只是表示方法上的改进。就指令而言,一条机器指令对应一条汇编指令。粗略地说,汇编语言是符号化了的机器语言。虽然,与机器语言相比较,汇编语言在编写、修改和阅读程序等方面都有了相当的改进,但仍然与人们使用的语言有一段距离。汇编语言仍然是一种"面向机器"的语言。

用汇编语言编写的程序称为汇编语言源程序,计算机不能直接识别和执行它,必须先把汇编语言源程序翻译成机器语言程序(称目标程序),然后才能被执行。这个翻译过程是由事先存放在机器里的"汇编程序"完成的,叫做汇编过程。

(3) 高级程序设计语言

尽管汇编语言比机器语言用起来方便多了,但是汇编语言与人类自然语言或数学式子还相差甚远。到了 20 世纪 50 年代中期,人们又创造了高级程序设计语言。所谓高级语言是一种用表达各种意义的"词"和"数学公式"按照一定的"语法规则"编写程序的语言,也称高级程序设计语言或算法语言,这里的"高级",是指这种语言与自然语言和数学式子相当接近,而且不依赖于计算机的型号,通用性好。

高级语言的使用,大大提高了编写程序的效率,改善了程序的可读性。同样,用高级语言编写的程序称为高级语言源程序,计算机是不能直接识别和执行高级语言源程序的,也要用翻译的方法把高级语言源程序翻译成等价的机器语言程序(称为目标程序)才能执行。

对于高级语言来说,把高级语言源程序翻译成机器语言程序的方法有两种:

一种称为"解释"。早期的 BASIC 源程序的执行就采用这种方式。它调用机器配备的 BASIC"解释程序",在运行 BASIC 源程序时,逐条把 BASIC 的源程序语句进行解释和执行,它不保留目标程序代码,即不产生可执行文件。这种方式速度较慢,每次运行都要经过"解释",边解释边执行,效率比较低。其过程如图 1-30(a)所示。

另一种称为"编译",它调用相应语言的编译程序,把源程序变成目标程序(以.OBJ 为扩展名),然后再用连接程序,把目标程序与各种标准库文件相连接形成可执行文件。尽管编译的过程复杂一些,但它形成的可执行文件(以.EXE 为扩展名)可以反复执行,速度较快。源程序编译执行的过程如图 1-30(b)所示。运行程序时只要键入可执行程序的文件名,再按 Enter 键即可。

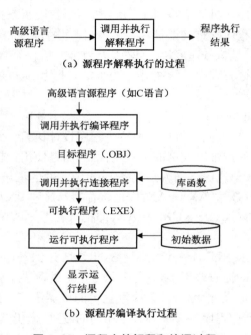

（a）源程序解释执行的过程

（b）源程序编译执行过程

图 1-30　源程序的解释和编译过程

对源程序进行解释和编译任务的程序,分别叫做解释程序和编译程序。如 BASIC、LISP 等高级语言,使用时需要相应的解释程序。目前流行的高级语言如 C、C++、Visual C++、Visual Basic 等都采用编译的方法。它是用相应语言的编译程序先把源程序编译成机器语言的目标程序,然后再把目标程序和各种标准库函数连接装配成一个完整的可执行的机器语言程序才能执行。简单地说,一个高级语言源程序必须经过"编译"和"连接装配"2 步后才能成为可执行的机器语言程序。

4. 认识应用软件

应用软件是为了解决各种实际问题而设计、开发的程序,通常由计算机用户或专门的软件公司开发。应用软件的分类方法有很多,主要有如下两种。

（1）从其服务对象的角度，可分为通用软件和专用软件两类。

① 通用软件

这类软件通常是为解决某一类问题而设计的，而这类问题是很多人都要遇到和解决的。例如文字处理、表格处理、电子演示、电子邮件收发等是企事业等管理单位或日常生活中常见的问题。WPS Office 2002 办公软件、Microsoft Office 2000/XP 办公软件是针对上述问题而开发的。后面各章将详细介绍 Microsoft Office 2000 办公软件的应用。

此外，如：针对机械设计制图问题的绘图软件（AutoCAD），以及图像处理软件（Photoshop）等，都是适于解决某一类问题的通用软件。

② 专用软件

在市场上可以买到通用软件，但有些具有特殊功能和需求的软件是无法买到的。比如某个用户希望有一个程序能自动控制厂里的车床，同时也能将各种事务性工作集成起来统一管理。因为它对于一般用户是太特殊了，所以只能组织人力开发。当然，开发出来的这种软件也只能专用于这种情况。

（2）应用软件根据解决问题的不同，可以分为很多种，下面介绍几种常用应用软件。

① 字处理软件

字处理软件主要用于对文件进行编辑、排版、存储、打印。目前常用的字处理软件有 Microsoft Word、WPS 等软件。

WPS 是我国金山公司研制的自动化办公软件，它具有文字处理、多媒体演示、电子邮件发送、公式编辑、表格应用、样式管理、语音控制等多种功能。

② 辅助设计软件

目前计算机辅助设计已广泛用于机械、电子、建筑等行业。常用的辅助设计软件有：AutoCAD、Protel 等。

AutoCAD 是美国 Auto Desk 公司推出的计算机辅助设计与绘图软件，它提供了丰富的作图和图形编辑功能，它功能强、适用面广、便于二次开发，是目前国内使用广泛的绘图软件。

Protel 是具有强大功能的电子设计 CAD 软件，它具有原理图设计、印制电路板（PCB）设计、层次原理图设计、报表制作、电路仿真以及逻辑器件设计等功能，是电子工程师进行电子设计最常用的软件之一。

③ 图形图像、动画制作软件

图形图像、动画制作软件是制作多媒体素材不可缺少的工具，目前常用的图形图像软件有：Adobe 公司发布的 PhotoShop、PageMaker，MacroMedia 发布的 Freehand 和 Corel 公司的 CorelDraw 等。动画制作软件有：3D MAX、Softimage 3D、Maya、Flash 等。

④ 网页制作软件

目前微机上流行的网页制作软件有：FrontPage 和 Dreamweaver。

Dreamweaver 是一个专业的编辑与维护 Web 网页的工具。它是一个"所见即所得"式的网页编辑器，不仅提供了可视化网页开发工具，同时又不会降低对 HTML 源代码的控制。它能让用户准确无误地切换于预览模式与源代码编辑器之间。Dreamweaver 是一个针对专业网页开发者的可视化网页设计工具。

⑤ 网络通信软件

目前网络通信软件的主要功能是浏览 WWW（万维网）和收发电子邮件（E-mail）。常用的

WWW 浏览器有 Microsoft 公司的 Internet Explorer 和 Netscape 公司的 Netscape Navigator，它们都具有浏览信息、收发邮件、网上聊天等功能。常用的电子邮件收发程序有 Outlook、Internet Mail 等软件。这些软件的使用方法，将在第 6 章中详细介绍。

⑥ 常用的工具软件

微机中常用的工具软件很多，主要有：压缩/解压缩软件（WinZip、WinRAR）；杀毒软件（金山毒霸）；翻译软件（金山词霸、有道词典）；多媒体播放软件（网易云音乐、优酷）；图形图像浏览软件（ACDSee）；下载软件（迅雷、FlashGet）；系统工具软件（Ghost、优化大师、超级兔子）等。

任务5　认识多媒体技术

【任务展示】

多媒体技术的应用促进了多媒体计算机的兴起与发展，已经使人们能够较为容易地处理以文本、图形、声音、图像和视频等多种形式表示的数字化信息。本任务要求了解多媒体技术，熟悉多媒体文件格式，会使用音频和视频播放软件。

【相关知识】

计算机工业中近几年发展最快的一个方面就是多媒体技术，多媒体技术是集文字、声音、图形、图像、视频和计算机技术于一体的综合技术，在教育、宣传、训练、仿真等方面得到了广泛的应用，是当前信息技术研究的热点问题之一。

1. 了解多媒体的概念

所谓媒体（Media）就是信息的表示和传输的载体，通常指广播、电视、电影和出版物等。从广义上讲，媒体每时每地都存在，而且每个人随时都在使用媒体，同时也在被当作媒体使用，即通过媒体获得信息或把信息保存起来。但是，这些媒体传播的信息大都是非数字的，而且是相互独立的。比如说，我们只能捧着报纸看，拿着收音机听广播，坐在电视机前看电视，而不能在一个电器前同时做两件事。即使被视为高技术产品的计算机，先前也只能处理文字和图形，不能处理视频和音频信息。

随着计算机技术和通信技术的不断发展，可以把上述各种媒体信息数字化并综合成一种全新的媒体——多媒体（Multimedia）。多媒体的实质是将以不同形式存在的各种媒体信息数字化，然后用计算机对它们进行组织、加工，并以友好的形式提供给用户使用。这里所说的不同的信息形式包括文本、图形、图像、音频和视频；所说的使用不仅仅是传统形式上的被动接受，还能够主动地与系统交互。

与传统媒体相比，多媒体有几个突出的特点：

（1）数字化

传统媒体信息基本上是模拟信号，而多媒体处理的信息都是数字化信息，这正是多媒体信息能够集成的基础。

（2）集成性

所谓集成性是指将多种媒体信息有机地组织在一起，共同表达一个完整的多媒体信息，使文字、图形、声音、图像一体化。如果只是将不同的媒体存储在计算机中，而没有建立媒体间的联系，比如只能实现对单一媒体的查询和显示，则不是媒体的集成，只能称为图形系统或图像系统。

（3）交互性

交互性指人们能与系统方便地进行交流，这是多媒体技术最重要的特征。传统媒体只能让人们被动接受，而多媒体则利用计算机的交互功能可使人们对系统进行干预。比如，对于正在播放的电视节目观众无法改变节目播放顺序，而多媒体用户却可以随意挑选光盘上的内容播放。

（4）实时性

多媒体是多种媒体的集成，在这些媒体中有些媒体（如声音和图像）是与时间密切相关的，这就要求多媒体必须支持实时处理。

多媒体的众多特点中，集成性和交互性是最重要的，可以说它们是多媒体的精髓。从某种意义上讲，多媒体的目的就是把电视技术所具有的视听合一的信息传播能力同计算机系统的交互能力结合起来，产生全新的信息交流方式。

2. 认识多媒体元素

多媒体元素是指多媒体应用中可显示给用户的媒体组成，包括文本、图形、图像、音频、视频、动画、虚拟现实。

（1）文本（Text）

文本是信息世界最基本的媒体。文本分为非格式化文本文件和格式化文本文件。非格式化文本文件是指只有文本信息没有其他任何有关格式信息的文件，又称为纯文本文件，如".TXT"文件。格式化文本文件是指带有各种文本排版信息等格式信息的文本文件，如".DOC"文件。

（2）图形（Graphic）

图形一般指用计算机绘制的几何形状，如直线、圆、圆弧、矩形、任意曲线和图表等，也称矢量图。矢量图文件的后缀常常是 CDR、AI 或 FHx，它们一般是直接用软件程序制作的，这些软件有 CorelDraw、FreeHand 等。

矢量图采用的是一种计算的方法，它记录的是生成图形的算法。图形的重要部分是结点，相邻的结点之间用特性曲线连接；曲线由结点本身具有的角度特性经过计算得出。我们还可以用算法在封闭曲线之间填充颜色。

（3）静态图像（Image）

静态图像不像 AVI 影片那样扣人心弦，也不像 CD 音乐那样美妙动听，它只是静静地，带给我们一种永恒的感受。静态图像是指由输入设备捕捉的实际场景画面，如用扫描仪对照片等进行扫描，或直接由数字相机拍摄的照片，也可以用视频采集设备截取录像带或电视中的图像，我们也可以通过绘图程序手工制作以数字化形式存储的任意画面。图像不像图形那样有明显规律的线条，因此在计算机中基本上只能用点阵来表示，图上的一个点称之为像素，这种图也称为位图。

因为矢量图形文件保存的只是节点的位置和曲线、颜色的算法，所以产生的文件非常小，而对于同一幅图来说,用位图表达则会产生很大的文件。但电脑每次显示矢量图时都要通过重新计算生成,所以矢量图的显示速度没有位图快。但矢量图可以进行随意的放大和缩小,它的图像质量不会有损失。矢量图的这种优越性可以体现在打印中,无论你如何放大图形,打印出来的图像都不会失真。位图细致稳定,偏重于写实;矢量图比较灵活,更富于创造性;它们共同为多媒体创造出奇异多彩的图形世界。

图像文件在计算机中的存储格式有多种,如 BMP、PCX、TIF、TGA、GIF、JPG 等。

图像处理时要考虑 3 个因素,即分辨率、图像深度与显示深度、图像文件大小。

① 分辨率。分为 3 种,即屏幕分辨率、图像分辨率、像素分辨率。

- 屏幕分辨率是指显示器屏幕上的水平与垂直方向的像素个数。
- 图像分辨率是指数字化图像的大小,即该图像的水平与垂直方向的像素个数。
- 像素分辨率是指像素的宽和高之比,一般为 1∶1。

② 图像深度和显示深度

- 图像深度(也称图像灰度、颜色深度)表示数字位图图像中每个像素上用于表示颜色的二进制数字位数。

如 4 位二进制数可以表示 2 的 4 次方即 16 色,在 16 色下显示黑白的文本或简单的色彩线条是非常正常的,但如果我们要想看多于 16 种颜色的画片,就得用 256 色或更多的色彩了。256 种颜色要用 8 位二进制数表示,即 2 的 8 次方,因此我们也把 256 色图像叫做 8 位图;如果每个像素的颜色用 16 位二进制数表示,我们就叫它 16 位图,它可以表达 2 的 16 次方即65536 种颜色;还有 24 位彩色图,可以表达 16777216 种颜色,我们叫它真彩色。

- 显示深度表示显示器上每个点用于显示颜色的二进制数字位数。若显示器的显示深度小于数字图像的深度,就会使数字图像颜色的显示失真。

③ 图像文件大小

图像文件的大小是指图像在磁盘中所占用磁盘的存储空间。用字节表示图像文件大小时,一幅未经压缩的数字图像数据量非常庞大,所以往往对图像文件进行压缩。有多种图像压缩的方法,形成不同格式的文件,常用的有:

a. JPG 文件

JPEG 就是联合图像专家组格式(Joint Photographic Experts Group),文件后缀名为".jpg"或".jpeg"。JPEG 是一种有损压缩格式,但支持 24 位真彩色。使用过高的压缩比例,将使图像质量明显降低,如果追求高品质图像,不宜采用过高压缩比例。JPEG 的压缩比例通常在 10∶1 到 40∶1 之间,压缩比越大,品质就越低;相反地,压缩比越小,品质就越好。因此,用户要在图像质量与图像大小之间权衡。由于 JPEG 图像文件比较小,便于从网上下载,因此是当今 Internet 中使用最为广泛的格式之一。常用的位图软件有 Photoshop、Paintshop 等。

b. GIF 文件

GIF 就是图像交换格式(Graphics Interchange Format),按照 CompuServe 公司研制的标准,基于 LZW 算法的连续色调的压缩的文件,采用无损压缩存储,在不影响图像质量的情况下,可以生成很小的文件,其压缩率一般在 50% 左右。它有以下几个特点:它支持透明色,可以使图像浮现在背景之上;可以制作动画;只支持 256 色以内的图像。

GIF 文件的众多特点恰恰适应了 Internet 的需要,于是它成了 Internet 上最流行的图像格式,它的出现为 Internet 注入了一股新鲜的活力。GIF 文件的制作也与其他文件不同。首先,我们要在图像处理软件中制作好 GIF 动画中的每一幅单帧画面,然后再用专门的制作 GIF 文件的软件把这些静止的画面连在一起,再定好帧与帧之间的时间间隔,最后再保存成 GIF 格式就可以了。制作 GIF 文件的软件也很多,比较常见的有 Animagic GIF、GIF Construction Set、GIF Movie Gear、Ulead Gif Animator 等。

（4）音频（Audio）

音频除包括音乐、语音外,还包括各种音响效果。将音频信号集成到多媒体应用中,可以获得其他任何媒体不能取代的效果,不仅能烘托气氛,而且可以增加活力,增强对其他类型媒体所表达的信息的理解。通常,声音用一种模拟的连续波形表示,如图 1-31 所示。

声音波形可以用两个参数来描述,即振幅和频率。振幅的大小表示声音的强弱,频率的大小反映了音调的高低。频率的单位为 Hz(赫兹),1 Hz 表示每秒振动 1 次。

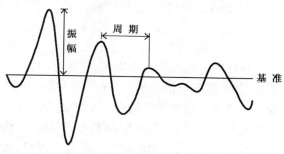

图 1-31　声音波形

由于声音是模拟量,需要将模拟信号数字化后计算机才能处理。数字化就是以固定的时间间隔对模拟信号的幅度进行测量并变换为二进制值记录下来。这个过程将形成波形声音(. WAV)文件,这类文件比较大,不利于传输和存储,一般要将其压缩。播放时,首先将压缩文件解压缩,根据文件中的幅度记录以同样的时间间隔重构原始波形,通过扬声器等设备播放出来。声音数字化的质量与以下参数相关:

• 采样频率(Sampling Rate)。将模拟声音波形转换为数字时,每秒钟所抽取声波幅度样本的次数,单位是 Hz(赫兹)。

• 量化数据位数(也称采样位数)。每个采样点能够表示的数据范围,位数越多,对幅度值的描述越精细。

• 声道数。记录声音时,如果每次生成 1 个声波数据,称为单声道;每次生成 2 个以上声波数据,称为立体声(多声道)。

采样频率越高,量化级越大,声道数越多,声音质量就越好,而数字化后数据量就越大。采样后的声音以文件方式存储,声音文件有多种格式,常用的有 5 种:

① 波形音频文件(WAV)

这是 PC 机常用的声音文件,它实际上是通过对声波(Wave)的高速采样直接得到的,无论声音质量如何,该文件所占存储空间都很大。

② 数字音频文件(MID)

MIDI(Musical Instrument Digital Interface,音乐设备数字接口)指音乐数据接口,这是 MIDI 协会设计的音乐文件标准。MIDI 文件并不记录声音采样数据,而是包含了编曲的数据,它需要具有 MIDI 功能的乐器(例如 MIDI 琴)的配合才能编曲和演奏。由于不存储声音采样数据,所以所需的存储空间非常小。

③ 光盘数字音频文件(CD - DA)

其采样频率为 44.1 kHz,每个采样使用 16 位存储信息。它不仅为开发者提供了高质量的音源,还无需硬盘存储声音文件,声音直接通过光盘由 CD - ROM 驱动器中特定芯片处理后发出。

④ 压缩存储音频文件(MP3)

MP3(MPEG－1 audio layer－3)是根据 MPEG－1 视像压缩标准中,对立体声伴音进行第三层压缩的方法所得到的声音文件,它保持了 CD 激光唱盘的立体声高音质,压缩比达到12∶1。MP3 音乐现今在互联网上、下都非常普及。

⑤ 流式音频(ra)

ra 格式是 RealNetworks 公司所开发的一种新型流式音频 Real Audio 文件格式,也称流媒体。在数据传输过程中边下载边播放声频,从而实现音乐的实时传送和播放。客户端通过 Real Player 播放器进行播放。它主要应用在网络广播和网络点歌以及网络的语音教学上。

(5) 视频(Video)

视频图像是一种活动影像,它与电影(Movie)和电视原理是一样的,都是利用人眼的视觉暂留现象,将足够的画面(Frame,帧)连续播放,只要能够达到每秒 20 帧以上,人的眼睛就察觉不出画面之间的不连续性。活动影像如果帧率在 15 帧/s 之下,则将产生明显的闪烁甚至停顿;相反,若提高到 50 帧/s 甚至 100 帧/s,则感觉到图像极为稳定。

视频的每一帧,实际上是一幅静态图像,所以图像信息存储量大的问题在视频中就显得更加严重。因为播放 1 秒钟视频就需要 20～30 幅静态图像。幸而视频中的每幅图像之间往往变化不大,因此可以对视频信息进行压缩。

视频影像文件的格式在微型计算机中主要有 4 种:

① AVI

AVI(Audio Video Interleaved 声音/影像交错),这是微软公司推出的视频格式文件,不需要特殊的设备就可以将声音和影像同步播出,它应用广泛,是目前视频文件的主流。这种格式的文件随处可见,比如一些游戏、教育软件的片头,多媒体光盘中,都会有不少的 AVI。它自己的格式也有好几种,最常见的有 Intel Indeo(R)Video R3.2、Microsoft Video 等。在资源管理器里选中 AVI 文件,点右键,再点"详细资料",就能看到这种文件的格式,其中包括了播放时间、声音特性、播放窗口大小等,最后一个就是它的格式了。在资源管理器里,只要你双击一个 AVI 的文件,就能自动播放了。但这种格式的数据量较大。

② MPG

MPG 是 MPEG(Motion Photographic Experts Group,活动图像专家组)制定出来的压缩标准所确定的文件格式,供动画和视频影像用,这种格式数据量较小。MPEG 分为 MPEG－1、MPEG－2 两种数据压缩标准。目前的 VCD、DVD 即是分别采用 MPEG－1、MPEG－2 标准。MPG 的压缩率比 AVI 高,画面质量却比它好。

③ MOV

MOV 是 MOVIE 的简写,它像 AVI 一样可爱。MOV 原来是苹果电脑中的视频文件格式,自从有了 QuickTime 驱动程序后,我们也能在 PC 机上播放 MOV 文件了。将 QuickTime 安装完成后,可以看到,QuickTime 建立了自己的程序组,而且会自动启动它的一个例行文件 Sample.mov,点中间的播放键就能播放了。但在实际操作中,我们一般都在资源管理器中打开.mov 的文件,因为装完 QuickTime 后,.mov 的文件就被关联起来了,这样可以直接播放。

④ ASF

ASF 是微软公司采用的流式媒体播放的格式（Advanced Stream Format），比较适合在网络上进行连续的视像播放。

（6）动画

动画也是一种活动影像，最典型的是"卡通"片。它与视频影像不同的是视频影像一般是指生活上所发生的事件的记录，而动画通常指人工创作出来的连续图形所组合成的动态影像。

动画也需要每秒 20 个以上的画面，每个画面的产生可以是逐幅绘制出来的（例如卡通画片），也可以是实时"计算"出来的（如中央电视一台新闻联播节目片头）。前者绘制工作量大，后者计算量大。二维动画相对简单，而三维动画就复杂得多，它要经过建模（指产生飞机、人体等三维对象的过程）、渲染（指给以框架表示的动画贴上材料或涂上颜色等）、场景设定（定义模型的方向、高度，设定光源的位置、强度等）、动画产生等过程，常需要高速的计算机或图形加速卡及时地计算出下一个画面，才能产生较好的立体动画效果。

3D 动画的制作原理：实质上，一个 3D 动画是由计算机用特殊的动画软件给出一个虚拟的三维空间，通过建造物体模型，把模型放在这个三维空间的舞台上，从不同的角度用灯光照射，然后赋予每个部分动感和强烈的质感。用三维电脑软件表现质感一般受两个因素影响：一是软件本身；二是软件使用者的经验。一般经常使用的是 3DS MAX 软件，它完成的物体质感非常强烈，光线反射、折射、阴影、镜像、色彩都非常清楚。当然，这需要用户在三维建模、材质渲染方面有相当熟练的技巧。

计算机设计动画有两种，一种是帧动画，另一种是造型动画。帧动画是由一幅幅位图组成的连续画面，就如电影胶片或视频画面一样要分别设计每屏幕显示的画面。造型动画是对每一个运动的物体分别进行设计，赋予每个动元一些特征，然后用这些动元构成完整的帧画面，动元的表演和行为是由制作表组成的脚本来控制。

存储动画的文件格式有 GIF、FLASH、FLC、MMM 等。

（7）虚拟现实（VR）

在现实生活中，我们一般将虚拟现实简称为 VR（Virtual Reality），那么究竟什么是 VR？它把人类的梦想伸展到了什么地方？虚拟现实采用各种技术，来营造一个能使人有置身于现实世界的环境，这也就是要能使人产生和置身于现实世界中相同的视觉、听觉、触觉、嗅觉、味觉等。其实大家最关心的，也是工作做得最多的还是在视觉和听觉两方面。随着 Internet 的飞速发展及 3D 技术的日益成熟，人们已经开始在 Internet 上应用虚拟现实技术了。

这里我们来介绍一下久负盛名而且在网络中经常应用的苹果公司的 Quick Time VR。Quick Time VR 虚拟技术有两大表现方式：

① 感受周围的环境：从一个固定的位置去看你周围的环境，也可以由固定的位置拉近或放远地去看某一个场景。你会感觉到好像在真实空间里一样，你将可做 360 度空间旋转、感受周围的环境及 3D 的视觉效果，让你产生身临其境的感受。

② 观察某个物体：当 Quick Time VR 与物件完美地结合时，你可以从不同的角度去观察一个物体，利用这一点，我们能充分运用到产品的介绍和销售等方面，如电脑软件展示、电脑硬件展示或其他商品展示等。

3. 认识多媒体计算机

多媒体个人计算机（Multimedia Personal Computer，MPC）是一种能对多媒体信息进行获取、编辑、存取、处理和输出的计算机系统。20 世纪 80 年代末 90 年代初，几家主要 PC 厂商联合组成的 MPC 委员会制定过 MPC 的 3 个标准，按当时的标准，多媒体计算机除应配置高性能的微机外，还需要配置的多媒体硬件有：CD - ROM 驱动器、声卡、视频卡和音箱（或耳机）。显然，对于当前的 PC 机来讲，这些已经都是常规配置了，可以说，目前的微型机都属于多媒体计算机。

对于从事多媒体应用开发的行业来说，实用的多媒体计算机系统，除较高的微机配置外，还要配备一些必需的插件，如视频捕获卡、语音卡等。此外，也要有采集和播放视频、音频信息的专用外部设备，如数码相机、数字摄像机、扫描仪和触摸屏等。

当然，除了基本的硬件配置外，多媒体系统还应配置相应的软件：首先是支持多媒体的操作系统（如 Windows XP/10 等），它负责多媒体环境下多任务的调度，保证音频、视频同步控制，以及信息处理的实时性，提供多媒体信息的各种基本操作和管理；具有对设备的相对独立性与可扩展性。其次是多媒体开发工具（如 Authorware、Microsoft 的 PowerPoint 等）及压缩和解压缩软件等。顺便指出，声音和图像数字化之后会产生大量的数据，1 分钟的声音信息就要存储 10 MB 以上的数据，因此必须对数字化后的数据进行压缩，即去掉冗余或非关键信息，而后播放时再根据数字信息重构原来的声音或图像，就是解压缩。

4. 了解多媒体技术的应用

随着多媒体技术的飞速发展，多媒体计算机已成为人们朝夕相伴的良师益友。现在，多媒体技术已逐渐渗透到各个领域，并且其涉及的领域也在不断拓宽。在文化教育、技术培训、电子图书、旅游娱乐、商业及家庭等方面，已如潮水般地出现了大量的以多媒体技术为核心的多媒体产品，倍受用户欢迎。多媒体之所以能博得用户如此厚爱，其原因是它能使图片、动画、视频片段、音乐以及解说等多种媒体统一为有机体，以生动的内容展现给用户，并使用户自始至终处于主导地位，更接近人们自然的信息交流方式和人们的心理需求。

多媒体技术的最终产品是存放在 CD - ROM 上的多媒体软件，下面简单介绍几种应用。

（1）教育和培训

目前在国内，多媒体教学已经成为一个广为应用的领域。利用多媒体集成性和交互性的特点编制出的计算机辅助教学 CAI（Computer Assisted Instruction）软件，能给学生创造出图文并茂、有声有色、生动逼真的教学环境，激发学生的学习积极性和主动性，提高学习兴趣和效率。多媒体课件能集丰富教学经验于一软件，提高教学效果。这类软件让学员不依赖教室和训练指导人员以及严格的教学计划，独立自主地学习。

（2）商业和服务行业

现在，模拟复杂动作和仿真的虚拟现实技术已经可在高档 PC 上实现了。所以，多媒体技术越来越广泛地应用到商业、服务行业中，如产品的广告、商品的查询和展示系统、各种查询服务系统、旅游产品的促销演示等。

（3）家庭娱乐、休闲

家庭娱乐和休闲产品，如音乐、影视和游戏是多媒体技术应用较广的领域。

（4）影视制作

视频制作是另一种需求多媒体技术较多的应用，它要用到视频捕获，图像压缩、解压缩，图像编辑和转换等特殊效应，还有音频同步、添加字幕和图形重叠等。

（5）电子出版业

多媒体技术和计算机的普及大大促进了电子出版业的发展。以 CD - ROM 形式发行的电子图书具有容量大、体积小、重量轻、成本低等优点，而且集文字、图画、图像、声音、动画和视频于一身，这是普通书籍所无法比拟的。

（6）Internet 上的应用

多媒体技术在 Internet 上的应用，是其最成功的表现之一。不难想象，如果 Internet 只能传送字符，就不会受到这么多人的青睐了。

多媒体技术集声音、图像、文字于一体，集电视录像、光盘存储、电子印刷和计算机通信技术为一体，将把人类引入更加直观、更加自然、更加广阔的信息领域。

5. 了解多媒体计算机的发展

展望未来，网络和计算机技术相交融的交互式多媒体将成为 21 世纪多媒体的一个发展方向。所谓交互式多媒体是指不仅可以从网络上接收信息、选择信息，还可以发送信息，其信息是以多媒体的形式传输。利用这一技术，人们能够在家里购物、点播自己喜欢看的电视节目，在家里工作、学习以及共享全球一切资源等。

多媒体正在以迅速的、意想不到的方式进入人们生活的方方面面，大的趋势是各个方面都将朝着当前新技术综合的方向发展，这其中包括：大容量光碟存储器、国际互联网、交互电视和电子商务等。这个综合正是一场广泛革命的核心，它不仅影响信息的包装方式、运用方式、通信方式，甚至势必影响人类的生存方式。

任务 6　了解计算机系统安全

【任务展示】

随着 Internet 的发展和计算机网络的日益普及，人们越来越多地了解到黑客、木马、病毒等对计算机带来的危害，信息安全在当前计算机及网络的使用中已经处于非常重要的地位，也引起了计算机用户的高度关注。本任务要求了解信息安全的相关概念，明确计算机病毒的危害及其防范措施。

【相关知识】

随着计算机的不断普及与应用，通过计算机系统进行犯罪的案例不断增多，计算机系统的安全问题成为现在人们关注的焦点。

1. 了解计算机系统安全概念

目前，国际上没有一个权威、公认的关于计算机系统安全的标准定义，随着时间推移，计算机系统安全的概念与内涵也不相同。计算机系统安全主要包括：实体安全、信息安全、运行安全及系统使用者的安全意识。

（1）实体安全

实体安全是指保护计算机设备、设施（含网络）免遭破坏的措施、过程。造成实体不安全的因素主要有：人为破坏、雷电、有害气体、水灾、火灾、地震、环境变故。实体安全范畴是指环境安全、设备安全。计算机实体安全的防护是系统安全的第一步。

（2）信息安全

信息安全是指防止信息财产被故意地和偶然地泄露、更改、破坏或使信息被非法系统识别、控制。信息安全的目标是保证信息的保密性、完整性、可用性、可控性。信息安全范围主要包括操作系统安全、数据库安全、网络安全、病毒防护、访问控制、加密、鉴别等方面。

（3）运行安全

运行安全是指信息处理过程中的安全。运行安全范围主要包括系统风险管理、审计跟踪、备份与恢复、应急4个方面的内容。系统的运行安全检查是计算机信息系统安全的重要环节，以保证系统能连续、正常地运行。

（4）安全意识

系统使用者的安全意识主要是指计算机工作人员的安全意识、法律意识、安全技能等。除少数难以预知、抗拒的天灾外，绝大多数灾害是人为的，由此可见安全意识是计算机信息系统安全工作的核心因素。安全意识教育主要是法规宣传、安全知识学习、职业道德教育和业务培训等。

2. 认识计算机病毒

目前，计算机病毒是对计算机系统安全构成威胁的一个重要方面。

（1）什么是计算机病毒

当前，计算机安全的最大威胁是计算机病毒（Computer Virus）。计算机病毒实质上是一种特殊的计算机程序。这种程序具有自我复制能力，可非法入侵而隐藏在存储媒体的引导部分、可执行程序或数据文件中。当病毒被激活时，源病毒能把自身复制到其他程序体内，影响和破坏程序的正常执行和数据的正确性。有些恶性病毒对计算机系统具有极大的破坏性。计算机一旦感染病毒，病毒就可能迅速扩散，这种现象和生物病毒侵入生物体，并在生物体内传染一样，"病毒"一词就是借用生物病毒的概念。

在《中华人民共和国计算机信息系统安全保护条例》中计算机病毒被明确定义为："编制或者在计算机程序中插入的破坏计算机功能或者破坏数据，影响计算机使用并且能够自我复制的一组计算机指令或者程序代码。"

计算机病毒一般具有如下主要特点：

① 寄生性。它是一种特殊的寄生程序，不是一个通常意义下的完整的计算机程序，而是寄生在其他可执行的程序中，因此，它能享有被寄生的程序所能得到的一切权利。

② 破坏性。破坏是广义的，不仅仅是指破坏系统，删除或修改数据，甚至格式化整个磁盘，而且包括占用系统资源、降低计算机运行效率等。

③ 传染性。它能够主动地将自身的复制品或变种传染到其他未染毒的程序上，通过这些程序的迁移进一步感染其他计算机。

④ 潜伏性。病毒程序通常短小精悍，寄生在别的程序上使得其难以被发现。在外界激发条件出现之前，病毒可以在计算机内的程序中潜伏、传播。

⑤ 隐蔽性。当运行受感染的程序时，病毒程序能首先获得计算机系统的监控权，进而能监视计算机的运行，并传染其他程序，但不到发作时机，整个计算机系统看上去一切正常。其隐蔽性使广大计算机用户对病毒失去应有的警惕性。

计算机病毒是计算机科学发展过程中出现的"污染",是一种新的高科技类型犯罪,它可以造成重大的政治、经济危害。

(2) 计算机感染病毒的常见症状

计算机病毒虽然很难检测,但是,只要细心留意计算机的运行状况,还是可以发现计算机感染病毒的一些异常情况的。例如:

① 磁盘文件数目无故增多,出现大量来历不明的文件。

② 系统的内存空间明显变小,经常报告内存不够。

③ 文件的日期/时间值被修改成新近的日期或时间(用户自己并没有修改)。

④ 感染病毒后可执行文件的长度通常会明显增加。

⑤ 正常情况下可以运行的程序却突然因 RAM 区不足而不能装入。

⑥ 程序加载时间或程序执行时间比正常的明显变长。

⑦ 计算机经常出现死机现象或不能正常启动系统。

⑧ 显示器上经常出现一些莫名其妙的信息或异常现象。

⑨ 键盘或鼠标无端地锁死,病毒作怪,特别要留意"木马"。

⑩ 系统运行速度慢,病毒占用了内存和 CPU 资源,在后台运行了大量非法操作。

随着制造病毒和反病毒双方较量的不断深入,病毒制造者的技术越来越高,病毒的欺骗性、隐蔽性也越来越好,只有在实践中细心观察才能发现计算机的异常现象。

(3) 计算机病毒的分类

目前,常见的计算机病毒按其感染的方式可分为如下 4 类:

① 文件型病毒

文件型病毒主要感染扩展名为. COM、. EXE、. DRV、. BIN、. OVL、. SYS 等可执行文件。它通常寄生在文件的首部或尾部,并修改程序的第一条指令。当染毒程序执行时就先跳转去执行病毒程序,进行传染和破坏。这类病毒只有当带毒程序执行时才能进入内存,一旦符合激发条件它就发作。文件型病毒种类繁多,且大多数活动在 DOS 环境下,但也有些文件病毒可以感染 Windows 下的可执行文件,如 CIH 病毒就是一个文件型病毒。

② 混合型病毒

这类病毒既可以传染磁盘的引导区,也传染可执行文件。

③ 宏病毒

宏病毒与上述其他病毒不同,它不感染程序,只感染 Microsoft Word 文档文件(. DOC)和模板文件(. DOT),与操作系统没有特别的关联。它们大多以 Visual Basic 或 Word 提供的宏程序语言编写,比较容易制造。它能通过 U 盘文档的复制、E-mail 下载 Word 文档附件等途径蔓延。当对感染宏病毒的 Word 文档操作时(如打开文档、保存文档、关闭文档等操作),它就进行破坏和传播。Word 宏病毒的主要破坏是:不能正常打印;封闭或改变文件名称或存储路径,删除或随意复制文件;封闭有关菜单;最终导致无法正常编辑文件。

④ Internet 病毒(网络病毒)

Internet 病毒大多是通过 E-Mail 传播的,破坏特定扩展名的文件,并使邮件系统变慢,甚至导致网络系统崩溃。"蠕虫"病毒是典型的代表,它不占用除内存以外的任何资源,不修改磁盘文件,利用网络功能搜索网络地址,将自身向下一地址进行传播。

"我爱你"病毒(又叫"爱虫"病毒)是一种蠕虫类病毒,它与 1999 年的"Melissa"病毒相似。

这个病毒是通过 Microsoft Outlook 电子邮件系统进行传播的，邮件的主题为"I LOVE YOU"，并包含一个附件。一旦在 Microsoft Outlook 里打开这个邮件，系统就会自动复制并向地址簿中的所有邮件地址发送这个病毒。这个病毒可以改写本地及网络硬盘上面的某些文件。当用户机器染毒后，邮件系统将会变慢，并可能导致整个网络系统崩溃。

根据病毒造成的危害，一般可以分为良性病毒和恶性病毒两大类：

a. 良性病毒只具有传染的特点，或只会干扰系统的运行，而不破坏程序和数据信息。如"两只老虎"病毒发作时，只会不断唱歌干扰。这样只是造成系统运行速度降低，干扰计算机的正常工作。

b. 恶性病毒则具有强大的破坏能力，能使计算机系统瘫痪，数据信息被盗窃或删除，甚至能破坏硬件部分（BIOS），如宏病毒、蠕虫病毒、木马病毒等。

（4）计算机病毒的防治

① 计算机病毒的传染途径

要预防病毒的侵害，首先要清除病毒传染的途径。

a. 通过外部存储设备传染。这种传染方式是最常见的传染途径，由于使用带病毒的外部存储设备，首先一台计算机（如硬盘、内存）感染病毒，并传染给未被感染的其他的外部移动存储设备（如光盘、U 盘或移动硬盘）。这些感染上病毒的外部存储设备在其他计算机上使用时，同样可造成其他计算机进一步感染。因此，应尽量避免随便使用外部移动存储设备，如果确实需要使用，应在运行文件之前进行查毒处理，如果没有病毒，再继续使用。

b. 通过网络传染。这种传染扩散得极快，能在很短的时间内使网络上的计算机受到感染。病毒会通过网络上的各种服务对网络上的计算机进行传染，比如电子邮件、RPC 漏洞等。因此，在安装操作系统时，应首先断开网络连接，然后安装杀毒软件，再打开网络连接。

像"讲究卫生，预防疾病"一样，对计算机病毒采取"预防为主"的方针是合理、有效的。预防计算机病毒应从切断其传播途径入手。

② 计算机病毒的预防

人们从工作实践中总结出一些预防计算机病毒的简易可行的措施，这些措施实际上是要求用户养成良好的使用计算机的习惯。具体归纳如下：

a. 在开机工作时，一要打开个人防火墙，特别是在联网浏览时，避免木马病毒入侵，防止账号被盗；二要打开杀毒软件的实时监控，它能及时发现病毒并根据用户的指令实施杀毒；三要及时打系统补丁，利用系统漏洞的病毒层出不穷，如果能及时打好补丁就可以防止此类病毒攻击。

b. 专机专用。制定科学的管理制度，对重要任务部门应采用专机专用，禁止与任务无关人员接触该系统，防止潜在的病毒罪犯。

c. 慎用网上下载的软件。通过 Internet 是病毒传播的主要途径，对网上下载的软件最好检测后再用。此外，不要随便从网络上下载一些来历不明的软件，也不要随便阅读不相识人员发来的电子邮件。

d. 分类管理数据。对各类数据、文档和程序应分类备份保存。

e. 建立备份。定期备份重要的数据文件，以免遭受病毒危害后无法恢复；创建系统的镜像文件，以便系统遭受破坏时能恢复到初始状态。

f. 定期检查。定期用杀病毒软件对计算机系统进行检测，发现病毒及时消除。

③ 计算机病毒的清除

一旦发现电脑染上病毒后，一定要及时清除，以免造成病毒扩散、破坏。清除病毒的方法有两类：一是手工清除；二是借助反病毒软件消除病毒。

用手工方法消除病毒不仅烦琐，而且对技术人员素质要求很高，只有具备较深的电脑专业知识的人员才能采用。

用反病毒软件消除病毒是当前比较流行的方法。它既方便，又安全。通常，反病毒软件只能检测出已知的病毒并消除它们。此外，用反病毒软件消除病毒，一般不会破坏系统中的正常数据。特别是优秀的反病毒软件都有较好的界面和提示，使用相当方便。遗憾的是，反病毒软件只能检测出已知病毒并消除它们，不能检测出新的病毒或病毒的变种。所以，各种反病毒软件的开发都不是一劳永逸的，而要随着各式新病毒的出现使其版本也不断升级，作为用户要及时通过网络升级防病毒软件的病毒库版本。目前较著名的反病毒软件都有实时检测系统驻留在内存中，随时检测是否有病毒入侵。我国病毒的清查技术已经成熟，市场上已出现的世界领先水平的杀毒软件有 360 杀毒、Kill、金山毒霸等。

感染病毒以后用反病毒软件检测和消除病毒是被迫的处理措施，并且已经发现相当多的病毒在感染之后会永久性地破坏被感染程序，如果没有备份将无法恢复。

计算机病毒的防治从宏观上讲是一项系统工程，除了技术手段之外还涉及诸多因素，如法律、教育、管理制度等。尤其是教育，是防止计算机病毒的重要策略。通过教育，使广大用户认识到病毒的严重危害，了解病毒的防治常识，提高尊重知识产权的意识，增强法律、法规意识，不随便复制他人的软件，最大限度地减少病毒的产生与传播，更不能设计病毒。

3. 了解黑客及防范

随着计算机网络的广泛应用，如何保证网络数据的安全尤为重要。在国际上几乎每 20 秒就有一起黑客事件发生，仅美国每年由黑客所造成的经济损失就高达 100 亿美元。"黑客攻击"在今后的电子对抗中可能成为一种重要武器。随着互联网的日益普及和在社会经济活动中的地位不断加强，互联网安全性得到更多的关注。因此，有必要对黑客现象、黑客行为、黑客技术、黑客防范进行分析研究。

（1）什么是黑客

黑客（Hacker），源于英语动词 hack，意为"劈，砍"，引申为"干了一件非常漂亮的工作"。在早期麻省理工学院的校园俚语中，"黑客"则有"恶作剧"之意，尤指手法巧妙、技术高明的恶作剧。在日本《新黑客词典》中，对黑客的定义是："喜欢探索软件程序奥秘，并从中增长了其个人才干的人。他们不像绝大多数电脑使用者那样，只规规矩矩地了解别人指定了解的狭小部分知识。"由这些定义中，我们还看不出太贬义的意味。他们通常具有硬件和软件的高级知识，并有能力通过创新的方法剖析系统。黑客能使更多的网络趋于完善和安全，他们以保护网络为目的，而以不正当侵入为手段找出网络漏洞。

另一种入侵者是那些利用网络漏洞破坏网络的人。他们往往做一些重复的工作（如用暴力法破解口令），他们也具备广泛的电脑知识，但与黑客不同的是他们以破坏为目的。这些群体成为"骇客"。

事实上，"黑客"并没有明确的定义，它具有"两面性"。黑客在造成重大损失的同时，也有利于系统漏洞发现和技术进步。

（2）常见的黑客攻击手段

① 特洛伊木马

简单地说，特洛伊木马是包含在合法程序中的未授权代码，执行不为用户所知的功能。国际著名的病毒专家 Alan Solomon 博士在他的《病毒大全》一书中给出了另一个恰当的定义：特洛伊木马是超出用户所希望的，并且有害的程序。一般来说，我们可以把特洛伊看成是执行隐藏功能的任何程序。

② 拒绝服务

2000 年 2 月，美国的网站遭到黑客大规模地攻击。由于商务网站的动态性和交互性，黑客们在不同的计算机上同时用连续不断的服务器电子邮件请求来轰炸 Yahoo 等网站。在袭击的最高峰，网站平均每秒钟要遭受 1 000 兆字节数量的猛烈攻击，这一数据相当于普通网站 1 年的数据量，网站因此陷入瘫痪。这就是所谓的"拒绝服务"（Denial Of Service）攻击。

③ 网络嗅探器

嗅探器（Sniffer），有时又叫网络侦听，就是能够捕获网络报文的设备。嗅探器的正当用处在于监视网络的状态、数据流动情况以及网络上传输的信息，分析网络的流量，以便找出网络中潜在的问题。嗅探器程序在功能和设计方面有很多不同，有些只能分析一种协议，而另一些则能够分析几百种协议。例如，如果网络的某一段运行得不是很好，报文的发送比较慢，又不知道问题出在什么地方，此时就可以用嗅探器来作出精确的问题判断。因此嗅探器既指危害网络安全的网络侦听程序，也指网络管理工具。

④ 扫描程序

扫描程序（Scanner）是自动检测主机安全脆弱点的程序。通过使用扫描程序，一个洛杉矶用户足不出户就可以发现在日本境内服务器的安全脆弱点。扫描程序通过确定下列项目，收集关于目标主机的有用信息：当前正在进行什么服务、哪些用户拥有这些服务、是否支持匿名登录、是否有某些网络服务需要鉴别。

⑤ 字典攻击

字典攻击是一种典型的网络攻击手段，简单地说它就是用字典库中的数据不断地进行用户名和口令的反复试探。一般黑客都拥有自己的攻击用的字典库，其中包括常用的词、词组、数字及其组合等，并在进行攻击的过程中不断充实丰富自己的字典库，黑客之间也经常会交换各自的字典库。

（3）黑客的防范

① 安装操作系统时要注意

因为现在的硬盘越来越大，许多人在安装操作系统时，希望安装越多越好。岂不知装得越多，所提供的服务就越多，而系统的漏洞也就越多。如果只是要作为一个代理服务器，则只安装最小化操作系统和代理软件、杀毒软件、防火墙即可，不要安装任何应用软件，更不可安装任何上网软件用来上网下载，甚至输入法也不要安装，更不能让别人使用这台服务器。

② 安装补丁程序

及时下载各种软件的最新补丁程序，就可较好地完善系统和防御黑客利用漏洞的攻击。

③ 关闭无用端口

计算机要进行网络连接就必须通过端口，而"黑客"要种上"木马"，控制我们的电脑也必须要通过端口,所以我们可以关闭一些对于我们暂时无用的端口。

④ 删除 Guest 账号

Windows 系统的 Guest 账号一般是不能更改和删除的,只能"禁用",但是可以通过 net 命令(net user guest/active)将其激活,所以它很容易成为"黑客"攻击的目标,最好的方法就是将其"删除"。

⑤ 安装防火墙

防火墙的本意原是指房屋之间防止火灾蔓延的墙。这里所说的防火墙不是指物理上的防火墙,而是指隔离本地网络与外界网络的一道防御系统,是这一类防范措施的总称。在互联网上防火墙是一种非常有效的网络安全模型,通过它可以隔离风险区域(即 Internet 或有一定风险的网络)与安全区域(局域网)的连接,同时不会妨碍人们对风险区域的访问。防火墙可以防止不希望的、未授权的通信进出被保护的网络。一般防火墙都可以达到以下目的:

a. 控制不安全的服务

防火墙可以控制不安全的服务,从而大大提高网络安全性,并通过过滤不安全的服务来降低子网上主系统所冒的风险,因为只有经过授权的协议和服务才能通过防火墙。例如,防火墙可以禁止某些易受攻击的服务(如 NFS)进入或离开受保护的子网,其好处是可以防止这些服务不会被外部攻击者利用。同时,允许在大大降低被外部攻击者利用的风险情况下使用这些服务:对局域网特别有用的服务(如 NFS 或 NIS),因而可得到共用,并用来减轻主系统管理负担。

防火墙还可以防止和保护基于路由器选择的攻击。例如,源路由选择和企图通过 ICMP 改向,把发送路径转向招致损害的网点。防火墙可以排斥所有源点发送的包和 ICMP 改向,然后把偶发事件通知管理人员。

b. 控制访问网点

防火墙还提供对网点的访问控制。例如,可以允许外部网络访问某些主机系统,而其他主系统则能有效地封闭起来,防止非法访问。除了邮件服务器或信息服务器等特殊情况外,网点可以防止外部对其主机系统的访问。

由于防火墙不允许访问不需要访问的主机系统或服务,因此它在网络的边界形成了一道关卡。如果某一用户很少需要网络服务,或几乎不与别的网点打交道,那么防火墙就是他保护自己的最后选择。

c. 集中安全性

对一个机构来说,防火墙实际上可能并不昂贵,因为所有的或大多数经过修改的软件和附加的安全性软件都放在防火墙上,而不是分布在很多主机系统上,尤其是一次性口令。

系统和其他附加验证软件可以放在防火墙上,而不是放在每个需要访问因特网的系统上。其他的网络安全性解决方案,如 Kerberos,要对每个主系统都进行修改。尽管 Kerberos 和其他技术有很多优点值得考虑,而且在某些情况下可能要比防火墙更适用,但是,防火墙往往更易实施,因为只有防火墙需要运行专门的软件。

d. 增强保密性

对某些网点来说,保密是非常重要的,因为,一般被认为无关大局的信息实际上可能含有对攻击者有用的线索。使用防火墙后,某些网点希望封锁某些服务,如 Finger 和域名服务。Finger 显示有关用户的信息,如最后注册时间、有无存读邮件等。但是,Finger 可能把有关信息泄露给攻击者,如系统多少时间使用一次,系统有没有把现有用户接上,系统能不能遭到攻击而不引起注意等。

防火墙还可用来封锁有关网点系统的 DNS 信息。因此,网点系统名字和 IP 地址都不要提供给因特网主系统。有的网点认为,通过封锁这种信息,它们正在把对攻击者有用的信息隐藏起来。

e. 提供网络日志及使用统计

如果对因特网的往返访问都通过防火墙,那么,防火墙可以记录各次访问,并提供有关网络使用率的有价值的统计数字。如果一个防火墙能在可疑活动发生时发出音响报警,则可提供防火墙和网络是否被试探或攻击的细节。

采集网络使用率统计数字和试探的证据最为重要的是可知道防火墙能否经得住试探和攻击,并确定防火墙上的控制措施是否得当。网络使用率统计数字也可作为网络需求研究和风险分析活动的数据。

f. 策略的执行

防火墙可以提供实施和执行网络访问策略的工具。事实上,防火墙可向用户和服务提供访问控制。因此,网络访问策略可以由防火墙执行,如果没有防火墙,这样一种策略完全取决于用户的协作。网点也许能依赖其自己的用户进行协作,但是,它一般不可能也不应该依赖网络用户。

事实上,在 Internet 上超过三分之一的 Web 网站都由某种形式的防火墙加以保护,这是对黑客防范最严、安全性较强的一种方式,任何关键性的服务器,都建议放在防火墙之后。

⑥ 安装入侵检测系统

防火墙等网络安全技术属于传统的网络安全技术,是建立在经典安全模型基础之上的。但是,传统网络安全技术存在着与生俱来的缺陷,主要体现在两个方面:程序的错误与配置的错误。由于牵涉过多的人为因素,因此在网络实际应用中很难避免这两种缺陷带来的负面影响。

在网络安全领域,还存在着另外一个重要的局限性因素。传统网络安全技术最终转化为产品都遵循"正确的安全策略→正确的设计→正确的开发→正确的配置与使用"的过程,但是由于技术的发展、需求的变化决定了网络处于不断发展之中,静止的分析设计不能适应网络的变化;产品在设计阶段可能是基于一项较为安全的技术,但当产品成型后,网络的发展已经使得该技术不再安全,产品本身也相对落后了。也可以说,传统的网络安全技术是属于静态安全技术,无法解决动态发展网络中的安全问题。

在传统网络安全技术无法全面、彻底地解决网络安全这一客观前提下,入侵检测系统(Intrusion Detection System)应运而生。

入侵检测是用来发现外部攻击与内部合法用户滥用特权的一种方法,它还是一种增强内部用户的责任感及提供对攻击者的法律诉讼武器的机制。这不仅反映了入侵检测技术在网络安全技术领域的价值,同时也说明了入侵检测的社会应用价值与意义。

入侵检测是一种动态的网络安全技术,因为它利用各种不同类型的引擎,实时地或定期地对网络中相关的数据源进行分析,依照引擎对特殊的数据或事件的认识,将其中具有威胁性的部分提取出来,并触发响应机制。入侵检测的动态性反映在入侵检测的实时性,对网络环境的变化具有一定程度上的自适应性,这是以往静态安全技术无法具有的。

入侵检测所涵盖的内容分为两大部分:外部攻击检测与内部特权滥用检测。外部攻击与入侵是指来自外部网络非法用户的威胁性访问或破坏,外部攻击检测的重点在于检测来自外部的攻击或入侵;内部特权滥用是指网络的合法用户在不正常的行为下获得了特殊的网络权限并实施威胁性访问或破坏,内部特权滥用检测的重点集中于观察授权用户的活动。

4. 熟悉计算机使用安全常识

计算机及其外部设备的核心部件主要是集成电路,由于工艺和其他原因,集成电路对电源、静电、温度、湿度以及抗干扰都有一定的要求,正确的安装、操作和维护不但能延长设备的使用寿命,更重要的是可以保障系统正常运转,提高工作效率。下面从工作环境和常用操作等方面提出一些建议。

(1)电源要求

微型机一般使用 220 V、50 Hz 交流电源。对电源的要求主要有两个:一是电压要稳;二是微机在工作时供电不能间断。为防止突然断电对计算机工作的影响,在断电后机器还能继续工作一小段时间,使操作员能及时保存好数据和进行必要的处理,最好配备不间断供电电源 UPS,其容量可根据微型机系统的用电量选用。此外,要有可靠的接地线,以防雷击。

(2)环境洁净要求

微机对环境的洁净要求虽不像其他大型计算机机房那样严格,但是保持环境清洁还是必要的,因为灰尘可能造成磁盘读写错误,还会减少机器寿命。

(3)室内温度、湿度要求

微机的合适工作温度在 15~35℃ 之间。低于 15℃ 可能引起磁盘读写错误,高于 35℃ 则会影响机内电子元件正常工作。为此,微机所在之处要考虑散热问题。

相对湿度一般不能超过 80%,否则会使元件受潮变质,甚至漏电、短路,以致损害机器。相对湿度低于 20% 则会因过于干燥而产生静电,引发机器的错误动作。

(4)防止干扰

计算机应避免强磁场的干扰。计算机工作时,应避免附近存在强电设备的开关动作,那样会影响电源的稳定。

(5)注意正常开、关机

对初学者来说,一定要养成良好的计算机操作习惯。特别要提醒注意的是,不要随意突然断电关机,因为那样可能会引起数据的丢失和系统的不正常。结束计算机工作,最好按正常顺序先退出各类应用软件,然后利用 Windows 的“开始”菜单正常关机。

另外,计算机不要长时间搁置不用,尤其是雨季。磁盘、光盘片应存放在干燥处,不要放置于潮湿处,也不要放在接近热源、强光源、强磁场处。

5. 了解计算机道德与法规

计算机在信息社会中充当着越来越重要的角色,但是,不管计算机怎样功能强大,它也是人类创造的一种工具,它本身并没有思想,即使计算机具有某种程度的智能,也是人类赋予它的。因此,在使用计算机时,我们一定要遵守道德规范,同各种不道德行为和犯罪行为作斗争。

1990 年 9 月,我国颁布了《中华人民共和国著作权法》,把计算机软件列为享有著作权保护的作品;1991 年 6 月,颁布了《计算机软件保护条例》,规定计算机软件是个人或者团体的智力产品,同专利、著作一样受法律的保护,任何未经授权的使用、复制都是非法的,按规定要受到法律的制裁。

人们在使用计算机软件或数据时，应遵照国家有关法律规定，尊重其作品的版权，这是使用计算机的基本道德规范。

计算机信息系统是由计算机及其相关配套设备、设施（包括网络）构成，为维护计算机系统的安全，防止病毒的入侵，我们应该注意：

① 不要蓄意破坏和损伤他人的计算机系统设备及资源。

② 不要制造病毒程序，不要使用带病毒的软件，更不要有意传播病毒给其他计算机系统（传播带有病毒的软件）。

③ 要采取预防措施，在计算机内安装防病毒软件；要定期检查计算机系统内文件是否有病毒，如发现病毒，应及时用杀毒软件清除。

④ 维护计算机的正常运行，保护计算机系统数据的安全。

⑤ 被授权者对自己享用的资源负有保护责任，口令密码不得泄露给外人。

此外，计算机网络正在改变着人们的行为方式、思维方式乃至社会结构，它对于信息资源的共享起到了无与伦比的巨大作用，并且蕴藏着无尽的潜能。但是网络的作用不是单一的，在它广泛的积极作用背后，也有使人堕落的陷阱，这些陷阱产生着巨大的反作用。因此，我们在网络上一定要遵循以下规范：

① 不应该在 Internet 上传送大型文件和直接传送非文本格式的文件而造成网络资源的浪费。

② 不能利用电子邮件作广告型的宣传，这种强加于人的做法会造成别人信箱充斥着无用信息的现象而影响正常工作。

③ 不应该使用他人的计算机资源，除非你得到了准许或者作出了补偿。

④ 不应该利用计算机去伤害别人。

⑤ 不能私自阅读他人的通信文件（如电子邮件），不得私自拷贝不属于自己的软件资源。

⑥ 不应该到他人的计算机里去窥探，不得蓄意破译别人口令。

习 题

一、选择题

1. 计算机应用最早，也是最成熟的应用领域是_____。

A. 数值计算　　　　B. 数据处理　　　　C. 过程控制　　　　D. 人工智能

2. 冯·诺依曼计算机工作原理的核心是_____和"程序控制"。

A. 顺序存储　　　　B. 存储程序　　　　C. 集中存储　　　　D. 运算存储分离

3. 微型计算机使用的主要逻辑部件是_____。

A. 电子管　　　　　　　　　　　　　B. 晶体管

C. 固体组件　　　　　　　　　　　　D. 大规模和超大规模集成电路

4. 与十六进制数 AB 等值的十进制数是_____。

A. 171　　　　　　B. 173　　　　　　C. 175　　　　　　D. 177

5. CPU 与其他部件之间传送数据是通过_____实现的。

A. 数据总线　　　　　　　　　　　　B. 地址总线

C. 控制总线　　　　　　　　　　　　D. 数据、地址和控制总线三者

6. 根据软件的功能和特点,计算机软件一般可分为_____。

A. 系统软件和非系统软件　　　　　B. 系统软件和应用软件

C. 应用软件和非应用软件　　　　　D. 系统软件和管理软件

7. 计算机的存储容量常用 kB 为单位,这里 1 kB 表示_____。

A. 1024 个字节　　　　　　　　　　B. 1024 个二进制信息位

C. 1000 个字节　　　　　　　　　　D. 1000 个二进制信息位

8. 数字字符"1"的 ASCII 码的十进制表示为 49,那么数字字符"8"的 ASCII 码的十进制表示为_____。

A. 56　　　　　　B. 58　　　　　　C. 60　　　　　　D. 54

9. 多媒体计算机是指_____。

A. 具有多种外部设备的计算机　　　B. 能与多种电器连接的计算机

C. 能处理多种媒体的计算机　　　　D. 借助多种媒体操作的计算机

10. 下列关于计算机病毒的 4 条叙述中,有错误的一条是_____。

A. 计算机病毒是一个标记或一个命令

B. 计算机病毒是人为制造的一种程序

C. 计算机病毒是一种通过磁盘、网络等媒介传播、扩散,并能传染其他程序的程序

D. 计算机病毒是能够实现自身复制,并借助一定的媒体存在的具有潜伏性、传染性和破坏性的程序

二、思考题

1. 在计算机系统中,为什么所有数据都采用二进制形式表示?

2. 计算机中常用的数制有哪些,如何书写?

3. 什么是计算机指令、指令系统、程序?

4. 什么是 ASCII 码,用 ASCII 如何在计算机内部表示字符?

5. 汉字编码为什么比英文字符编码复杂?

6. 什么是交换码、输入码、机内码、字形码,它们之间是什么关系?

7. 计算机系统由哪些部分构成,它们之间具有什么样的层次关系?

8. 如何合理地选购计算机?

9. 简述微处理器的组成及各部分的功能,常用技术参数有哪些,各是什么含义?

10. 内存分为哪几种,各有什么特点?

11. 常用的外存有哪些,它们各自的优、缺点是什么?

12. 为什么存储系统要划分层次,存储系统的层次结构是什么样的?

13. 微机主板上主要包括哪些部件?

14. 微型计算机的配置中一般包括哪些部件?

15. 计算机是如何被组装在一起的?

16. 计算机应用软件有哪些?

Windows 10 操作系统

Windows 10 是由微软公司开发的一款跨平台及设备应用的操作系统,具有操作简单、启动速度快、安全和连接方便等特点。本单元主要介绍 Windows 10 操作系统的基础知识,包括启动与退出系统、窗口与菜单操作、对话框操作等内容。

任务 1　认识 Windows 10 操作系统

【任务展示】

本任务要求学生熟悉 Windows 10 操作系统基础知识,并能够对 Windows 10 进行简单操作,如:进入操作系统、关机、键盘和鼠标使用、桌面使用、菜单使用、窗口操作、对话框操作等,并基于基础操作能够自主探究实现桌面图标进行排序及查看、应用程序启动等。

【相关知识】

1. 计算机操作系统概述

(1) 操作系统的含义

操作系统(Operating System,OS)是一种系统软件,它管理计算机系统的硬件与软件资源,控制程序的运行,改善人机操作界面,为其他应用软件提供支持等,从而使计算机系统所有资源最大限度地得到发挥应用,并为用户提供了方便、有效、友善的服务界面。操作系统是一个庞大的管理控制程序,它直接运行在计算机硬件上,是最基本的系统软件,也是计算机系统软件的核心。

(2) 操作系统的基本功能

① 处理器管理

处理器管理又称进程管理,通过操作系统处理器管理模块来确定对处理器的分配策略,实施对进程或线程的调度和管理,包括调度(作业调度、进程调度)、进程控制、进程同步和进程通信等内容。

进程一般包括就绪状态、运行状态和等待状态。

就绪状态:进程已获取除 CPU 以外的其他必需的资源,一旦分配 CPU 将立即执行。

运行状态:进程获得了 CPU 和其他所需的资源,正在运行的状态。

等待状态:因为无法获取某种资源,进程运行受阻而处于暂停状态,等分配到所需资源后再执行。

② 存储管理

存储管理的实质是对存储"空间"的管理,主要指对内存的管理。操作系统的存储管理负责将内存单元分配给需要内存的程序以便让它执行,在程序执行结束后再将程序占用的内存单元收回以便再使用。此外,还要保证各用户进程之间互不影响,保证用户进程不能破坏系统进程,提供内存保护。

③ 设备管理

外部设备是系统中最有多样性和变化性的部分,设备管理指对硬件设备的管理,包括对各种输入输出设备的分配、启动、完成和回收。常通过缓冲、中断、虚拟设备等手段尽可能地使外部设备与主机共同工作,解决快速 CPU 和慢速外部设备的问题。

④ 文件管理

文件管理又称信息管理,指利用操作系统的文件管理子系统,为用户提供一个方便、快捷、可以共享、同时又提供保护的文件的使用环境,包括文件存储空间管理、文件操作、目录管理、读写管理及存取控制。

⑤ 网络管理

随着计算机网络功能的不断加强,网络应用不断深入人们生活的各个角落,因此操作系统必须提供计算机与网络进行数据传输和网络安全防护的功能。

(3) 操作系统的分类

① 根据使用界面分类

命令行界面操作系统:用户只可以在命令符后(如 C:\>)输入命令才可操作计算机,用户需要记住各种命令才能使用系统,如 DOS 系统。

图形界面操作系统:不需要记忆命令,可按界面的提示进行操作,如 Windows 系统。

② 根据用户数目进行分类

单用户操作系统:可分为单任务操作系统和多任务操作系统。如果用户在同一时间可以运行多个应用程序(每个应用程序被称作一个任务),那么这样的操作系统被称为多任务操作系统;如果在同一时间只能运行一个应用程序,则称为单任务操作系统。

多用户操作系统:多用户就是多个用户在一台计算机上可以建立多个用户,如果一台计算机只能使用一个用户,就称为单用户。

③ 根据使用环境进行分类

批处理系统:计算机根据一定的顺序自由地完成若干作业的系统。

分时操作系统:一台主机包含若干台终端,CPU 根据预先分配给各终端的时间段,轮流为各个终端进行服务。

实时操作系统:在规定的时间内对外来的信息及时响应并进行处理的系统。

(4) 操作系统的发展

① DOS 操作系统

IBM 公司在 1981 年推出个人电脑的同时,也推出了其 DOS 操作系统(Disk Operating System,磁盘操作系统)PC - DOS 1.0。此后陆续推出多个版本,1994 年推出 MS DOS 6.22 后停止发展。DOS 操作系统是基于字符界面的单用户、单任务的操作系统。它只有一个黑底白字的字符操作界面,在这种界面下操作计算机,需要输入有严格语法规定的命令,使用电脑须记忆大量的命令,使电脑成了高深莫测、难学难用的机器。

DOS 的核心启动程序有 Boot 系统引导程序、IO. SYS、MSDOS. SYS 和 COMMAND. COM。它们是构成 DOS 系统最基础的几个部分,有它们,系统就可以启动了。

② Windows 操作系统

微软公司推出的 Windows 系列操作系统以窗口的形式显示信息,它提供了基于图形的人机对话界面,从此开始了 GUI(Graphical User Interfaces,图形化用户界面)时代。用户操作计算机时只需要轻点鼠标,无需记忆复杂的命令。这种简便的操作方式,也极大地推动了计算机在各种行业、各种应用场合的普及。与早期的 DOS 操作系统相比,Windows 更容易操作,更能充分有效地利用计算机的各种资源。

Microsoft 公司 1985 年推出第一个 Windows 1.0 操作系统版本,1987 年推出了 Windows 2.0,1990 年推出了 Windows 3.0,1992 年推出了 Windows 3.1,最早推向中国的是 Windows 3.2 中文版。Windows 3.x 是基于图形界面的 16 位的单用户、多任务操作系统,但其内核是 DOS,必须与 DOS 共同管理系统硬件资源和文件系统,因此还不能算是一个完整的操作系统。

1995 年,Microsoft 公司推出真正的 32 位操作系统 Windows 95,它已摆脱了 DOS 的限制,提供了全新的桌面形式,对系统各种资源的浏览和操纵变得更加容易;提供了"即插即用"功能和允许长文件名;支持抢先式多任务和多线程;在网络、多媒体、打印机、移动计算等方面具有了较强的管理功能。

以后又陆续推出了 Windows 98/Me/2000/XP/Vista/7/8/10 等,不断增强功能和提高性能。

Windows NT 是 Microsoft 公司 1993 年推出的 32 位的多用户、多任务的操作系统,主要安装在服务器上,它包括 Windows NT Server 和 Windows NT Workstation。

Windows 98 是微软公司发行于 1998 年 6 月 25 日的混合 16 位/32 位的 Windows 操作系统,它是基于 Windows 95 上编写的,它改良了硬件标准的支持。

Windows Me 是 Microsoft 公司 2000 年推出的一个 16 位/32 位混合的 Windows 系统。其名字有 3 个意思,一是纪念 2000 年,Me 是英文中千禧年(Millennium)的意思;另外也是指自己,Me 在英文中是"我"的意思;此外 Me 还有多媒体应用的意义(多媒体英文为 Multimedia)。

Windows 2000 原名 Windows NT 5.0。它结合了 Windows 2000 和 Windows NT 4.0 (服务器操作系统)很多优良的功能于一身,超越了 Windows NT 的原来含义。Windows 2000 有两大系列——Professional(专业版)及 Server 系列(服务器版),包括 Windows 2000 Server、Windows 2000 Advanced Server 高级服务器版和 Windows Data Center Server 数据中心服务器版。Windows 2000 可进行组网,因此它又是一个网络操作系统。

2001 年,Windows XP 是继 Windows 2000 后的又一个 Windows 系列产品,其中 XP 是 Experience(体验)的缩写。2003 年,微软发布了 Windows 2003,增加了支持无线上网等功能。

Windows Vista(Windows 2005)是微软 2005 年推出的 Windows 操作系统的最新版本。根据微软表示,Windows Vista 包含了上百种新功能,其中较特别的是新版的图形用户界面和称为"Windows Aero"的全新界面风格、加强后的搜寻功能(Windows Indexing Service)、新的多媒体创作工具(例如 Windows DVD Maker),以及重新设计的网络、音频、输出(打印)和显示子系统。Vista 也使用点对点技术(Peer-to-Peer)提升了计算机系统在家庭网络中的通信能力,在不同计算机或装置之间分享文件与多媒体内容变得更简单。针对开发者方面,Vista 使用.NET Framework 3.0 版本,比起传统的 Windows API 更能让开发者能简单写出高品质的程序。微软也在 Vista 的安全性方面进行改良。

Windows Vista 分为家庭版和企业版两个大类。家庭/消费类用户版包含 4 种版本: Windows Vista Starter、Windows Vista Home Basic、Windows Vista Home Premium、Windows Vista Ultimate。企业用户版包含 3 种版本:Windows Vista Ultimate、Windows Vista Business、Windows Vista Enterprise。与 Windows 10 相同,Vista 同样有 32 位和 64 位两个版本。但是 Vista 目前存在的问题是兼容不理想,一些软件还不能运行,此外要求硬件配置比较高。

Windows 10 在硬件性能要求、系统性能、可靠性等方面都颠覆了以往的 Windows 操作系统,是继 Windows 95 以来微软的另一个非常成功的产品。

Windows 10 可以在现有计算机平台上提供出色的性能体验,1.2 GHz 双核心处理器、1 GB 内存、支持 WDDM 1.0 的 DirectX 9 显卡就能够让 Windows 10 顺畅地运行,并满足用户日常使用需求,它对硬盘空间的占用是 Windows Vista 的 2/3,因此用户更容易接受。虽然 Windows 10 可以在低配置或较早的平台中顺畅运行,但这并不代表 Windows 10 缺少对新兴硬件的支持。Windows 10 是第二代具备完善 64 位支持的操作系统,面对当今配备 8～12 GB 物理内存、三核多线程处理器,Windows 10 已无力支持,Windows 10 全新的架构可以将硬件的性能发挥到极致。

Windows 8 大幅改变以往的操作逻辑,提供更佳的屏幕触控支持。新系统画面与操作方式变化极大,采用全新的 Metro 应用风格用户界面,取消开始菜单,使用开始屏幕,并取消 Windows 留存部分 Aero 界面。各种应用程序、快捷方式等能以动态方块的样式呈现在屏幕上,用户可自行将常用的浏览器、社交网络、游戏、操作界面融入。

Windows 10 在易用性和安全性方面有了极大的提升,除了针对云服务、智能移动设备、自然人机交互等新技术进行融合外,还对固态硬盘、生物识别、高分辨率屏幕等硬件进行了优化完善与支持。

③ Linux 操作系统

Linux 操作系统是目前全球最大的一个自由软件,具有完备的网络功能,且具有稳定性、灵活性和易用性等特点。Linux 最初由芬兰赫尔辛基大学学生 Linus Torvalds 开发,其源程序在 Internet 上公布以后,引起了全球电脑爱好者的开发热情,许多人下载该源程序并按照自己的意愿完善某一方面的功能,再发回到网上,Linux 也因此被雕琢成一个很稳定、很有发展前景的操作系统。

Linux 版本众多,厂商们利用 Linux 的核心程序,再加上外挂程序,就变成了现在的各种 Linux 版本。现在主要流行的版本有 Red Hat Linux、Turbo Linux、S. u. S. E Linux 等。我国自行开发的有红旗 Linux、蓝点 Linux 等。

④ Unix 操作系统

Unix 操作系统是在 1969 年由 AT&T 贝尔实验室的 Ken Thompson、Dennis Ritchie 和其他研究人员开发的,是一个交互式的多用户、多任务的操作系统。自问世以来,迅速在全球范围内推广。该操作系统安全性、可靠性、可移植性高,可用于网络、大型机和工作站。缺点是缺乏统一的标准,应用程序不够丰富,并且不易学习,这些都限制了 Unix 的普及应用。

⑤ OS/2

1987 年，IBM 公司在推出 PS/2 的同时发布了为 PS/2 设计的操作系统——OS/2。在 20 世纪 90 年代，OS/2 的整体技术水平超过了当时的 Windows 3x，但因为缺乏大量应用软件的支持而失败。

⑥ Mac OS

Mac OS 是在苹果公司的 Power Macintosh 以及 Macintosh 一族计算机上使用的。它是最早成功基于图形用户界面的操作系统，具有较强的图形处理能力，广泛应用于平面出版和多媒体应用等领域。Macintosh 的缺点是与 Windows 缺乏较好的兼容性，因而影响了它的普及。

⑦ Novell NetWare

Novell NetWare 是一种基于文件服务和目录服务的网络操作系统，主要用于构建局域网。

(5) Windows 10 操作系统

计算机从最初为解决复杂数学问题而发明的计算工具到今天成为全能的信息处理设备，已经深深地影响着人们的生活。很难想象没有计算机，社会将变成什么样？在操作系统市场，Windows 操作系统占据近 90% 的份额。其中，Windows 10 是微软推出的较新的 PC 操作系统，具有广泛的应用场景。

① Windows 10 的版本

Windows 10 包含了 7 个版本。

Windows 10 家庭版（Windows 10 Home）：Windows 10 家庭版是普通用户用得最多的版本，该版本拥有 Windows 全部核心功能，如 Edge 浏览器、Cortana 娜娜语音助手、虚拟桌面以及微软 Windows Hello 等。该版本支持 PC、平板、笔记本电脑、二合一计算机等各种设备。

Windows 10 专业版（Windows 10 Pro）：Windows 10 专业版主要面向计算机技术爱好者和企业技术人员，除了拥有 Windows 10 家庭版所包含的应用商店、Edge 浏览器、Cortana 娜娜语音助手以及 Windows Hello 等之外，还新增加了一些安全类和办公类功能。比如，允许用户管理设备及应用、保护敏感企业数据、云技术支持等。除此之外，Windows 10 专业版还内置了一系列 Windows 10 增强的技术，主要包括组策略、Bitlocker 驱动器加密、远程访问服务以及域名连接。

Windows 10 企业版（Windows 10 Enterprise）：Windows 10 企业版在提供全部专业版商务功能的基础上，新增了特别为大型企业设计的强大功能。包括无需 VPN 即可连接的 DirectAccess、通过点对点连接与其他 PC 共享下载与更新的 BranchCache、支持应用白名单的 AppLocker 以及基于组策略控制的开始屏幕。Windows 10 企业版除了具备 Windows Update for Business 功能外，还新增了一种名为 LongTerm Servicing Branches 的服务，可以让企业拒绝功能性升级，仅获得安全相关的升级。

Windows 10 教育版（Windows 10 Education）：在 Windows 10 之前，微软公司还从未推出过教育版操作系统，这是针对大型学术机构设计的版本，具备企业版中的安全、管理和连接功能。此外，除了更新选项方面的差异之外，教育版基本上与企业版相同。

Windows 10 移动版（Windows 10 Mobile）：Windows 10 移动版主要面向尺寸较小、配置触控屏的移动设备，如智能手机和小尺寸平板电脑。移动版是 Windows 10 的关键组成部分，向用户提供了全新的 Edge 浏览器以及针对触控操作优化的 Office 和 Outlook 办公软件。搭载移动版的智能手机或平板电脑可以连接显示器,向用户呈现 Continuum 界面。

Windows 10 企业移动版(Windows 10 Mobile Enterprise):Windows 10 企业移动版本是针对大规模企业用户推出的移动版,采用了与企业版类似的批量授权许可模式,它将提供给批量许可用户使用,增添了企业管理更新,以及及时获得更新和安全补丁软件的方式。

Windows 10 物联网核心版(IoT Core):Windows 10 物联网核心版是为专用嵌入式设备构建的 Windows 10 操作系统版本,支持树莓派 Pi2 与 Intel MinnowBoard Max 开发版。和电脑版系统相比,这一版本在系统功能、代码方面进行了大量的精简和优化,主要面向小体积的物联网设备。

② Windows 10 主要功能

操作系统是管理计算机软硬件资源、控制程序运行、改善人机界面和为应用软件提供支持的系统软件,它是计算机系统中必不可少的基本系统软件,其层次最靠近硬件(裸机),它把硬件裸机改造成为功能更加完善的一台虚拟机器,使得计算机系统的使用和管理更加方便,计算机资源的利用率更高,它为上层的应用程序提供更多的功能上的支持,为用户提供更友好的人机界面。

Windows 10 作为操作系统,也具有这些功能。Windows 10 的主要功能是管理计算机的全部软硬件资源,提供简单方便的用户操作界面。Windows 10 的内部实现机制是很复杂的,但其基本操作又是很简单的。从用户操作的角度看,Windows 10 主要有以下功能:

a. 程序的启动和关闭、应用程序窗口切换等——作业管理。

b. 操作环境的定制和修饰——操作环境管理。

c. 文件的建立、复制、移动、删除、恢复、磁盘操作等——文件资源管理。

d. 软硬件的安装、卸载、属性设置等——系统管理。

本单元围绕完成以上功能的基本操作进行讨论,如需了解 Windows 编程、高级的系统优化和配置等,还需要学习更深入的课程。

③ Windows 10 的运行环境

Windows 10 功能强大,同时,对使用环境的要求也相对较高。为了充分发挥系统性能,计算机硬件应满足以下基本要求:

处理器:1 GHz 或更快的处理器或系统单芯片(SoC)。

RAM:1 GB(32 位)或 2 GB(64 位)。

硬盘空间:16 GB(32 位操作系统)或 32 GB(64 位操作系统)。

显卡:DirectX 9 或更高版本(包含 WDDM 1.0 驱动程序)。

显示器:(800×600)dpi。

互联网连接:需要连接互联网进行更新和下载,以及利用某些功能。在 S 模式下的 Windows 10 专业版、Windows 10 专业教育版、Windows 10 教育版,以及 Windows 10 企业版,在初始设备设置(全新安装体验或 OOBE)时均需要互联网连接,以及 Microsoft 账户(MSA)或是 Azure Activity Directory(AAD)账户。在 S 模式下将设备切换出 Windows 10 也需要互联网连接。

④ Windows 10 的基本术语

应用程序:是一个完成指定功能的计算机程序。

文档：是由应用程序所创建的一组相关的信息的集合，也是包含文件格式和所有内容的文件。它被赋予一个文件名，存储在磁盘中。文档可以是一篇报告、一幅图片等，其类型可以是多种多样的。

文件：是一组信息的集合。以文件名来存取。它可以是文档、应用程序、快捷方式和设备，可以说文件是文档的超集。

文件夹：用来存放各种不同类型的文件，文件夹中还可以包含下一级文件夹，相当于MS-DOS 的目录和子目录。

对象：对象是指系统直接管理的资源，如驱动器、文件、文件夹、打印机、系统文件夹（控制面板、回收站）等。

选定：选定一个项目通常是指对该项目做一标记，选定操作不产生动作。

组合键：2 个（或 3 个）键名之间常用"＋"连接表示。如：Ctrl＋C 表示先按住 Ctrl 键不放，再按 C 字符键，然后同时放开；又如组合键 Ctrl＋Alt＋Del 表示同时先按住 Ctrl 键和 Alt 键不放，再按 Del 键，然后同时放开。注意：Ctrl 键和 Alt 键只有与其他键配合使用才会起作用。

2. Windows 10 的启动和关闭

（1）开机启动 Windows 10

开启计算机主机箱和显示器的电源开关，Windows 10 将载入内存，接着开始对计算机的主板和内存等进行检测，系统启动完成后将进入 Windows 10 欢迎界面，若只有一个用户且没有设置用户密码，则直接进入系统桌面。

如果系统存在多个用户且设置了用户密码，则需要选择用户并输入对应的正确的密码才能进入系统。Windows 10 登录界面如图 2-1 所示。

图 2-1　Windows 10 登录界面

（2）重启、关机、睡眠、锁定、注销

① 开始按钮法

单击"开始"→单击"电源"图标，如图 2-2 所示，显示 Windows 10 关机选项，如图 2-3所示。

图 2-2　开始按钮和电源图标

图 2-3　Windows 10 关机选项

a. 重启。点击重启按钮，重启计算机可以关闭当前所有程序和 Windows 10 操作系统，然后自动重新启动计算机并进入 Windows 10 操作系统。

b. 关机。在单击"关机"图标后，计算机关闭所有打开的程序以及 Windows 10 本身，然后完全关闭计算机和显示器。

c. 睡眠。"睡眠"是一种节能状态，当选择"睡眠"按钮后，计算机会立即停止当前操作，将当前运行程序的状态保存在内存中并消耗少量的电量，只要不断电，当再次按下计算机开关时，便可以快速恢复"睡眠"前的工作状态。

d. 锁定。锁定计算机后，不会关闭当前用户界面正在使用的所有程序，Windows 10 界面将返回至登录界面，只有重新输入锁定前的用户密码或使用管理员用户账户登录才能解除锁定，继续使用计算机。

e. 注销。注销后所有当前用户正在使用的程序都会被关闭，但计算机不会关闭，其他用户可以登录而无须重新启动计算机。

② 组合键法

通过键盘按下 Alt＋F4 组合键，在弹出的对话框中单击下拉列表框，如图 2-4 所示，选择所需选项单击"确定"按钮。

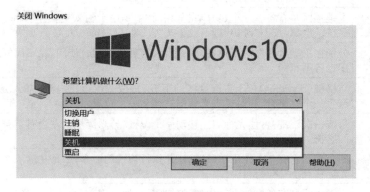

图 2-4　Windows 10 关机对话框

3. 键盘和鼠标使用

（1）键盘使用

主键盘区用于输入文字和符号，包括字母键、数字键、符号键、控制键和 Windows 功能键，共 5 排 61 个键（图 2-5）。

字母键："A"~"Z"用于输入 26 个英文字母。

数字键："0"~"9"用于输入相应的数字和符号，每个键位由上下 2 种字符组成，又称为双字符键，单独敲这些键，将输入下档字符，即数字；如果按住"Shift"键不放再敲击该键位，将输入上档字符，即特殊符号。

符号键：除了 键位于主键盘区的左上角外，其余都位于主键盘区的右侧，与数字键一样，每个符号键位也由上下 2 种不同的符号组成。

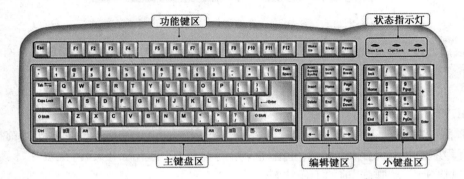

图 2-5　键盘区域划分

各控制键与 Windows 功能键的作用如表 2-1 所示。

表 2-1　控制键及其作用

按键	作　用
"Tab"键	Tab 是英文"Table"的缩写，也称制表定位键。每按一次该键，光标向右移动 8 个字符，常用于文字处理中的对齐操作
"Caps Lock"键	大写字母锁定键，系统默认状态下输入的英文字母为小写，按下该键后输入的字母为大写字母，再次按下该键可以取消大写锁定状态
"Shift"键	主键盘区左右各有一个，功能完全相同，主要用于输入上档字符和字母键的大写英文字符。例如，按下"Shift"键不放再按"A"键，可以输入大写字母"A"
"Ctrl"键和"Alt"键	分别在主键盘区左右下角各有一个，常与其他键组合使用，在不同的应用软件中，其作用也各不相同
空格键	空格键（Space 键）位于主键盘区的下方，每按一次该键，将在插入光标的当前位置上产生一个空字符，同时插入光标向右移动一个位置
"Back Space"键	每按一次该键，可使光标向左移动一个位置，若光标位置左边有字符，将删除该位置上的字符
"Enter"键	回车键。它有 2 个作用：一是确认并执行输入的命令；二是在输入文字时按此键，插入光标移至下一行行首
Windows 功能键	主键盘区左右各有一个功能键，该键面上刻有 Windows 窗口图案，称为"开始菜单"键，在 Windows 操作系统中，按下该键后将打开"开始"菜单

编辑键区主要用于编辑过程中的光标控制,各键的作用如图 2-6 所示。

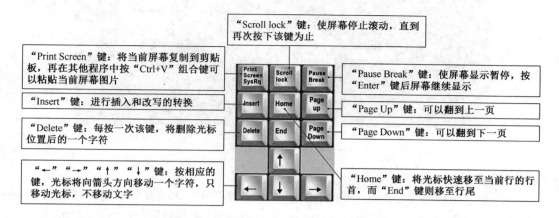

图 2-6　编辑键功能

小键盘区主要用于快速输入数字及进行光标移动控制。当要使用小键盘区输入数字时,应先按下左上角的"Num Lock"键,此时状态指示灯区第 1 个指示灯亮,表示此时为数字状态,然后输入即可。

状态指示灯区主要用来提示小键盘工作状态、大小写状态及滚屏锁定键的状态。

(2)鼠标使用

移动定位:移动定位鼠标的方法是握住鼠标,在光滑的桌面或鼠标垫上随意移动,此时,在显示屏幕上的鼠标指针会同步移动,将鼠标指针移到桌面上的某一对象上停留片刻,这就是定位操作,被定位的对象通常会出现相应的提示信息。

单击:单击俗称点击,方法是先移动鼠标,让鼠标指针指向某个对象,然后用食指按下鼠标左键后快速松开按键,鼠标左键将自动弹起还原。单击操作常用于选择对象,被选择的对象呈高亮显示。

拖动:这是指将鼠标指向某个对象后按住鼠标左键不放,然后移动鼠标把对象从屏幕的一个位置拖动到另一个位置,最后释放鼠标左键即可,这个过程也被称为"拖曳"。拖动操作常用于移动对象。

右击:右击即单击鼠标右键,方法是用中指按一下鼠标右键,松开按键后鼠标右键将自动弹起还原。右击操作常用于打开右击对象的相关快捷菜单。

双击:双击是指用食指快速、连续地按鼠标左键 2 次,双击操作常用于启动某个程序、执行任务和打开某个窗口或文件夹。

4. Windows 10 桌面

(1)桌面

Windows 10 启动计算机登录到系统后所显示的整个屏幕界面称为桌面,如图 2-7 所示。它是用户和计算机进行交流的窗口,上面可以存放用户经常用到的应用程序和文件夹图标,并可以根据自己的需要在桌面上添加各种快捷图标。

Windows 10 的一切操作都是从桌面开始,用户通过对桌面上的图标、任务栏和开始菜单的操作完成 Windows 10 的最基本操作。

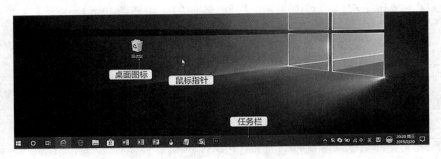

图 2-7　Windows 10 桌面

（2）桌面图标

图标通常是由代表 Windows 10 的各种组成对象的小图形并配以文字说明而组成。每个图标代表一个对象，如文档、应用程序、文件夹、磁盘驱动器、控制面板、打印机等都用一个形象化的图标表示。在 Windows 10 中，图标应用很广，它可以代表一个应用程序、一个文档或一个设备，也可以是一个激活"窗口控制菜单"的图标。如果把鼠标放在图标上停留片刻，桌面上就会出现对图标所表示内容的说明或者是文件存放的路径，双击图标就可以打开相应的内容。

初次安装的 Windows 10，通常桌面上默认的图标只有"回收站"，有的版本甚至一个图标也没有。随着应用软件的安装，会添加新的图标。用鼠标左键单击某一个图标，该图标周围的颜色改变，表示此图标被选中。双击桌面上的图标是最快捷的启动应用程序和打开文档的方式，为了操作快捷方便，也可以把经常使用的程序和文档放在桌面上或在桌面上手工为它们建立若干个快捷方式图标。

（3）任务栏

任务栏默认情况下位于桌面的最下方，由"开始"按钮、Cortana 搜索、"任务视图"按钮、任务区、通知区域和"显示桌面"按钮（单击可快速显示桌面）6 个部分组成（图 2-8）。

图 2-8　Windows 10 任务栏

① "开始"按钮

通过开始按钮可以找到电源按钮、应用程序入口、设置按钮等，通过电源按钮能够实现关机、睡眠等，通过应用程序入口可以快速打开所需应用程序，点击设置按钮则可进入本机设置（图 2-9）。

② Cortana 搜索

这是 Windows 10 的新增功能，单击"Cortana 搜索"按钮，在该界面中可以通过打字或语音输入方式帮助用户快速打开某一个应用，也可以实现聊天、看新闻、设置提醒等操作（图 2-10）。

③ 任务视图

单击"任务视图"按钮,可以查看当前打开的页面,同时,通过点击新建桌面新建一个干净的桌面,也可以点击"桌面 1"或"桌面 2"完成桌面切换,使得一台计算机同时拥有多个桌面(图 2-11)。

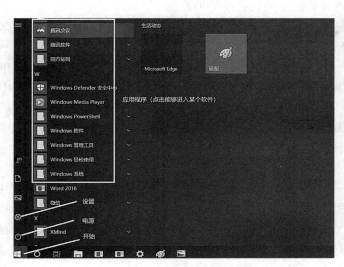

图 2-9　Windows 10 开始

图 2-10　Cortana 搜索

图 2-11　任务视图

④ 任务区

用于显示正在执行的程序和打开的窗口所对应的图标,单击任务按钮图标可以快速切换活动窗口。当每次启动一个应用程序或打开一个窗口后,任务区显示代表该程序或窗口的一个"窗口按钮",其中处于亮色的"窗口按钮"表示当前活动的应用程序。单击所需的"窗口按钮"可以在多个应用窗口之间切换。

⑤ 通知区域

通知区域位于任务栏右端,用于显示计算机后台运行的程序,同时包括"扬声器""语言指示器""网络"和"系统时钟"等常用设置按钮,右击通知区域图标时,将弹出该图标的快捷菜单,该菜单提供特定程序的快捷方式。

⑥ 显示桌面

在 Windows 10 系统"任务栏"的最右侧是方便又常用的"显示桌面"按钮,作用是快速地将所有已打开的窗口最小化,这样查找桌面文件就会变得很方便。

单击该按钮则可将所有打开的窗口最小化。如果希望恢复显示这些已打开的窗口,也不必逐个从"任务栏"中单击,只要再单击"显示桌面"按钮,所有已打开的窗口又会恢复为显示的状态。

图 2-12　任务栏显示及设置

在任务栏的空白处右击,弹出如图 2-12 所示快捷菜单,单击菜单选项前方区域,出现"√"表明选中,若原本已选中,再次单击"√"消失,表明取消该选项。通过这些选项可以完成任务栏显示设置。而任务栏更多设置可通过点击菜单最下方"任务栏设置"按钮,进入任务栏设置页面完成设置。

（4）任务管理器

"任务管理器"提供了有关计算机性能、计算机运行程序和进程的信息,主要用于管理中央处理器和内存程序。利用"任务管理器"启动程序、结束程序或进程、查看计算机性能的动态显示,更加方便地管理维护自己的系统,提高工作效率,使系统更加安全、稳定。

在任务栏空白处右击,在弹出的快捷菜单中单击"任务管理器"命令,打开如图 2-13 所示"任务管理器"窗口。使用 Ctrl＋Alt＋Del 组合键,也可打开"Windows 任务管理器"窗口。

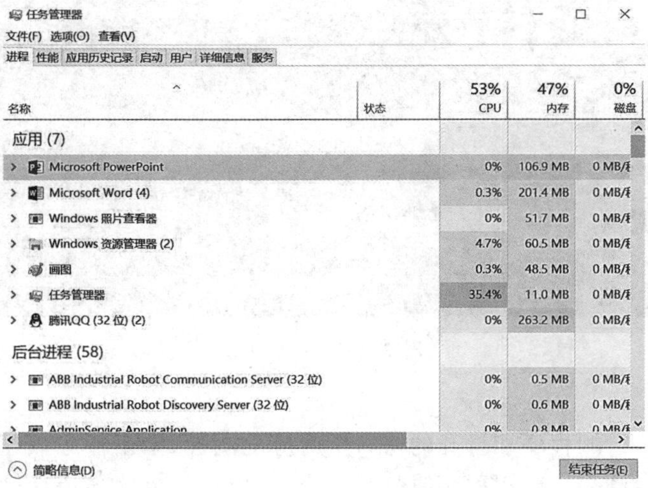

图 2-13　任务管理器

① 在"进程"列表中可查看应用程序或进程所占用的 CPU 及内存大小,单击应用程序或进程,然后单击"结束任务"按钮,此时该程序或进程将会被结束。

② "性能"选项卡的上部则会以图表形式显示 CPU、内存、硬盘和网络的使用情况。

5. Windows 10 窗口

在 Windows 10 中,以窗口的形式管理各类项目。通过窗口可以查看文件夹等资源,也可以通过程序窗口进行操作、创建文档,还可以通过浏览器窗口畅游 Internet。每个运行的程序和打开的文档都以窗口的形式出现,Windows 意即窗口(Window)的集合。

（1）窗口组成

虽然不同的窗口具有不同的功能,但基本的形态和操作都是类似的。双击桌面上的"此电脑"图标,将打开"此电脑"窗口,这是一个典型的 Windows 10 窗口(图 2-14),各个组成部分的作用介绍如下。

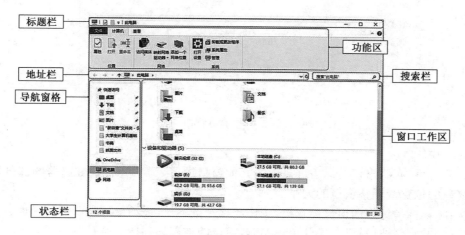

图 2-14　Windows 10 窗口

标题栏:位于窗口顶部,通过该工具栏可以快速实现设置所选项目属性和新建文件夹等操作,最右侧是窗口最小化、窗口最大化和关闭窗口的按钮。

功能区:功能区是以选项卡的方式显示的,其中存放了各种操作命令,要执行功能区中的操作命令,只需单击对应的操作名称即可。

地址栏:显示当前窗口文件在系统中的位置。位于窗口左上角,通过单击"前进"和"后退"按钮,导航至已经访问的位置。还可通过单击"前进"按钮右侧的向下箭头,然后从该列表中进行选择以返回到以前访问过的窗口。点击向上箭头可返回文件上一级文件夹。

搜索栏:用于快速搜索计算机中的文件。

导航窗格:单击可快速切换或打开其他窗口。

窗口工作区:用于显示当前窗口中存放的文件和文件夹内容。

状态栏:用于显示当前窗口所包含项目的个数和项目的排列方式。

（2）窗口操作

窗口的基本操作包括窗口的打开、移动、缩放、最大化及最小化、切换和关闭窗口等。

① 打开窗口

打开窗口有下列方法:

a. 选中要打开的窗口图标,然后双击。

b. 在选中的图标上右击,在弹出的快捷菜单中选择"打开"命令,如图 2-15 所示。

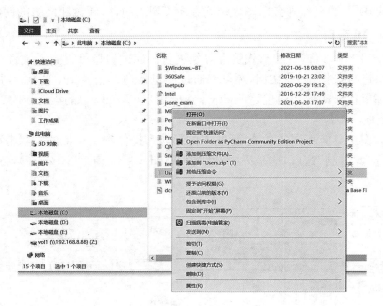

图 2-15　打开窗口

② 移动窗口

打开窗口后,有些窗口会遮盖屏幕上的其他窗口内容,为了查看到被遮盖的部分,需要适当移动窗口的位置或调整窗口的大小。

方法:将鼠标指针指向窗口标题栏,按住鼠标左键不放,拖动鼠标到所需要的地方,此时窗口也随着移动;到合适位置后,松开鼠标左键,窗口即被移动到指定位置。

注意:如想取消本次窗口移动,那么只要在松开鼠标左键前,按一下 Esc 键即可。窗口最大化时不能移动窗口。

③ 排列窗口

操作者在系统中一次打开多个窗口,一般情况下只显示活动窗口,当需要一次查看打开的多个窗口时,可以在任务栏空白处右击,弹出如图 2-12 所示快捷菜单,根据需求选择层叠窗口、堆叠显示窗口或并排显示窗口。

例如,并排显示窗口操作在任务栏右击,在弹出的快捷菜单中单击"并排显示窗口"。

④ 切换窗口

通过任务栏中的按钮切换:将鼠标指针移至任务栏左侧按钮区中的某个任务图标上,此时将展开所有打开的该类型文件的缩略图,单击某个缩略图即可切换到该窗口,在切换时其他同时打开的窗口将自动变为透明效果。

按"Alt+Tab"组合键切换:按"Alt+Tab"组合键后,屏幕上将出现任务切换栏,系统当前打开的窗口都以缩略图的形式在任务切换栏中排列出来,此时按住"Alt"键不放,再反复按"Tab"键,将显示一个白色方框,并在所有图标之间轮流切换,当方框移动到需要的窗口图标上后释放"Alt"键,即可切换到该窗口。

按"Win+Tab"组合键切换:按"Win+Tab"组合键后,屏幕上将出现操作记录时间线,系统当前和稍早前的操作记录都以缩略图的形式在时间线中排列出来,若想打开某一个窗口,可将鼠标指针定位至要打开的窗口中,当窗口呈现白色边框后单击鼠标即可打开该窗口。

⑤ 缩放窗口

当窗口处于非最大化状态时,用户可以根据需要随意改变桌面上窗口的大小将其调整到合适的尺寸。用鼠标改变窗口大小的操作如下(图 2-16):

a. 当需要改变窗口宽度(或高度)时,可以把鼠标指针放在窗口的垂直(或水平)边框上,当鼠标指针变成双向箭头时,可以任意拖动。

b. 当需要对窗口进行等比缩放时,可以把鼠标指针放在边框的任意角上进行拖动,直到窗口变成所需的大小为止。

c. 松开鼠标左键。如想取消本次窗口的改变,那么只要在松开鼠标左键前按一下 Esc 键即可。

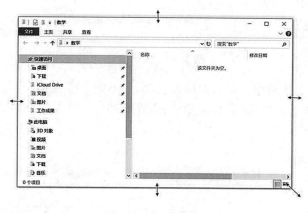

图 2-16　缩放窗口

⑥ 最大化、还原、最小化、关闭窗口

最大化和还原:最大化窗口可以将当前窗口放大到整个屏幕显示,这样可以显示更多的窗口内容;打开任意窗口,单击窗口标题栏右侧的"最大化"按钮,此时窗口将铺满整个显示屏幕,同时"最大化"按钮 □ 变成"还原"按钮 ❐ ;单击"还原"即可将最大化窗口还原成原始大小。

最小化:窗口将以图标按钮形式缩放到任务栏的程序按钮区。单击窗口右上角的"最小化"按钮 一 ,此时该窗口将隐藏显示,并在任务栏的程序区域中显示一个图标,单击该图标,窗口将还原到屏幕显示状态。

关闭:

• 单击窗口标题栏右上角的"关闭"按钮 × ;

• 在窗口的标题栏上单击鼠标右键,在弹出的快捷菜单中选择"关闭"命令(图 2-17);

• 将鼠标指针移动到任务栏中某个任务缩略图上,单击其右上角的"关闭"按钮;

• 将鼠标指针移动到任务栏中需要关闭窗口的任务图标上,单击鼠标右键,在弹出的快捷菜单中选择"关闭窗口"命令或"关闭所有窗口"命令;

• 按"Alt＋F4"组合键。

注意:"窗口最小化"和"关闭窗口"是两个不同的概念。应用程序窗口最小化后,它仍然在内存中运行,占用系统资源;而关闭窗口表示应用程序结束运行,退出内存。

6. Windows 10 对话框

对话框是一种特殊的 Windows 窗口,由标题栏和不同的元素对象组成,用户可以通过对

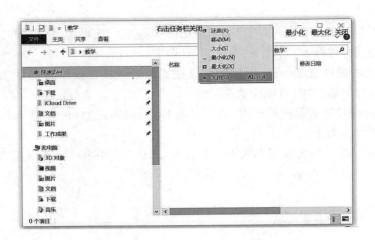

图 2-17 关闭窗口

话框与系统之间进行交互操作。对话框可以移动,但不能改变大小。

在 Windows 的对话框中,除了有标题栏、边界线和"关闭"按钮外,还有一些控件供用户使用,如图 2-18 所示。

图 2-18 Windows 10 对话框

(1)选项卡

当两组以上功能的对话框合并在一起,形成一个多功能对话框时就会出现选项卡,单击标签可进行选项卡的切换。

(2)单选按钮

表示在一组选项中选择一项且只能选择一项,单击某项则被选中,被选中项的前面有个圆点。

(3)复选框

有一组选项供用户选择,若可选择若干项,各选项间一般不会冲突,被选中的项前有一个

"√",再次单击该项则取消"√"。

（4）命令按钮

命令按钮用来执行某一操作,单击某一命令按钮将执行与其名称相应的操作。如单击确定按钮,表示关闭对话框并保存所做的全部更改。

（5）下拉列表框

下拉列表框中包含多个选项,单击下拉列表框右侧的区按钮,将打开一个下拉列表,从中可以选择所需的选项。

（6）数值框

用于输入数字,若其右边有两个方向相反的三角形按钮,也可单击它来改变数值大小。

7. Windows 10 菜单

菜单是一张命令列表,它是应用程序与用户交互的主要方式。用户可从中选择菜单上所需的命令来指示应用程序执行相应的动作。

（1）菜单种类

在 Windows 10 有 3 种经典菜单形式:开始菜单、快捷菜单和命令菜单。

① 开始菜单

Windows 10 开始菜单是开始程序和开始屏幕的整合,开始菜单中有计算机中的应用程序,对于常用程序,可右击该程序—固定到开始屏幕,这样下次可从开始屏幕处直接打开（图 2-19）。

图 2-19　开始菜单

这里以控制面板为例,说明开始菜单的应用场景。控制面板（Control Panel）是 Windows 图形用户界面的一部分,可通过开始菜单访问。它允许用户查看并操作基本的系统设置,比如添加/删除软件,控制用户账户,更改辅助功能选项。其可通过开始菜单打开:点击开始菜单—点击 Windows 系统—点击控制面板,即可打开控制面板。

② 快捷菜单

将鼠标指向某个选中对象或屏幕的某个位置,单击鼠标右键,即可打开一个弹出式快捷菜单。该快捷菜单列出了与用户正在执行的操作直接相关的命令,即根据单击鼠标时指针所指的对象和位置的不同,弹出的菜单命令内容也不同。例如,右键单击窗口空白处和任务栏空白处会弹出不同的快捷菜单。快捷菜单中包含了操作该对象的常用命令。

③ 命令菜单

位于应用程序窗口标题下方的菜单栏,多采用命令菜单形式。菜单中通常包含若干条命令,这些命令按功能分组,分别放在不同的菜单项里;当前能够执行的有效菜单命令以深色显示。不同窗口,命令菜单有所不同(图 2-20)。

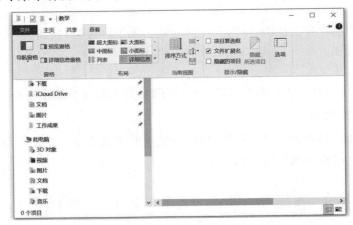

图 2-20 命令菜单

(2) 菜单操作

对于 Windows 10 系统及应用程序所提供的各种菜单,不管是命令菜单还是快捷菜单,用户都可以使用鼠标或者键盘对其进行相应的操作。鼠标操作具有灵活、简单、方便的特点,建议尽量用鼠标进行操作。

① 打开菜单

• 单击"开始"按钮可打开"开始"菜单;右键单击目标对象可打开快捷菜单。

• 单击菜单栏上的各个菜单可打开命令菜单。

② 取消菜单

如果已打开某个菜单,又不想操作了,单击该菜单外的任何位置或者按 Esc 键则可取消。

(3) 菜单常用约定

• 带下划线的字母:热键,按键盘上的该字母则执行该项功能。

• 灰色选项:该菜单命令当前不可使用。

• 省略号(…):选择该菜单命令将出现一个对话框。

• 大于符号(＞):鼠标指针指向该项后会弹出一个级联菜单(或称子菜单)为当前项,移动光标键可更改,按回车键则执行该菜单命令。

• 深色项:当前项,按回车键可执行菜单命令。

【任务实施】

1. 桌面图标查看及排序

① 图标排序

按照特定方式进行图标排序能够使得桌面整洁、有序,便于使用。具体步骤为:

a. 在桌面的空白处右击鼠标。

b. 在弹出的快捷菜单中点击选择"排序方式"命令。

c. 在子菜单项中包含了多种排列方式,如名称、大小、项目类型和修改日期等,点击所需方法即可使桌面上的图标进行位置调整,按预期规则排列,如图 2-21 所示。

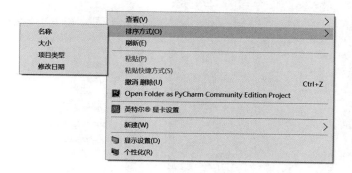

图 2-21　桌面图标排序

② 图标查看

通过图标查看可改变桌面图标大小、排列方式、显示情况(图 2-22),具体操作如下:

a. 在桌面的空白处右击鼠标。

b. 在弹出的快捷菜单中点击选择"查看"命令。

c. 在子菜单项中包含了图标大小、排列方式、显示图标等选项,选择所需查看方式可实现对应效果。

图 2-22　桌面图标查看

提示:

• 若取消"查看"命令中"显示桌面图标"前的"√"标志,桌面上将不显示任何图标。

• 如果取消"自动排列图标"命令的选中状态,则可以使用鼠标拖动图标将其摆放在桌面的任意位置。

2. 程序启动

方法一:单击"开始"按钮,打开"开始"菜单,此时可以先在"开始"菜单左侧的高频使用区查看是否有需要打开的程序选项,如果有则选择该程序选项启动。如果高频使用区中没有要启动的程序,则在"所有程序"列表中依次单击展开程序所在的文件夹,鼠标点击选择需执行的程序选项启动程序。

方法二:单击"搜索"按钮,在"搜索"文本框中输入程序的名称,选择后按"Enter"键打开程序(图 2-23)。

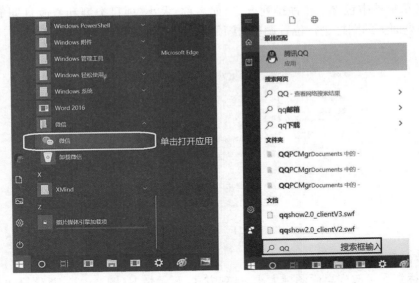

图 2-23　开始菜单启动和搜索启动

方法三：双击桌面上应用程序对应的快捷方式图标。

方法四：在"此电脑"中找到需要执行的应用程序文件，用鼠标双击，也可在其上单击鼠标右键，在弹出的快捷菜单中选择"打开"命令（图 2-24）。

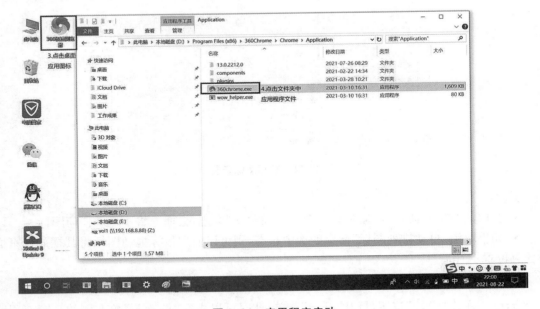

图 2-24　应用程序启动

任务 2　Windows 10 的系统管理

【任务展示】

根据实际需求完成 Windows 10 系统管理,包括:个性化设置、账户设置、输入法设置、时间日期设置、常用软件安装等(图 2-25)。

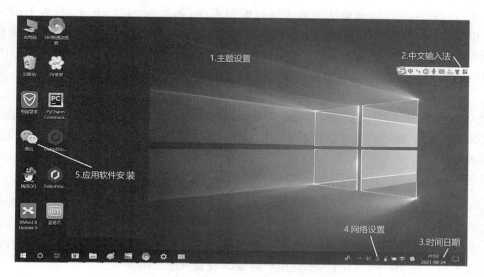

图 2-25　Windows 10 系统设置效果

【相关知识】

1. 常用个性化设置

主题:主题包括桌面背景、屏幕保护程序、窗口边框颜色和声音、图标和鼠标指针等。可以从多个系统自带主题中进行选择,也可以通过更改图片、颜色和声音等来自定义主题。

桌面背景:显示在桌面上的图片、颜色或图案。用户可以选择单一的颜色作为桌面的背景,也可以选择类型为 BMP、JPG、HTML 等位图文件作为桌面的背景图片。

屏幕保护:屏幕保护程序是在指定时间内没有使用鼠标或键盘时,出现在屏幕上的图片或动画;设计屏幕保护程序的初衷是为了防止计算机监视器出现荧光粉烧蚀现象,显示技术的进步和节能监视器的出现,从根本上消除了对屏幕保护程序的需要,但我们仍然在使用屏幕保护程序,主要是因为它能给用户带来一定的娱乐性和安全性等。当用户在一段时间内不使用计算机时,可设置屏幕保护程序自动启动,以动态的画面显示于屏幕,这样可以减少屏幕的损耗并保障系统安全。

屏幕分辨率:屏幕分辨率是指屏幕显示的分辨率。屏幕分辨率确定计算机屏幕上显示多少信息的设置,以水平和垂直像素来衡量。屏幕分辨率低时(例如 640×480),在屏幕上显示的像素少,但尺寸比较大。屏幕分辨率高时(例如 1024×768),在屏幕上显示的像素多,但尺寸比较小。屏幕分辨率可通过在桌面空白处右击弹出菜单中的显示设置命令进行设置。

2. 应用程序

应用程序,指为完成某项或多项特定工作的计算机程序,它运行在用户模式,可以和用户进行交互,具有可视的用户界面。在 Windows 10 环境下可运行多种应用程序,在使用它们之前一般首先要进行安装,不再使用时,应该从系统中删除,以节约系统资源。现在的应用程序一般规模较大,功能很强,与操作系统的结合日益紧密,许多应用程序往往成为操作系统的一部分。这种情况给安装和删除应用程序带来了复杂性。

安装应用程序可以简单地从光盘中运行安装程序(通常是 SETUP. EXE 或 INSTALL. EXE),但是删除应用程序最好不要直接打开文件夹,然后通过删除其中文件的方式来删除某个应用程序。因为这样一方面不可能删除干净,有些 DLL 文件安装在 Windows 目录中,另一方面很可能会删除某些其他程序也需要的 DLL 文件,导致破坏其他依赖这些 DLL 文件的程序。

在 Windows 10 的控制面板中,有一个添加和删除应用程序的工具。其优点是保持 Windows 10 对更新、删除和安装过程的控制,用此功能添加或删除程序不会因为误操作而造成对系统的破坏。

3. 用户账户

Windows 用户账户的建立是为了区分不同的用户,每个账户登录之后都可以对系统进行自定义的设置,而一些隐私信息也必须用用户名和密码登录才能看见。在实际生活中,多用户使用一台计算机的情况经常出现,而每个用户的个人设置和配置文件等均会有所不同,这时用户可进行多用户使用环境的设置,不同用户登录时设置互不影响。

4. 中文输入法

随着计算机的发展,中文输入法也越来越多,掌握中文输入法已成为我们日常使用计算机的基本要求。根据汉字编码的不同,中文输入法可分为字音编码法、字形编码法和音形结合编码法 3 种方法,Windows 10 提供了多种汉字输入法,用户可按自身情况选择输入法。

【任务实施】

1. Windows 10 个性化设置

设置方法:在系统桌面上的空白区域单击鼠标右键→在弹出的快捷菜单中选择"个性化"命令→进入个性化设置界面,单击相应的按钮便可进行个性化设置(图 2-26)。

单击"背景"按钮:在背景界面中可以更改图片,选择图片契合度,设置纯色或者幻灯片放映等参数。

单击"颜色"按钮:在颜色界面中,可以为 Windows 系统选择不同的颜色,也可以单击"自定义颜色"按钮,在打开的对话框中自定义自己喜欢的主题颜色。

单击"锁屏界面"按钮:在锁屏界面中,可以选择系统默认的图片,也可以单击"浏览"按钮,将本地图片设置为锁屏界面。点击"屏幕保护程序设置"按钮,可进行屏幕保护设置。

单击"主题"按钮:在主题界面中,可以自定义主题的背景、颜色、声音、桌面图标以及鼠标指针样式等项目,最后保存主题;也可以选择应用系统自带主题。

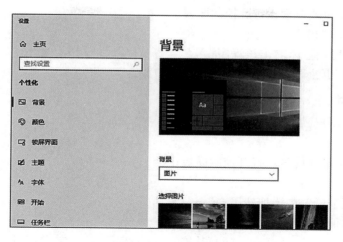

图 2-26　个性化设置

单击"开始"按钮：在开始界面中，可以设置"开始"菜单的显示内容。

单击"任务栏"按钮：设置任务栏中屏幕上的显示位置和显示内容等。

2. 应用程序安装与卸载

（1）安装

获取或准备好软件的安装程序后便可以开始安装软件，常见的安装步骤如下：

① 双击安装文件（.EXE）；

② 阅读安装协议，根据需要选择是否接受，接受协议则进入下一步安装；

③ 选择软件安装路径；

④ 点击安装，等待安装完成。

安装完成后的软件将会显示在"开始"菜单中的"所有程序"列表中，部分软件还会自动在桌面上创建快捷启动图标。

（2）卸载

图 2-27　应用程序卸载

已安装的软件可采用下述方法卸载（图 2-27），操作步骤如下：

① 通过开始菜单或搜索栏打开控制面板；

② 点击"程序和功能"；

③ 找到待卸载的程序，右击该程序；

④ 点击"卸载/更改"按钮，按提示即可完成卸载。

3. 多用户设置

（1）添加多个用户（图 2-28）

操作步骤：

① 通过开始菜单或搜索栏打开控制面板；

② 点击"用户账户"；

③ 点击"在电脑设置中添加新用户"；

④ 点击"将其他人添加到这台电脑"命令；

⑤ 输入用户名、密码、选择安全问题及答案，点击"下一步"，完成新用户添加。

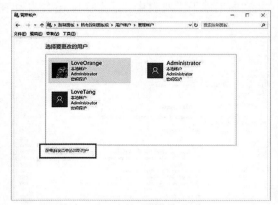

图 2-28 添加用户账户

（2）账户更改或删除（图 2-29）

操作步骤：

① 通过开始菜单或搜索栏打开控制面板；

② 点击"用户账户"；

③ 点击选择待更改的账户；

④ 根据需求点击更改按钮,如更改密码、删除账户等,按系统提示操作后可完成对应更改。

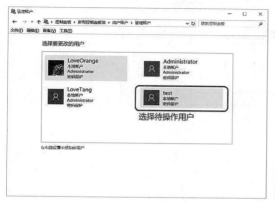

图 2-29　更改用户账户

4. 输入法设置

单击任务栏中的"输入法"按钮,在打开的列表中可以选择需切换的输入法,选择相应的输入法后,该图标将变成所选输入法的图标。使用 Ctrl＋Shift 键也可在各种输入法之间切换(图 2-30)。

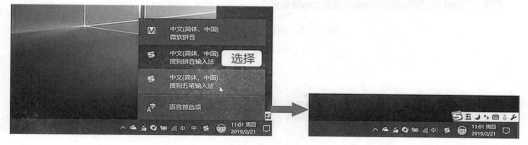

图 2-30　切换输入法

5. 日期和时间设置

若系统的日期或时间不是当前的日期或时间,可通过设置进行更改,还可对日期的格式进行设置(图 2-31、图 2-32)。

操作步骤:

① 点击任务栏展示的时间和日期；

② 点击"日期和时间设置",弹出日期和时间设置页面；

③ 点击页面上方"更改"按钮,可进入更改时间和日期弹框,更改完成后,点击"更改"；

④ 点击页面下方"更改日期和时间格式",通过下拉框可选择所需格式。

图 2-31　查看时间和日期

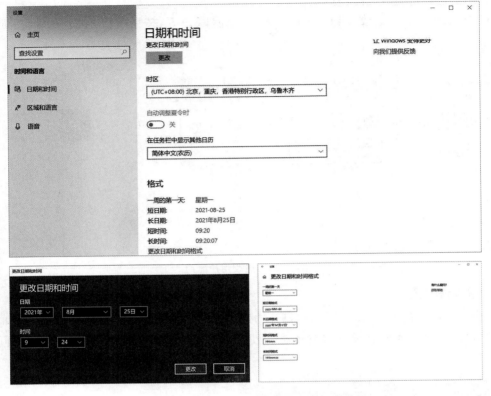

图 2-32　时间和日期的修改

任务 3　Windows 10 文件和文件夹管理

■【任务展示】

以家乡所在地的地名为名称新建文件夹；在文件夹中新建一个文本文档，命名为"家乡美食"；复制家乡美食文件，粘贴到家乡文件夹下；为家乡美食副本重命名，重命名为"地名由来"；将"家乡美食"文件设置为隐藏属性；删除"地名由来"文件。

■【相关知识】

1. 文件系统概述

（1）硬盘分区与盘符

硬盘分区是指将硬盘划分为几个独立的区域，这样可以更加方便地存储和管理数据，格式化可使分区划分成可以用来存储数据的单位，一般是在安装系统时会对硬盘进行分区。盘符是 Windows 系统对于磁盘存储设备的标识符，一般使用 26 个英文字符加上一个冒号"："来标识,如"本地磁盘(C:)","C"就是该盘的盘符。

（2）文件

① 定义

文件是指保存在计算机中的各种信息和数据,计算机中的文件包括的类型很多,如文档、表格、图片、音乐和应用程序等。在默认情况下,文件在计算机中是以图标形式显示的,它由文件图标和文件名称两部分组成,如 🊘 学生课程安排 表示一个名为"学生课程安排"的 Excel 文件。

② 文件名组成及结构

文件名的格式为:[文件名.扩展名],其中扩展名用来表示文件类型,常见的文件类型如表 2-2 所示。

表 2-2　文件类型

扩展名	文件类型	扩展名	文件类型
.DOCX	Word 文档文件	.BAK	一些程序自动创建的备份文件
.XLSX	Excel 电子表格文件	.BAT	DOS 中自动执行的批处理文件
.PPTX	PowerPoint 演示文稿文件	.DAT	某种形式的数据文件
.TXT	记事本	.DBF	数据库文件
.BMP	画图程序或位图文件	.PSD	Photoshop 生成的文件
.JPG	图像压缩文件格式	.DLL	动态链接库文件(程序文件)
.EXE	直接执行文件	.MP3	使用 MP3 格式压缩存储的声音文件
.COM	命令文件(可执行的程序)	.INF	信息文件
.INI	系统配置文件	.WAV	波形声音文件
.SYS	DOS 系统配置文件	.ZIP	压缩文件
.WMA	微软公司制定的声音文件格式		

Windows 下文件名最长可达 255 个字符,文件名不区分字母大小写,可包括汉字、字母、数字、其他符号和空格,但不能包含\、/、:、*、、?、<、>、|等字符。

（3）文件夹

文件夹也叫目录,是文件的集合体,用来对文件进行分类、保存和管理的逻辑区域。可以将相同类别的文件存放在同一个文件夹中,一个文件夹还可以包含子文件夹。文件夹的命名规则和文件基本相似,不同的是文件夹的名字中没有扩展名,一般由文件夹图标和文件夹名称两部分组成。

为了有效地组织文件,文件夹采用层次结构。每个逻辑磁盘的根部可以直接存放文件,叫作根目录。根目录下面还可放子目录(文件夹),子目录下面还可再放子目录,整个结构像一棵倒置的树。图 2-33 为文件和文件夹管理图。

（4）文件路径

在对文件进行操作时,除了要知道文件名外,还需要指出文件所在的盘符和文件夹,即文件在计算机中的位置,称为文件路径。文件路径包括相对路径和绝对路径两种。其中,相对路径是以"."(表示当前文件夹)、".."(表示上级文件夹)或文件夹名称(表示当前文件夹中的子

图 2-33　文件和文件夹管理

文件名)开头;绝对路径是指文件或目录在硬盘上存放的绝对位置,如 D:\Users\Admin\Desktop\计算机基础。

2. 资源管理器

资源管理器是 Windows 10 提供的资源管理工具。通过资源管理器可以查看计算机上的所有资源,能够方便管理计算机的文件和文件夹。

双击桌面上的"此电脑"图标,可打开"文件资源管理器"对话框,单击导航窗格中各类别图标左侧的图标,可依次按层级展开文件夹,选择某个需要的文件夹后,其右侧将显示相应的文件内容(图 2-34)。

图 2-34　资源管理器

(1)剪贴板

剪贴板是内存的一块区域,用于暂时存放信息,用来实现不同应用程序之间数据的共享和传递。通过下述方法可将信息存入剪贴板:a. 复制;b. 剪切;c. 按下 Print Screen 键,将整个屏幕以图片形式复制到剪贴板中;d. 按下 Alt＋Print Screen 组合键,将当前窗口以图片形式复制到剪贴板中。存入后的信息可通过使用粘贴命令取出。

（2）回收站

回收站主要用来存放用户临时删除的文档资料，如存放删除的文件、文件夹、快捷方式等。这些被删除的项目会一直保留在回收站中，直到清空回收站。

回收站是一个特殊的文件夹，默认在每个硬盘分区根目录下的 RECYCLER 文件夹中，而且是隐藏的。当文件删除后，实质上就是把它放到这个文件夹中，仍然占用磁盘空间。只有在回收站里删除它或清空回收站才能使文件真正被删除。

注意：不是所有被删除的对象都能够从回收站中还原，只有从硬盘中删除的对象才能放入回收站。以下两种情况无法还原文件或文件夹：

① 从可移动存储器（如 U 盘、移动硬盘）或网络驱动器中删除的对象。

② 回收站使用的是硬盘的存储空间，当回收站空间已满时，系统将自动清除较早删除的对象。

3. 文件和文件夹基本操作

（1）新建操作

新建文件是指根据计算机中已安装的程序类别，新建一个相应类型的空白文件，新建后可以双击打开该文件并编辑文件内容。如果需要将一些文件分类整理在一个文件夹中以便日后管理，就需要新建文件夹。

① 新建文件夹（图 2-35）

方法一：打开资源管理器→找到新建位置→点击"主页"→点击"新建文件夹"。

方法二：在新建位置空白处右击鼠标→点击"新建"→点击"文件夹"。

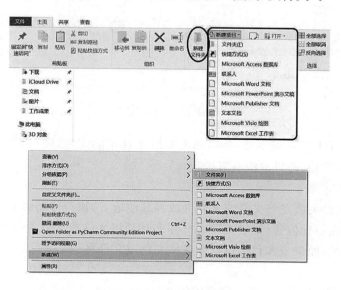

图 2-35　新建文件夹

② 新建文件

新建文件与新建文件夹方式类似。在确定新建文件所在文件夹后，通过上述两种方式选择新建文件项目。新建文件后，可在蓝色背景的文件名称区域直接输入文件名称。

（2）重命名操作

该操作可更改文件或文件夹名称。操作方法：右击文件或文件名称→点击"重命名"→输入新名称。或者选中文件或文件夹后，按键盘上 F2 键，即可进入重命名状态。

（3）选择文件或文件夹

选择单个文件或文件夹：使用鼠标直接单击文件或文件夹图标即可将其选择，被选择的文件或文件夹的周围将呈蓝色透明状显示。

选择多个相邻的文件或文件夹：在窗口空白处按住鼠标左键不放，并拖动鼠标框选取需要选择的多个对象，再释放鼠标即可。

选择多个连续的文件或文件夹：用鼠标选择第一个选择对象，按住"Shift"键不放，再单击最后一个选择对象，可选择两个对象中间的所有对象。

选择多个不连续的文件或文件夹：按住"Ctrl"键不放，再依次单击所要选择的文件或文件夹，可选择多个不连续的文件或文件夹。

选择所有文件或文件夹：按"Ctrl＋A"组合键，可以选择当前窗口中的所有文件或文件夹。此外，通过窗口菜单的全选命令，也可以实现全选功能（图 2-36）。

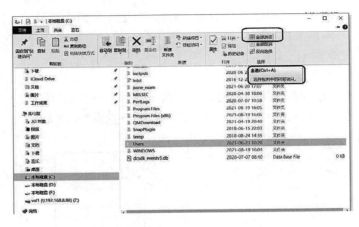

图 2-36　全部选定

取消选定：先按住 Ctrl 键不放，然后单击要取消选定的文件，便可取消一项选定；在文件夹内容框中单击空白处，即可取消所有选定。

（4）移动和复制操作

移动文件或文件夹就是将文件或文件夹放到其他地方，执行移动命令后，原位置的文件或文件夹消失，出现在目标位置；复制文件或文件夹就是将文件或文件夹复制一份，放到其他地方，执行复制命令后，原位置和目标位置均有该文件或文件夹。

① 移动

a. 鼠标"拖放"的方法。用鼠标把选中的文件图标拖放到目的地。

b. 剪贴板法（图 2-37）。选择文件→点击"主页"→点击"剪切"；打开移动至目标文件夹→点击"主页"→点击"粘贴"。

c. 组合键使用。找到待移动文件→按 Ctrl＋X（剪切）；找到放置目标位置→按 Ctrl＋V（粘贴）。

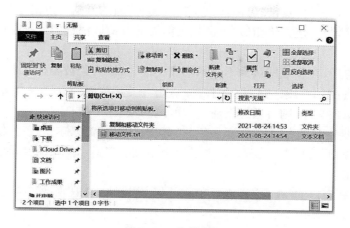

图 2-37　文件剪切

d."移动到"命令使用。选择文件→点击"主页"→单击"组织"中"移动到"→选择移动至文件夹。

②复制

复制文件和文件夹的方法与移动类似,但又有区别:将上述方法 b. 中将"剪切"操作替换为"复制"操作即可;方法 c. 中使用复制组合键 Ctrl＋C 和粘贴组合键 Ctrl＋V 完成复制粘贴;方法 d. 中将"移动到"操作替换为"复制到"操作。

(5)文件和文件夹属性

常见的属性包括只读属性、隐藏属性、存档属性等。对文件或文件夹右击,在弹出的菜单中点击选择"属性"选项,能够对文件或文件夹属性进行设置或修改(图 2-38)。

图 2-38　属性设置

①只读属性

只读表示对文件或文件夹只能查看不能修改。

设置只读：右击对象→点击"属性"→点击"只读"前面的方框→点击"确定"按钮。

取消只读属性，与上述方法相似，点击只读前面的方框取消选中后确定即可。

② 隐藏属性

隐藏属性设置后，在系统默认为不显示隐藏文件时，该对象被隐藏起来，不被显示。

隐藏设置方法：右击对象→点击"属性"→点击"隐藏"前面的方框→点击"确定"按钮。

如需要查看隐藏文件，则可通过下述方法取消隐藏（图 2-39）：

a. 点击文件夹窗口的"文件"菜单→点击"更改文件夹和搜索选项"→在"文件夹选项"弹框中，点击选择"查看"选项卡，在下方高级设置框中，点击"显示隐藏的文件、文件夹和驱动器"→点击"确定"按钮。

b. 点击文件夹窗口的"查看"菜单→在显示/隐藏模块，单击"隐藏的项目"前面的方框。

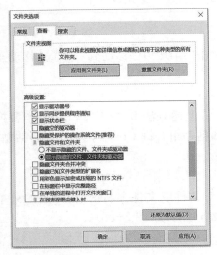
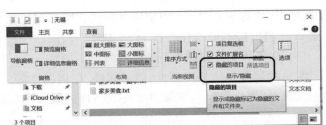

图 2-39　取消隐藏属性

③ 存档属性

存档属性是为了标记文件是否需要被存档和备份。设置方法如下：

右击对象→点击"属性"→点击"高级"→点击"可以存档文件夹"前面的方框→点击"确定"按钮。

（6）搜索

在 Windows 资源管理器的搜索框中输入名称，可进行文件或文件夹搜索。如：在搜索框输入"复制"二字，则搜索结果展示含有"复制"的文件或文件夹（图 2-40）。

在搜索时若不记得文件或文件夹的名称，可以使用以下两个通配符。

通配符"？"：表示一个字符，如在搜索框中输入"？制"，表示搜索第 2 个字为"制"的文件或文件夹，也可完成图 2-40 所示搜索。

通配符" * "：表示任意一个字符，如在搜索框中输入" * 文"，表示搜索文件名中有"文"字的文件或文件夹，同样可完成图示搜索。

（7）创建快捷方式

"快捷方式"是一个链接对象的图标，它是指向对象的指针，而不是对象本身。快捷方式文

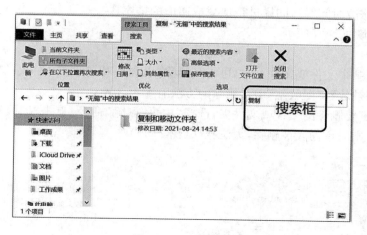

图 2-40　文件搜索

件内包含指向一个应用程序、一个文档或文件夹的指针信息，它以左下角带有一个小黑箭头的图标表示。

　　创建方法：右击要创建快捷方式的对象图标，在弹出的快捷菜单中单击"创建快捷方式"命令即可。

（8）显示和排序

　　在资源管理器里，可以用"查看"菜单中的命令来调整文件夹内容窗格的显示方式，如图 2-41 所示。

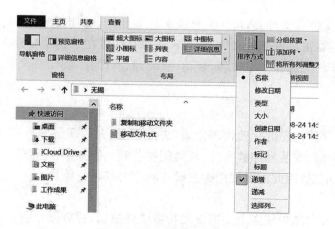

图 2-41　文件显示及排序

　　① 显示

　　在"查看"菜单中有 8 种显示文件和文件夹的方式："超大图标""大图标""中图标""小图标""列表""详细信息""平铺"和"内容"。如：点击选择"详细信息"，则显示文件和文件夹的名称、大小、类型及修改日期等详细信息。

　　② 排序

　　在"查看"菜单中，点击排序方式，可选择文件或文件夹的排序规则。如单击"名称"，则按文件或文件夹名称的递减排序；若再单击"名称"，则按文件夹或文件名称的递增排序。如单击

"大小""类型""修改时间"等,同样进行递减或递增的排序。

(9) 删除与恢复

① 删除

当不再需要某个文件或文件夹时,可将其删除,以利于对文件或文件夹的管理。删除后的文件或文件夹将被放到"回收站"中。删除的方法有如下 3 种:

方法一:选定要删除的文件或文件夹,选择"主页/删除"命令,点击"回收"可将对象删除;点击"永久删除"则对象彻底被删除,无法找回(图 2-42)。

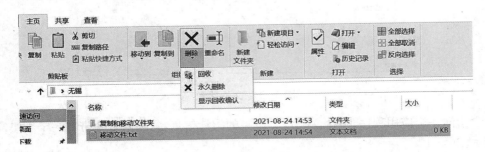

图 2-42 文件删除

方法二:选定要删除的文件或文件夹,按 Delete 键删除;按"Shift＋Delete"永久删除(无法找回,慎重操作)。

方法三:选定要删除的文件或文件夹,用鼠标直接拖入"回收站"。

② 回收站恢复

在回收站中的文件或文件夹,可对文件或文件夹还原、剪切及删除,但是不能打开文件或文件夹。恢复操作:右击待恢复的文件→点击"还原",即可在原删除位置找到该文件。

注意:文件或文件夹操作中重命名、移动、复制、删除操作,均需在文件或文件夹关闭状态下进行。

4. 磁盘操作

磁盘是计算机存储信息的重要物理介质,文件、文件夹和系统信息都存储在磁盘中,由于用户频繁地复制、删除、安装和卸载文件,长时间操作后,磁盘会出现碎片、读/写错误,无用文件占用磁盘空间等情况,因此需要使用磁盘操作功能对其进行维护。

① 磁盘清理

使用磁盘清理可以减少硬盘上不需要的垃圾文件数量,释放磁盘空间,并让计算机运行得更快。使用磁盘清理可以帮助用户释放硬盘驱动器空间,清空回收站、删除各种垃圾文件、删除临时文件和 Internet 缓存文件,并可以安全删除不需要的文件,腾出其占用的系统资源,以提高系统性能。

② 碎片整理

磁盘的频繁操作会出现碎片,碎片会占用硬盘空间,从而降低计算机的速度。可移动存储设备也可能出现碎片。磁盘碎片整理程序可以重新排列碎片数据,以便磁盘和驱动器能够更有效地工作。磁盘碎片整理程序可以按计划自动运行,也可以手动分析磁盘和驱动器,以及对其进行碎片整理。通过磁盘碎片整理,可以重新安排磁盘的已用空间,尽量将同一个文件重新存放到相邻的磁盘位置上,并把可用的空间全部移动到磁盘的尾部,因而可以明显地提高磁盘的读写效率,提升系统的速度和性能。

③ 磁盘格式化

新购买的外存储器或一些特殊情况,如中病毒时需要格式化磁盘,在格式化前需要将磁盘上的数据进行备份。格式化是在磁盘中建立磁道和扇区,磁道和扇区建立好之后,计算机才可以使用磁盘来储存数据。

④ 系统还原

系统还原可以将计算机的系统文件及时还原到早期的还原点,该还原点通常是计算机最理想状况下设立的。此方法可以在不影响个人文件(如文档、照片等)的情况下,撤销对计算机所进行的系统修改。

【任务实施】

1. 新建文件夹和文件

① 以家乡所在地的地名为名称新建文件夹

步骤:在桌面空白处右击鼠标→点击"新建"→点击"文件夹"→输入家乡名称作为文件夹名称,如"无锡"(图 2-43)。

② 在文件夹中新建一个文本文档,命名为"家乡美食"

步骤:双击"无锡"图标进入该文件夹→在文件夹内空白处右击鼠标→点击"新建"→点击"文本文档"→在文件名称处输入"家乡美食"。

图 2-43　文件命名

2. 复制文件

要求:复制"家乡美食"文件,粘贴到家乡文件夹下。

步骤:在"无锡"文件夹中选中"家乡美食"文件→对着该文件右击鼠标→点击"复制";在"无锡"文件夹空白处右击鼠标→点击"粘贴"。由于在同文件夹下进行复制操作,因而复制结果为与原文件相同的副本,两者除了名称之外其余属性均一致(图 2-44)。

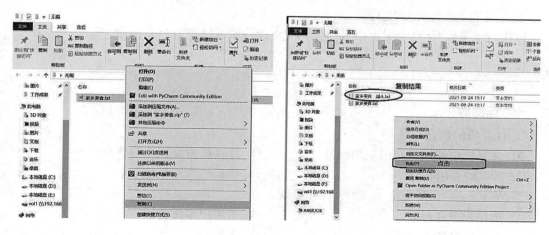

图 2-44　文件复制

3. 文件重命名

要求：为"家乡美食"副本重命名，重命名为"地名由来"。

操作：在"无锡"文件夹中选中"家乡美食-副本"文件→对着该文件右击鼠标→点击"重命名"→输入新名词"地名由来"。

4. 文件隐藏

要求：将"家乡美食"文件设置为隐藏属性。

操作：在"无锡"文件夹中选中"家乡美食"文件→对着该文件右击鼠标→点击"属性"→在弹出的属性框中勾选"隐藏"→点击"确定"（图2-45）。

图 2-45　文件隐藏属性设置

5. 删除文件

要求：删除"地名由来"文件。

操作：在"无锡"文件夹中选中"地名由来"文件→按下键盘上 Delete 键。

习　题

一、选择题

1. 计算机的操作系统是_____。

A. 计算机中使用最广的应用软件　　　　B. 计算机系统软件的核心

C. 微机的专用软件　　　　　　　　　　D. 微机的通用软件

2. Windows 10 系统是_____操作系统。

A. 单用户单任务　　　　　　　　　　　B. 多用户多任务

C. 单用户多任务　　　　　　　　　　　D. 多用户单任务

3. 操作系统五大管理功能中，_____功能是直接面向用户的。

A. 处理器管理　　　　B. 设备管理　　　　C. 作业管理　　　　D. 存储管理

4. 在 Windows 10 中，移动窗口时，鼠标指针要停留在_____处拖曳。

A. 菜单栏   B. 标题栏   C. 边框   D. 状态栏

5. 下列关于 Windows 10 窗口的表述中，错误的是_____。

A. 每当用户启动一个程序、打开一个文件或文件夹时都将打开一个窗口

B. 在窗口标题栏上按住鼠标左键不放，拖动窗口，将窗口向上拖动到屏幕顶部时，窗口会以半屏状态显示

C. 按"Alt＋F4"组合键可以关闭当前窗口

D. 在 Windows 10 中可以对多个窗口进行层叠、堆叠和并排等操作

6. "控制面板"窗口_____。

A. 是硬盘系统区的一个文件   B. 是硬盘上的一个文件夹

C. 是内存中的一个存储区域   D. 包含一组系统管理程序

7. 在 Windows 10 中，用户可以同时启动多个应用程序，在启动了多个应用程序后，用户可以按组合键_____在各应用程序之间进行切换。

A. Alt＋Tab   B. Alt＋Shift   C. Ctrl＋Alt   D. Ctrl＋Esc

8. 右击某对象，则_____。

A. 打开该对象的快捷菜单   B. 弹出帮助说明

C. 关闭该对象的操作   D. 取消菜单

9. 在 Windows 10 的命令菜单中，命令后面带"..."表示_____。

A. 该命令正在起作用   B. 选择此菜单后将弹出对话框

C. 该命令当前不可选   D. 该命令的快捷键

10. 在菜单中，前面有"√"标记的项目表示_____。

A. 复选选中   B. 单选选中   C. 有级联菜单   D. 有对话框

11. 下列关于"任务栏"的功能说法，不正确的是_____。

A. 显示系统的所有功能   B. 可显示当前的活动窗口

C. 可显示当前所运行程序的名称信息   D. 可实现当前所运行的各个程序之间的切换

12. 快捷方式确切的含义是_____。

A. 特殊文件夹   B. 特殊磁盘文件

C. 各类可执行文件   D. 指向某对象的指针

13. 剪贴板是在_____中开辟的一个特殊存储区域。

A. 硬盘   B. 外存   C. 内存   D. 窗口

14. 回收站是_____。

A. 硬盘上的一个文件   B. 内存中的一个特殊存储区域

C. 软盘上的一个文件夹   D. 硬盘上的一个文件夹

15. 在 Windows 10 中，下列叙述错误的是_____。

A. 可支持鼠标操作   B. 可同时运行多个程序

C. 不支持即插即用   D. 桌面上可同时容纳多个窗口

16. 在 Windows 10 中，选择多个连续的文件或文件夹，应首先选择第一个文件或文件夹，然后按_____键不放，再单击最后一个文件或文件夹。

A. Tab   B. Alt   C. Shift   D. Ctrl

17. 在 Windows 系统的资源管理器中不能完成的是_____。

A. 文字处理　　　　B. 文件操作　　　　C. 文件夹操作　　　　D. 格式化磁盘

二、思考题

1. 是否可以通过直接切断主机电源的方式关闭计算机，为什么？

2. 举例说明 Windows 10 中常见鼠标操作的种类和功能。

3. 快捷方式的作用，从图标上如何区别快捷方式和普通文件？

4. 什么是剪贴板？剪贴板在复制、移动文件的过程中起什么作用？

三、操作题

1. Windows 10 个性化设置：

（1）请分别将桌面图标按名称、大小、类型和修改日期排序，并观察效果。

（2）请分别将桌面图标按大图标、中图标和小图标查看，并观察效果。

（3）将屏幕保护程序设置为"肥皂泡泡"，等待 1 分钟，观察效果或预览其效果。

（4）设置屏幕分辨率为"1024×768"像素，观察其效果。设置屏幕分辨率为"1360×768"像素，观察其效果。总结分辨率大小不同，其显示效果有什么不同。

2. 管理文件和文件夹，具体要求如下：

（1）文件和文件夹的新建、命名

① 在桌面建立一级文件夹并命名为"学号后两位-姓名"，在该文件夹下建立两个二级文件夹，分别命名为"我和我的祖国"和"美丽的风景"。

② 在"学号后两位姓名"文件夹中分别创建一个名为"祖国山川.docx"的 Word 文件，以及名为"中国文化.txt"的记事本文件。

（2）文件和文件夹的选定、复制、移动

① 将"中国地理地图"文件夹中的文件，按照"大小"排序，然后将其中的第 1 至 12 个连续的文件复制到"学号后两位姓名\我和我的祖国"文件夹。

② 将"中国地理地图"文件夹中的第 13、19、22 个文件移动到"学号后两位姓名\美丽的风景"文件夹中。

（3）文件和文件夹的重命名、属性更改

① 将二级文件夹"美丽的风景"更改为"城市名片"，并将该文件夹隐藏。

② 将"中国地理地图"文件夹中的"民族文化.doc"文件属性设置为只读。

3. 从网上下载搜狗拼音输入法的安装程序，然后安装到计算机中。

Word 2016 文字处理

Word 是微软 Office 的重要组件之一,是一款文字处理和文档编排的强大工具。Word 利用了 Windows 友好的界面和集成的操作环境,加之全新的自动排版概念和技术上的创新,并采用"所见即所得"的设计方式,将文字处理功能推进到了一个崭新的境界。它继承了 Windows 友好的图形界面,可以方便地进行文字、图形、图像和数据处理,可以制作具有专业水准的文档。本章主要介绍 Word 2016 的基本概念、常用的编辑和排版文档的基础操作。

任务 1　创建公司简介文档

■【任务展示】

某公司为了迅速提高知名度,展示公司的雄厚实力,阐述公司的理念、文化和使命,寻求商业契机,制定一份令人过目难忘的公司简介,公司简介样张如图 3-1 所示。

公 司 简 介
江苏通州软件工程有限公司成立于 2000 年,是一家专注于系统集成产品研究、开发、生产及销售的高科技企业,总部及研发基地设立于风景秀丽的无锡软件园,并在全国各地设有分支机构。公司技术和研发实力雄厚,是国家 863 项目的参与者,并被政府认定为"高新技术企业"。
公司自成立以来,始终坚持以人才为本、诚信立业的经营原则,荟萃业界精英,将国外先进的信息技术、管理方法及企业经验与国内企业的具体实际相结合,为企业提供全方位的解决方案,帮助企业提高管理水平和生产能力,使企业在激烈的市场竞争中始终保持竞争力,实现企业快速、稳定地发展。
◇ 公司使命
为客户提供最优的服务,为员工、股东和社会提供最好的回报
◇ 企业精神
尽责、守信、求精、创新
◇ 经营理念
以精深的企业理解、领先的技术开发,为客户提供高品质的增值服务
◇ 团队理念
忠诚友爱、相互信任、彼此欣赏、团结协作、乐于奉献
管理理念
以人为本,严格执行,高效可控,注重细节

图 3-1　公司简介样张

【相关知识】

1. Word 2016 窗口组成

（1）标题栏

启动 Word 2016 后，系统会自动建立一个名为"文档 1"的空白文档，默认扩展名为 docx。Word 2016 窗口由标题栏、快速访问工具栏、选项卡功能区、文档编辑区、滚动条、状态栏和标尺等组成，如图 3-2 所示。

标题栏位于屏幕窗口的最顶部，其中间显示正在编辑的文档名（例如"文档 1"）和应用程序名（Word）；左侧是快速访问工具栏；右侧是功能区，显示选项、最小化、最大化/还原和关闭按钮。快速访问工具栏，是用来快速操作一些常用命令的，默认包含保存、撤销输入和重复输入 3 个命令，用户可以根据需要自己定义快速访问工具栏，增加需要的命令项或删除不需要的命令项。

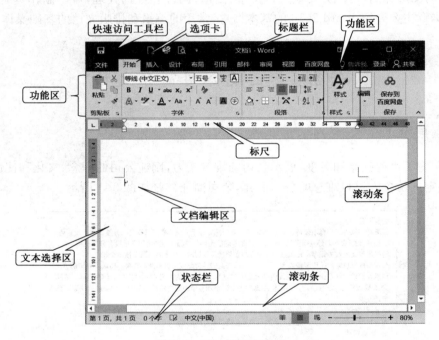

图 3-2　Word 2016 窗口

（2）"文件"按钮和选项卡

"文件"按钮和选项卡位于标题栏的下方。"文件"按钮在最左侧，包含新建、打开、保存、另存为、打印、共享、导出和关闭等命令和功能，并且可以设置 Word 选项和查看信息，"文件"按钮右侧有开始、插入、设计、布局、引用、邮件、审阅和视图等选项卡。选项卡右侧是一个"告诉我您想要做什么"文本框，可以直接在其中输入关键字进行搜索，可以搜索出对应关键字的命令或者相关帮助选项。

（3）功能区

每个选项卡中包含有不同的操作命令组，称为功能区。例如，"开始"选项卡中主要包括剪贴板、字体、段落、样式和编辑等功能区。有些功能区右下角带有图 标记的按钮，表示有命令设置对话框，打开对话框可以进行相应的功能设置。

（4）标尺

标尺位于编辑区的上方（水平标尺）和左侧（垂直标尺）。利用标尺可以查看或设置页边距、表格的行高、列宽及插入点所在的段落缩进等。打开 Word 文档时标尺是隐藏的，可以通过选中"视图"选项卡"显示"功能区的"标尺"复选框来显示。

（5）滚动条

滚动条分为水平滚动条和垂直滚动条。用户通过移动滚动条的滑块或单击滚动条两端滚动箭头按钮，可以滚动查看当前屏幕上未显示出来的文档。

（6）文档编辑区

文档编辑区是输入文本和编辑文本的区域，位于功能区的下方。编辑区中闪烁的光标叫插入点，插入点表示输入时正文出现的位置。

（7）状态栏

状态栏位于 Word 窗口底部，显示当前正在编辑的 Word 文档的有关信息，左侧显示当前页号、总页数和字数等信息，右侧包含视图切换按钮、显示比例设置滑块和设置按钮。

2. Word 2016 视图方式

Word 2016 提供了多种在屏幕上显示 Word 文档的方式，每一种显示方式称为视图。使用不同的显示方式，用户可以把注意力集中到文档的不同方面，从而高效、快捷地查看和编辑文档。Word 2016 提供的视图方式有页面视图、阅读版式视图、Web 版式视图、大纲视图和草稿视图。

（1）页面视图

页面视图是 Word 的默认视图。页面视图可以显示这个页面的分布情况和文档中的所有元素，如页眉、页脚、脚注和尾注等，并能对其进行编辑。在页面视图方式下，显示效果反映打印后的真实效果，即"所见即所得"。

（2）阅读版式视图

如果打开文档是为了进行阅读，阅读版式视图将优化阅读体验。在阅读版式视图中会隐藏所有选项卡。

（3）Web 版式视图

Web 版式视图优化了布局，使文档具有最佳屏幕外观，使得联机阅读更容易。

（4）大纲视图

大纲视图使得查看长文档的结构变得容易，而且可以通过拖动标题来移动、复制或重新组织正文。在大纲视图中，可以折叠文档，只查看主标题，或者扩展文档，以便查看整个文档。

（5）草稿视图

草稿视图显示所有的文本内容，以便快速编辑文本，但不会显示页眉、页脚、图片、剪贴画和艺术字等。

3. Word 文档的创建与保存

（1）创建新的 Word 文档

① 利用默认模板建立新文档

选择"文件"→"新建"命令,在右侧出现的模板预览效果列表中选择"空白文档"。如图 3-3 所示,系统即依据默认模板迅速建立一个名为"文档×"的新文档,如图 3-2 所示(图中为"文档1")。

图 3-3　新建文档对话框

② 利用特定模板建立新文档

Word 2016 本身自带了多个预设的模板,如传真、简历和报告等。这些模板都带了特定的格式,只需创建后,对文字稍作修改就可以作为自己的文档来使用。

选择"文件"→"新建"命令,在右侧出现的如图 3-3 所示窗口中选择用户所需要的模板,在弹出的对话框中单击"创建"按钮即可创建对应模板的 Word 文档;如果找不到合适的模板,也可以尝试在窗口右侧选择"搜索联机模板",输入搜索词,然后按 Enter 键或单击放大镜联机搜索 office.com 的模板下载联机模板使用。也可以在"建议的搜索"中选择单击一类搜索,下载对应类别的模板。模板有业务、纸张、卡、活动、教育、简历和求职信、信函等分类。

(2) 保存 Word 文档

在文档中输入内容后,要将其保存在磁盘上,便于以后查看文档或再次对文档进行编辑和打印。Word 2016 文档的扩展名为 docx。

① 保存新的未命名的 Word 文档

选择"文件"→"保存"命令,或者单击快速访问工具栏上的"保存"按钮,或者按 Ctrl+S 快捷键,都会进入"另存为"界面,如图 3-4 所示。

在如图 3-4 所示的界面中,单击"浏览"按钮或双击"这台电脑"按钮打开"另存为"对话框,在"导航窗格"(左窗格)中选择合适的文件夹,或者在地址栏中通过下拉列表选择或直接输入用户所需的保存位置;如果要在一个新的文件夹中保存文档,请单击"新建文件夹"按钮,在"文件名"框中输入文档的名称,最后单击"保存"按钮。

② 保存已有 Word 文档

为了防止停电、死机等意外事件导致信息的丢失,在文档的编辑过程中经常要保存文档。

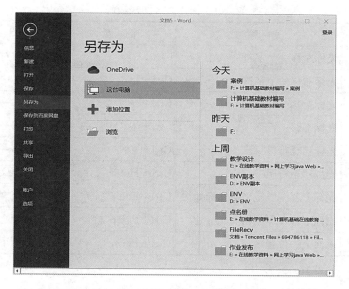

图 3-4　保存文档对话框

选择"文件"→"保存"命令,或者单击快速访问工具栏上的"保存"按钮,或者按 Ctrl＋S 快捷键,都可以保存当前的活动文档。

（3）打开文档

编辑一篇已存在的文档,必须先打开文档。Word 提供了多种打开文档的方法,这些方法大致可以分为两种。一种是:双击文档图标,在启动 Word 应用程序的同时打开文档;另一种是:先打开 Word 应用程序,再打开文档,这时可以有以下几种方法打开一个文档。

方法 1:选择"文件"→"打开"命令,在打开的窗口中单击"浏览"按钮。弹出"打开"对话框,在对话框中选择文档所在的驱动器、文件夹及文件名,并单击"打开"按钮。

方法 2:要打开最近使用过的文档,选择"文件"→"打开"命令,在打开的窗口中单击"最近"按钮,并且在右侧列出的最近使用过的文档列表中选择用户需要打开的文档。

4. Word 文本编辑

（1）文本的输入

启动 Word 后,就可以直接在空文档中输入文本。当输入到行尾时,不要按 Enter 键,系统会自动换行。输入到段落结尾时,应按 Enter 键,表示段落结束。如果在某段落中需要强行换行,可以使用 Shift＋Enter 快捷键。

① 编辑定位

如果要在文档中进行编辑,用户可以使用鼠标或键盘找到文本的修改处,若文本较长,可以先使用滚动条将要编辑的区域显示出来,然后将鼠标指针移到插入点处单击,这时插入点移到指定位置。用键盘定位插入点有时更加方便,常用键盘定位快捷键及其功能如表 3-1 所示。

表 3-1　插入点移动快捷键

键　盘	光标移动	键　盘	光标移动
←	光标左移一个字符	Ctrl＋G	打开定位对话框
→	光标右移一个字符	Ctrl＋←	光标左移一个字词
↑	光标上移一行	Ctrl＋→	光标右移一个字词
↓	光标下移一行	Ctrl＋↑	光标上移一段
Home	光标移至行首	Ctrl＋↓	光标下移一段
End	光标移至行尾	Ctrl＋Home	光标移至文件首
PgUp	光标上移一屏至当前光标处	Ctrl＋End	光标移至文件尾
PgDn	光标下移一屏至当前光标处	Ctrl＋PgUp	光标移至上页顶端
Shift＋F5	返回上一位置	Ctrl＋PgDn	光标移至下页顶端

②　插入或改写

Word 有插入或改写(显示在状态栏中)两种编辑状态,可以通过键盘上的"Insert"键或用鼠标左键单击状态栏上的"改写"方框进行切换。"插入"状态下,随着新内容的输入,原内容后移;"改写"状态下,随着新内容的输入,光标后面的内容被覆盖。

③　插入符号或特殊字符

选择"插入"→"符号"组中的"符号"按钮,打开符号列表,可以从中选择常用符号插入到文档中。或在打开的符号列表中选择"其他符号"按钮,打开"符号"对话框,如图 3-5 所示。在"字体"下拉列表中选择不同的字体,并选择不同的子集,在符号列表中找到所需的符号,选中后,单击"插入"按钮即可。

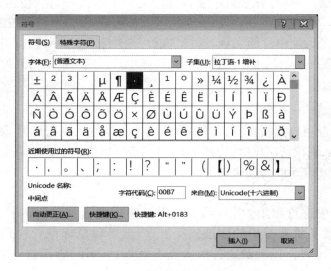

图 3-5　可插入符号对话框

④　插入日期和时间

在 Word 文档中,可以直接键入日期和时间,也可以使用"插入"→"文本"→"日期和时间"

命令按钮,打开"日期和时间"对话框。

在"语言"下拉列表中选定"中文"或"英文",在"可用格式"列表框中选定所需的格式。如果选定"自动更新"复选框,则所插入的"日期和时间"会自动更新,否则保持原插入的值。单击"确定"按钮,完成插入。

⑤ 插入脚注和尾注

在编写文章时,常常需要对一些从别的文章中引用的内容、名词等加以注释,这些称为脚注或尾注。Word 提供插入脚注和尾注的功能,可以在指定的文字处插入注释。脚注和尾注都是注释,其唯一的区别是:脚注是放在每一页的底端或文字下方,而尾注是放在整个文档的结尾处或节的结尾处。插入脚注和尾注的操作步骤如下:

a. 将插入点移到需要插入脚注和尾注的文字之后。

b. 单击"引用"→"脚注"功能区中右侧的箭头 🔲 按钮,打开"脚注和尾注"对话框。

c. 在"位置"区域选择是插入脚注或者尾注,在其右边的下拉列表框中选择插入脚注或者尾注的位置。

d. 在"格式"区域的"编号格式"下拉列表中选择一种编号的格式;在"起始编号"文本框中输入编号的数值;在"编号"下拉框中选择编号是连续编号还是每页或每节重新编号;还可以单击"符号"按钮自定义编号标记。

e. 单击"插入"按钮即在插入点位置插入注释标记,并且光标自动跳转至注释编辑区,可以在编辑区输入注释内容。

如果要删除脚注或尾注,则选定正文中的脚注或尾注编号,再按 Delete 键即可删除。

(2) 文本的选定

用户如果需要对某段文本进行移动、复制、删除等操作时,必须先选定它们,然后再进行相应的处理。当文本被选中后,所选文本呈反相显示。如果想要取消选择,可以将鼠标移至选定文本外的任何区域单击即可。选定文本方式有以下几种:

① 用鼠标选定文本

要用鼠标拖曳的方法选定文本,可以将鼠标指针移到要选定文本的首部,按下鼠标左键并拖曳到所选文本的末端,然后松开鼠标。所选文本可以是一个字符、一个句子、一行文字、一个段落、多行文字甚至是整篇文档。

选定一个句子:按住 Ctrl 键,然后在句子的任何地方单击。

选定一行文字:将鼠标移动到该行的左侧,直到鼠标变成一个指向右边的空心箭头,然后单击。

选定一个段落:将鼠标移动到该段落的左侧,直到鼠标变成一个指向右边的空心箭头,然后双击。

整篇文档:将鼠标移动到文档任何正文的左侧,直到鼠标变成一个指向右边的空心箭头,然后三击。或者直接按 Ctrl+A 组合键。

选定一大块文字:将插入点移至所选文本的起始处,然后鼠标移动到所选内容的结束处,按住 Shift 键并单击。

选定列块(垂直的一块文字):按住 Alt 键后,将光标移至所选文本的起始处,按下鼠标左键并拖曳到所选文本的末端,然后松开鼠标和 Alt 键。

② 用键盘选定文本

先将光标移到要选定的文本之前,然后用键盘组合键选择文本。常用组合键及功能如表 3-2 所示。

表 3-2　键盘选定文本

键　盘	选定范围	键　盘	选定范围
Shift+←	左边一个字符	Ctrl+Shift+←	直至字词首
Shift+→	右边一个字符	Ctrl+Shift+→	直至字词尾
Shift+↑	向上一行	Shift+PgUp	向上一屏
Shift+↓	向下一行	Shift+PgDn	向下一屏
Shift+Home	直至行首	Ctrl+Shift+Home	直至文件首
Shift+End	直至行尾	Ctrl+Shift+End	直至文件尾
Ctrl+A	全部文本		

（3）删除、复制和移动

① 删除

删除是将字符或对象从文档中去掉。删除插入点左侧的一个字符用 Backspace 键;删除插入点右侧的一个字符用 Del 键。删除较多连续的字符或成段的文字,用 Backspace 键和 Del 键显然很烦琐,可以用如下方法:

方法 1:选定要删除的文本块后,按 Del 键。

方法 2:选定要删除的文本块后,选择"开始"选项卡"剪贴板"功能区中的"剪切"命令。

删除和剪切操作都能将选定的文本从文档中去掉,但功能不完全相同。它们的区别是:使用剪切操作时,删除的内容会保存到剪贴板上;使用删除操作时,删除的内容则不会保存到剪贴板上。

② 复制

在编辑过程中,当文档出现重复内容成段落时,使用复制命令进行编辑是提高工作效率的有效方法,用户不仅可以在同一文档内,也可以在不同文档之间复制内容,甚至可以将内容复制到其他应用程序的文档中,操作步骤如下:

a. 选定要复制的文本块。

b. 选择"开始"选项卡"剪贴板"功能区中的"复制"命令,此时选定的文本块被放入剪贴板中。

c. 将插入点移到新位置,选择"开始"选项卡"剪贴板"功能区中的"粘贴"命令,此时剪贴板中的内容就复制到了新位置。

复制文本块的另一种方法是使用鼠标操作:首先选定要复制的文本块,按下 Ctrl 键,用鼠标拖曳选定的文本块到新位置,同时放开 Ctrl 键和鼠标左键。使用这种方法,复制的文本块不被放入剪贴板中。

③ 移动

移动是将字符或对象从原来的位置删除,插入到另一个新位置。用鼠标拖曳移动文本的方法:首先选定要移动的文本,然后把鼠标指针移到选定的文本块中,按下鼠标的左键将文本拖曳到新位置,然后放开鼠标左键。这种操作方法适合较短距离的移动,例如移动的范围在一

屏之内。文本远距离地移动可以使用剪切和粘贴命令来完成,操作步骤如下:

　　a. 选定要移动的文本。

　　b. 选择"开始"选项卡"剪贴板"功能区中的"剪切"命令。

　　c. 将插入点移到要插入的新位置。

　　d. 单击"开始"选项卡"剪贴板"功能区中的"粘贴"按钮。

　　也可以使用键盘快捷键来完成移动或复制的操作。剪切命令的快捷键为 Ctrl+X,复制命令的快捷键为 Ctrl+C,粘贴命令的快捷键为 Ctrl+V。

　　当执行剪切或复制命令后,所剪切或复制的内容都会放到剪贴板中。

　　(4) 撤销和恢复

　　在编辑的过程中难免会出现误操作,Word 提供了撤销功能,用于取消最近对文档进行的误操作。撤销最近的一次误操作可以直接单击快速访问工具栏上的"撤销"按钮。撤销多次误操作的步骤如下:

　　a. 单击快速访问工具栏上"撤销"按钮旁边的小三角,查看最近进行的可撤销操作列表。

　　b. 单击要撤销的操作。如果该操作不可见,可滚动列表。撤销某操作的同时,也撤销了列表中位于它之前的所有操作。

　　恢复功能用于恢复被撤销的操作,单击快速访问工具栏上的恢复按钮即可。

　　(5) 查找、替换操作

　　① 查找文本

　　a. 选择"开始"选项卡"编辑"功能区的"查找"命令,打开导航窗格。

　　b. 在导航窗格文本框中输入要查找的内容。

　　c. 在导航窗格中将以浏览方式显示所有包含查找到的内容的片段,同时查找到的匹配文字会在文章中以黄色底纹标识。

　　② 高级查找

　　a. 单击"开始"选项卡"编辑"功能区"查找"命令旁的小三角,在下拉列表中选择"高级查找"命令,弹出"查找和替换"对话框,如图 3-6 所示。

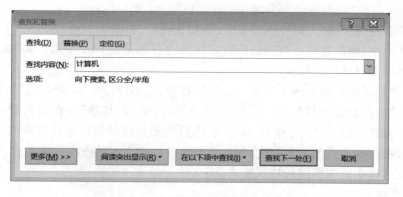

图 3-6　"查找和替换"对话框

　　b. 在"查找和替换"对话框中,"查找内容"框内输入要搜索的文本,例如"计算机"。

　　c. 单击"查找下一处"按钮,则开始在文档中查找。

　　此时,Word 自动从当前光标处开始向下搜索文档,查找字符串"计算机"。如果直到文档结尾没有找到字符串"计算机",则继续从文档开始处查找,直到查找到当前光标处为止。查找到字符串"计算机"后,光标停在找出的文本位置,并使其置于选中状态,这时在"查找"对话框外单击,就可以对该文本进行编辑。

③ 查找特殊格式的文本

a. 单击"开始"选项卡"编辑"功能区"查找"命令旁的小三角,在下拉列表中选择"高级查找"命令,弹出"查找和替换"对话框。

b. 在图 3-6 所示的对话框中单击"更多"按钮,出现搜索选项。

c. 在"查找内容"框内输入要查找的文字,例如"文档"。

d. 单击"格式"按钮,在弹出式菜单中选择"字体"命令,在"查找字体"对话框中设置查找文本的格式,例如"隶书,四号",最后单击"确定"按钮。

e. 单击"查找下一处"按钮则开始在文档中查找格式是"隶书,四号"的"文档"两个字。

④ 替换文本

选择"开始"选项卡"编辑"功能区的"替换"命令,出现"查找和替换"对话框并显示替换选项卡,如图 3-7 所示。

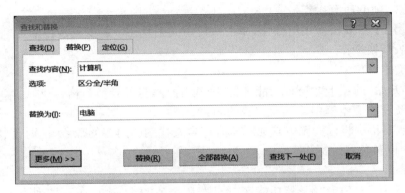

图 3-7 "查找和替换"对话框的替换选项卡

a. 在"查找内容"框内输入文字,例如"计算机"。

b. 在"替换为"框内输入要替换的文字,例如"电脑",如图 3-7 所示。

如果在文本中,确定要将查找到的所有字符串进行替换,单击"全部替换"按钮,就会将查找到的字符串全部自动进行替换。

但是,如果不是将查找到的字符串全部进行替换,就不能使用"全部替换"功能。应先单击"查找下一处"按钮,如果查找到的字符串需要替换,则单击"替换"按钮进行替换,否则,单击"查找下一处"按钮。如果"替换为"框为空,操作后的实际效果是将查找到的内容从文档中删除了。若是替换特殊格式的文本,其操作步骤与特殊格式文本的查找方法类似,区别是这次是对"替换为"文本框中的内容进行特殊格式设定。

⑤ 高级替换

例如要将文本中的"文档"一词替换为红色、加粗字形的"文档"。这部分操作需要用到"替换"对话框中的"更多"按钮。

a. 首先输入不带格式的文字。

b. 然后单击"更多"按钮,把光标移到"替换为"后面的文本框,单击"格式"按钮,选择弹出的菜单列表中的"字体…"选项。

　　c. 在"查找字体"对话框中设置"红色""加粗",单击"确定"按钮返回"替换"对话框。

与查找一样,如果在替换前选定了部分文本,则首先在该部分文本中查找替换,搜索完毕后提示"Word 已完成对所选内容的搜索,现在是否搜索文档的其余部分?"单击"是"继续搜索,单击"否"停止。

注意:如果要将文本替换为某种格式的文本时,则所设置的格式应该出现在"替换为"文本框下,如出现在"查找内容"文本框下,可以通过单击"不限定格式"按钮,撤消所做的设置。

（6）插入批注

给所选择的文本插入批注的步骤如下:

a. 选择要设置批注的文本或内容。

b. 在"审阅"选项卡"批注"功能区中,单击"新建批注"按钮。

c. 在批注框中输入批注文字。

（7）自动更正

自动更正功能可自动检测并更正输入错误、误拼的单词、语法错误和错误的大小写。例如,如果输入"teh",接着输入一个空格,就会看到"自动更正"会将您输入的文字替换为"the"。它也可以创建"例外项列表",用于指定不需要"自动更正"进行的更正。

自动更正可使用名为"自动更正"词条的内置更正项列表来检测并更正输入错误、误拼的单词、语法错误和常用符号。用户也可以选择"文件"按钮"选项"命令,弹出"Word 选项"对话框,在左框选择"校对",并在右方设置自动更正的检查规则,或者单击"自动更正选项"按钮,弹出"自动更正"对话框,方便地添加自己的"自动更正"词条或删除不需要的词条。

【任务实施】

1. 创建"公司简介"文档

（1）新建文档

启动 Word 后,在弹出的对话框中单击"空白文档"。

（2）保存"公司简介"文档

单击"文件"→"保存"命令,在"另存为"导航栏中单击"浏览"。

在弹出的"另存为"对话框左边窗口中单击"桌面",在"文件名"输入框中输入"公司简介",单击"保存"按钮。

2. 输入文本文档

（1）输入法切换

单击"通知区域"语言栏,单击"中文(搜狗拼音输入法)"或使用 Ctrl＋Shift 组合键。

（2）输入文本

输入标题文字"公司简介",按 Enter 键换行,使用相同的方法输入其他文本,完成文本的输入。文本内容如图 3-1 所示。

（3）光标定位并插入符号

在"公司使命"文字下一行行首单击鼠标左键进行定位,单击"插入"选项卡,单击"符号"组中的"符号",并选择其他符号。在弹出的"符号"对话框中单击"字体"下拉框,并选择"Wingdings"字体,选择"✧"符号,单击"插入"按钮,如图 3-8 所示。

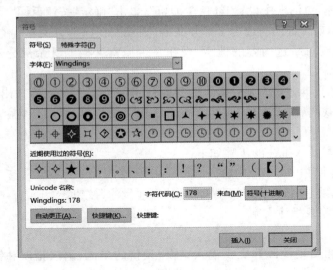

图 3-8   符号对话框

3.复制和移动文本

(1) 复制文本

选中"✧"符号,右击,在弹出的快捷菜单中单击"复制"命令(或按下组合键 Ctrl+C),光标定位其他各小标题下一行行首并右击,在弹出的快捷菜单中单击"粘贴"选项命令下的"保留源格式",或按下组合键(Ctrl+V)。

(2) 移动文本

选中最后两自然段文字右击,在弹出的快捷菜单中单击"剪切"命令(或按下组合键 Ctrl+X),在"团队理念"段段首右击,在弹出的快捷菜单中单击"粘贴"选项命令下的"保留源格式"(或按下组合键 Ctrl+V)。

4.查找与替换

单击"开始"选项卡,单击"编辑"组下拉列表,单击"替换"命令,在弹出"查找和替换"对话框的"查找内容"文本框中输入"行业",在"替换为"文本框中输入"企业",单击"全部替换"命令,在弹出的替换完成对话框中单击"确定"按钮。

完成文档的创建,最后保存该文档。

任务 2   公司简介文档的排版

■ 【任务展示】

在创建某公司简介文档后,为了制定一份令人过目难忘的公司简介,需要为"公司简介"文档进行格式排版,排版效果如图 3-9 所示。

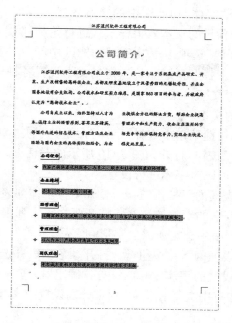

图 3-9　公司简介样张

【相关知识】

1. Word 文档文字格式的设置

文字的格式设置包括字体、字号、字形、颜色、字符边框和底纹等。设定文字的格式主要使用两种方法：一种是利用"开始"选项卡"字体"功能区中各命令按钮来设置文字的格式；另一种是在文本编辑区的任意位置单击右键，在随之打开的下拉菜单中选择"字体"命令，打开如图 3-10 所示的对话框设置文字格式。

Word 默认的字体格式：汉字为宋体、五号，西文为 Times News Roman、五号。

注意：在设置文字格式时，必须先把需要设置格式的文本选中，再单击功能区"字体"功能区上相应的按钮或选择快捷菜单的"字体"命令，在其中进行各种文字格式的设置。如果不选中文本就进行格式设置，则所做的格式设置对光标后新输入的文本有效，直到出现新的格式设置为止。

（1）设置字体、字形、字号、颜色、文本效果

① 用"开始"选项卡"字体"功能区中各按钮设置文字的格式。

a. 选中需要设置格式的文本。

b. 单击"开始"选项卡下"字体"功能区中的"字体"列表框 宋体(中文正3 右端的下拉按钮，在打开的字体列表中单击所需的字体。

c. 单击"开始"选项卡下"字体"功能区中的"字号"列表框 五号 右端的下拉按钮，在打开的字号列表中单击所需的字号。

d. 单击"开始"选项卡下"字体"功能区中的字体颜色列表框 A 右端的下拉按钮，在打开的颜色列表中单击所需的颜色。

e. 单击"开始"选项卡下"字体"功能区中的文本效果列表框 □ 右端的下拉按钮,在打开的文本效果列表中可以选择预设的文本效果样式或进行轮廓、阴影、映像、发光等效果的设置。

f. 如果需要,可单击"开始"选项卡下"字体"功能区中的"加粗""倾斜""下划线""字符边框""字符底纹""字符缩放""上标"等按钮,给选定的文本设置各种格式。

② 用"字体"对话框设置文字格式。

a. 选中需要设置格式的文本。

b. 单击右键,在弹出的快捷菜单中选择"字体"命令,或通过单击"开始"选项卡下"字体"功能区中右下角的 □ "字体"按钮,打开如图 3-10 所示的对话框。

c. 单击"字体"选项卡,可以对字体进行设置。

d. 单击"中文字体"列表框的下拉按钮 □ ,打开中文字体列表并选定所需字体。

e. 单击"西文字体"列表框的下拉按钮 □ ,打开西文字体列表并选定所需的西文字体。

f. 在"字形""字号"列表框中选定所需的字形和字号。

g. 单击"字体颜色"列表框的下拉按钮 □ ,打开颜色列表并选定所需的颜色。

h. 在预览框中查看所设置的字体,确认后单击"确定"按钮。

提示:在所选文本中,如有中文又有英文,则可分别设置中文和英文字体,以避免英文字体按中文字体来设置。

图 3-10 "字体"对话框的"字体"选项卡　　图 3-11 字体、字号、字形和效果示例

(2) 给文本添加下划线、着重号

对文本加下划线或着重号的操作步骤如下:

① 选中需要加下划线或着重号的文本。

② 单击右键,在弹出的快捷菜单中选择"字体"命令,或通过单击"开始"选项卡下"字体"功能区中右下角的 □ "字体"按钮,打开如图 3-10 所示的对话框。

③ 单击"字体"选项卡,可以对字体进行设置。

④ 在"字体"选项卡中,单击"下划线线型"列表框的下拉按钮 □ ,打开下划线列表并选定所需的下划线。

⑤ 在"字体"选项卡中，单击"下划线颜色"列表框的下拉按钮 ，打开下划线颜色列表并选定所需的颜色。

⑥ 单击"着重号"列表框的下拉按钮 ，打开着重号列表并选定着重号。

⑦ 在预览框中查看，确认后单击"确定"按钮。

注：在"字体"选项卡中，还有一组如删除线、双删除线、上标、下标等"效果"的复选框，选定某复选框可以使字体格式得到相应的效果，图 3-11 列举了几种设置字体、字形、字号和效果格式后其相应的预览效果。

（3）字符间距设置

单击"字体"对话框中的"高级"选项卡，可以设置文档中字符之间的距离。其中：

• "缩放"下拉列表框：用于按文字当前尺寸的百分比横向扩展或压缩文字。

• "间距"下拉列表框：用于加大或缩小字符间的距离，可选择标准、加宽、紧缩；右侧的"磅值"文本框内可输入间距值。

• "位置"下拉列表框：用于将文字相对于基准点提高或降低指定的磅值。

2. Word 文档段落格式设置

在 Word 中，当用户键入回车键后，则插入了一个段落标记 ，即"段标"，表示一个段落的结束。一段可以包含多行，也可以只含一行。在一行输入完后，如果后面不是段的结束，则可按"Shift＋Enter"组合键，结束当前行而产生下一个新行，同时插入一个换行符↓。"段标"不但标记了一个段落，而且记录了该段落的格式信息。复制段落的格式，只需要复制其段标，删除段标，也就删除了段落格式。段落格式排版主要有段落对齐方式、缩进、行间距、段间距、段落的边框和底纹等。

（1）段落边界

在 Word 2016 窗口中，水平标尺包括首行缩进、左缩进、悬挂缩进和右缩进 4 个滑块。它们的位置表示了段落的左、右边界及首行的位置（如图 3-12 所示）。

（2）段落缩进的设置

Word 中的缩进包括首行缩进、悬挂缩进、左缩进和右缩进 4 种。

首行缩进是中国人的传统，即段落的第一行缩进，一般为 2 个字符。悬挂缩进和首行缩进正相反，除了第一行不缩进，其他行都缩进。左右缩进就是所有行都左或右缩进。

设置缩进的方法：

① 利用"水平标尺"设置段落缩进，如图 3-12 所示。拖动相应的标志，可以设置段落的缩进。这么做很方便，但不精确。

注意：Word 2016 标尺默认是关闭的，用户可以通过选择"视图"选项卡"显示"功能区中的"标尺"复选框来显示/关闭标尺。

② 单击"开始"选项卡中的"段落"功能区右下角的"段落" 按钮，打开"段落"对话框，如图 3-13 所示。选择"缩进和间距"选项卡，在"特殊格式"下拉列表框中选择"无""首行缩进"或"悬挂缩进"。在"缩进"组的左侧、右侧文本框中设置左、右缩进量。

③ 使用段落功能区中单击增加缩进量 按钮或减少缩进量 按钮，来增加或减少段落的左缩进。

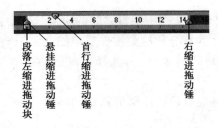

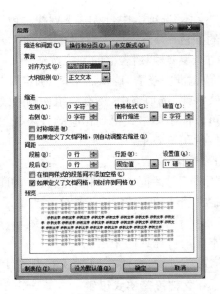

图 3-12　水平标尺段落标识　　　图 3-13　"段落"格式设置对话框

（3）设定段间距和行间距

所谓段间距是指中间的段落和位于其上下的段落间的距离。段间距分为段前间距（本段首行与上段末行间的距离）、段后间距（本段末行与下段首行间的距离）。所谓行间距是指段落中的行与行之间的垂直距离。

① 设定段落间距

a. 选中要改变段间距的段落。

b. 单击"开始"选项卡中"段落"功能区右下角的"段落" ↘ 按钮，打开"段落"对话框，如图 3-13 所示。选择"缩进和间距"选项卡，单击"间距"组的"段前"和"段后"文本框右端的增减按钮设定间距，每按一次增加或减少 0.5 行；也可在文本框中直接输入值和单位（如厘米或磅）。

c. 在预览框中查看，确认后单击"确定"按钮。

② 设定行间距

行间距可在"行距"下拉列表框选择，其中最小值、固定值、多倍行距选项需要在右边的"设置值"数字栏内输入或调整数字。最小值、固定值以磅为单位，多倍行距则是基本行距的倍数值。

a. 选中要改变行间距的段落。

b. 单击"开始"选项卡中"段落"功能区右下角的"段落" ↘ 按钮，打开"段落"对话框，如图 3-13 所示。

c. 选择"缩进和间距"选项卡，单击"缩进和间距"选项卡中"行距"列表框下拉按钮，选择所需要的行距选项。各行距选项的含义如下：

• "单倍行距"选项：设置每行的高度为可容纳这行中最大的字体，并上下留有适当的空隙。

• "1.5 倍行距"选项：设置每行的高度为可容纳这行中最大的字体高度的 1.5 倍。

• "2 倍行距"选项：设置每行的高度为可容纳这行中最大字体高度的 2 倍。

• "最小值"选项：能容纳本行中最大字体或图形的最小行距。

- "固定值"选项：设置成固定的行距。
- "多倍行距"选项：允许行距设置成带小数的倍数，如 0.75 倍等。

d. 在预览框中查看，确认后单击"确定"按钮。

用户也可以通过单击"段落"功能区中的"行和段落间距"按钮 ，来设置行距、段前、段后间距。

（4）设置段落对齐方式

"对齐方式"下拉列表框用于设置段落在页面中的显示方式。包括：左对齐、右对齐、居中对齐、两端对齐、分散对齐。

① 用如图 3-14 所示的"段落"功能区命令按钮设置对齐方式：先选中要设置的段落，再点击相应的对齐按钮。

② 用"开始"→"段落"功能区中右下角的"段落" 按钮设置：选中要设置的段落，然后打开"段落"对话框，单击"缩进和间距"选项卡中"对齐方式"列表框下拉按钮，选择所需要的对齐方式选项，并单击"确定"按钮完成操作。

注意：在设置段落格式之前要将光标置于需要设置格式的段落，如果要对多个段落同时进行相同的段落格式设置，应先选中这些段落。

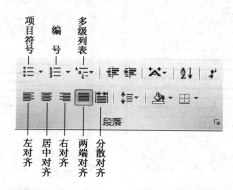

图 3-14　"段落"功能区对齐等命令按钮

（5）项目符号和编号

为文档中的列表添加项目符号或编号，可以使文档条理清晰，更易于阅读和理解。Word 2016 可以快速地在现有文本行中添加项目符号或编号，也可以在键入文本时自动创建项目符号和编号列表。

① 输入文本时自动创建项目符号或编号

键入"1."或" * "后，再按空格键或"Tab"键，然后键入任何所需文字，当按下"Enter"键添加下一列表项时，Word 会自动插入下一个项目符号或编号。按 2 次"Enter"键或"BackSpace"键删除列表中的最后一个项目符号或编号，结束列表输入。

注意：如果要取消自动插入项目符号和编号的功能，可以通过以下步骤将其去掉：

a. 单击"文件"选项卡，在展开的菜单中选择"选项"命令，打开"Word 选项"对话框，在左侧列表中选择"校对"选项，在右侧单击"自动更正选项"按钮。

b. 开"自动更正"对话框，切换到"键入时自动套用格式"选项卡，在"键入时自动应用"选项组中撤消"自动项目符号列表""自动编号列表"复选框。

② 对已有文本添加项目符号或编号

a. 选定要添加段落编号(或项目符号)的各段落。

b. 单击"开始"选项卡中"段落"功能区中的"项目符号"三 ▼ 按钮(或"编号" ≔▼ 按钮)完成操作。

c. 或者选择"段落"功能区中的"项目符号"三 ▼ 按钮(或"编号" ≔▼ 按钮)右侧的下拉菜单按钮 ▼ ,打开"项目符号"列表框(或"编号"列表框),选择所需要的"项目符号"或"编号"项。

注意:如果"项目符号"或"编号"列表中没有所需要的项目符号(或编号),可以单击列表中的"自定义新项目符号…"(或自定义新编号格式)命令,打开如图 3-15 所示的"定义新项目符号"(或如图 3-16 所示的"定义新编号格式")对话框,定义新项目符号或编号。对于"项目符号字符"可以单击"图片"按钮选择图片文件作为项目符号;对于"编号格式"可以单击"编号样式"下拉列表框、"字体"按钮来改变列表编号的样式和字体。

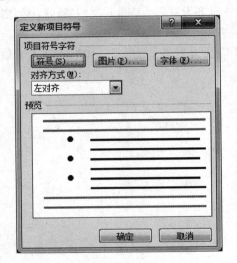

图 3-15 "定义新项目符号"对话框

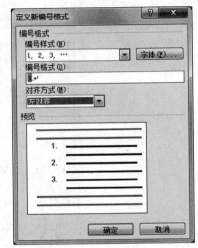

图 3-16 "定义新编号格式"对话框

(6) 边框和底纹

Word 可以为所选择的文字、段落和全部文档加边框和底纹。方法如下:

① 单击"开始"选项卡"段落"功能区上"边框"按钮右侧的三角,在下拉列表中选择"边框和底纹"命令,弹出如图 3-17 所示"边框和底纹"对话框。

② "边框"选项卡可为选定的段落或文字添加不同线形的边框。

③ "底纹"选项卡可为选定的段落或文字添加底纹,可在对话框中设置背景的颜色和图案。

④ "页面边框"选项卡可以为所选节或全部文档添加页面边框。

注意:如果当前选择的只是文字,打开的"边框和底纹"对话框中的"应用于"列表框中默认选定为"文字",此时只给文字加边框或底纹。当选择的是整个段落时,"应用于"列表框中应选定为"段落",此时给段落加边框或底纹。

(7) 快速复制格式("格式刷"的使用)

对于已设置好的文字格式,若有其他文本采用与此相同的格式,可以用"开始"→"剪切板"功能区→ 格式刷 按钮快速复制格式。

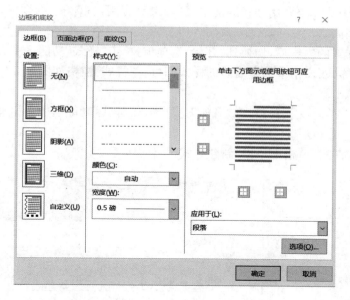

图 3-17 "边框和底纹"对话框

操作方法:选定一段带有格式的文本,单击 格式刷 按钮,选中需要设置格式的文本,即可将格式复制到新文本上;如果多个地方需要复制格式,双击格式刷按钮,逐个选中需要复制格式的文本,复制完成后,再次单击格式刷按钮或按键盘上的"Esc"键,即可取消格式复制状态。另外,格式刷按钮 格式刷 也可快速复制段落格式。

(8) 格式的清除

如果对于所设置的格式不满意,可以清除所设置的格式,恢复到 Word 默认的状态。清除格式的具体步骤如下:

① 选中需要清除格式的文本。

② 单击"开始"→"样式"功能区中的"其他"按钮 ,打开"样式"列表框,在样式列表框中单击"清除格式"命令,或单击"开始"→"字体"功能区中的"清除格式"按钮 ,即可清除所选文本的格式。

还有一种同时清除样式和格式的方法,也可以实现对格式的清除,具体步骤如下:

① 选中需要清除格式的文本。

② 单击"开始"→"样式"功能区中右下角的"样式"按钮 ,打开"样式"列表框,在样式列表框中单击最前面的"全部清除"命令,即可清除所选文本的所有样式和格式。

3. Word 文档的样式使用

样式是一套预先调整好的文本格式,专门用于设置文本的文字格式、段落格式等。样式可以应用于一段文本,也可以应用于几个字,所有格式的设置是一次性完成的。

样式可以分为内置样式和自定义样式,系统自带的样式为内置样式,用户无法删除 Word 内置的样式,但可以修改内置样式。用户还可以根据需要创建新样式,也可以将新建的样式删除。

(1) 快速使用现有的样式

Word 中内置了很多样式,用户可以直接使用这些内置的样式。如果要使用字符类型的样式,可以在文档中选择要套用样式的文本块;如果要应用段落类型的样式,只需将光标定位到要设置段落范围内。

选择要设置样式的内容后,切换到"开始"选项卡,单击"样式"功能区中右下角的"样式"按钮 ,从打开的"样式"窗格中选择需要的样式即可。"样式"窗格如图3-18所示。

(2)创建新样式

① 打开Word 2016文档窗口,在"开始"选项卡的"样式"功能区中单击显示样式窗口按钮 。

② 在打开的"样式"窗格中单击"新建样式"按钮。

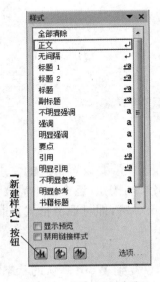

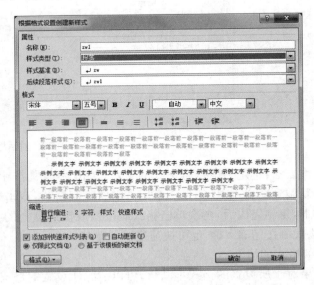

图3-18 "样式"列表窗　　　　**图3-19 "根据格式设置创建新样式"对话框**

③ 打开"根据格式设置创建新样式"对话框,如图3-19所示。在"名称"编辑框中输入新建样式的名称。然后单击"样式类型"下拉三角按钮,在"样式类型"下拉列表中包含5种类型:

- 段落:新建的样式将应用于段落级别。
- 字符:新建的样式将仅用于字符级别。
- 链接段落和字符:新建的样式将用于段落和字符两种级别。
- 表格:新建的样式主要用于表格。
- 列表:新建的样式主要用于项目符号和编号列表。

选择一种样式类型,例如"段落"。

④ 单击"样式基准"下拉三角按钮,在"样式基准"下拉列表中选择Word 2016中的某一种内置样式作为新建样式的基准样式。

⑤ 单击"后续段落样式"下拉三角按钮,在"后续段落样式"下拉列表中选择新建样式的后续段落样式。

⑥ 在"格式"区域,根据实际需要设置字体、字号、颜色、段落间距、对齐方式等段落格式和字符格式。如果希望该样式应用于所有文档,则需要选中"基于该模板的新文档"单选框。设置完毕单击"确定"按钮即可。

注意:如果用户在选择"样式类型"时选择了"表格"选项,则"样式基准"中仅列出表格相关的样式提供选择,且无法设置段落间距等段落格式。如果在选择"样式类型"时选择"列表"选项,则不再显示"样式基准",且格式设置仅限于项目符号和编号列表相关的格式选项。

（3）修改样式

可以对已有样式进行修改,方法是将鼠标移到"样式"窗格中已有的样式上,并右击该样式,在弹出的菜单中选择"修改…"命令,打开"修改样式"对话框,如图 3-20 所示。重新更改格式设置,并选中"自动更新"复选框,然后单击"确定"按钮,退出"修改样式"对话框,那么所有已应用该样式的文本块,其格式将全部自动更新。

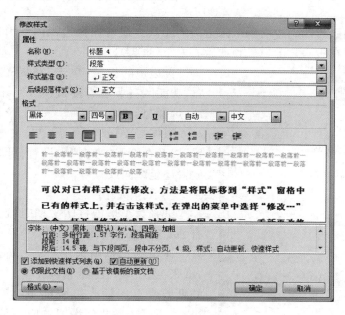

图 3-20　"修改样式"对话框

（4）删除样式

对于不使用的样式,可以将其删除。例如要删除"样式 1"样式,可打开"样式"窗格,单击"样式 1"样式名右侧的下拉按钮,或右击"样式 1"样式名,在下拉菜单中选择"删除样式 1…"命令,即可将该样式从当前文档中删除。

4. 页面的格式设置

（1）插入分页符

Word 具有自动分页的功能。也就是说,当键入的文本或插入的图形满一页时,Word 会自动分页。当编辑排版后,Word 会根据情况自动调整分页的位置。有时为了将文档的某一部分内容单独形成一页,可以插入分页符进行人工分页。插入分页符的步骤如下:

① 将插入点移到将要分成新的一页的开始位置。

② 按组合键 Ctrl＋Enter。用户也可以单击"插入"→"页"功能区中的"分页"命令按钮;或者单击"布局"选项卡中"页面设置"功能区中的"分隔符"按钮,在打开的"分隔符"列表中单击"分页符"命令。

注意:在文档编辑过程中,经常需要对文档中分页符、分节符、段落标记进行查看,以便进行删除等操作,这时可以选择"开始"选项卡中的"段落"功能区,单击"显示和隐藏编辑标记"按

钮 ，即可显示或隐藏插入的分页符。如果想删除人工分页符，只要选中它，按 Delete 键即可。

（2）页面设置

用户可以使用"布局"选项卡"页面设置"功能区的各命令按钮如设置文字方向 文字方向 按钮、页边距 按钮、纸张方向 按钮、纸张大小 纸张大小 按钮等，也可以通过"页面设置"对话框来设置以上内容。

① 页边距

页边距是页面版心四周边沿到纸张边沿的距离。通常在页边距内编辑文字和图形，也可以将某些内容放置在版心之上（页眉）或版心之下（页脚）。

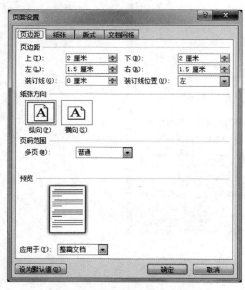

图 3-21 "页面设置"对话框

页边距的设置：单击"布局"选项卡中"页面设置"功能区右下角的按钮 ，打开"页面设置"对话框，选择"页边距"选项卡，如图 3-21 所示。

根据需要设置上、下、左、右边距、装订线的位置，以及在纸张"方向"中设置打印文档时纸张横向放置还是纵向放置等。

② 纸张大小

纸张大小是指打印文档时纸张的大小，常用的有 A4、B5、16 开、32 开等。

在"布局"选项卡中打开"页面设置"对话框的"纸张"选项卡，在"纸张大小"下拉列表中选择需要的纸型或直接输入纸张的宽度和高度（自定义大小）。还可选择此项设置的应用范围，可以是"整篇文档"或"本节"或"插入点之后"。另外，还可以在"版式"选项卡中设置页眉、页脚到纸张边沿的距离等。

（3）为页面加边框

除了为文字和段落加边框以外，还可以为页面加边框，操作步骤如下：

① 单击"设计"选项卡中"页面背景"功能区的"页面边框"命令，打开"边框和底纹"对话框，选择"页面边框"选项卡。

② 在对话框中的"设置"处选择页面边框的类型（如果选择"无"则取消页面边框）；在"样式"列表框中选择页面边框线的线型；在"宽度"下拉列表框中选择边框线的宽度；在"颜色"下拉列表框中选择边框线的颜色；还可以在"艺术型"下拉列表框中选择一种艺术线型；最后还应在"应用于"下拉列表框中选择此次设置的有效应用范围。

③ 单击"确定"按钮关闭对话框。

（4）页码背景

背景用于 Web 版式视图或 Web 浏览器，以便为 Web 页创建更加有趣的背景。水印用于打印的文档，可在正文文字的下面添加文字或图形。

可以将过渡色、图案、图片、纯色或纹理作为背景。背景的形式多种多样，既可以是内容丰富的徽标，也可以是装饰性的纯色。将过渡色、图案、图片或纹理作为 Web 页的背景时，这些内容将与 Web 页自身的图形文件一起保存。过渡色、图案、图片和纹理将以平铺方式显示。

Word 2016 不仅可以在 Web 版式视图中显示背景，也可以在页面视图显示背景，但是这些背景不是为打印文档设计的，因此打印时无效。给文档添加背景方法如下：

① 单击"设计"选项卡"页面背景"功能区中的"页面颜色"按钮，显示下拉列表。

② 在下拉列表中单击所需的背景颜色，或选择"其他颜色"命令，查看其他可供使用的颜色；也可选择"填充效果"命令选择特殊效果（如纹理）的背景，在弹出的对话框中选择所需选项。

（5）水印

通过插入水印，可以在 Word 2016 文档背景中显示半透明的标识（如"机密""草稿"等文字）。水印既可以是图片，也可以是文字，并且 Word 2016 内置有多种水印样式。在 Word 2016 文档中插入水印的步骤如下所述：

① 打开 Word 2016 文档窗口，切换到"设计"选项卡。

② 在"页面背景"分组中单击"水印"按钮，并在打开的水印面板中选择合适的水印样式或选择"自定义水印"选项，打开"水印"对话框，如图 3-22 所示进行设置，可以是文字或图片水印。

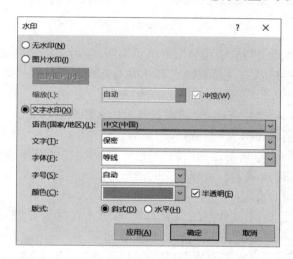

图 3-22　"水印"对话框

③ 如果需要删除已经插入的水印，则再次单击水印按钮，单击"删除水印"按钮即可。

（6）插入页眉和页脚

页眉指的是出现在每页顶部页的上边距与页的上边界之间的一些说明性信息。页脚则是出现在每页底部页的下边距与页的下边界之间的一些说明性信息。页眉和页脚通常用于添加说明性文字或美化版面，可以包括页码、日期、公司徽标、文档标题、文件名或作者名等文字或图形。可以将文档中的全部页，设置为具有相同的页眉和页脚；也可以使得文档中不同部分的页具有不同的页眉和页脚，后一项功能的实现建立在将文档分节的基础上，将在下一小节中再述。页眉和页脚只能在页面视图和打印预览方式下看到。

页眉的建立方法和页脚的建立方法是一样的，都可以使用"插入"选项卡的"页眉"和"页脚"功能区中的相应命令或功能来实现。

① 建立页眉/页脚

建立页眉和页脚的操作非常类似，为简单起见，下面仅说明建立页眉的过程。建立页眉的操作步骤如下：

a. 单击"插入"选项卡"页眉和页脚"功能区中的"页眉"按钮，打开内置"页眉"版式列表。如果在草稿视图或大纲视图下执行此命令，那么 Word 会自动切换到页面视图。

b. 在内置"页眉"版式列表中选择所需的页眉版式，并随之键入页眉内容。当选定页眉版式后，Word 窗口中会自动添加一个名为"页眉和页脚工具"的选项卡并使其处于激活状态，如图 3-23 所示为"页眉和页脚工具"选项卡的局部。此时，仅能对页眉内容进行编辑操作，而不能对正文进行编辑操作。若要退出页眉编辑状态，单击"页眉和页脚工具"选项卡"关闭"功能区的"关闭页眉和页脚"按钮即可。

图 3-23 "页眉和页脚工具"功能区

c. 如果内置"页眉"版式列表中没有所需的页眉版式，可以单击内置"页眉"版式列表下方的"编辑页眉"命令，直接进入"页眉"编辑状态并输入页眉内容，且在"页眉和页脚工具"选项卡中设置页眉的相关参数。

d. 单击"关闭页眉和页脚"按钮，完成设置并返回文档编辑区。

这样，整个文档的各页都具有同一格式的页眉。

页脚的建立与页眉类似，只不过利用的是"插入"选项卡"页眉和页脚"功能区中的"页脚"按钮及"页眉和页脚工具"选项卡与页脚有关的命令。

② 建立奇偶页不同的页眉

通常情况下，文档的页眉和页脚的内容是相同的。有时需要建立奇偶页不同的页眉。Word 允许建立奇偶页不同的页眉（或页脚），其步骤如下：

a. 单击"插入"选项卡"页眉和页脚"功能区的"页眉"按钮，在弹出的下拉列表中单击"编辑页眉"命令，进入页眉编辑状态。

b. 选中"页眉和页脚工具"选项卡"选项"功能区中的"奇偶页不同"复选框，这样就可以分别编辑奇、偶页的页眉内容了。

c. 单击"关闭页眉和页脚"按钮，设置完毕。

③ 页眉、页脚的删除

执行"插入"选项卡"页眉和页脚"功能区"页眉"下拉菜单中的"删除页眉"命令可以删除页眉；类似地，执行"页脚"下拉菜单中的"删除页脚"命令可以删除页脚。另外，选定页眉（或页脚）并按 Delete 键，也可删除页眉（或页脚）。

（7）插入页码

除了通过设置页眉和页脚添加页码外，还可以直接插入页码：选择"插入"选项卡，在"页眉和页脚"功能区中单击"页码"命令，弹出如图 3-24 所示下拉菜单，根据所需在下拉菜单中选定页码的位置。

如果要更改页码格式,可执行"页码"下拉菜单中"设置页码格式"命令,打开如图 3-25 所示的"页码格式"对话框,在此对话框中设定页码格式并单击"确定"按钮即可完成。

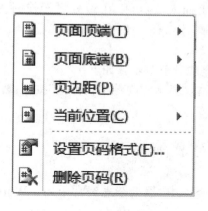

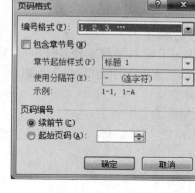

图 3-24 "页码"下拉菜单　　图 3-25 "页码格式"对话框

5. 节格式设置

（1）分节符的插入

在制作一些文档时,可能需要对文档中某一部分的格式做一些特殊处理,使其具有与其他部分不同的外观。例如,将文档中一部分文本分成若干栏显示而其他部分不分栏显示;为一个文档的不同部分设置不同的页眉和页脚等。Word 所提供的实现这一功能的手段便是通过插入若干分节符而将文档分成若干节,对其中的某一节可以设置不同于其他节的一些特殊格式。

每个文档最初是被系统当作一节来看待的。如果在文档中间的某处插入一个分节符,则将该文档分成 2 节,若再插入一个分节符则将文档分成了 3 节。Word 的一节指的是 2 个分节符之间的内容,或者文档开始到第一个分节符之间的内容,或者最后一个分节符到文档末尾之间的内容。节的长度可以是任意的,短的可以只有一行,长的则可以是整个文档。分节符允许插入到一个段落的中间。

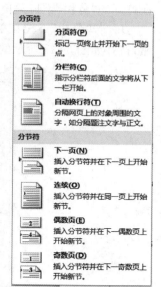

图 3-26 插入分节符

插入分节符的操作步骤如下:

① 移动插入点到准备插入分节符的位置。

② 单击"布局"→"页面设置"→"分节符",显示如图 3-26 所示的"分节符"下拉菜单。

③ 在"分节符"下方选择插入分节符的方式,也即设定新插入的分节符下方文档显示的起始位置。

④ 单击"确定"按钮。

插入分节符后其下方文档显示的起始位置可以有 4 种选择:

• 下一页。在下一页上开始新节。

- 连续。在同一页上开始新节。
- 偶数页。在下一偶数页上开始新节。
- 奇数页。在下一奇数页上开始新节。

注意：分节符可以由用户采用上述方法手工插入，也可以在做分栏操作时由系统自动插入。

（2）分节符的删除

当需要取消分节时只要删除分节符即可。删除分节符步骤如下：

① 选择"开始"选项卡中的"段落"功能区，单击"显示和隐藏编辑标记"按钮 ⤶ ，即可显示或隐藏插入的分节符。

② 选定欲删除的分节符。

③ 按"Delete"键或"BackSpace"键删除选定的分节符。

（3）分栏显示

分栏排版是将一个版面上的文字分在几个竖栏中，报纸杂志经常采用。Word 的分栏操作是对一节的内容而言的。

① 创建分栏

对文档进行分栏的操作步骤如下：

a. 先选中需要分栏的文本，再单击"布局"选项卡中"页面设置"功能区中的"分栏"按钮，在打开的"分栏"下拉菜单中，单击所需格式的分栏命令即可。

b. 若"分栏"下拉菜单中所提供的分栏格式不能满足要求，则可单击菜单中"更多分栏"按钮，打开如图 3-27 所示的"分栏"对话框。其中各设置属性含义如下：

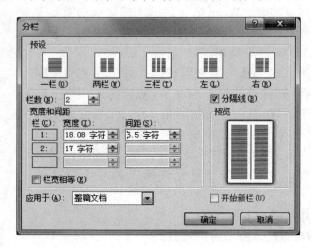

图 3-27 "分栏"对话框

- 栏数：输入或选择预设栏数。
- 宽度和间距：设置栏的宽度和栏间的距离；要分别设置各栏的宽度，则取消"栏宽相等"复选框。要在栏间加分隔线，选中"分隔线"复选框。
- 应用于：可从中选择"整篇文档""插入点之后"或"所选文字"（如果事先已选中要分栏的文字）等。

c. 单击"确定"按钮。

② 取消分栏

选定已分栏的文本,打开"分栏"对话框,在"预设"栏内选择"一栏",单击"确定"按钮,即可对选定的内容取消分栏。注意:取消分栏并不能删除其产生的分节符,可以手工删除分节符。

（4）节的页眉和页脚设置

Word 允许为一节中包含的所有的页设置与其他节不同的页眉或页脚。其设置步骤如下:

① 将文档分节。

② 将插入点移到欲设置页眉和页脚的节中。

③ 执行"插入"→"页眉和页脚"功能区中的"页眉"或"页脚"命令,插入页眉和页脚的内容并设定有关格式。

④ 单击"页眉和页脚工具"选项卡中"导航"功能区的"链接到前一条页眉" ![链接到前一条页眉] 按钮,使其处于非按下状态,并单击"关闭页眉和页脚"按钮。

6. 特殊排版格式设置

除了一般的排版格式,Word 还提供了一些特殊的排版格式,很多是中文排版特有的格式。

（1）竖排文字

方法一:选择要设置文字方向格式的文本块,单击"布局"选项卡"页面设置"功能区中的"文字方向"按钮 ![文字方向图标] ,在打开如图 3-28 所示的下拉菜单中选择一种文字方向格式。

方法二:单击"布局"选项卡"页面设置"功能区中的"文字方向"按钮,在打开的下拉菜单中选择"文字方向选项"命令,打开"文字方向"对话框,选择文字的方向,在"应用于"组合框中可以选择其应用的范围,可以作用于"整篇文档"或"所选文字",也可以作用于"所选节",最后单击"确定"按钮完成设置。

（2）中文简繁转换

Word 2016 可以实现文字中文简繁转换。选择"审阅"选项卡,单击"中文简繁转换"按钮,在弹出的下拉列表中可以选择"简转繁"或"繁转简"选项,完成被选文字的简体中文转换成繁体中文或繁体中文转换成简体中文显示。

图 3-28　"文字方向"下拉菜单

【任务实施】

1. 设置字体格式

（1）打开任务一创建的文档:公司简介.docx,选中"公司简介"标题文字,单击"开始"选项卡,单击"字体"组中 ![A文本效果图标] "文本效果"按钮,在弹出的下拉列表中选择文本效果第一行第三列样式。单击"字体"组中右下角折叠按钮。

（2）在弹出的"字体"对话框"中文字体"下拉列表中选择"微软雅黑",在"西文字体"下拉列表中选择"Times New Roman",在"字形"组中单击"加粗",在"字号"组下拉列表中选择"三号",在"字体颜色"下拉列表中选择"橙色",如图 3-29 所示。

（3）单击"高级"选项卡,在"缩放"输入框中输入"110％",在"间距"下拉列表中选择"加宽",在"磅值"输入框中输入"3 磅",单击"确定"按钮,如图 3-30 所示。

设置其余字体为楷体、四号字。

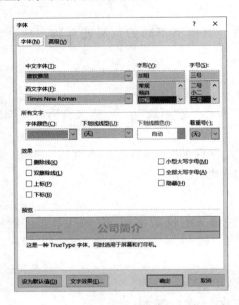

图 3-29　标题字体设置对话框　　　　**图 3-30　标题字体高级设置对话框**

2. 设置段落格式

（1）段落对话框

① 选中标题文字,单击"开始"选项卡,单击"段落"组右下角折叠按钮,在弹出的"段落"对话框"常规"组"对齐方式"下拉列表中选择"居中",在"间距"组"段前""段后"输入框中输入"1 行",单击"确定"按钮。

② 选中第 2 到第 13 自然段,单击"开始"选项卡,单击"段落"组右下角折叠按钮,在弹出的"段落"对话框"常规"组下拉列表中选择"左对齐",在"缩进"组"特殊格式"下拉列表中选择"首行缩进",在"缩进"值输入框中输入"2 字符",在"间距"组"行距"下拉列表中选择"1.5 倍行距",单击"确定"按钮。

③ 选中"公司使命""行业精神"等 5 个小标题,设置段前间距为 0.5 行。

（2）边框和底纹

① 设置边框

a. 选中"公司使命"小标题,单击"开始"选项卡,单击"段落"组中的"边框"下拉列表,单击"边框和底纹"命令,打开"边框和底纹"对话框。

b. 单击"设置"组中的"阴影",单击"样式"组中的"单实线",单击"颜色"下拉列表并选择"黄色",单击"宽度"下拉列表并选择"1.0 磅",单击"应用于"下拉列表并选择"文字",如图 3-31所示。单击"确定"按钮完成设置。

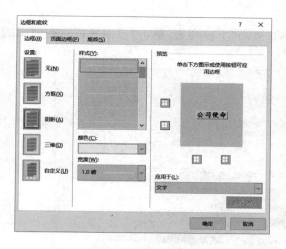
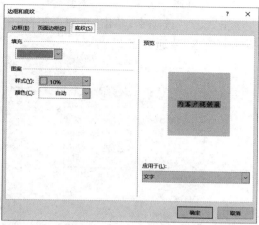

图 3-31 小标题边框与底纹设置对话框

② 设置底纹

a. 选中"公司使命"小标题下的一段,单击"开始"选项卡,单击"段落"组中的"边框"下拉列表,单击"边框和底纹"命令,打开"边框和底纹"对话框。

b. 单击"底纹"选项卡,单击"图案"组中的"样式"下拉列表并选择"10％",单击"颜色"下拉列表并选择"浅绿色",单击"应用于"下拉列表并选择"文字",单击"确定"按钮,如图 3-31 所示。

(3) 格式刷

① 选中"公司使命"小标题,单击"开始"选项卡,双击"剪贴板"组中的"格式刷",鼠标变成刷子后,分别定位到第 2-5 小标题并按住鼠标左键不放,从左侧拖动到右侧为各小标题设置同样的边框。

② 按同样方法,选择第一个小标题下的一段,双击"剪贴板"组中的"格式刷",将鼠标分别选中其他各小标题下的一段,应用相同的底纹。

(4) 项目符号

① 分别选中文档各小标题段下各段前的"◇"符号,按键盘上的 Delete 键删除。

② 选中"公司使命"小标题下的一段,单击"开始"选项卡,单击"段落"组中的"项目符号"下拉列表,单击"项目符号库"中"◇"项目符号。

③ 利用格式刷将该格式应用到其他小标题下的一段。

3. 设置页眉和页码

(1) 设置页眉

单击"插入"选项卡,单击"页眉页脚"组中的"页眉"下拉列表,单击第一个"空白"。在页眉位置处输入"江苏通州软件工程有限公司",单击"关闭页眉和页脚"。

(2) 插入页码

① 设置页码格式

单击"插入"选项卡,单击"页眉页脚"组中的"页码"下拉列表,单击"设置页码格式"命令。在弹出的"页码格式"对话框中单击"起始页码"前单选按钮,并在输入框中输入"1",单击"确定"按钮,如图 3-32 所示。

② 插入页码

单击"插入"选项卡,单击"页眉页脚"组中的"页码"下拉列表,单击"页面底端",在弹出的子菜单中单击"普通数字 2"。

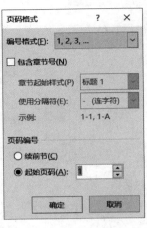

图 3-32 "页码格式"对话框

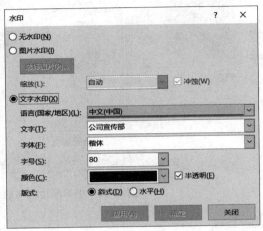

图 3-33 "水印"设置对话框

4. 页面背景设置

(1) 水印设置

单击"设计"选项卡,单击"页面背景"组中的"水印"下拉列表,单击"自定义水印"选项。

单击"文字水印"前单选按钮,在"文字"输入框中输入"公司宣传部",在"字体"下拉列表中选择"楷体",在"字号"下拉列表中选择"80",在"颜色"下拉列表中选择"深红色",单击"应用"按钮,如图 3-33 所示。

(2) 页面颜色

单击"设计"选项卡,单击"页面背景"组中的"页面颜色"下拉列表,单击"主题颜色"中第 2 行第 10 个"绿色,个性色 6,淡色 80%"选项,如图 3-34 所示。

(3) 页面边框

单击"设计"选项卡,单击"页面背景"组中的"页面边框",在弹出的"边框和底纹"对话框"页面边框"选项卡下单击"设置"栏中的"方框",在"样式"栏单击第 5 个样式,在"颜色"下拉列表中选择"淡绿色",在"宽度"下拉列表中选择"1.5 磅",如图 3-35 所示。

5. 页面设置

(1) 设置分栏

选中第三自然段,单击"布局"选项卡,单击"页面设置"组的"分栏"下拉列表,单击"二栏"。

(2) 设置页边距

单击"布局"选项卡,单击"页面设置"组右下角折叠按钮,弹出"页面设置"对话框"页边距"选项卡,分别在上、下、左、右页边距输入框中输入"3、3、2.8、2.8",单击"确定"按钮。

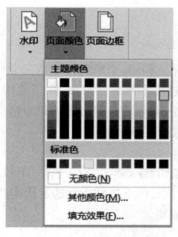

图3-34　"页面颜色"设置对话框

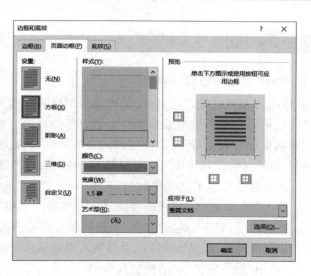

图 3-35　"公司简介"页面边框设置

任务 3　制作个人简历

【任务展示】

办公自动化中,经常需要用到各种类型的表格。可以在单元格中输入文字或插入图片,使文档内容更加直观和形象,增强文档的可读性。本节的任务是使用 Word 2016 制作个人简历,如图 3-36 所示。

个 人 简 历

姓名		性别		年龄		照片
地址						
电话		电子邮件				
邮政编码		传真				
应聘岗位						
教育	时间		学校			
奖励						
兴趣爱好						
工作经历	时间		工作单位		职务	
所获技能证书						
技能						

图 3-36　"个人简历"样张

1. Word 表格的创建

表格由行和列组成,行与列交叉形成的矩形区域称为单元格,每个单元格都是一个独立的编辑区城,可以在单元格中添加字符图形等各类对象。创建表格的方法很多,除了使用"插入表格"对话框创建表格,还可以使用插入表格网格、快速表格、绘制表格等方法创建表格。

(1)使用"插入"选项卡"表格"功能区中的"插入表格"按钮创建表格

① 将光标放在要创建表格的位置。

② 单击"插入"选项卡"表格"功能区中的"插入表格"按钮 ▦ ,弹出"插入表格"下拉菜单。

③ 在表格框内按下鼠标左键向右拖动指针选定所需行数、向下拖动指针选定所需列数。

④ 松开鼠标左键,Word 将在当前插入点处插入一个表格。

(2)使用"插入表格"对话框创建表格

如果要在创建表格的同时指定表格的列宽,可以使用"插入表格"对话框。方法如下:

① 将光标放在要创建表格的位置。

② 单击"插入"选项卡"表格"功能区中的"插入表格"按钮 ▦ ,弹出"插入表格"下拉菜单。

③ 在"插入表格"下拉菜单中选择"插入表格…"命令,打开"插入表格"对话框。在"列数"框中输入表格的列数,在"行数"框中输入表格的行数。

④ 在"自动调整"操作栏选定一种操作:

"固定列宽":可在后面的数值框中输入列宽的数值,也可使用默认的"自动"选项,这时将在各列间平均分配页面宽度。

"根据窗口调整表格":表示表格的宽度与页面宽度一致。当页面宽度改变时,表格宽度随之改变。

"根据内容调整表格":列宽自动适应内容的宽度。

⑤ 如果选中"为新表格记忆此尺寸"复选框,则"插入表格"对话框现在的设置将成为以后新建表格的默认格式。

⑥ 单击"确定"按钮,将在文档中插入一个空白表格。

(3)手工绘制表格

前面两种方法创建的表格都是规则的表格,有时用户需要创建不规则表格,甚至要画斜线,Word 2016 也给我们提供了这个功能。

① 单击"插入"选项卡"表格"功能区中的"插入表格"按钮,弹出"插入表格"下拉菜单。

② 在"插入表格"下拉菜单中选择"绘制表格"命令,此时鼠标指针变为笔形,表明鼠标处于"手动制表"状态。

③ 将笔形指针移到文本区中,从要创建的表格的一角开始按下鼠标并拖动至其对角,松开鼠标左键,可以确定表格的外围边框。当绘制了第一个表格框线后,屏幕上会新增一个"表格工具"选项卡,并处于激活状态。该选项卡分为"设计"和"布局"两组。

④ 在创建的外框或已有表格中,可以利用笔形指针绘制横线、竖线、斜线,绘制表格的单元格。

⑤ 如果要擦除框线,单击"表格工具"选项卡"布局"选项卡中的"橡皮擦"按钮,鼠标指针

变成橡皮擦形,将鼠标指针在要擦除的框线上拖动,就可将其删除,可以一次删除多条线条。

（4）嵌套表格

所谓嵌套表格,就是在表格的一个单元格内插入其他表格。

将插入点移动到要插入表格的单元格中,然后按照在文档中插入表格的方法即可在该单元格中插入表格。

（5）文本输入

在表格中文档的输入和表格外是一样的,将插入点放入单元格后,就可以输入文本或插入其他对象。当输入文本到达单元格右边线时会自动换行,并且会自动加大行高以容纳更多的内容;输入过程中按回车键,可以另起一段。

2. 表格转换

（1）将现有文本转换成表格

如果想用表格的形式来表示一段规整的文字,可直接将文字转换为表格。方法如下:

① 在文本中添加分隔符来说明文本要拆分成的行和列的位置。例如,用制表符来分列,用段落标记表示行的结束。

② 选定要转换的文本。

③ 单击"插入"选项卡"表格"功能区中的"表格"按钮,弹出"插入表格"下拉菜单。

④ 在"插入表格"下拉菜单中选择"文本转换成表格…"命令,出现"将文字转换成表格"对话框,如图 3-37 所示。

⑤ 在"文字分隔位置"区中选定已定义的分隔符号,如果没有选用的符号,可在"其他字符"框中输入。Word 自动检测文字中的分隔符,计算列数。

⑥ 选定"自动调整"操作区各选项,其各选项意义同前。单击"确定"按钮,就将文本转换为表格。

图 3-37　"将文字转换成表格"对话框

（2）将表格转换成文本

Word 不仅可以将文字转换为表格,也可以将表格转换成文字,可以指定逗号、制表符、段落标记或其他字符作为转换后分隔文本的字符。方法如下:

① 选定要转换成文本的表格,可以是表格的一部分,也可以是整个表格。

② 选择"表格工具"选项卡中"布局"选项卡,在"数据"功能区中单击"转换为文本"命令,出现"表格转换成文本"对话框,如图 3-38 所示。

③ 在"文字分隔符"栏选定替代列边框的分隔符。Word 规定用段落标记分隔各行。

④ 单击"确定"按钮,就将表格转换为文字。

3. 表格编辑

（1）选定单元格、行、列、整个表格

在对表格进行删除、添加颜色或其他属性设置之前,应先选定要操作的部分,选定部分会变成加强显示。

① 选中单元格

图 3-38 "表格转换成文本"对话框

把鼠标移到单元格的左侧,指针变为右向黑色箭头，单击鼠标左键则选中该单元格。

② 选中行

选中行的方法和编辑文档中选中一行一样,把鼠标移到一行的左面,指针变为右向白色箭头,单击鼠标左键,选中一行;按下鼠标左键拖动,选中多行。

③ 选中列

鼠标指向一列的顶部,指针变为向下的黑色箭头，单击鼠标左键即可选中该列;按下鼠标左键左右拖动,可选中多列。

④ 选中多个连续的单元格

按住鼠标左键拖动,经过的单元格、行、列,直至整个表格都可以被选中。

⑤ 选定整个表格

当鼠标移过表格时,表格左上角会出现"表格移动控点" ，单击该控点可选定整个表格。

(2) 插入行、列

① 插入行

a. 在要插入新行的位置选定一行或多行,所选的行数与要插入的行数一致。

b. 选择"表格工具"选项卡"布局"选项卡,在"行和列"命令组中单击"在上方插入"或"在下方插入"命令。

如果想在表尾添加一行,可将插入点移到表格最后一行的最后一个单元格中,然后按Tab 键。

② 插入列

a. 在要插入新列的位置选定一列或多列,所选的列数与要插入的列数一致。

b. 选择"表格工具"选项卡"布局"选项卡,在"行和列"命令组中单击"在左侧插入"或"在右侧插入"命令。

(3) 删除单元格、行、列、表格

和插入相对应,可以删除表格中的单元格、行或列。

① 删除单元格

a. 选定要删除的一个或多个单元格。

b. 选择"表格工具"选项卡"布局"选项卡,在"行和列"命令组中单击"删除"命令，出现"删除表格"下拉菜单,如图 3-39 所示。

c. 在下拉菜单中选择"删除单元格..."命令,打开"删除单元格"对话框,如图 3-40 所示,其中有 4 个选项:

• 右侧单元格左移:删除选定单元格,其右侧的单元格左移填补被删除的区域。

• 下方单元格上移:删除选定单元格,其下方的单元格上移填补被删除的区域。

• 删除整行:删除所选单元格所在的整行。

• 删除整列:删除所选单元格所在的整列。

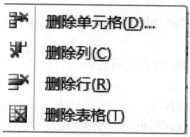

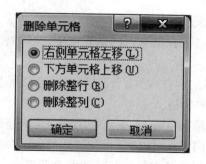

图 3-39　"删除表格"下拉菜单　　图 3-40　"删除单元格"对话框

d. 单击"确定"按钮返回。

② 删除行或列

a. 选定要删除的一行（或列）或多行（或列）。

b. 选择"表格工具"选项卡"布局"选项卡，在"行和列"命令组中单击"删除"命令，出现"删除表格"下拉菜单。

c. 在下拉菜单中选择"删除行"（或删除列）命令。

③ 删除表格

将光标放在表格中的任意单元格，单击"删除"命令，选择"删除表格"下拉菜单中的"删除表格"命令。

提示：选定表格后，若按"Delete"键，只会清除表格中的内容，不会删除表格。

（4）单元格的合并与拆分

可以把一行或多行中的两个或多个单元格合并成一个单元格，也可以将单元格拆分成几部分。

① 合并单元格

a. 选定要合并的单元格。

b. 选择右键快捷菜单的"合并单元格"命令，或选择"表格工具"选项卡"布局"选项卡，单击"合并"命令组的"合并单元格"按钮，就可清除所选定单元格之间的分隔线，使其成为一个大单元格。

② 拆分单元格

要将单元格拆成几部分，可按如下步骤进行：

a. 选定要拆分的一个或多个单元格。

b. 选择"表格工具"选项卡"布局"选项卡，单击"合并"命令组的"拆分单元格"命令，打开"拆分单元格"对话框（如果选中一个单元格，可选择右键快捷菜单的"拆分单元格"命令）。

c. 在"列数"文本框中输入要拆分的列数，在"行数"文本框中输入要拆分的行数。

d. 如果选中"拆分前合并单元格"，则整个选定的区域被分成输入的列数和行数；否则所选中的每个单元格被分成输入的列数和行数。

（5）表格的拆分和合并

① 表格的拆分

a. 插入点移到拆分后要作为新表格的第一行。

b. 选择"表格工具"选项卡"布局"选项卡，单击"合并"命令组的"拆分表格"命令，即可将表格一分为二。

把插入点放在第一行的单元格中,选择"表格"菜单中的"拆分表格"命令,可在表格前方插入一个空行。

② 表格的合并:把两个表格间的段落标记删除,就可以将表格进行合并。

(6) 缩放表格

单击表格,表格的右下角会出现一个表格缩放控点,将鼠标指针指向该控点,鼠标指针变为斜向的双向箭头,按住鼠标左键拖动,在拖动过程中,出现一个虚框表示改变后的表格大小,拖动到合适位置释放鼠标左键就可改变表格大小。

4. 表格的属性设置

(1) 设置行高、列宽

① 使用鼠标拖动

a. 鼠标指针移到要调整行高、列宽的表格边框线上,使鼠标指针变成 ⇕ 或 ↔ 形状。

b. 按住鼠标左键,出现一条虚线表示改变后的表格线,拖动鼠标,可改变列宽、行高。

如果想看到当前的列宽或行高数据,那么只要在拖动鼠标时按住 Alt 键,水平标尺或垂直标尺上就会显示列宽或行高。

提示:如果按住 Shift 键的同时拖动鼠标,只调整左列的列宽,右列的宽度保持不变。

如果选定了单元格,当鼠标拖动选定的单元格的左列或右列框线时,只影响选定的单元格的列宽度,其他不变。

② 使用"表格属性"对话框

要设定精确的列宽、行高值,需要使用"表格属性"对话框。

a. 选定需调整宽度的列或行,如果只调整一行或一列,插入点置于该行或列中即可。

b. 选择"表格工具"选项卡"布局"选项卡,单击"表格"命令组的"属性"命令,或单击"单元格大小"组中右下角的"表格属性"命令 ,打开"表格属性"对话框,选择"行"或"列"选项卡,如图 3-41、图 3-42 所示。

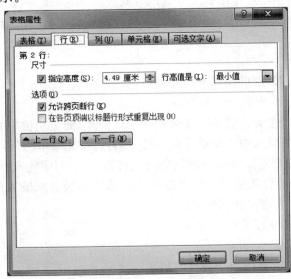

图 3-41 "表格属性"对话框的"行"选项卡

图 3-42　"表格属性"对话框的"列"选项卡

c. 选中"指定宽度"或"指定高度"复选框,在后面的文本框中键入指定值。单击"前一列"或"上一行"等按钮可逐行、逐列设置。

在"行高值是"列表框中,有两个选项。"最小值"表示行的高度是适应内容的最小值,单元格的内容超过最小值时自动增加行高。"固定值"选项表示行的高度是固定值,即使单元格的内容超过了设置的行高,也不进行调整。

d. 单击"确定"按钮。

③ 自动调整行高列宽

一个表格经过多次修改后,可能使表格的各列宽度不等,影响美观。Word 提供了自动调整表格功能。

a. 平均分布各行、各列

• 选定要调整的几个相邻的单元格。

• 选择"表格工具"选项卡"布局"选项卡,单击"单元格大小"命令组的"分布行"命令或"分布列"命令,即可实现选定区域的行高或列宽相等。

如果不选中区域,仅将光标置于表格的任意单元格中,可实现整个表格的调整。

b. 按照单元格的内容自动调整宽度

• 光标置于表格的任意单元格中。

• 选择"表格工具"选项卡"布局"选项卡,单击"单元格大小"命令组的"自动调整"按钮,在弹出的下拉菜单中选择"根据内容自动调整表格"命令,可实现按实际内容宽度调整表格各列宽度。

c. 根据窗口调整单元格宽度

• 光标置于表格的任意单元格中。

• 选择"表格工具"选项卡"布局"选项卡,单击"单元格大小"命令组的"自动调整"按钮,在弹出的下拉菜单中选择"根据窗口自动调整表格"命令,可使表格宽度与页面版心等宽。

（2）设置表格的对齐和环绕方式

表格宽度较小时，有时不希望它占用整行，这时可将它调整到页面的左边或右边，并让文字环绕它。设置的方法是：

① 光标置于表格的任意单元格中。

② 选择"表格工具"选项卡"布局"选项卡，单击"表格"命令组的"属性"命令，或单击"单元格大小"组中右下角的"表格属性"命令 ，打开"表格属性"对话框，选择"表格"选项卡，如图3-43所示。

图 3-43　"表格属性"选项卡

③ 在"对齐方式"区中，选择一种对齐方式。在"文字环绕"区中，选择一种"文字环绕"方式。若选择"左对齐""无"，在"左缩进"文本框中还可以精确设置表格与页左边界的距离。

④ 单击"选项"按钮，打开"表格选项"对话框，可设置单元格的间距和边距。

用户也可以通过选择"表格工具"选项卡"布局"选项卡，单击"对齐方式"命令组的"单元格边距"命令，打开"表格选项"对话框如图3-44所示，设置单元格的间距和边距。

（3）单元格中文本的对齐方式

如果要改变表格单元格中文本的对齐方式，可按如下步骤进行：

① 选定要改变文本对齐方式的表格单元格，如果是一个单元格，只需将插入点置于该单元格内。

② 选择"表格工具"选项卡"布局"选项卡，单击"对齐方式"命令组的9种对齐方式命令中的一种，如图3-45所示，可以设置单元格中文本在垂直、水平方向的对齐方式。

（4）设置表格的边框和底纹

制作一个新表时，Word 2016默认用0.5磅单实线设置表格的边框。可以为表格设置各种不同类型的边框和底纹，使表格更美观。

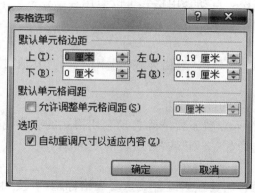

图 3-44 "表格选项"对话框 图 3-45 "对齐方式"功能区

① 用"边框和底纹"对话框设置表格边框

a. 选中需要设置边框的单元格,选择右键快捷菜单的"边框和底纹"命令,或选择"表格工具"选项卡"设计"选项卡,单击"边框"组中右下角的"边框和底纹" ⤵ 按钮,显示"边框和底纹"对话框,在对话框中选择"边框"选项卡。

b. 在"设置"区内选中所需要的边框形式,在预览区内将显示表格边框线的效果。用户也可以单击预览区周围的按钮来增加或减少表格的边框线。要改变线型,在"样式"列表框中选择表格边框线的类型。如果要改变线的宽度,从"宽度"列表框中选择一个宽度值。在"颜色"列表框中可以选择边框线的颜色。在"应用于"列表框中选择"表格"或"单元格"。

c. 单击"确定"按钮。

② 设置底纹

可以对表格的单元格添加不同的颜色和图案来美化表格,方法如下:

a. 选定要设置底纹的单元格。

b. 打开"边框和底纹"对话框,选中"底纹"标签。

c. 在"填充"区中选定单元格要填充的颜色;在"图案"区选定需要的图案,右边预览区将显示底纹的效果。

在"应用于"内选定应用区域:选择"单元格",设置仅应用于选定的单元格;选择"表格",设置将应用于整个表格。

d. 单击"确定"按钮。

表格"边框和底纹"也可以用"表格工具"中"设计"选项卡中"边框"组中的相关命令来设置。

单击 ⊞边框▾ 的下拉按钮,打开边框列表,可以设置所需的边框。

单击 ◬底纹▾ 的下拉按钮,打开底纹颜色列表,可选择所需的底纹颜色。

单击 ━━━━━▾ 的下拉按钮,打开样式列表,可设置表格框线的样式。

单击 1.0磅 ━━━━━▾ 的下拉按钮,打开线宽度列表,可设置表格框线的粗细。

(5) 自动套用格式

在 Word 2016"表格工具"选项卡"设计"选项卡中,"表格样式"组提供了许多内置的表格样式来设置表格的格式。该功能还提供修改表格样式,预定义了许多表格的格式、字体、边框、底纹、颜色供选择,使表格的排版变得很轻松。自动套用格式可以应用在新建的空表上,也可以应用在已经输入数据的表格上。具体操作步骤如下:

① 光标置于表格的任意单元格中。

② 选择"表格工具"选项卡"设计"选项卡,单击"表格样式"组中内置的"其他"按钮,打开"表格样式"列表框。

③ 在"表格样式"列表框中选择所要应用的样式即可。

如果要清除表格的自动套用格式,将插入点置于要清除自动套用格式的表格内;打开"表格样式"列表框,从"表格样式"列表框中选择"网络型"或"普通表格"选项。

(6)重复标题行

如果一个表格行数很多,可能横跨多页,需要在后继各页重复表格标题,可按如下步骤进行设置:

① 选定要作为表格标题的一行或多行文字,选定内容必须包括表格的第一行。

②选择"表格工具"选项卡"布局"选项卡,单击"数据"组中的"重复标题行"按钮。

这样,Word 就能够自动在新的一页上重复表格标题。

5. 表格的计算和排序功能

在平常应用中,经常要对表格的数据进行计算,如求和、求平均值等,Word 具有一些基本的计算功能。这些功能是通过"域"处理功能实现的,我们只需利用它即可方便地对表格中的数据进行各种运算。

(1)表格中单元格的引用

① 引用单元格

在表格中进行计算时,可以用 A1、A2、B1、B2 这样的形式引用表格中的单元格。其中的字母代表列,数字代表行。"D2"表示第二行第四列上的单元格;"B2,C3,C4"表示 B2、C3、C4 三个单元格;"B3:C4"表示 B3、C3、B4、C4 四个单元格,如图 3-46 所示。

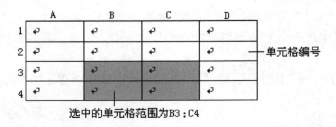

图 3-46　单元格标示

② 引用整行或整列

使用只有字母或数字的区域表示整行和整列,例如,1:1 表示表格的第一行;b:b 表示表格的第 b 列。

(2)在表格中进行计算

① 单击要放置计算结果的单元格。

② 选择"表格工具"的"布局"选项卡中"数据"组中的"公式"按钮,显示如图 3-47 所示对话框。

如果 Word 提供的公式非您所需,请将其从"公式"框中删除,但不要将"＝"号删除。

③ 在"粘贴函数"框中选择所需的公式。例如,要求和,选择"SUM"。

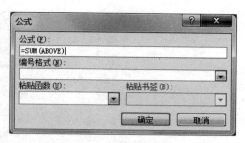

④ 在公式的括号中键入单元格引用。例如,要计算单元格 A1 和 B4 中数值的和,应建立这样的公式:＝SUM(a1,b4)。

⑤ 在"编号格式"框中选择数字的格式。例如,要以带小数点的百分比显示数据,选择"0.00％"。

图 3-47　"公式"对话框

提示:Word 是以域的形式将结果插入选定单元格的。如果所引用的单元格发生了更改,请选定该域,然后按 F9 键,即可更新计算结果。

常用的函数有以下 4 个:

SUM——求和

MAX——求最大值

MIN——求最小值

AVERAGE——求平均值

常用的参数有:

ABOVE——插入点上方各数值单元格

LEFT——插入点左侧各数值单元格

例如:SUM(ABOVE):求插入点以上各数值和;AVERAGE(B2:B6):求 B2 到 B6 五个单元格的平均值;SUM(B2,C3,D4):求 B2、C3、D4 三个单元格的和。

（3）表格内数据的排序

Word 还能对表格中的数据进行排序。下面以对表 3-3 排序前学生成绩表为例介绍排序操作。排序要求是:按英语成绩进行递减排序,当两个学生的英语成绩相同时,再按数学成绩递减排序。

表 3-3　排序前学生成绩表

姓名	英语	语文	数学	总分
李明	78	67	79	224
张强	80	86	90	256
王勇	80	87	92	259

① 将插入点置于要排序的学生成绩表中。

② 执行"表格工具"的"布局"选项卡"数据"组中的"排序"命令,打开如图 3-48 所示的对话框。

③ 按要求在对话框中进行如图 3-48 所示的设置,并按"确定"按钮完成操作。

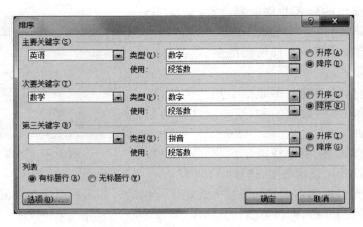

图 3-48　表格"排序"对话框

【任务实施】

1. 插入表格

（1）标题输入及格式设置

创建 Word 文档，保存为"个人简历.docx"。输入标题"个人简历"，设置字体为黑体、小二、加粗、黑色、水平居中、字符间距加宽 2 磅，段后 1 行，1.5 倍行距。

（2）插入表格

将光标定位在新的一行，单击"插入"选项卡，单击"插入表格"组中的"表格"下拉列表，单击"插入表格"命令，在弹出的"插入表格"对话框"列数"输入框中输入"4"，"行数"输入框中输入"13"，单击"确定"按钮，如图 3-49 所示。

（3）在表格中输入文字，如图 3-36 个人简历样张所示。

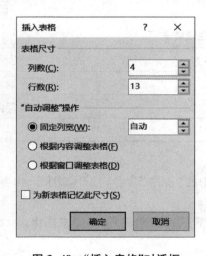

图 3-49　"插入表格"对话框

图 3-50　设置行高和列宽

2. 设置行高和列宽

（1）设置行高

选中整个表格，单击浮动"表格工具"中的"布局"选项卡，在"单元格大小"组"高度"数值输入框中输入 1.2 厘米，如图 3-50 所示。

（2）设置列宽

选中第 1 列，单击"布局"选项卡，在"单元格大小"组"宽度"数值输入框中输入 2 厘米，如图 3-50 所示。

利用相同的方法将第 2 列的列宽设置为 4 厘米，将第 3 列的列宽设置为 5 厘米，第 4 列的列宽设置为 3.5 厘米。

3. 合并与拆分单元格

（1）拆分单元格

选中第 1 行第 2 个单元格，单击"布局"选项卡，单击"合并"组中的"拆分"单元格命令，在弹出的"拆分单元格"对话框"列数"输入框中输入"2"，"行数"输入框中输入"1"，单击"确定"按钮。同样的方法将第 1 行第 3 个单元格拆分为 3 列 1 行；将第 3、4 行的第 2 个单元格分别拆分为 1 行 2 列。

（2）合并单元格

选中第 2 行的第 2、3 单元格，右击，在弹出的快捷菜单中单击"合并"单元格。

请按照最终效果图对表格进行其他单元格的合并。

（3）橡皮擦

单击"布局"选项卡，单击"绘图"组中的"橡皮擦"图标，鼠标单击多余的边框。

根据最终效果图将单元格拆分，并用橡皮擦删除多余边框。

4. 设置对齐方式

选中整个表格，单击"表格工具"中的"布局"选项卡，单击"对齐方式"组中的"水平居中"对齐方式，如图 3-51 所示。

5. 设置文字方向

选中文字"工作经历"，单击"表格工具"中的"布局"选项卡，单击"对齐方式"组中的"文字方向"。

6. 设置表格边框

选中整个表格，单击"表格工具"中的"设计"选项卡，先设置

图 3-51　单元格文字对齐方式

"边框"组中的"笔样式"为单实线，"笔画粗细"为 1.5 磅，然后单击"边框"组中的"边框"下拉列表，选择"外侧框线"；重新设置"笔画粗细"为 0.75 磅，然后单击"边框"组中的"边框"下拉列表，选择内部框线，如图 3-52 所示。

图 3-52　设置表格内外边框

任务4　制作公司人才招聘宣传海报

【任务展示】

利用 Word 提供的图文混排功能，用户可以在文档中插入图片、图形、艺术字甚至 Windows 系统中的很多元素，利用这些多媒体元素，不仅可以表达具体的信息，还能丰富和美化文档，使文档更加赏心悦目。

本任务通过艺术字、图片、形状等图形对象与文字的排版，完成图文混排，最终效果如图 3-53 所示。

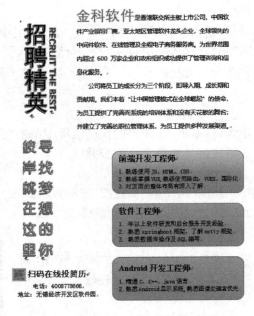

图 3-53　"人才招聘宣传海报"样张

【相关知识】

1. 插入图片

（1）插入图片

有时需要在文档中插入图片文件。要将图片文件插入到 Word 文档中，具体操作方法如下：

① 单击"插入"选项卡"插图"功能区"图片"按钮。

② 在弹出的"插入图片"对话框中，选择要插入的图片文件，单击"插入"按钮，该图片将插入文档中。

（2）编辑图片

选定要编辑的图片，这时会出现"图片工具"的"格式"选项卡，选择选项卡上合适的选项可对图片进行编辑。"图片工具"的"格式"选项卡如图 3-54 所示。

图 3-54 "图片工具"的"格式"选项卡

调整功能区：调整图片的亮度、对比度和重新着色，"重置图片"可以从所选图片中删除裁剪，并返回初始设置的颜色、亮度和对比度。

图片样式功能区：设置图片边框和效果等，也可以打开"设置图片格式"窗格进行细节设置，包括线条与填充、效果、图片等选项卡，如图 3-55 所示。

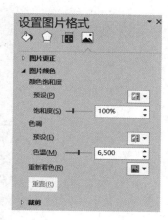

图 3-55 "设置图片格式"窗格

排列功能区：设置图片位置、环绕文字方式以及图片旋转、组合和对齐等。

大小功能区：设置图片的剪裁和大小，可以打开"布局"对话框进行细节设置。

对图片进行移动操作：单击图片，当指针为"＋"形状时，拖动鼠标到新位置，放开鼠标即可。

调整图片的大小：单击图片后，图片周围出现 8 个小圆圈，称为图片的控制点，将鼠标指针移到任意一个控制点上，指针形状变为双箭头，拖动鼠标就可以改变图片的大小。

2. 插入艺术字

艺术字是一种具有特殊效果的文字，它不仅具有文字的特性，也具有一定的图片特性，是美化文档的好帮手，其装饰效果包括颜色、字体、阴影效果和三维效果等。插入艺术字的步骤如下：

（1）将插入点定位于想插入艺术字的位置，或者选中要转换成艺术字的文本。

（2）单击"插入"选项卡"文本"功能区"艺术字"按钮，在如图 3-56 所示下拉列表中选择合适的艺术字样式。

如果之前选中过文本，文本将出现在艺术字框内；如果没有选过文本，艺术字框内的文本自动设为"请在此放置你的文字"，可以直接在艺术字框内如同编辑普通文本一样直接编辑文字的内容和格式。

（3）设置艺术字格式

艺术字文本内容可以如普通文本一样设置字符格式和段落格式。还可以设置艺术字的形状和样式，如图 3-57 所示。形状样式是对艺术字背景以及外围框架的调整；艺术字样式主要是对艺术字的颜色、形状以及效果进行调整。如单击如图 3-56 所示的文字效果按钮，打开下拉列表，单击其中的"转换"项展开转换列表如图 3-57 所示，设置艺术字的形状。

图 3-56　设置艺术字文字效果

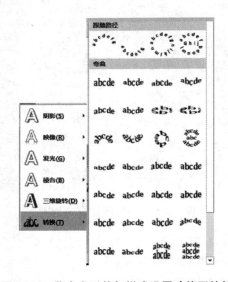

图 3-57　艺术字形状与样式设置功能区按钮

3. 插入自选图形

Word 2016 自带大量的形状，如基本形状、公式形状、流程图等。

（1）绘制自选图形

① 单击"插入"选项卡"插图"功能区"形状"按钮，可以在下拉列表中选择合适的图形来绘制正方形、矩形、多边形、直线、曲线和椭圆等各种图形对象。

② 绘制自选图形：单击"插入"选项卡"插图"功能区"形状"按钮，下拉列表如图 3-58 所示。从各种形状中选择一种，这时鼠标指针变成"＋"形状，在需要添加图形的位置按下鼠标左键并拖动，就插入了一个自选图形。

③ 在图形中添加文字：用鼠标选中图形，然后右击，在弹出的快捷菜单中选择"添加文字"命令，这是自选图形的一大特点，还可修饰所添加的文字。

（2）图形元素的基本操作

① 设置图形内部填充色和边框线颜色：选中图形，右击鼠标，在弹出的快捷菜单中选择

"设置形状格式"命令，打开如图 3-59 所示任务窗格，可在此设置自选图形颜色和线条、填充效果、阴影效果、三维格式等。

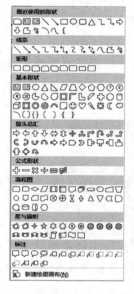

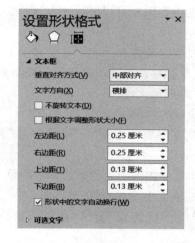

图 3-58　形状选择列表　　　图 3-59　"设置形状格式"任务窗格

② 设置图形大小和位置：选中图形，右击鼠标，在弹出的快捷菜单中选择"其他布局选项"命令，打开布局对话框，可在此设置图形的大小、位置和环绕方式等。

③ 插入自选图形后，系统会自动打开"绘图工具格式"选项卡，以上关于图形的格式设置都可以在这个选项卡中选择不同功能区中的对应命令进行设置。

④ 旋转和翻转图形：单击"绘图工具格式"选项卡"排列"功能区"旋转"按钮，在下拉列表中选择合适的旋转或翻转命令。

⑤ 叠放图形对象：插入文档中的图形对象可以叠放在一起，上面的图形会挡住下面的，可以设置图形对象的叠放次序。方法是选择图形对象，单击"绘图工具"的"格式"选项卡"排列"功能区"上移一层"或"下移一层"右侧三角，在下拉列表中选择合适的命令，如图 3-60 所示。

图 3-60　设置"叠放图形对象"设置

4. 文本框

"文本框"是一种特殊的对象，不但可以在其中输入文本，还可以插入图片、形状和艺术字等对象，从而制作出各种特殊和美观的文档。

（1）插入文本框

单击"插入"选项卡"文本"功能区"文本框"按钮，在下拉列表中选择合适的文本框样式；或者选择"绘制文本框"或"绘制竖排文本框"命令，此时鼠标指针变成"＋"形状，在需要添加文本框的位置按下鼠标左键并拖动，就插入了一个空文本框。

（2）文本框的文本编辑

对文本框中的内容同样可以进行插入、删除、修改、剪切和复制等操作，处理方法同文本内容一样。

（3）文本框大小的调整

选定文本框，鼠标移动到文本框边框的控制点，当鼠标图形变成双向箭头，按下鼠标左键并拖动，可调整文本框的大小。

（4）文本框位置的移动

鼠标移动到文本框边框变成"＋"形状时，按下鼠标拖动到目的地释放鼠标，就完成了文本框的移动工作。

（5）设置文本框的内部填充色和边框线颜色

鼠标移动到文本框上变成"✛"形状时，右击鼠标，在弹出的快捷菜单中选择"设置形状格式"命令，弹出"设置形状格式"窗格，通过该窗格，可以设置文本框的颜色和线条的宽度等属性。

（6）设置文本框的位置和大小

鼠标移动到文本框上变成"✛"形状时，右击鼠标，在弹出的快捷菜单中选择"其他布局选项"命令，弹出布局对话框，通过该对话框，可以设置文本框的位置、大小和环绕方式等属性。

5. SmartArt 图形

SmartArt 是 Office 2007 开始提供的绘图功能，提供了一些模板，如组织结构图、流程图、关系图、矩阵图等。使用 SmartArt 的方法如下：

（1）将插入点定位于想插入 SmartArt 的位置，单击"插入"选项卡"插图"功能区 SmartArt 按钮，弹出"选择 SmartArt 图形"对话框。

（2）单击对话框左侧用户需要的类型选项，中间列表窗口将显示所有该类型的 SmartArt 图形，用户可以选择需要的图形，此时右侧会出现用户选择的 SmartArt 图形的预览和介绍。

（3）单击"确定"按钮，插入此图形。

（4）用户可以在图形中输入文字、调整各元素位置大小等。

6. 对象的组合和环绕文字

（1）各种图形对象的组合

在编辑文档时需要将多个艺术字、图形、图片、组织结构图、文本框等组成一个大的图片，可使用图形的组合功能将其组合在一起。

对于组合后的图片，可以通过右击图片，在弹出的快捷菜单"组合"子菜单中选择"取消组合"命令，将其还原成原来独立的对象。

（2）环绕文字

图片、形状、文本框、艺术字等对象插入在文档中的位置有两种：嵌入型和浮动型。插入形状的默认环绕方式为"浮于文字上方"，其余图片类型插入后默认的环绕方式为"嵌入型"。如

图 3-61 所示为环绕文字方式。

嵌入型：文字围绕在图片的上下方，图片所在行没有文字出现。

四周型：文字在对象四周环绕，形成一个矩形。

紧密型环绕：文字在对象四周环绕，以对象的边框形状为准形成环绕区。

穿越型环绕：常用于空心的图片，文字穿过空心部分，在图片周围环绕。

上下型环绕：文字环绕在图片的上部和下部。

衬于文字下方：图片作为文字的背景。

图 3-61　环绕方式

7. 文档的打印与预览

（1）打印预览

执行"文件"→"打印"命令，在打开的"打印"窗口面板右侧就是打印预览内容，如图 3-62 所示。

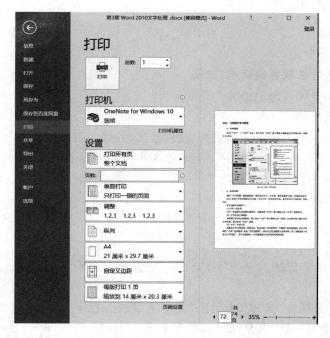

图 3-62　"打印"窗口界面

（2）打印文档

常见的操作说明如下：

① 打印一份文档

打印一份当前文档的操作最简单，只要单击"打印"窗口面板上的"打印"按钮即可。

② 打印多份文档副本

如果要打印多份文档副本，那么应在"打印"窗口面板上的"份数"文本框中输入要打印的文档份数，然后单击"打印"按钮。

③ 打印一页或几页

如果仅打印文档中的一页或几页,则应单击"打印所有页"右侧的下拉列表按钮,在打开列表的"文档"选项组中,选定"打印当前页",那么只打印当前插入点所在的一页;如果选定"自定义打印范围",那么还需要进一步设置需要打印的页码或页码范围。

（3）打印机的选择

如果需要将文件由打印机打印输出,首先必须在安装操作系统时或者之后安装所用打印机的打印驱动程序。一台电脑允许安装多种型号的打印机,这种情况下需要选择其中一种型号的打印机为默认打印机。

执行菜单命令"文件"→"打印",在如图 3-62 所示的"打印"窗口面板上"打印机"下拉列表中选择一种打印机作为默认打印机。

（4）打印机的设置

打印机设置的项目包括纸张规格、打印方向、进纸方式、打印分辨率、打印品质等。执行菜单命令"文件"→"打印",在"打印"窗口面板上,选择"打印机属性"按钮。打开"打印机属性"对话框,进行打印机属性的设置。

【任务实施】

1. 创建"公司人才招聘宣传海报"文档

（1）完成样张中文本内容的输入。

（2）文本格式的设置

① 设置文档的第一、二段文字格式为"微软雅黑,五号字",行距为固定 25 磅。

② 选中第一段开头的"金科软件",设置文本效果为预设效果第一排最后一个"填充-金色,着色 4,软棱台",字号改成"一号"。

（3）设置页面边距都为 3.5 cm。

2. 标题艺术字

（1）插入艺术字

① 将插入点定位于想插入艺术字的位置,或者选中要转换成艺术字的文本。

② 单击"插入"选项卡"文本"功能区"艺术字"按钮,在下拉列表中选择第三排第一列"填充:黑色,文本 1,轮廓-背景 1,清晰阴影-背景 1"艺术字类型,如图 3-63 所示。

③ 在艺术字框内的"请在此放置你的文字"处直接输入"RECRUIT THE BEST(回车)招聘精英"。

（2）设置艺术字格式

① 设置艺术字段落行距为固定 35 磅。"RECRUIT THE BEST"文本为"小二号"字,"招聘精英"为"初号"字。

图 3-63　艺术字类型选择框

② 选择绘图工具"格式"选项卡,单击"文本"组的"文字方向"按钮,在下拉列表中选择"垂直"。

③ 在"排列"组中单击"环绕文字"按钮,在下拉列表中选择环绕方式为"四周型",在"大

小"组中设置高 7 厘米、宽 4 厘米。按下鼠标左键拖动艺术字对象适当调整位置如样张所示。

3. 插入自选图形

（1）绘制形状

在公司介绍下绘制 3 个圆角矩形自选图形。单击"插入"选项卡，单击"插图"组中的"形状"下拉列表，单击"矩形"组中的"圆角矩形"。鼠标呈"＋"绘制形状时，按住鼠标左键拖动到合适位置释放鼠标，同样的方法绘制 3 个。

（2）添加文字和文本设置格式

分别在形状中右击选择"添加文字"，参照样张输入文字。设置标题文字为宋体四号，段后间距 0.5 行，行距 14 磅。标题下的文本段为宋体五号字，行距 14 磅。

（3）设置形状样式和大小

选中第一个形状后按下 Ctrl 键同时按下鼠标左键分别选择 3 个形状，选择绘图工具"格式"选项卡，单击"形状样式"组的"其他"按钮，在下拉列表中选择主题样式第四排最后一个"细微效果-绿色，强调颜色 6"。在"大小"组中设置高度 2.8 厘米、宽度 8.3 厘米。

（4）设置各形状的对齐方式

按下鼠标左键拖动形状，适当调整之间的间距。选中 3 张图片，单击绘图工具"格式"选项卡，单击"排列"组"对齐"下拉列表，单击"左对齐"，再一次单击"对齐"下拉列表，单击"纵向分布"，如图 3-64 所示。

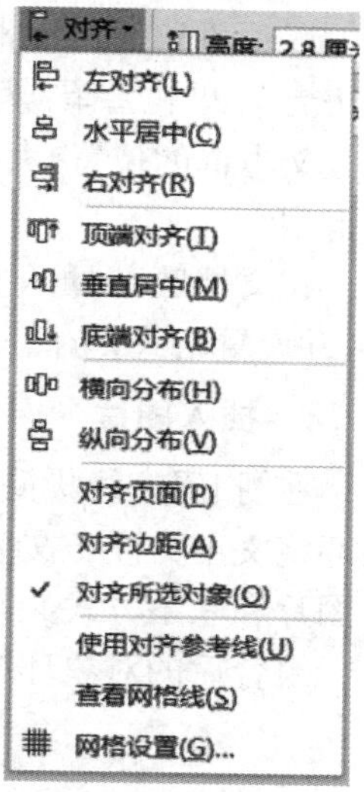

（5）图形对象的组合

图 3-64　形状的对齐方式

选择 3 个矩形形状对象，右击，在弹出的快捷菜单中单击"组合"→"组合"命令。组合后的对象环绕文字为"上下型环绕"。

4. 插入文本框

（1）插入文本框

单击"插入"选项卡"文本"功能区"文本框"按钮，在下拉列表中选择"绘制竖排文本框"命令，此时鼠标指针变成"＋"形状，在需要添加文本框的位置按下鼠标左键并拖动，就插入了一个空文本框，输入"寻找梦想的你（回车）彼岸就在这里"。

（2）文本框的文本编辑

设置文本框中文字的文本效果为下拉列表中的第三行第四列样式。字体为黑体一号字，行距为固定 30 磅。

（3）文本框大小的调整

选定文本框，鼠标移动到文本框边框的控制点，当鼠标图形变成双向箭头，按下鼠标左键并拖动，可调整文本框的大小。

（4）文本框位置的移动

鼠标移动到文本框边框变成"✛"形状时，按下鼠标拖动到目的地释放鼠标，就完成了文本框移动的工作。

（5）设置文本框边框线和文本填充

鼠标移动到文本框上变成"✛"形状时，右击鼠标，在弹出的快捷菜单中选择"设置形状格式"命令，弹出如图 3-65 所示的"设置形状格式"窗格，通过该窗格，可以设置文本框的颜色和线条的宽度等属性，设置文本框线条为无线条，填充为无填充。

（6）设置文本框的位置和大小

鼠标移动到文本框上变成"＋"形状时，右击鼠标，在弹出的快捷菜单中选择"其他布局选项"命令，通过该对话框，可以设置文本框的位置、大小和环绕方式等属性。设置环绕方式为上下型。

在文档底部插入文本框，输入样张中所示的联系方法内容，并设置格式，方法同上。

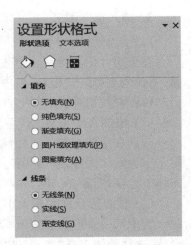

图 3-65　设置文本框边框和填充

5. 插入图片

在"扫码在线投简历"文本框旁插入"二维码.jpg"图片，更改环绕文字为浮于文字上方，适当调整大小和位置。详细操作步骤与其他图形对象一致。选择图片和联系方式文本框对象，右击，在弹出的快捷菜单中单击"组合"→"组合"命令。

组合后的对象环绕文字为"上下型环绕"。

知识拓展

1. 文档的修订

Word 提供了方便的文档审阅功能，例如可以给所选定文本内容插入批注。在审阅文档后，修改后的内容（输入或删除的内容）可以按所设置的修订格式显示，Word 还可以设置拒绝或接受修改。

（1）设置修订标记

在审阅文档后，对文档的修改内容可以设置不同的标记，例如插入的内容用红色显示，删除的内容用删除线标识，格式修改的文本用蓝色显示等。设置修订标记方法：单击"审阅"选项卡"修订"功能区右下角带有标记的小按钮，打开"修订选项"对话框，在"修订选项"对话框中，单击"高级选项"按钮，打开"高级修订选项"对话框，在此对话框可以对所修改过的内容设置不同的标记。

（2）编辑时增加修订标记

当编辑文档时要对修订的内容增加标记，可以单击"审阅"选项卡"修订"功能区"修订"按钮来启动修订功能，以后所有的修订就增加了标记，例如插入内容用红色显示，再次单击"修订"按钮就关闭修订。

（3）显示修订标记和批注

要显示或隐藏文档中所有添加的修订标记和批注，单击"审阅"选项卡"修订"功能区"显示标记"按钮，显示下拉列表。在此下拉列表中可以选择显示或隐藏相应的标记和批注。

在"审阅"选项卡"修订"功能区还可以设置显示状态,在"审阅"选项卡"更改"功能区可以设置接受所选修订或拒绝所选修订等。

2. 插入目录

目录可以显示文档内容的分布和结构,是一篇文章必不可少的部分,Word 2016 提供抽取目录功能,可以自动地将文档中的各级标题抽取出来组建成一份目录。

在自动生成目录之前,必须确定每一级标题使用的是"样式"列表中的标题样式或新建的标题样式,即每级标题必须在段落对话框中的大纲级别下拉框中设置为相应的级别。

(1)插入空白页

在"旅游电子商务"前单击鼠标,单击"插入"选项卡,单击"页面"组中的"空白页"。

(2)插入目录

在空白页输入"目录"并按回车键,单击"引用"选项卡,单击"目录"组中的"目录"下拉列表,单击"自定义目录"命令,打开"目录"对话框。

在对话框中勾选"显示页码"和"页码右对齐"前复选框,在"制表符前导符"下拉列表中选择用户所需符号,在"显示级别"输入框中输入"3",单击"确定"按钮,如图 3-66 所示。

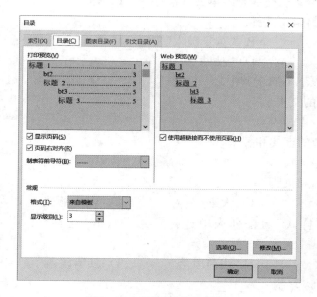

图 3-66 自定义目录对话框

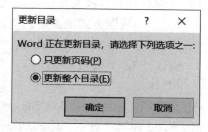

图 3-67 "更新目录"对话框

目录插入后,请根据需求设置字体和段落格式以正好占满一页。

(3)更新目录

在文档中插入目录后,如果用户对文档内容进行了修改,会导致标题文本页码发生变化。为了使目录与标题内容一致,需要对目录进行更新。右击已有的目录,在弹出的列表中选择"更新域"选项,打开"更新目录"对话框,如图 3-67 所示,选择"更新整个目录"单选按钮,并按"确定"按钮完成更新。

习 题

一、选择题

1. Word 具有的功能是_____。

A. 表格处理　　　　B. 绘制图形　　　　C. 自动更正　　　　D. 以上 3 项都是

2. Word 程序启动后就自动打开一个名为_____的文档。

A. Noname　　　　B. Untitled　　　　C. 文件 1　　　　D. 文档 1

3. 在 Word 中，按 Shift＋Enter 键将产生一个_____。

A. 分节符　　　　B. 分页符　　　　C. 段落结束符　　　　D. 换行符

4. 在 Word 文档中选定文档的某行内容后，用鼠标拖动方法将其复制时，配合的键是_____。

A. 按住 Esc 键　　　　B. 按住 Ctrl 键　　　　C. 按住 Alt　　　　D. 不做操作

5. 在 Word 编辑状态下，利用_____可快速、直接调整文档的左右边界。

A. 格式栏　　　　B. 工具栏　　　　C. 菜单　　　　D. 标尺

6. 要重复上一步进行过的格式化操作，可选择_____。

A. "撤消键入"按钮　　　　　　　　　　B. "重复键入"按钮

C. "复制"按钮　　　　　　　　　　　　D. "粘贴"按钮

7. Word 的查找和替换功能很强，以下不属于其中之一的是_____。

A. 能够查找和替换带格式或样式的文本

B. 能够查找图形对象

C. 能够用通配字符进行快速、复杂的查找和替换

D. 能够查找和替换文本中的格式

8. _____视图方式能显示出页眉和页脚。

A. 草图　　　　B. 页面　　　　C. 大纲　　　　D. Web 版式

9. 插入点位于某段落内时，从"样式"窗格列表中选择了某种样式，这种样式将对_____起作用。

A. 该字符　　　　B. 当前行　　　　C. 当前段落　　　　D. 所有段落

10. Word 编辑状态下，"格式刷"可以复制_____。

A. 段落的格式和内容　　　　　　　　　　B. 段落和文字的格式和内容

C. 文字的格式和内容　　　　　　　　　　D. 段落和文字的格式

二、思考题

1. Word 2016 中有几种视图，有什么区别？

2. 格式刷和样式有什么区别？如何使用格式刷多次复制字符的格式？

3. 如何设置奇、偶页不同的页眉和页脚？

4. 页眉和页脚如何进行设置？

5. 如何将文档中的最后一段分栏？

6. 表格如何拆分和合并？

7. 浮动式图片与嵌入式图片有何区别？两者之间如何相互转换？

8. 在文本框的边框和文本框中的右键快捷菜单有什么区别？

三、操作题

1. 操作题 1

（1）打开"指标体系构建.DOCX"文档，将标题段文字（"指标体系构建"）设置为小一号、华文新魏、加粗、居中；将文本效果设置为"渐变填充-金色，着色 4，轮廓-着色 4"，并设置其阴影效果为"透视：左下对角透视"、阴影颜色为紫色（标准色）；然后将标题段文字间距紧缩 1.3 磅。

（2）将正文各段文字（"本文指标体系的构建……如表 3.1 所示。"）的中文字体设置为小四号仿宋，西文字体设置为 Times New Roman 字体，段落格式设置为 1.15 倍行距、段前间距 0.4 行，将正文中的 5 个小标题（"（1）、（2）、（3）、（4）、（5）"）修改成新定义的项目符号"◇"（Wingdings 字体中。注意：如果设置项目符号带来字号变化请及时修正！！！，没有则忽略此提示）。

（3）在正文倒数第二段（"综上所述，……如图 3.1 所示。"）前插入图片"图 3-1"，设置图片大小缩放：高度 80％，宽度 80％，文字环绕为"上下型"，设置图片颜色的色调的色温为 4700。

（4）在页面底端插入"普通数字 2"样式页码，设置页码编号格式为"－1－、－2－、－3－、…"，起始页码为"－3－"；为页面添加文字水印"学位论文"。

（5）将文中最后 25 行文字（即"表 3.1 指标文献依据表"以后的所有文字）按照制表符转换成一个 16 行 3 列的表格；合并第一列的第 2-6、7-9、10-12、13-14、15-16 单元格，将表格所有中文设置为小四号、仿宋，西文设置为 Times New Roman，根据内容自动调整表格；设置表格居中、表格标题行重复；设置表标题"表 3.1 指标文献依据表"字体为四号华文楷体、居中。

（6）设置表格外框线和第一、二行间的内框线为蓝色（标准色）1.5 磅单实线、其余内框线为蓝色，0.75 磅单实线；为表格第一行、第一列填充底纹："金色，个性色 4，淡色 80％"。

2. 操作题 2

北京某大学计算机学院组织专家对《学生成绩管理系统》的需求方案进行评审，为使参会人员对会议流程和内容有一个清晰的了解，需要会议会务组提前制作一份有关评审会的秩序手册。请根据考生文件夹下的文档"需求评审会.docx"和相关素材完成编排任务，具体要求如下：

（1）将素材文件"需求评审会.docx"另存为"评审会会议秩序册.docx"，并保存于当前文件夹下，以下的操作均基于"评审会会议秩序册.docx"文档进行。

（2）设置页面的纸张大小为 16 开，页边距上下各为 2.8 厘米、左右各为 3 厘米，并指定文档每页为 36 行。

（3）会议秩序册由封面、目录、正文三大块内容组成。其中，正文又分为 4 个部分，每部分的标题均已经以中文大写数字一、二、三、四进行编排。要求将封面、目录以及正文中包含的 4 个部分分别独立设置为 Word 文档的一节。页码编排要求：封面无页码；目录采用罗马数字编排；正文从第一部分内容开始连续编码，起始页码为 1（如采用格式－1－），页码设置在页脚右侧位置。

（4）按照素材中"封面.jpg"所示的样例，将封面上的文字"北京某大学计算机学院《学生成绩管理系统》需求评审会"设置为二号、华文中宋；将文字"会议秩序册"放置在一个文本框中，设置为竖排文字、华文中宋、小一；将其余文字设置为四号、仿宋，并调整到页面合适的位置。

(5) 将正文中的标题"一、报到、会务组"设置为一级标题,单倍行距、悬挂缩进 2 字符、段前段后为自动,并以自动编号格式"一、二……"替代原来的手动编号。其他 3 个标题"二、会议须知""三、会议安排""四、专家及会议代表名单"格式,均参照第一个标题设置。

(6) 将第一部分("一、报到、会务组")和第二部分("二、会议须知")中的正文内容设置为宋体五号字,行距为固定值、16 磅,左、右各缩进 2 字符,首行缩进 2 字符,对齐方式设置为左对齐。

(7) 参照素材图片"表 1.jpg"中的样例完成会议安排表的制作,并插入到第三部分相应位置中。格式要求:合并单元格、序号自动排序并居中、表格标题行采用黑体。表格中的内容可从素材文档"秩序册文本素材.docx"中获取。

(8) 参照素材图片"表 2.jpg"中的样例完成专家及会议代表名单的制作,并插入到第四部分相应位置中。格式要求:合并单元格、序号自动排序并居中、适当调整行高(其中样例中彩色填充的行要求大于 1 厘米)、为单元格填充颜色、所有列内容水平居中、表格标题行采用黑体。表格中的内容可从素材文档"秩序册文本素材.docx"中获取。

(9) 根据素材中的要求自动生成文档的目录,插入到目录页中的相应位置,并将目录内容设置为四号字。

单元 4

Excel 2016 电子表格

Excel 2016 是微软办公软件 Office 2016 中的一员，是一个集快速制表、图表处理、数据共享和发布等功能于一身的集成化软件，并具有强大的数据库管理、丰富的函数及数据分析等功能，被广泛应用于财务、行政、金融、统计、审计、管理等使用各种“表格”数据的领域。本单元将详细介绍 Excel 2016 的基本概念、基本功能和使用方法。

任务 1　创建学生信息表

【任务展示】

Excel 以电子表格的形式供用户输入数据。本任务将创建如图 4-1 所示的学生信息表，认识数据类型，学习 Excel 数据输入和编辑、工作簿新建和保存、工作表改名等基本操作。

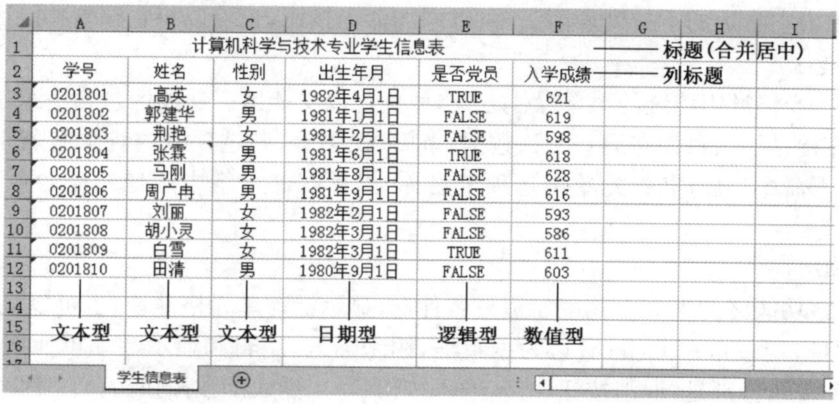

	A	B	C	D	E	F
1	计算机科学与技术专业学生信息表					
2	学号	姓名	性别	出生年月	是否党员	入学成绩
3	0201801	高英	女	1982年4月1日	TRUE	621
4	0201802	郭建华	男	1981年1月1日	FALSE	619
5	0201803	荆艳	女	1981年2月1日	FALSE	598
6	0201804	张霖	男	1981年6月1日	TRUE	618
7	0201805	马刚	男	1981年8月1日	FALSE	628
8	0201806	周广冉	男	1981年9月1日	FALSE	616
9	0201807	刘丽	女	1982年2月1日	FALSE	593
10	0201808	胡小灵	女	1982年3月1日	FALSE	586
11	0201809	白雪	女	1982年3月1日	TRUE	611
12	0201810	田清	男	1980年9月1日	FALSE	603

图 4-1　学生信息表

【相关知识】

1. Excel 2016 窗口组成

Excel 2016 窗口由标题栏、快速访问工具栏、功能区、编辑栏、工作表窗格、状态栏等组成，如图 4-2 所示。

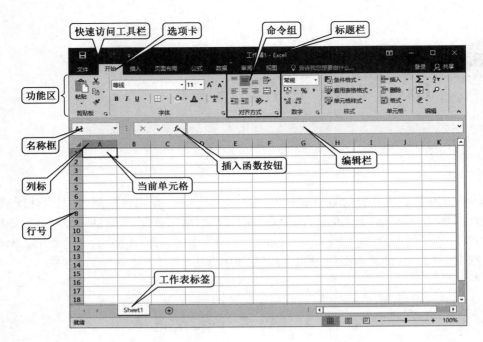

图 4-2　Excel 2016 窗口

（1）标题栏

显示程序名和当前工作簿文件名，并提供窗口的还原、移动、最小化、最大化、关闭等操作。

（2）快速访问工具栏

快速访问工具栏位于标题栏的左边，是一个可自定义的工具栏，提供保存、撤消、恢复3个默认按钮，单击它右边的下拉列表箭头，可以添加命令按钮，也可以将它移到功能区的下面。

（3）功能区

Excel 2016仍没用传统的菜单操作方式，而代之以功能区。功能区包含一组选项卡，主要包括文件、开始、插入、页面布局、公式、数据、审阅、视图等，各选项卡内均含有若干命令组，每组里包含若干命令。使用时，先单击选项卡名称，然后在命令组中选择所需命令，Excel将自动执行该命令。

（4）编辑栏

编辑栏在功能区的下方。其中左边是名称框，显示活动单元格地址，也可以直接在里面输入单元格地址，定位该单元格；右边为编辑框，用来输入、编辑和显示活动单元格的数据和公式；中间3个按钮分别是：取消按钮（×）、输入按钮（√）、插入函数按钮（f_x）。平时只显示插入函数按钮（f_x），在输入和编辑过程中才会显示取消按钮（×）、输入按钮（√），用于对当前操作的取消或确认。

（5）状态栏

窗口的最下方是状态栏，显示当前命令执行过程中的有关提示信息及一些系统信息。

① 显示当前工作状态：输入数据时显示"输入"，完成后显示"就绪"，在编辑时显示"编辑"。

② 自动计算功能：中间部分用于显示选择区的平均值、计数、求和的自动计算结果。自动计算也可执行其他类型的计算，右键单击状态栏时，就会显示一个快捷菜单，你可以添加"最大

值""最小值"。

③ 视图设置：可以进行普通页面、页面布局、分页预览 3 种视图的切换和工作表的缩放比例设置等操作。

注意：自动计算的结果不会保存，只供临时试算。

（6）工作表

工作表位于编辑栏和状态栏之间，由工作表区、行号、列标、滚动条、工作表标签组成。

① 工作表区、行号、列标

画有网格线的区域称为工作表区，由行和列交叉形成一个个独立的单元格，是当前工作表的输入和编辑区域。每一行有一行号，位于工作表区的左侧，行用 1 至 1048576 表示，每一列有一列标，位于工作表区的顶端，从 A 到 XFD，共有 16384 列。当选择单元格时，行号和列标会高亮显示。

② 工作表标签

工作表区底部的工作表标签上显示工作表的名称，当前显示在屏幕上的工作表称为活动工作表或当前工作表，图 4-2 中"Sheet1"为活动工作表，用白底黑字显示。单击工作表标签可在工作表间进行切换。如果工作表太多，工作表标签中没有显示出来，则可单击标签旁边的按钮来滚动显示。右击箭头 ◀　　▶，可在打开的对话框中直接选择需要的工作表。

2. Excel 2016 的基本概念

（1）工作簿与工作表

Excel 2016 中存储、处理数据的文件称为工作簿，文件的默认扩展名是".xlsx"，系统将新建工作簿自动命名为工作簿 1、工作簿 2 等，每个工作簿可以包含多张工作表，新建的工作簿默认有一张工作表，表名为 Sheet1，后续可以添加 Sheet2、Sheet3 等。

在 Excel 2016 工作簿窗口内由水平方向的行和垂直方向的列构成的表格称为工作表，用来存储、处理数据。

使用工作表可以显示和分析数据，可以同时在多张工作表上输入并编辑数据，并且可以对不同工作表的数据进行汇总计算。在创建图表之后，既可以将其置于源数据所在的工作表上，也可以放置在单独的图表工作表上。

（2）单元格与区域

每个行列交叉形成的小格称为单元格，它是基本的数据输入、编辑单位。每个单元格由列标（从 A 到 Z，再从 AA、AB……到 XFD）和行号（1、2、3、4……）标示，称为单元格地址。例如："B2"表示"B"列、第"2"行的单元格。正在用于输入或编辑数据的单元格称为活动单元格或当前单元格，同时在名称框中会显示该单元格地址。活动单元格由粗边框包围，在右下角有个小方块，称为填充柄。

要区分不同工作表的单元格，在其单元格地址前面加上工作表的名称。例如，"Sheet1!B2"表示"Sheet1"工作表的"B2"单元格。**注意**：工作表和单元格之间必须用英文"!"号分隔。

所谓区域，是指多个相邻或不相邻的单元格组成的单元格范围，单元格地址间用以下几个符号来组合表示区域：

① 冒号（:）

区域运算符，表示矩形区域。例如：B2:C3 表示一个矩形区域，包括 B2、B3、C2、C3 四个单元格。

② 逗号(,)

联合运算符,多个不连续区域间的分隔符。例如 B5:C15,D5:E15 包括 2 个矩形区域的所有单元格。

3. 工作表基本操作

(1) 新建工作表

Excel 新建的工作簿中默认提供了 1 个工作表,用户还可以插入更多的工作表以满足需要,可以用下列方法实现。

方法一:单击工作表标签右边的"新工作表"按钮 ⊕,在当前工作表标签后插入一个新工作表。

方法二:右击某个工作表的标签,在弹出的快捷菜单中选择"插入"菜单项,在弹出的"插入"对话框的"常用"选项卡中选择"工作表",单击"确定"按钮,在当前工作表之前插入一个新工作表。

方法三:单击"开始"选项卡"单元格"命令组中"插入"命令的下拉箭头,在下拉列表中单击"插入工作表"命令,在当前工作表之前插入一个新工作表。

(2) 工作表的选择

工作表的选择是指将一个或多个工作表设为活动工作表。选择一个工作表的操作很简单,只要单击该工作表的标签即可。

• 选择一组连续的工作表,先单击第一个工作表的标签,按住 Shift 键,再单击组中最后一个工作表的标签。

• 选择一组不连续的工作表,先单击一个工作表的标签,按住 Ctrl 键,再单击组中其他工作表的标签。

• 如果要选择工作簿中的所有工作表,可以右击某个工作表的标签,在弹出的快捷菜单中选择"选定全部工作表"菜单项即可。

选择一组工作表后,Excel 标题栏的工作簿文件名后会出现"[工作组]",表示用户选择了一组工作表。这时,用户对工作表的所有操作,如数据输入、移动、复制、删除等都将作用于组中的所有工作表,相当于用复写纸写字。

如果用户想取消选定的工作表组,可以单击某个未被选中的工作表的标签,或右击组中某个工作表的标签,在弹出的快捷菜单中选择"取消组合工作表"菜单项即可。

(3) 删除工作表

可以用下列两种方法删除工作表。

方法一:选择要删除的工作表,单击"开始"选项卡"单元格"命令组中"删除"命令的下拉箭头,在下拉列表中单击"删除工作表"命令。

方法二:右击要删除的工作表标签,在弹出的快捷菜单中选择"删除"菜单项。

注意:删除工作表为永久删除,删除后不可恢复,所以对有数据的工作表系统会弹出确认对话框,单击确认对话框上的"删除"按钮,即可将选定的工作表删除。

(4) 移动或复制工作表

工作表可在同一个工作簿中或不同的工作簿间移动或复制。

方法一:鼠标拖放。鼠标拖放适用于在同一个工作簿中移动或复制工作表。

选择要被移动或复制的工作表,用鼠标左键拖动标签,鼠标指针上会出现一个纸样的图标,标签上方会出现一个黑色倒三角形符号"▼",表示工作表移到的位置,拖动图标使黑色倒三角形到合适的位置时,释放鼠标左键,即可实现工作表的移动。

若在松开鼠标之前,按下"Ctrl"键,此时鼠标指针纸样的图标上多一个"+"号,表示进行复制操作。复制的新工作表名称为原工作表名称后加一个带括号的数字,表示的是原工作表的第几个"复制品"。

方法二:使用菜单命令。适用于在不同的工作簿间移动或复制工作表。

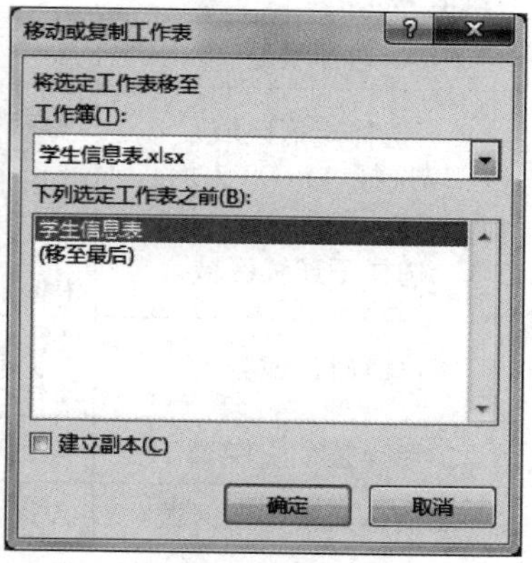

图 4-3　"移动或复制工作表"对话框

右击要移动或复制的工作表标签,在弹出的快捷菜单中选择"移动或复制工作表"菜单项,打开"移动或复制工作表"对话框,如图 4-3 所示。

- 在"工作簿"下拉列表中选择目标工作簿,不选则在当前工作簿中移动或复制。
- 在"下列选定工作表之前"列表中选择工作表的位置。
- 如果选中"建立副本"复选框,则复制工作表;否则移动工作表。

注意:目标工作簿必须预先打开。

(5) 隐藏工作表

① 选定需要隐藏的工作表。

② 单击"开始"选项卡"单元格"命令组中的"格式"命令,在弹出的下拉列表中依次选择"隐藏和取消隐藏"/"隐藏工作表"。也可以单击右键快捷菜单中的"隐藏"菜单项。该工作表将在标签栏中隐藏。

如果要取消隐藏工作表,可按如下操作:

① 单击"开始"选项卡"单元格"命令组中的"格式"命令,在弹出的下拉列表中依次选择"隐藏和取消隐藏"/"取消隐藏工作表";也可以右键单击任一工作表标签,选择右键快捷菜单中的"取消隐藏"菜单项。

② 在弹出的"取消隐藏"对话框中选择要取消隐藏的工作表。

③ 单击"确定"按钮。该工作表将在标签栏中显示,并成为当前工作表。

4. 单元格基本操作

(1) 选择单元格和区域

Excel 的操作基于所选的单元格或单元格区域,主要选择方法如表 4-1 所示。

表 4-1　选择单元格和区域的方法

选择类型	操作方法
选择单元格	单击单元格
	用键盘上的方向键选择
	单击编辑栏中的"名称框",输入要选择的单元格地址,再回车

续表 4-1

选择类型	操作方法
选择矩形区域 （以选择 A1:D8 为例）	拖拽：单击左上角的单元格 A1 不松开左键，拖拽至右下角 D8，松开左键
	Shift+单击：单击左上角的单元格 A1，按住 Shift 键单击右下角 D8
选择不连续区域	Ctrl+单击（或拖拽）：按住 Ctrl 键再选择其他单元格或区域，可以在已选区域中追加选择区域，构成不连续的选择区域
选择行（或列）	单击行号（或列标）可以选择整行（或整列）。再沿行号或列标拖拽鼠标可以选择相邻的多行或多列
选择整个工作表	单击工作表区左上角的按钮，可以选择整个工作表
取消单元格选定区域	单击工作表中任意一个单元格

（2）数据输入

在 Excel 单元格中，可以输入常数和公式两种类型的数据。输入数据时，先单击目标单元格，使之成为活动单元格，然后输入数据。Excel 的数据有文本、数值、逻辑、日期和时间等类型。

每个单元格输入完毕后按 Enter 回车键（或右光标键"→"），输入内容保存在当前单元格中，同时当前单元格下移（或右移），可继续输入其他数据；也可以单击编辑栏中的"√"按钮，确认刚才的输入。如果输入的数据不正确，可以按 Esc 键，或单击编辑栏中的"×"按钮，取消刚才的输入。

在数据输入过程中，可能需要在一些连续的单元格中输入相同数据或具有某种规律的数据，可以使用 Excel 提供的智能填充功能快速输入。操作方法如下：

将鼠标指向所选单元格或单元格区域右下角的小黑块（称为填充柄）时，鼠标的形状变为黑的细"十"字，按住鼠标左键拖曳填充柄至目标单元格，释放鼠标左键即可。

填充实际上就是一种智能复制，系统会根据所选初始数据的类型决定填充的结果，同时填充进来的单元格数据将替换被填充单元格中原有的数据或公式，格式也同时被复制。智能填充类型如表 4-2 所示，智能填充举例结果如图 4-4 所示。

表 4-2　智能填充类型

填充的初始对象		智能填充结果
一个单元格	文本（不包含数字）、数值、逻辑值	填充的结果和原数据一样，就是数据复制
	包含数字的文本	每拖一个单元格，其中的最右边的数字增加 1
	日期数据	每拖一个单元格日期会增加 1 天
	时间数据	每拖一个单元格时间会增加 1 小时
	已定义序列的数据	按序列循环填充。如 F1 中输入"星期日"，将 F1 的填充柄向下拖动至 F9，则自 F1～F9 依次为"星期日""星期一""星期二""星期三""星期四""星期五""星期六""星期日""星期一"

续表 4-2

填充的初始对象	智能填充结果
含有趋势初始值的两个单元格	根据其差值按等差序列填充。如 G1、G2 中输入 5、10，将这两个单元格区域的填充柄向下拖动至 G6，自 G1～G6 依次为 5、10、15、20、25、30
	如果要填充的是等比序列，则换成右键拖放，在弹出的右键快捷菜单中选择"等比序列"菜单项。如 H1、H2 中输入 1、2，将这两个单元格区域的填充柄右键向下拖动至 H6，在右键的快捷菜单中选择"等比序列"，则自 H1～H6 依次为 1、2、4、8、16、32

注意：如果要强制复制填充，可以按住 Ctrl 键时拖动填充柄填充

图 4-4　智能填充实例

（3）数据编辑

如果选择单元格后直接输入新的数据，将替换原来的数据。如果想修改原来的数据，可以用如下方法进入编辑状态：

① 双击需要修改数据的单元格，则可以在该单元格内进行数据的修改。

② 单击需要修改数据的单元格，再单击编辑栏，则可在编辑栏内进行数据的修改。

修改完毕后按 Enter 回车键（或"→"右光标键），输入内容保存在当前单元格中，同时当前单元格下移（或右移）；也可以单击编辑栏中的"√"按钮，确认刚才的输入。

如果输入的数据不正确，可以按 Esc 键，或单击编辑栏中的"×"按钮，取消刚才的输入。

注意：如果编辑结果已确认，可以单击"快速访问工具栏"中的"撤消"按钮取消刚才的操作。

（4）数据的移动

数据的移动，就是将工作表中的数据连同单元格格式一起从一个单元格或区域移动到另一个单元格或区域中。数据移动的距离较远时，适合使用"开始"选项卡中的命令；数据移动的距离较近时，用鼠标拖放移动较为高效直观。

① 使用"开始"选项卡或右键快捷菜单的命令移动

a. 选择待移动数据所在的单元格或区域。

b. 单击"开始"选项卡"剪贴板"命令组中的"剪切"按钮，或单击右键，选择右键快捷菜单中的"剪切"命令。

c. 单击要移动到的目标单元格或目标区域的左上角单元格。

d. 按 Enter 键，或单击"开始"选项卡"剪贴板"命令组中"粘贴"按钮，或单击右键，选择右键快捷菜单中"粘贴选项"下的"粘贴"按钮。此时，数据原来所在的单元格变成空白单元格，目标区单元格中的原有数据被移动来的数据覆盖。

如果希望将包含数据的单元格移动到目标区域中现有单元格的左边或上面，则上述第④步单击右键，选择右键快捷菜单中"插入剪切的单元格"命令，在弹出"插入粘贴"对话框中选择"活动单元格右移"或"活动单元格下移"，单击"确定"按钮即可。

② 使用鼠标拖放移动

a. 选择待移动数据的单元格或区域。

b. 将鼠标指针指向选中区域的边框上，使其变为带方向箭头的指针。

c. 沿着到目标区的方向拖移鼠标，鼠标指针上会增加一个框。

d. 当框到达目标区后，松开鼠标左键。

如果希望将数据移动插入到目标区，则在拖放过程中一直按住 Shift 键，把鼠标指针上出现的大"I"插入符号移到合适的位置后松开鼠标左键，再松开 Shift 键。

（5）复制数据

复制数据的方法与移动数据的方法基本相同。

① 使用选项卡命令复制：只要将"剪切"换成"复制"。

② 使用鼠标拖放复制：在鼠标拖放时按住 Ctrl 键。

（6）数据的清除

如果仅仅要删除单元格内的数据，则可选定单元格后，按下 Delete 键；若还要清除单元格中所含格式、批注、超链接或全部，可选择"开始"选项卡"编辑"命令组"清除"列表中的相应命令。

（7）插入单元格或行、列

① 插入单元格

a. 选中要插入空白单元格的单元格或单元格区域。选中的单元格数量应与要插入的单元格数量相同。例如，要插入 5 个空白单元格，请选中 5 个单元格。

b. 单击"开始"选项卡"单元格"命令组"插入"命令的下拉箭头，然后选择"插入单元格"选项。

c. 在弹出的"插入"对话框中选择当前单元格的移动方向：向右或向下。

d. 单击"确定"按钮。

② 插入行或列

a. 右击要插入行（或列）所在的行号（或列标）。

b. 在右键快捷菜单中选择"插入"菜单项，就可插入一空行（或一空列）。

如果选择多行（或多列），将同时插入多个空行（或多个空列）。

（8）删除单元格或行、列

选中要删除的单元格或行、列，执行"开始"选项卡"单元格"命令组"删除"命令中的选项。

注意：删除单元格与前面学过的清除数据是有区别的。将单元格删除后，单元格中的全部内容，包括数据、格式、批注等，连同单元格本身都将被删除。删除就像用剪刀，而清除好像是用橡皮。

（9）撤消与恢复

对误操作可以用快速访问工具栏中的"撤消"按钮撤消刚才的操作，也可以用工具栏中的"恢复"按钮再恢复被撤消的操作。利用工具栏的"撤消""恢复"按钮旁的下拉箭头，可以对最近的多次操作进行"撤消"或"恢复"。但并不是所有的操作都可以"撤消""恢复"，例如删除工作表后就不能使用"撤消"功能恢复被删除的工作表。

（10）查找与替换

操作方法与 Word 中的查找与替换相似，可以搜索要查找的特定文字或数字所在的单元格，并可以用其他数据替换查找到的内容。还可以选择包含相同数据类型（如公式）的所有单元格，也可以选择与查找内容不完全匹配的单元格。

① 查找

选择"开始"选项卡"编辑"命令组"查找和选择"命令，单击"查找"选项，打开"查找和替换"对话框。

a. 在"查找内容"文本框中键入你要查找的文本或数字，或者单击"查找内容"文本框中的下拉箭头，然后在列表中单击一个最近的查找。

你可以在查找内容中使用通配符星号（＊）或问号（?）：

• 使用星号（＊）可查找任意字符串。例如 s＊d 可找到"sad"和"started"。
• 使用问号（?）可查找任意单个字符。例如 s? t 可找到"sat"和"set"。

b. 单击"选项"进一步定义查找，如图 4-5 所示：

• 要在工作表或整个工作簿中搜索数据，请在"范围"框中选择"工作表"或"工作簿"。
• 要在行或列中搜索数据，请在"搜索"框中单击"按行"或"按列"。
• 要查找带有特定详细信息的数据，请在"查找范围"框中单击"公式""值"或"批注"。
• 要查找区分大小写的数据，请选中"区分大小写"复选框。

默认查找部分匹配你在"查找内容"文本框中键入的数据的单元格，若要查找只包含键入的数据（完全匹配），请选中"单元格匹配"复选框。

图 4-5　"查找和替换"对话框

c. 如果要搜索具有特定格式的文本或数字，请单击"格式"按钮，然后在"查找格式"对话框中进行选择。

如果要查找符合某特定格式的单元格，单击"格式"旁边的箭头，单击"从单元格选择格式"选项，然后单击具有你想要搜索的格式的单元格。

如果不要查找格式，单击"格式"旁边的箭头，单击"清除查找格式"。

d. 执行下列操作之一：

单击"查找下一个",定位到包含查找数据的单元格。

单击"查找全部",则符合搜索条件的所有匹配项都将被列出,并且单击列表中某个特定的匹配项,可以使特定的单元格成为活动的。你可以通过单击列标题对搜索到的全部结果进行排序。

② 替换

在查找条件设置好的基础上,选择"替换"选项卡,在"替换为"文本框中键入替换字符(或将此框留空以便将字符替换成空),然后单击"替换"或"全部替换"。

(11) 隐藏行、列

① 选定需要隐藏的行或列。

② 单击"开始"选项卡"单元格"命令组中的"格式"命令,在弹出的下拉列表中依次选择"隐藏和取消隐藏"/"隐藏行"(或"隐藏列");也可以单击右键快捷菜单中的"隐藏"菜单项。

如果需要取消隐藏的行或列,可以进行如下操作:

① 选定隐藏行(或列)的上方和下方两行(或左侧和右侧两列)。

② 单击"开始"选项卡"单元格"命令组中的"格式"命令,在弹出的下拉列表中依次选择"隐藏和取消隐藏"/"取消隐藏行"(或"取消隐藏列");也可以单击右键快捷菜单中的"取消隐藏"菜单项。

注意:如何取消工作表首行或首列的隐藏?

① 在"编辑栏"的"名称框"中键入"A1",按 Enter 键。

② 单击"开始"选项卡"单元格"命令组中的"格式"命令,在弹出的下拉列表中依次选择"隐藏和取消隐藏"/"取消隐藏行"(或"取消隐藏列")。

【任务实施】

1. 创建新工作簿

方法一:启动 Excel 后,自动建立一个"工作簿 1. xlsx"的空白工作簿。

方法二:启动 Excel 后,选择"文件"选项卡中的"新建"命令,单击"空白工作簿"创建;要快速新建空白工作簿,也可以按组合键"Ctrl+N"。

2. 输入文本数据

① 单击 Sheet1 工作表的 A1 单元格,输入表格标题"计算机科学与技术专业学生信息表"。此时,输入的数据超出了单元格的宽度,一直延伸至右侧单元格,将右侧单元格临时占用。

② 选定 A1:F1 单元格区域,并单击"开始"选项卡中的"合并后居中"按钮,将 A1 至 F1 单元格合并为一个单元格,里面的内容水平居中对齐。选择单元格的方法参见表 4-1。

③ 在 A2:F2 单元格中输入列标题"学号""姓名""性别""出生年月""是否党员""入学成绩"。

④ 在 B3:B12 单元格中输入姓名。

> **知识链接···**
>
> 　（1）标题这种长文本若其右侧单元格有内容,则长文本超出单元格宽度的字符将隐藏,可以用以下几种方法解决:
>
> 　　① 调整单元格的宽度,直到字符完整显示,具体操作如下:
>
> 　将鼠标指针移至该单元格的列标右边界处,指针变成双向箭头时拖动至合适位置松开;或双击列标右边的边界可以将该列调整为最适合列宽(列中能显示最宽内容的单元格的宽度)。
>
> 　　② 单元格宽度不变,让长文本在单元格中分成多行显示(换行显示),具体操作如下:选择长文本所在的单元格,在"开始"选项卡中,单击"对齐方式"选项组中的"自动换行"按钮；也可以按 Alt＋Enter 键将文本强制性换行。调整行高至能显示全部行。
>
> 　（2）目前输入的都是文本数据,包括文字、数字串、符号、空格或其组合等字符。默认情况下,文本在单元格中靠左对齐。
>
> 　（3）对于像学号、电话号码、邮政编码这样无须计算的纯数字串,将数字当作文本输入,应先键入一个英文单引号(′)再输入数字,该数字串左对齐显示。

3. 输入文本型数字列"学号"——智能填充

① 在 A3 单元格中按文本数据输入学号:′0201801。

② 将鼠标指向 A3 单元格右下角的填充柄(小黑块)时,鼠标的形状变为黑的细"十"字,如图 4-6 所示。

③ 按住鼠标左键拖曳填充柄至 A12。

④ 放开鼠标左键,自动填充 A4 至 A12 单元格的其他学号。智能填充结果如图 4-7 所示。

图 4-6　填充柄

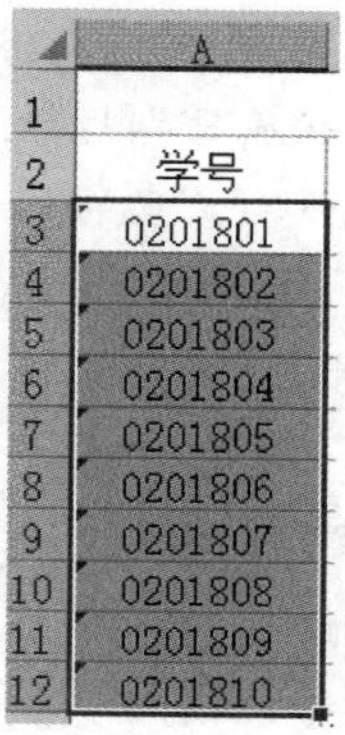

	A
1	
2	学号
3	0201801
4	0201802
5	0201803
6	0201804
7	0201805
8	0201806
9	0201807
10	0201808
11	0201809
12	0201810

图 4-7　智能填充结果

4. 输入数值数据列"入学成绩"

在 F3:F12 单元格中输入入学成绩。

知识链接···

　　数值是指用来计算的数据,只能是下列字符:0～9阿拉伯数和小数点、正负号"＋ －"、半角括号"( )"、逗号","和"/ $ ‰ E e"符号。数值输入后默认靠右对齐。

　　(1) 当输入一个超过11位的数字时,自动将其转换成科学计数法(指数格式)。如输入"12345678912345",则显示为"1.23457E＋13"。

　　(2) 输入负数:在数字前加"－"号,也可以将数字放置在圆括号中输入。如(100)表示－100。

　　(3) 输入真分数:先输入0(零)和半角空格,再输入分数。如0 1/2。

　　注意:如果直接输入1/2,系统将认为输入的是日期:1月2日。

　　(4) 输入带分数:先输入整数和半角空格,再输入分数。如1 1/2。

　　(5) 输入百分数:先输入数字,再输入百分号"‰",并按Enter键即可。

　　注意:如果单元格内显示一串"♯"号,此时只需将单元格宽度加大即可恢复正常显示。

---

5. 输入日期数据列"出生年月"

　　在D3:D12单元格中输入出生年月。

知识链接···

　　(1) 日期可以用年-月-日、年/月/日、？年？月？日等格式输入;如2021-9-1、2021/9/1、2021年9月1日。默认情况下,时间和日期在单元格中靠右对齐。

　　(2) 时间以24小时制显示,可以用时:分:秒格式输入;若用12小时制,可以用时:分:秒 AM格式、时:分:秒 PM格式输入。如20:30、8:30PM、20时30分、下午8时30分。

　　(3) 要输入当前系统日期,可同时按下Ctrl＋;(分号)键;要输入当前系统时间,可同时按下Ctrl＋Shift＋;键。

　　(4) 日期和时间也可在同一单元格中输入,只要日期和时间两者之间隔一个半角空格即可。注意,如果时间是在原日期后输入的,则后面的时间不能显示,只要日期和时间同时输入,或重新设置"单元格格式"里的"日期"格式即可。

　　注意:输入AM、PM时,AM、PM的前面要空一格;当数据宽度超过单元格的宽度时,单元格内显示一串"♯"号,此时只需将单元格宽度加大即可恢复正常显示。

---

6. 输入逻辑数据列"是否党员"

　　① 选择E4单元格,输入"FALSE",表示逻辑假(不是党员)。

　　② 鼠标指针指向E4单元格的"填充柄",用智能填充方法填充至E12单元格,都填充为"FALSE"。

　　注意:如果某单元格下面的单元格有数据,则双击该单元格"填充柄"时,下面的数据依照表4-2中单个单元格的智能填充规则填充(到空白单元格为止)。

　　③ 选择第一个"TRUE"逻辑真(是党员)的单元格E3,按住Ctrl键再单击其他为"TRUE"的单元格E6、E11。

　　④ 在被选中的最后一个单元格中输入"TRUE"。

　　⑤ 同时按Ctrl ＋ Enter组合键,可以看到,所有被选中的单元格内容同时变为"TRUE"。

7. 输入"性别"列，并设置数据验证

使用数据验证可以限制用户输入单元格的数据和数据类型。

① 选择 C3:C12 单元格区域，选择"数据"选项卡"数据工具"命令组中的"数据验证"，打开"数据验证"对话框。

② 选择"设置"选项卡，在"允许"下拉列表框中选择"序列"选项，在"来源"文本框中输入"男,女"（**注意**：中间的逗号为英文逗号），单击"确定"按钮，如图 4-8 所示。

③ 单击 C3 单元格，它的右边会出现一个下拉按钮，单击按钮会出现下拉列表，单击"女"，如图 4-9 所示。

此时只能选择"男"或"女"，如果输入其他的无效值，将会弹出"此值与此单元格定义的数据验证限制不匹配"的信息。

④ 依次输入其他单元格的性别。

注：如果不需要数据验证了，则选定单元格，进入"数据验证"对话框，单击"全部清除"即可。

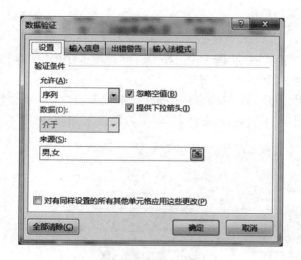

图 4-8　"数据验证"对话框

图 4-9　输入性别的限制

8. 插入批注

批注是对单元格的注释说明，批注平时隐藏，加批注的单元格的右上角会有一个红色三角标志，当鼠标移至该单元格上时，批注就会在单元格右侧显示出来。

① 选择需加批注的单元格 B6。

② 在"审阅"选项卡"批注"命令组中单击"新建批注"按钮，或右击 B6 单元格，在弹出的快捷菜单中选择"插入批注"菜单项。

③ 在批注框中输入批注文本：班长，如图 4-10 所示。

④ 在其他地方单击即完成插入。

注：如果要编辑或删除批注，则右击有批注的单元格，在快捷菜单中选择"编辑批注"或"删除批注"菜单项即可。

9. 修改工作表名

① 双击工作表的标签"Sheet1"，或右击"Sheet1"，在弹出的快捷菜单中选择"重命名"菜单

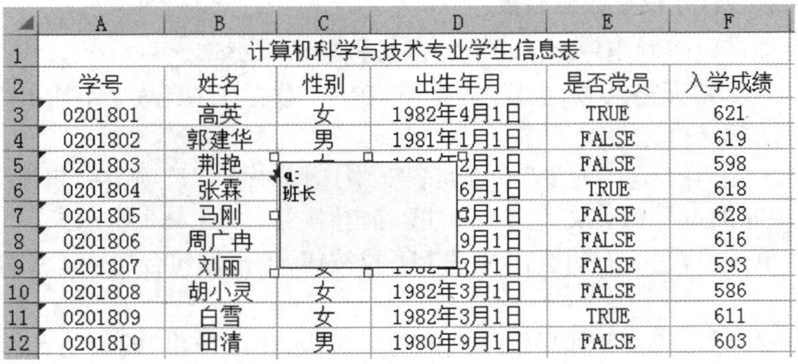

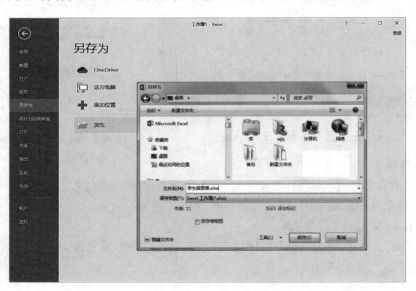

图 4-10　插入批注

项,工作表标签会反相显示。

②输入新的工作表名称"学生信息表"。

③按下回车键或用鼠标在此标签外单击。

10. 保存工作簿

①单击"快速访问工具栏"中的"保存"按钮 ;或选择"文件"选项卡中的"保存"命令;或按组合键"Ctrl+S",进入"文件"选项卡的"另存为"界面。

②单击"浏览",打开"另存为"对话框。在左侧窗格中选择"桌面";在"保存类型"列表中选择工作簿的默认保存类型;在"文件名"框中输入文件名"学生信息表",如图 4-11 所示。

图 4-11　保存工作簿

③单击"保存"按钮,将把当前文档保存在指定的位置中。

注意:保存类型默认为"Excel 工作簿(∗.xlsx)",扩展名为.xlsx。如果想要在老版本如 Excel 2003 中使用,保存类型要选择"Excel 97-2003 工作簿(∗.xls)"。

任务2　统计并美化学生成绩表

【任务展示】

　　实际工作中常要进行各种计算,并将计算的结果反映在表中。Excel 提供了多种统计计算功能,用户可以用数据、函数与运算符的组合构造计算公式,系统将根据公式自动计算,所以公式是电子表格的核心和灵魂。Excel 也提供了丰富的格式化命令,方便用户进行数字显示格式、文本对齐、字体格式、数据颜色、边框底纹等美化表格的格式化操作。本任务将根据如图 4-12 所示的高二年级成绩统计表,应用公式和函数计算各项数据,并美化工作表,最终效果如图 4-13 所示。

	A	B	C	D	E	F	G	H	I	J
1	高二年级成绩统计表									
2	班号	学号	性别	语文	数学	英语	平均分	总分	名次	等级
3	高二1班	JD-0001	男	82	79	78				
4	高二1班	JD-0002	女	56	57	59				
5	高二1班	JD-0003	女	78	87	70				
6	高二1班	JD-0004	男	82	68	70				
7	高二1班	JD-0005	女	76	67	78				
8	高二1班	JD-0006	男	95	89	90				
9	高二1班	JD-0007	女	86	73	89				
10	高二1班	JD-0008	女	54	76	77				
11	高二1班	JD-0009	男	65	40	62				
12	高二1班	JD-0010	男	78	76	75				
13	高二2班	JD-0011	男	78	45	89				
14	高二2班	JD-0012	男	55	66	65				
15	高二2班	JD-0013	女	89	56	72				
16	高二2班	JD-0014	女	95	90	93				
17	高二2班	JD-0015	男	92	76	86				
18	高二2班	JD-0016	女	83	76	54				
19	高二2班	JD-0017	男	98	89	92				
20	高二2班	JD-0018	女	89	77	76				
21										
22	各科平均分及总平分:									
23	高二1班的总平分和总分:									
24	高二2班的总平分和总分:									
25	高二年级人数:									
26	高二1班人数:									
27	高二2班人数:									
28	高二1班不及格人数和不及格率:									
29	高二2班不及格人数和不及格率:									

图 4-12　高二年级"成绩统计表"

高二年级成绩统计表									
班号	学号	性别	语文	数学	英语	平均分	总分	名次	等级
高二1班	JD-0002	女	56	57	59 ⬇	57	172	17	不合格
高二1班	JD-0009	男	65	40	62 ⬇	56	167	18	不合格
高二2班	JD-0012	男	55	56	65 ⬇	59	176	16	不合格
高二1班	JD-0001	男	82	79	78 ➡	80	239	7	合格
高二1班	JD-0003	女	78	87	70 ➡	78	235	8	合格
高二1班	JD-0004	男	82	68	70 ➡	73	220	11	合格
高二1班	JD-0005	女	76	67	78 ➡	74	221	10	合格
高二1班	JD-0007	女	86	73	89 ➡	83	248	5	合格
高二1班	JD-0008	女	54	76	77 ➡	69	207	15	合格
高二1班	JD-0010	男	78	76	75 ➡	76	229	9	合格
高二2班	JD-0011	男	78	45	89 ➡	71	212	14	合格
高二2班	JD-0013	女	89	56	72 ➡	72	217	12	合格
高二2班	JD-0015	男	92	74	86 ➡	84	252	4	合格
高二2班	JD-0016	女	83	76	54 ➡	71	213	13	合格
高二2班	JD-0018	女	89	77	76 ➡	81	242	6	合格
高二1班	JD-0006	男	95	89	90 ⬆	91	274	3	优秀
高二2班	JD-0014	女	95	90	93 ⬆	93	278	2	优秀
高二2班	JD-0017	男	98	89	92 ⬆	93	279	1	优秀
各科平均分及总平分：			80	71	76	76			
高二1班的总平分和总分：						74	2212		
高二2班的总平分和总分：						78	1869		
高二年级人数：			18						
高二1班人数：			10						
高二2班人数：			8						
高二1班不及格人数和不及格率：			2	20.0%					
高二2班不及格人数和不及格率：			1	12.5%					

图 4-13 "成绩统计表"最终效果

【相关知识】

1. 公式的构成

（1）公式的形式

公式的一般形式为：＝〈表达式〉

公式用英文"="号开头，表达式是算术运算符、比较运算符、文本运算符和数字、文本、引用的单元格地址、函数及括号组成的计算式。

（2）运算符

① 算术运算符：＋(加)、－(减)、＊(乘)、/(除)、％(百分号)、^(乘方)。

② 比较运算符：＝(等号)、＞(大于)、＜(小于)、＞＝(大于等于)、＜＝(小于等于)、＜＞(不等于)。比较运算的结果是逻辑值 TRUE(逻辑真)或 FALSE(逻辑假)。

③ 文本运算符：&(用于两个字符串的连接)。例如:"计算机" & "网络技术"，结果为"计算机网络技术"。

（3）单元格引用

公式中要用到其他单元格中的数据，不是直接把数据输入公式中，而是采用单元格引用的方式。单元格引用是指在公式中用工作表上的单元格地址来指明公式中所使用的数据的位置。通过引用，可以在公式中使用工作表不同部分的数据，或者在多个公式中使用同一部分的数据，可以引用同一工作簿不同工作表的单元格。单元格引用的优点是，当引用的某个单元格中的数据修改后，公式会自动更新计算结果。

（4）公式的输入

在选择的单元格中输入英文半角"＝"号，在"＝"号后输入〈表达式〉，按 Enter 回车键或单击编辑栏中的"√"按钮，确认刚才输入的公式。

此时，编辑栏中显示的是公式，单元格中显示的是公式运算的结果。

（5）公式的修改

单击公式所在的单元格，然后在编辑栏中修改公式。

2. 函数

函数是一些预先编好的程序，它们使用一些称为参数的特定数值按特定的顺序或结构进行计算。Excel 2016 为用户提供了财务、日期与时间、数学与三角、统计、查找与引用、数据库、文本、逻辑、信息、工程、多维数据集、兼容性、Web 共 13 类函数，利用这些函数可以完成各种复杂的计算。要正确使用一个函数应掌握 3 个基本要素：①函数名及函数的基本功能；②函数的参数内涵及数据类型；③函数的运算结果和数据类型。

例如 SUM（number1，number2，…）函数是对单元格区域进行求和运算的函数；SUM 函数的参数是一个求和区域，如果是多个不连续的区域，可以用多个参数，参数之间用"，"（英文逗号）分隔，参数必须放在括号内；SUM 函数的参数是数值型数据，运算结果是一个数值。

（1）函数的输入

为了方便，Excel 提供了多种输入函数的方法，方法如下：

① 直接输入

函数可以用键盘直接输入，常用于将函数插入到公式中。

② 自动求和工具

Excel 为求和、平均值、统计个数、最大值、最小值等最常用的 5 个函数专门提供了一个自动求和工具，单击按钮 Σ ▾ 的下拉箭头可以选择。操作方法见"公式的复制"中的实例。

③ 使用"插入函数"对话框

对于更多的其他函数，主要使用"插入函数"对话框来完成函数的输入，步骤如下：

a. 选择要输入公式的单元格。

b. 单击编辑栏中的插入函数按钮 *fx* ，弹出"插入函数"对话框，如图 4-14 所示。

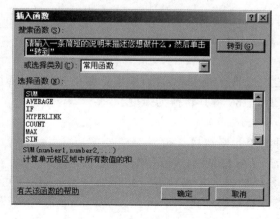

图 4-14　"插入函数"对话框

c. 在"或选择类别"下拉列表中选择函数类型,在"选择函数"框中选择函数;或在"搜索函数"框中输入函数名,按 Enter 回车键,搜索到的相关函数会在"选择函数"框中列出,选择需要的函数。

    d. 单击"确定"按钮,弹出"函数参数"对话框,根据各项参数的要求输入。

    (2) 常用函数

    ① AVERAGE(number1,number2,…)

    功能:求各参数的平均值。number1,number2,…为要计算平均值的 1~255 个参数。

    ② MAX(number1,number2,…)

    功能:求各参数中的最大值。number1,number2,…为需要找出最大数值的 1 到 255 个参数。

    ③ MIN(number1,number2,…)

    功能:求各参数中的最小值。number1,number2,…为需要找出最小数值的 1 到 255 个参数。

    ④ COUNT(value1,value2,…)

    功能:计算单元格区域中数值项的个数。value1,value2,…为包含或引用各种类型数据的参数(1~255 个)。

    注意:本函数只对数值型数据进行计数,其他类型数据可以加入参数中,但不被计数。如果需要统计逻辑值、文字或错误值,请使用 COUNTA 函数。

    ⑤ COUNTA(value1,value2,…)

    功能:计算单元格区域中数据项的个数。value1,value2,…为所要计数的值,参数个数为 1~255 个。参数值可以是任何类型,它们可以包括空字符(""),但不包括空白单元格。如果参数是单元格引用,则引用中的空白单元格也将被忽略。

    ⑥ ABS(number)

    功能:求参数的绝对值,参数绝对值是参数去掉正负号后的数值。

    ⑦ INT(number)

    功能:求不大于参数的最大整数。number 为需要进行取整处理的实数。

    ⑧ EXP(number)

    功能:求底数 e 的幂。number 为底数 e 的指数,如果要计算以其他常数为底的幂,可以用指数操作符(^)。如:6^5 表示 6 的 5 次幂。

    ⑨ SIN(number)

    功能:求给定角度的正弦值。number 为需要求正弦的角度,以弧度为单位。如果参数的单位是度,则可以乘以 PI()/180 将其转换为弧度。

    ⑩ COUNTIF(range,criteria)

    功能:统计满足条件的单元格数目。

    range:条件数据区,用于条件判断的单元格区域。

    criteria:条件,确定条件数据区中哪些单元格满足条件,其形式可以为数字、表达式文本或单元格地址。例如,条件可以表示为 32、"32"、">32"、"apples"、B2。

    ⑪ COUNTIFS(criteria_range1,criteria1,criteria_range2,criteria2,…)

    功能:统计符合多个指定条件的单元格个数。

COUNTIFS 用法是：

＝COUNTIFS(条件区域1,指定条件1,条件区域2,指定条件2,…)

⑫ SUMIF(range, criteria, sum_range)

功能：对满足条件的单元格求和。

range：条件数据区,用于条件判断的单元格区域。

criteria：条件,确定条件数据区中哪些单元格满足条件。

sum_range：求和数据区,需要求和的实际单元格。只有当 range 中的相应单元格满足条件时,才对相应记录中 sum_range 单元格求和。如果省略 sum_range,则直接对 range 中满足条件的单元格求和。

⑬ SUMIFS(sum_range, criteria_range1, criteria1, criteria_range2, criteria2,…)

功能：对满足多个条件的单元格求和。

SUMIFS 用法是：

＝SUMIFS(求和的区域,条件区域1,指定的求和条件1,条件区域2,指定的求和条件2,…)

注意：SUMIFS 和 SUMIF 的参数顺序不同,第一个是求和的区域,然后才是各个求和条件。

⑭ AVERAGEIF(range, criteria, average_range)

功能：对满足条件的单元格求平均值。

range：条件数据区,用于条件判断的单元格区域。

criteria：条件,确定条件数据区中哪些单元格满足条件。

average_range：需要求平均值的实际单元格。只有当 range 中的相应单元格满足条件时,才对相应记录中 average_range 单元格求平均值。如果省略 average_range,则直接对 range 中满足条件的单元格求平均值。

⑮ AVERAGEIFS(average_range, criteria_range1, criteria1, criteria_range2, criteria2,…)

功能：对满足多个条件的单元格求平均值。

AVERAGEIFS 用法是：

＝AVERAGEIFS(求平均值的区域,条件区域1,指定的求平均值条件1,条件区域2,指定的求平均值条件2,…)

注意：AVERAGEIFS 和 AVERAGEIF 的参数顺序不同,第一个是求平均值的区域,然后才是各个求平均值的条件。

⑯ IF(logical_test, value_if_true, value_if_false)

功能：根据逻辑测试的真假值返回不同的结果。

logical_test：表示计算结果为 TRUE 或 FALSE 的逻辑表达式。例如,A5＝100 就是一个逻辑表达式,如果单元格 A5 中的值等于 100,表达式即为 TRUE,否则为 FALSE。本参数可使用任何比较运算符。

value_if_true：logical_test 为 TRUE 时返回的值。

value_if_false：logical_test 为 FALSE 时返回的值。

value_if_true、value_if_false 也可以是其他公式,如果是 IF 函数,则形成嵌套,函数 IF 可以嵌套 7 层。

例如：H4 单元格是学生的平均成绩，将其转换成"优、良、中、及格、不及格"五级制成绩放入 J4 单元格中。则 J4 的公式为：

＝IF(H4＞＝90,"优",IF(H4＞＝80,"良",IF(H4＞＝70,"中",IF(H4＞＝60,"及格","不及格"))))

⑰ RANK(number，ref，order)

功能：返回一个数值在一组数值中的排名，如成绩的名次。

number：为需要确定排名的数值。

ref：为参与排名的单元格区域。ref 中的非数值型参数将被忽略。这里的单元格地址须用绝对地址，便于用填充柄智能填充。

order：为一数字，指明排名的方式。order 为 0 或省略，按降序排列进行排名，即数值最大的排名为 1；order 不为零，按升序排列进行排名，即数值最小的排名为 1。

注意：Excel 2016 的排名函数增加了 RANK. EQ 和 RANK. AVG 两个，而在 Excel 2007（或之前）版本则只有 RANK 函数。

这 3 个函数都可用来排名，RANK. AVG 和 RANK. EQ 的差异是在遇到相同数值时的处理方法不同，RANK. AVG 会传回等级的平均值，RANK. EQ 则会传回最高等级；RANK 在 Excel 2016 仍可使用，其作用与 RANK. EQ 相同。这 3 个函数的异同点可参见图 4-15。

排名内容	RANK. AVG	RANK. EQ	RANK	
300	2	2	2	
200	3.5	3	3	结果与
200	3.5	3	3	RANK.EQ一样
400	1	1	1	
100	5	5	5	

传回3、4名的平均等级3.5　　传回3、4名的最高等级3，所以有2个3，没有4

图 4-15　3 个排名函数的比较

⑱ VLOOKUP(lookup_value，table_array，col_index_num，range_lookup)

功能：在搜索区的首列查找元素，然后再找到元素所在行的指定列中返回相应的值。

用法：VLOOKUP(要找谁，在哪儿找，返回第几列的内容，精确找还是近似找)

lookup_value：在 table_array(搜索区)首列进行搜索的值，可以是数值、引用或字符串。

table_array：在其中搜索数据的区域，可以是对区域或区域名称的引用。

col_index_num：需要查找的数据在 table_array 中的列序号，首列序号为 1。

range_lookup：查找时是精确匹配，还是大致匹配。如果为 FALSE(常用 0)，则精确匹配，如果找不到，则返回错误值♯N/A；如果为 TRUE 或忽略，则大致匹配，如果找不到匹配值，则返回小于 lookup_value 的最大值。

例如，从"绩效考核表"中查找刘明华、黄雪琴和冯顺天 3 人的部门和年度总评，放在新工作表的 E2:F4 中，如图 4-16 所示。3 人的姓名放在新工作表的 D2:D4 单元格中。

新工作表 E2 单元格的公式(搜刘明华的部门)：＝VLOOKUP(D2,绩效考核表！＄B＄3:＄J＄11,3,0)

F2 单元格的公式(搜刘明华的年度总评)：＝VLOOKUP(D2,绩效考核表！B3：J11,9,0)

其他两人的查找结果用填充柄填充就行了,结果如图 4-16 所示。

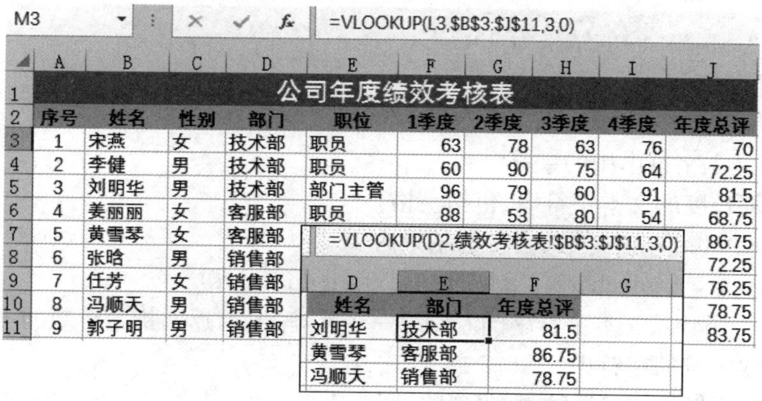

図 4-16 说明区

图 4-16　VLOOKUP 函数的应用案例

使用该函数时,需要注意以下几点：

a. 查找值必须位于 table_array(搜索区)中的第一列。

b. 如果查找值与搜索区首列的数据类型不一致,会返回错误值♯N/A。

c. 如要大致匹配,则搜索区要按首列升序排列,否则可能得到错误结果。

⑲ 日期函数

a. TODAY()

功能：返回当前系统日期。

该函数不需要参数。如果系统日期发生了改变,只要按一下 F9 功能键即可刷新日期。

注：NOW()函数也可求当前系统日期,同时还包含系统时间。

b. DATE(year,month,day)

功能：将年、月、日 3 个数值转换为日期型数据。

year,month,day：分别代表年、月、日的 3 个参数。

c. YEAR(serial_number)、MONTH(serial_number)、DAY(serial_number)

功能：返回日期型数据的年份、月份、天数。

serial_number：指定日期或引用单元格中的日期。

注意：如果是给定的日期,请包含在英文双引号中,如公式：＝YEAR("2021－12－18"),结果为 2021。

例 1：A8 单元格为出生日期,求年龄,公式为：＝YEAR(TODAY())－YEAR(A8)

例 2：A3 单元格为开始日期,B3 为结束日期,求工期(天数),公式为：＝B3－A3＋1

特别提醒：如果结果显示为日期格式,可以通过单元格格式设置为常规或数值型。

⑳ 逻辑函数

a. AND(logical1, logical2,…)

功能：如果所有参数均为 TRUE,则返回 TRUE,否则返回 FALSE。

logical1, logical2,…：表示计算结果为 TRUE 或 FALSE 的逻辑表达式。

例如：AND(8＞7,5＜6)的结果为 TRUE。

b. OR(logical1，logical2,…)

功能：如果任一参数为 TRUE,则返回 TRUE,只有所有参数均为 FALSE 时才返回 FALSE。

例如：OR(3＞5,5＜9)的结果为 TRUE。

㉑ 文本函数

a. LEN(text)

功能：返回文本字符串中的字符个数。

text：要计算长度的文本字符串,包括空格。

例如：LEN("Hello,everybody!")的结果为 16。

b. LEFT(text，num_chars)、RIGHT(text，num_chars)

功能：LEFT 函数从文本字符串的左侧第一个字符开始,返回指定个数的子字符串。

text：要提取字符的字符串。

num_chars：要提取的字符数,如果忽略,则为 1。

注：RIGHT(text，num_chars)则从右侧最后一个字符开始,返回指定个数的子字符串。

c. MID(text，start_num，num_chars)

功能：从文本字符串中指定的起始位置起返回指定长度的字符。

text：要提取字符的字符串。

start_num：准备提取的第一个字符的位置。text 中第一个字符为 1。

num_chars：要提取的字符数。

例如：MID("Hello,everybody!",7,9)的结果为 everybody。

㉒ TEXT(value，format_ text)

功能：TEXT 函数可通过格式参数对数据应用格式,从而更改数据的显示方式和结果。

value：常用数值型数据或日期型数据,可以是单元格引用或公式。

format_ text：文本形式的数据格式参数,书写时须加上英文双引号"format_ text"。

下面介绍 TEXT 函数的几种常见用法。

a. 转换日期格式

转换日期数据的格式,公式中 format_ text 参数及其含义如表 4-3 所示。

表 4-3　转换日期格式时 format_ text 参数

format_ text	含　义
y 或 yy	将年显示为 2 位数字。 例如,公式为＝TEXT(A2,"y 年"),或＝TEXT(A2,"yy 年"),显示:21 年 注:单元格 A2 里的日期是:1921/7/23
yyy 或 yyyy	将年显示为 4 位数字。例如,公式为＝TEXT(A2,"yyy 年"),或＝TEXT(A2,"yyyy 年"),显示:1921 年
m	将月显示为不带前导零的数字。例如,公式为＝TEXT(A2,"m 月"),显示:7 月
mm	根据需要将月显示为带前导零的数字。例如,公式为＝TEXT(A2,"mm 月"),显示:07 月

续表 4-3

format_text	含　义
mmm	将月显示为英文月份缩写形式(Jan 到 Dec)。 例如,公式为＝TEXT(A2,"mmm 月"),显示:Jul 月
mmmm	将月显示为完整英文月份名称(January 到 December)。 例如,公式为＝TEXT(A2,"mmmm 月"),显示:July 月
d	将日显示为不带前导零的数字。例如,公式为＝TEXT(A2,"d 日"),显示:23 日
dd	根据需要将日显示为带前导零的数字。例如,公式为＝TEXT(A2,"dd 日"),显示:23 日
ddd	将日显示为英文星期缩写形式(Sun 到 Sat)。 例如,公式为＝TEXT(A2,"ddd"),显示:Sat
dddd	将日显示为英文星期完整名称(Sunday 到 Saturday)。 例如,公式为＝TEXT(A2,"dddd"),显示:Saturday

b. 转换成中文数字

将阿拉伯数字转换成中文数字,并在数字之间加单位,公式中 format_text 参数及其含义如表 4-4 所示。

表 4-4　转换成中文数字时 format_text 参数

format_text	含　义
[dbnum1]	转换成普通的大写。例如,公式为＝TEXT(789,"[dbnum1]"),显示:"七百八十九"
[dbnum2]	转换成财务专用大写。例如,公式为＝TEXT(789,"[dbnum2]"),显示:"柒佰捌拾玖"
[dbnum3]	转换成全角阿拉伯数字。例如,公式为＝TEXT(789,"[dbnum3]"),显示:"7 百 8 十 9" 如果要转换成普通的半角,在 TEXT 函数之外要套用 ASC 函数

c. 设置条件区段

根据 value 参数,最多可将 format_text 设置 4 个条件区段,各区段之间用英文半角分号(;)间隔,返回不同的结果。

例 1,根据结算,得到不同的几种结果,如图 4-17 所示。

B2　公式＝TEXT(A2,"盈利;亏损;平衡")的含义是,根据 A2 单元格的 3 种情况返回 3 种结果:

＞0　返回"盈利";＜0 返回"亏损";＝0 返回"平衡"。

B2　公式＝TEXT(A2,"盈利;亏损;平衡;不是数值"),比前述公式多一种情况;

A2　不是数值时,返回"不是数值"。

例 2,比较各辖区两年的差异,如图 4-18 所示。

D2 公式＝TEXT(C2－B2,"比上年多 0 元;比上年少 0 元;与上年相同")的含义是:

如果 C2－B2 的结果大于 0,则显示"比上年多 0 元";

如果 C2－B2 的结果小于 0,则显示"比上年少 0 元";

如果 C2－B2 的结果等于 0,则显示"与上年相同"。

注:TEXT 函数格式参数中的 0 有特殊含义,通常表示第一参数本身的绝对值。

	A	B
1	结算	结果
2	123	盈利
3	−50	亏损
4	0	平衡
5	ab	不是数值

图 4-17　条件区段案例 1

	A	B	C	D
1	市辖区	2017年	2018年	差异
2	玄武区	87240	98630	比上年多11390元
3	秦淮区	95400	79920	比上年少15480元
4	建邺区	74540	74540	与上年相同
5	鼓楼区	67600	82130	比上年多14530元
6	浦口区	46030	60470	比上年多14440元
7	栖霞区	79970	88050	比上年多8080元
8	雨花台区	87460	87460	与上年相同
9	江宁区	83320	91390	比上年多8070元
10	六合区	98390	68050	比上年少30340元
11	溧水区	71430	66810	比上年少4620元
12	高淳区	86220	73280	比上年少12940元

图 4-18　条件区段案例 2

d. 自定义条件区段

除默认的 4 个条件区段外，最多还可以自定义 4 个条件区段。

图 4-19 所示的是某单位员工考核表的部分内容，需要根据考核分数进行等级评定，85 分以上为良好，60 分至 85 分为合格，小于 60 分则为不合格，无分数则为无等级。

C2 公式为＝TEXT(B2,"[＞85]良好;[＞＝60]合格;不合格;无等级")

	A	B	C
1	工号	考核分数	等级
2	XX10001	92	良好
3	XX10002	60	合格
4	XX10003	85	合格
5	XX10004	78	合格
6	XX10005	57	不合格
7	XX10006	88	良好
8	XX10007	—	无等级

图 4-19　自定义条件区段案例

3. 公式的复制

公式输入完毕后，如果相邻单元格的公式相同，则可以利用智能填充功能快速填充复制，方法如下：

选择已输入公式的单元格，将鼠标指向单元格右下角的小黑块（填充柄），鼠标的形状变为黑的细"＋"字时按住鼠标左键拖曳填充柄至目标单元格，释放鼠标左键即可。

如果公式不相邻，就用常规的"复制""粘贴"。

复制公式时，要注意公式中引用单元格的地址类型。Excel 使用 3 种地址：相对地址、绝对地址、混合地址。含有单元格引用的公式实际上表现的是单元格之间的关系，复制公式只是将这个关系复制下来。不同类型的地址在公式复制时地址的变化也不同。

（1）相对地址

相对地址指的是一个相对的位置，用列标和行号（如 B4）表示。在公式中使用相对地址时，当将公式复制到其他单元格，复制后产生的新公式和引用的单元格地址间的相对位置关系，将和原公式所在地址和公式中原引用的单元格地址间的相对位置关系保持不变。

例如，在图 4-20 的销售表中求各种电器的"销售合计"：

① 选定 E3 单元格。

② 单击"开始"选项卡"编辑"命令组的"自动求和"按钮 Σ ▾，在编辑栏中出现求和公式：＝SUM(B3:D3)，一虚线框围着 B3:D3 区域，该区域是系统自动判断的求和范围，如图 4-21 所示。如果求和区域不对，可以用鼠标选择新的数据区域。

③ 按 Enter(回车)键或单击编辑栏中的"√"按钮，确认输入的公式。

④ 在 E3 单元格中已经求出了电视机的销售合计，下面的公式用不着一一输入，将 E3 中

	A	B	C	D	E	F
1	精品家电城销售表（万元）					
2		一月	二月	三月	销售合计	销售百分比
3	电视机	32	28	30		
4	空调	40	35	28		
5	电冰箱	30	25	20		
6	音响设备	25	20	18		
7	洗衣机	32	30	28		
8	季度总销售额					

图 4-20　销售表

COUNTIF　　× ✓ fx　=SUM(B3:D3)

	A	B	C	D	E	F	G
1	精品家电城销售表（万元）						
2		一月	二月	三月	销售合计	销售百分比	
3	电视机	32	28	30	=SUM(B3:D3)		
4	空调	40	35	28	SUM(number1, [number2], ...)		
5	电冰箱	30	25	20			
6	音响设备	25	20	18			
7	洗衣机	32	30	28			
8	季度总销售额						

图 4-21　E3 单元格的自动求和公式

的公式用填充柄拖下去就行了，往下每拖一次公式中各单元格地址的行号加 1，结果是 E4＝SUM(B4:D4)，E5＝SUM(B5:D5)，…，即仍利用当前单元格左边的 3 个单元格求和。

（2）绝对地址

绝对地址指的是一个固定的位置，用列标和行号前加货币符号 $ 表示（如 B4）。

在公式中使用绝对地址时，当将公式复制到其他单元格，复制后产生的新公式中引用的地址不变。

例如，在图 4-20 中求各种电器的"销售百分比"：

① 在 E8 单元格中，仍用"自动求和"方法输入季度总销售额的公式：＝SUM(E3:E7)。

② 单击 F3 单元格，输入公式：＝E3/E8，结果为 0.21377672。

③ 单击"开始"选项卡"数字"命令组的"百分比样式"按钮 **%**，结果为 21%。

④ 在编辑栏的公式中单击单元格地址 E8，再按 F4 键将相对地址转换成绝对地址，公式变为"＝E3/E8"。单击编辑栏中的"√"按钮确认。

⑤ 拖拽 F3 单元格右下角的填充柄至 F7。结果如图 4-22 所示。

思考题：如果跳过第④步，直接到第⑤步的智能填充，结果会如何？为什么？

（3）混合地址

介于相对地址和绝对地址之间，还有一种地址叫混合地址，即行可变列不变，如 $B4；或行不变列可变，如 B$4。

（4）地址切换

公式中不同类型的地址可在行号或列标前直接添加或删除货币符号 $ 来切换。还可以在

	A	B	C	D	E	F
1	精品家电城销售表（万元）					
2		一月	二月	三月	销售合计	销售百分比
3	电视机	32	28	30	90	21%
4	空调	40	35	28	103	24%
5	电冰箱	30	25	20	75	18%
6	音响设备	25	20	18	63	15%
7	洗衣机	32	30	28	90	21%
8	季度总销售额				421	

图 4-22 "销售百分比"计算结果

编辑栏的公式中单击单元格地址，再按 F4 键在这几种不同类型的地址间循环切换：相对地址→绝对地址→混合地址，如 B4→B4→B$4→$B4。

4. 关于公式和函数的错误信息

在单元格中输入或编辑公式后，如果公式不能正确计算出结果，Excel 将显示一个错误值。例如，在需要数字的公式中使用了文本、删除了被公式引用的单元格，或者使用了其宽度不足以显示结果的单元格时，将产生错误值。错误值可能不是由公式本身引起的，例如，如果公式产生 #N/A 或 #VALUE! 错误，则说明公式所引用的单元格可能含有错误。可以通过使用审核工具来找到引起公式错误的单元格。下面我们将常见的几种错误信息及出错的原因列出。

（1）#####!

如果单元格所含的数字、日期或时间数据比单元格宽度宽或者单元格的日期时间公式产生了一个负值，就会产生 ##### 错误。解决方法：

① 增加列宽。可以通过拖动列标之间的边界来修改列宽。

② 应用不同的数字格式。在某些情况下，可以通过更改单元格的数字格式以使数字适合单元格的宽度。例如，可以减少小数点后的小数位数。

（2）#VALUE!

当使用错误的参数或运算对象类型时，或者当公式自动更正功能不能更正公式时，将产生错误值 #VALUE! 。解决方法：

确认公式或函数所需的运算符或参数正确，并且公式引用的单元格中包含有效的数值。例如，如果单元格 A5 包含一个数字，单元格 A6 包含文本"Not available"，则公式 = A5 + A6 将返回错误 #VALUE! 。可以用 SUM 函数来将这两个值相加（SUM 函数忽略文本）：

= SUM(A5:A6)，结果为 A5 单元格的值。

（3）#DIV/O!

当公式被 0(零)除时，会产生错误值 #DIV/O! 。解决方法：

修改单元格引用，或者在用作除的单元格中输入不为零的值，或者排除除数的引用的单元格不能是空白单元格（Excel 将空白单元格解释为零值）。

（4）#N/A

当在函数或公式中没有可用数值时，将产生错误值 #N/A。如果工作表中某些单元格暂时没有数值，请在这些单元格中输入"#N/A"。公式在引用这些单元格时，将不进行数值计算,而是返回#N/A。

（5）#NAME?

在公式中使用 Excel 不能识别的文本时将产生错误值#NAME?。根据下面的原因有针对性地解决:

① 使用了不存在的名称。在"公式"选项卡"定义的名称"命令组"名称管理器"命令中确认使用的名称确实存在。如果名称没有被列出,请单击其中的"新建"按钮添加相应的名称。

② 名称的拼写错误。修改拼写错误。如果要在公式中插入正确的名称,可以在编辑栏中选定名称:在"公式"选项卡"定义的名称"命令组中,单击"用于公式",在下拉列表中单击需要的名称即可。

③ 函数名的拼写错误。修改拼写错误。使用公式选项板将正确的函数名称插入到公式中。如果工作表函数是加载宏程序的一部分,相应的加载宏程序必须已经被调入。

④ 在公式中输入文本时没有使用双引号。Excel 将其解释为名称,而不会理会你准备将其用作文本的初衷。将公式中的文本括在双引号中。

⑤ 在区域引用中缺少冒号。确认公式中使用的所有区域引用都使用了英文冒号(:)。

（6）#REF!

当单元格引用无效时将产生错误值#REF!

常见的原因是删除了由其他公式引用的单元格或将移动单元格粘贴到由其他公式引用的单元格中。解决方法:更改公式或者在删除或粘贴单元格之后立即单击"撤消"按钮以恢复工作表中的单元格。

（7）#NUM!

当公式或函数中某个数字有问题时将产生错误值#NUM!。根据下面的原因有针对性地解决:

① 在需要数字参数的函数中使用了不能接受的参数。确认函数中使用的参数类型正确。

② 使用了迭代计算的工作表函数,例如 IRR 或 RATE,并且函数不能产生有效的结果。为工作表函数试用不同的初始值。

③ 由公式产生的数字太大或太小,Excel 不能表示。

（8）#NULL!

当试图为两个并不相交的区域指定交叉点时将产生错误值#NULL!。

如果要引用两个不相交的区域,请使用联合运算符(,)逗号。例如公式要对两个区域求和,请确认在引用这两个区域时使用了逗号(SUM(A1:A10,C1:C10))。如果没有使用逗号而是空格,Excel 将试图对同时属于两个区域的单元格求和,但是由于 A1:A10 和 C1:C10 并不相交,它们没有共同的单元格。检查在区域引用中的键入错误。

5. 设置单元格格式

选择"开始"选项卡,单击"字体""对齐方式"或"数字"命令组右下角的"对话框启动"按钮，弹出"设置单元格格式"对话框,其中有"数字""对齐""字体""边框""填充""保护"6 个选项卡,如图 4-23 所示,利用这些选项卡可以设置单元格的格式。

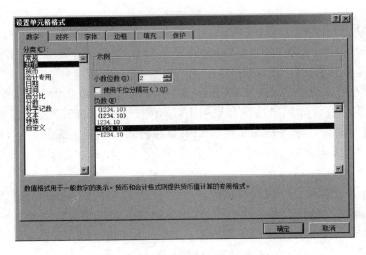

图 4-23　"设置单元格格式"对话框

（1）设置数字格式

对于新的工作表，其单元格的默认数据格式是"常规"型，可以接受任意类型的数据，自动判断输入数据的类型并格式化。设置单元格数字格式，一要设置数字类型，二要设置数字的显示格式。方法如下：

① 选择要设置格式的单元格或单元格区域。

② 单击"开始"选项卡"数字"命令组右下角的"对话框启动按钮"（或在右键快捷菜单中选择"设置单元格格式"），弹出"设置单元格格式"对话框。

③ 在"设置单元格格式"对话框中选择"数字"选项卡，如图 4-23 所示。

④ 在"分类"列表框中选择类别，在右侧框中出现相应的格式选项供选择设置。

数字格式分常规、数值、货币、会计专用、日期、时间、百分比、分数、科学记数、文本、特殊、自定义 12 类，用户可以有选择地用某类格式。

"数值"可以设置小数位数、是否要千位分隔符、负数的表示法；

"百分比"可以将单元格中数值 ∗ 100 并加上百分号％、设置小数位数；

"文本"可以将数字串强制设置为文本格式。

（2）设置数据对齐方式

选择"设置单元格格式"对话框中的"对齐"选项卡，如图 4-24 所示。

"水平对齐"方式有：常规、靠左（缩进）、居中、靠右（缩进）、填充、两端对齐、跨列居中和分散对齐（缩进）。

"垂直对齐"方式有：靠上、居中、靠下、两端对齐、分散对齐。

"方向"设置栏：设置单元格内容的竖排、旋转方向。

"自动换行"复选框：单元格宽度不够时内容自动换行。

"合并单元格"复选框：将相邻两个以上的选定单元格合并为一个单元格。

注意："合并后居中"和"跨列居中"都可以将水平选择的几个单元格内容水平居中。

合并后居中：水平选择几个单元格，然后单击"开始"选项卡"对齐方式"命令组的"合并后居中"按钮 ⚏ ，将这几个单元格合并，同时将内容水平居中。

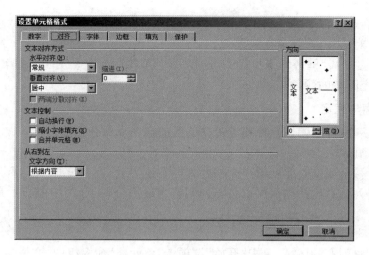

图 4-24　"设置单元格格式"对话框之"对齐"选项卡

　　跨列居中：水平选择几个单元格，打开"设置单元格格式"对话框"对齐"选项卡，选择水平对齐中的"跨列居中"将内容水平居中。

　　两种水平居中的不同之处在于，"跨列居中"不合并单元格，只是临时占用一下选择的几个水平空白单元格。

　　（3）设置字体

　　单元格的字体格式可以利用"设置单元格格式"对话框的"字体"选项卡进行设置，也可以利用"开始"选项卡"字体"命令组进行设置。字体格式的设置和 Word 中的"字体"格式类似，可以设置字体、字形、字号、下划线、颜色等格式及删除线、上标、下标等特殊效果。

　　（4）设置边框

　　① 网格线

　　Excel 的工作表本来就是用网格线构成的电子表格，若不希望显示网格线，可以用下面的方法让它消失：取消"页面布局"选项卡"工作表选项"命令组中"网格线"的"查看"复选框。

　　② 边框

　　如果认为原先的网格线还不满意，可以用"设置单元格格式"对话框"边框"选项卡来设置边框。

　　a. 先选择要加边框的单元格或单元格区域。

　　b. 打开"设置单元格格式"对话框，选择"边框"选项卡。

　　c. 在"线条"栏中选择"样式"和"颜色"。

　　d. 单击"预置"栏中的"外边框"按钮给所选区加上外边框；"内部"按钮给所选区加上内部边框；"无"按钮取消所选区的边框。

　　在"边框"栏中可以给所选区的上、中、下、左、中、右加上或去掉边框线，还可以加上或去掉斜线。

　　（5）设置图案

　　单元格还可以增加底纹图案和颜色来美化表格。方法如下：

　　① 选择要设置背景色的单元格。

　　② 打开"设置单元格格式"对话框，选择"填充"选项卡。

③ 要设置单元格的背景色,单击"背景色"栏中的某种颜色;也可以单击"填充效果"按钮,打开"填充效果"对话框,选择渐变效果。

④ 单击"图案样式"框旁的下拉箭头,选择一种填充图案样式;单击"图案颜色"框旁的下拉箭头,选择填充图案的颜色。

6. 调整行高与列宽

调整行高与列宽可以使用鼠标或通过功能区的选项卡命令完成。

（1）用鼠标调整

将鼠标指针移至要调整宽度的单元格的列标右边界处,指针变成双向箭头时拖动至合适位置松开。双击列标右边的边界可以将该列调整为最适合列宽(列中能显示最宽内容的单元格的宽度)。

（2）通过选项卡命令调整

选定需要调整列宽的区域,单击"开始"选项卡"单元格"命令组中的"格式"按钮,在下拉列表中选择"列宽"命令,弹出"列宽"对话框,输入列宽值,可精确调整所选列的列宽;

选择"自动调整列宽"命令,则可将所选区域的列宽调整为最适合列宽;

选择"默认列宽"命令,弹出"标准列宽"对话框,输入标准列宽值,则凡是未调整过列宽的列均以该值作为列宽;

调整行高的方法与调整列宽相似。

7. 套用表格格式

Excel 已为用户准备了几套现成的表格格式,方便用户格式化工作表。方法如下:

① 选取要套用格式的单元格区域。

② 单击"开始"选项卡"样式"命令组中的"套用表格格式"按钮,弹出表格格式列表。

③ 单击一种合适的格式。

8. 应用条件格式

条件格式基于条件更改单元格区域的外观,如果条件为 True,则基于该条件的单元格区域设置相应的格式,否则保持其原格式。使用条件格式可以帮助你直观地查看和分析数据,可以突出显示所关注的单元格或单元格区域,强调异常值,使用数据条、颜色刻度和图标集来直观地显示数据。

Excel 已定义了突出显示单元格规则、项目选取规则、数据条、色阶、图标集等多种规则,如表 4-5 所示。用户可以使用这些规则的默认设置格式化单元格,也可以根据需要自定义条件规则和格式进行设置,还可以在条件格式中使用公式设置复杂条件。

表 4-5　条件格式规则

条件格式类型	条件规则/作用	
突出显示单元格规则	大于、小于、介于、等于	对基于比较运算的单元格设置格式
	文本包含	对包含特定文本的单元格设置格式
	发生日期	对发生于特定日期/时间的单元格设置格式
	重复值	对重复值或唯一值设置格式

续表 4-5

条件格式类型	条件规则/作用	
项目选取规则	值最大的 10 项、值最大的 10%项、值最小的 10 项、值最小的 10%项	对排名靠前或靠后的数值设置格式
	高于平均值、低于平均值	对高于或低于平均值的数值设置格式
数据条	数据条可帮助你查看某个单元格相对于其他单元格的值。数据条的长度代表单元格中的值,数据条越长,表示值越高;数据条越短,表示值越低	
色阶	色阶作为一种直观的指示,可以帮助你了解数据分布和数据变化。 双色刻度使用两种颜色的渐变来帮助你比较单元格区域。颜色的深浅表示值的高低。 三色刻度使用三种颜色的渐变来帮助你比较单元格区域。颜色的深浅表示值的高、中、低	
图标集	使用图标集可以对数据进行注释,并可以按阈值将数据分为 3~5 个类别。每个图标代表一个值的范围,例如,三向箭头图标集,绿色的上箭头代表较高值,黄色的横向箭头代表中间值,红色的下箭头代表较低值	
公式	使用逻辑公式确定要设置格式的单元格	

9. 复制格式和应用样式

（1）复制格式

若工作表中的某些单元格格式与原有的单元格格式一样,可以把原单元格的格式复制到其他单元格上,大大提高工作效率。操作步骤如下:

① 选择源单元格。

② 单击"开始"选项卡上"剪贴板"命令组中的"格式刷"按钮 🖌️ ,鼠标指针右边增加一个刷子符号。

③ 用刷子去单击目标单元格（单元格区域用鼠标拖曳）,鼠标指针恢复原样,结束格式复制。

如果要刷多个不连续的目标单元格,则双击"格式刷"按钮 🖌️ ;然后用刷子去刷目标单元格;再次单击"格式刷"按钮 🖌️ ,鼠标指针恢复原样,结束格式复制。

（2）应用样式

所谓样式,是指成组定义并保存的格式设置,包括数字格式、对齐方式、字体、边框、填充等。定义好的样式可以应用到目标单元格。对单元格应用样式,可以保证单元格具有一致的格式。Excel 预设了多种样式,用户可以使用这些样式应用在选择的单元格上。

① 选定要应用某样式的单元格或区域。

② 在"开始"选项卡上的"样式"命令组中,单击"颜色样式"的"其他"按钮 ▾ ,在下拉列表中单击需要的样式。

【任务实施】

1. 计算学生总分——SUM 函数

① 打开成绩统计表.xlsx,选择"成绩统计表"工作表,单击 H3 单元格。

② 单击"开始"选项卡"编辑"命令组的"自动求和"按钮 Σ ▾ ,在编辑栏中出现求和公式:
=SUM(D3:G3),如图 4-25 所示。

③ 重新选择求和区域 D3:F3，如图 4-26 所示。

④ 单击编辑栏中的"√"按钮，确认输入的公式。

⑤ 拖动 H3 的填充柄至 H20。

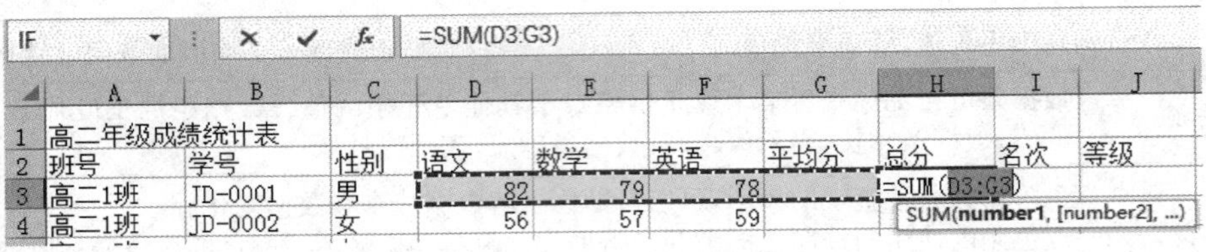

图 4-25　自动求和自动显示的结果

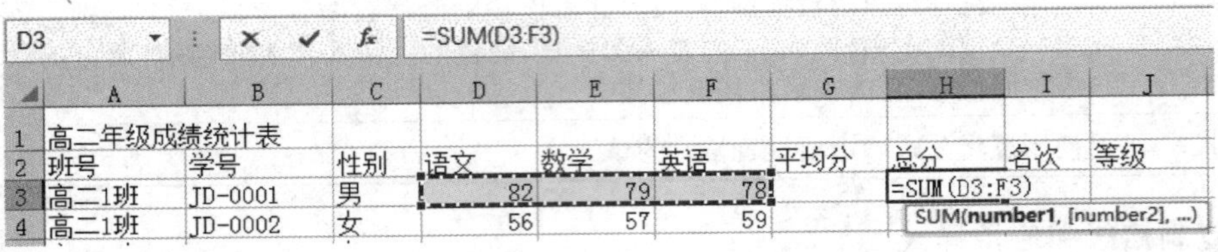

图 4-26　重新选择求和区域显示的结果

2. 计算学生平均分、各科平均分及总平分——AVERAGE 函数

① 单击 G3 单元格。

② 单击"自动求和"按钮 Σ ▾ 右侧的下拉按钮，在下拉列表中选择"平均值"选项，如图 4-27 所示。在编辑栏中出现平均值公式：=AVERAGE(D3:F3)，如图 4-28 所示。

③ 单击编辑栏中的"√"按钮，确认输入的公式。

④ 拖动 G3 的填充柄至 G20。

⑤ 选定 D22 单元格，用同样的方法求"语文"的平均分，公式为：=AVERAGE(D3:D20)。

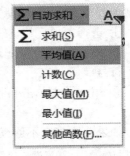

图 4-27　自动求和下拉列表

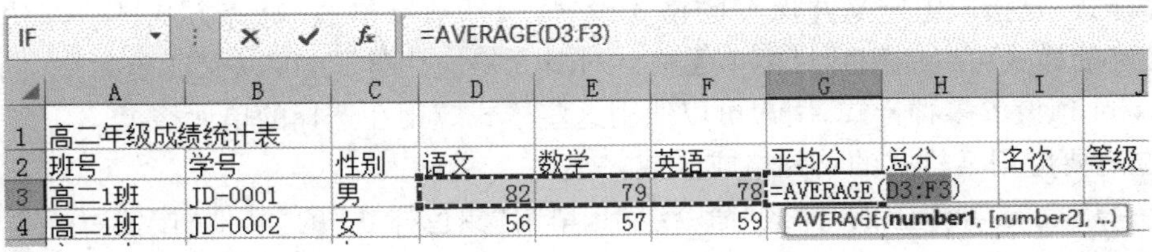

图 4-28　求平均值显示的结果

⑥ 拖动 D22 的填充柄至 G22，求其他课程平均分及总平分。

⑦ 选择 G3:G20 区域，按住 Ctrl 键再追加选择 D22:G22，单击"开始"选项卡"数字"命令组右下角的"数字格式"按钮 ，弹出"设置单元格格式"对话框。

⑧ 选择"数字"选项卡，在"分类"列表框中选择"数值"，"小数位数"设置为 0，如图 4-29 所示。

图 4-29　"设置单元格格式"对话框之"数字"选项卡

⑨ 单击"确定"按钮,完成求平均值的单元格格式设置。

3. 根据学生的"总分"评定"名次"——RANK 函数

① 单击 I3 单元格。

② 单击编辑栏中的插入函数按钮(f_x),弹出"插入函数"对话框。

③ 在"搜索函数"文本框中输入"RANK",单击"转到"按钮(或按 Enter 回车键),在"选择函数"中将列出相近的函数,单击"RANK",如图 4-30 所示。

④ 单击"确定"按钮,弹出"函数参数"对话框。

⑤ 在"Number"文本框中直接键入或用鼠标选择第一位学生评定名次的总分单元格"H3";单击"Ref"右侧的文本框,直接键入或用鼠标选择评定名次的总分范围"H3：H20";单击单元格地址"H3",再按 F4 键将相对地址转换成

图 4-30　"插入函数"对话框

绝对地址"＄H＄3",同样将"H20"转换成"＄H＄20";"Order"省略,按降序进行排位,即"H3：H20"中数值最大的排名为"1",RANK 函数的参数设置结果如图 4-31 所示。

⑥ 单击"确定"按钮,I3 单元格中的公式为：＝RANK(H3,＄H＄3：＄H＄20)。

⑦ 拖拽 I3 单元格右下角的填充柄至 I20。

思考题：如果跳过第⑤步中的相对地址转换为绝对地址,第⑦步结果会如何？为什么？

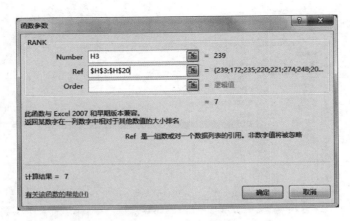

图 4-31　RANK 函数的参数设置结果

4. 根据学生的"平均分"评定"等级"——IF 函数

根据学生的"平均分",把学生的等级分为三级:平均分≥90 为"优秀",平均分＜60 为"不合格",其他为"合格"。

① 单击 J3 单元格。

② 输入英文半角"＝"号,在"＝"号后输入下列公式:

＝IF(G3＞=90,"优秀",IF(G3＞=60,"合格","不合格"))

③ 拖拽 J3 单元格右下角的填充柄至 J20。

知识链接···

在输入或编辑函数表达式时,不需要考虑函数名称或单元格地址的大小写,因为输入完成并确认后,Excel 自动将函数名称和单元格地址转换为大写格式。但需要注意表达式中输入的符号(标点符号和运算符)均为英文半角符号。

---

5. 计算高二 1 班和 2 班的总平分——AVERAGEIF 函数

① 单击 G23 单元格。

② 单击编辑栏中的插入函数按钮(_fx_),弹出"插入函数"对话框。

③ 在"搜索函数"文本框中输入"AVERAGEIF",按 Enter 回车键,在"选择函数"列出的函数中选择"AVERAGEIF"。

④ 单击"确定"按钮,弹出"函数参数"对话框。

⑤ 单击"Range"文本框,直接键入或用鼠标选择用于条件判断的单元格区域:A3:A20。

⑥ 在"Criteria"文本框中输入条件:"高二 1 班",或选择 A3 单元格。

注意:英文半角双引号("")可以不输入,Excel 会自动添加。

⑦ 单击"Average_range"文本框,用鼠标选择求平均值的单元格区域:G3:G20,如图 4-32 所示。

⑧ 单击"确定"按钮,则 G23 单元格中的公式为:

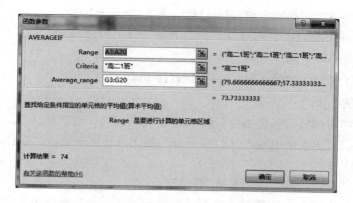

图 4-32　AVERAGEIF 函数的参数设置结果

＝AVERAGEIF(A3：A20,"高二 1 班",G3：G20)

⑨ 单击 G24 单元格,用同样方法求"高二 2 班"的总平分,公式为:

＝AVERAGEIF(A3：A20,"高二 2 班",G3：G20)

⑩ 选择 G23：G24 单元格区域,设置单元格格式的"数字格式":数值,小数位数为 0。

6. 计算高二 1 班和 2 班的总分——SUMIF 函数

① 单击 H23 单元格。

② 单击编辑栏中的插入函数按钮(f_x),弹出"插入函数"对话框。

③ 在"搜索函数"文本框中输入"SUMIF",按 Enter 回车键,在"选择函数"列出的函数中选择"SUMIF"。

④ 单击"确定"按钮,弹出"函数参数"对话框。

⑤ 单击"Range"文本框,直接键入或用鼠标选择用于条件判断的单元格区域:A3：A20。

⑥ 在"Criteria"文本框中输入条件:"高二 1 班"。

⑦ 单击"Sum_range"文本框,用鼠标选择求总分的单元格区域:H3：H20,如图 4-33 所示。

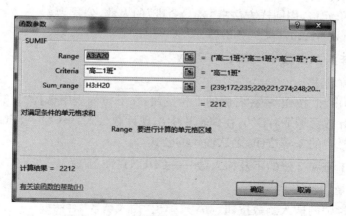

图 4-33　SUMIF 函数的参数设置结果

⑧ 单击"确定"按钮,则 H23 单元格中的公式为:

=SUMIF(A3:A20,"高二1班",H3:H20)

⑨ 单击 H24 单元格,用同样方法求"高二2班"的总分,公式为:

=SUMIF(A3:A20,"高二2班",H3:H20)

7. 统计高二1班和2班的人数——COUNTIF 函数

① 单击 D26 单元格。

② 单击编辑栏中的插入函数按钮(f_x),弹出"插入函数"对话框。

③ 在"搜索函数"文本框中输入"COUNTIF",按 Enter 回车键,在"选择函数"列出的函数中选择"COUNTIF"。

④ 单击"确定"按钮,弹出"函数参数"对话框。

⑤ 单击"Range"文本框,直接键入或用鼠标选择用于条件判断的单元格区域:A3:A20。

⑥ 在"Criteria"文本框中输入条件:"高二1班",如图 4-34 所示。

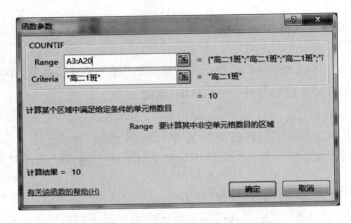

图 4-34　COUNTIF 函数的参数设置结果

⑦ 单击"确定"按钮,则 D26 单元格中的公式为:

=COUNTIF(A3:A20,"高二1班")

⑧ 单击 D27 单元格,用同样方法求"高二2班"的人数,公式为:

=COUNTIF(A3:A20,"高二2班")

8. 统计高二年级总人数——COUNT 函数

① 单击 D25 单元格。

② 单击"自动求和"按钮 **Σ ▾** 右侧的下拉按钮,在下拉列表中选择"计数"选项。

③ 重新选择计数区域 D3:D20;在编辑栏中出现计数公式:=COUNT(D3:D20)。

④ 单击编辑栏中的"√"按钮,确认输入的公式。

9. 统计高二1班和2班的不及格人数——COUNTIFS 函数

① 单击 D28 单元格。

② 单击编辑栏中的插入函数按钮(f_x),弹出"插入函数"对话框。

③ 在"搜索函数"文本框中输入"COUNTIFS",按 Enter 回车键,在"选择函数"列出的函数中选择"COUNTIFS"。

④ 单击"确定"按钮,弹出"函数参数"对话框。

⑤ 单击"Criteria_range1"文本框,输入用于第 1 个条件判断的单元格区域:A3:A20。

⑥ 在"Criteria1"文本框中输入第 1 个条件:"高二 1 班"。

⑦ 单击"Criteria_range2"文本框,输入用于第 2 个条件判断的单元格区域:G3:G20。

⑧ 在"Criteria2"文本框中输入第 2 个条件:"<60",如图 4-35 所示。

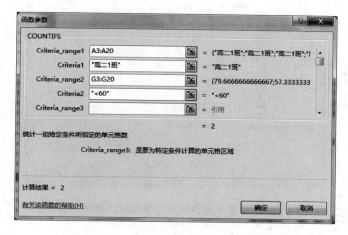

图 4-35 COUNTIFS 函数的参数设置结果

⑨ 单击"确定"按钮,则 D28 单元格中的公式为:

=COUNTIFS(A3:A20,"高二 1 班",G3:G20,"<60")

⑩ 单击 D29 单元格,用同样方法求"高二 2 班"的不及格人数,公式为:

=COUNTIFS(A3:A20,"高二 2 班",G3:G20,"<60")

注意:COUNTIFS 和 COUNTIF 一样也是条件计数,但可用于 2 个以上条件的计数。

10. 统计高二 1 班和 2 班的不及格率

① 单击 E28 单元格。

② 输入公式:=D28/D26,单击编辑栏中的"√"按钮,确认输入的公式。

③ 拖动 E28 的填充柄至 E29,E29 单元格的公式为:=D29/D27。

④ 选择 E28:E29 单元格区域,单击"开始"选项卡"数字"命令组右下角的"数字格式"按钮 ⬚,弹出"设置单元格格式"对话框。

⑤ 选择"数字"选项卡,在"分类"列表框中选择"百分比","小数位数"设置为1,如图 4-36 所示。

⑥ 单击"确定"按钮,完成单元格格式设置。

11. 合并单元格、水平对齐设置

(1) 将标题"高二年级成绩统计表""各科平均分及总平分:"等行标题分别合并后居中

① 选定 A1:J1 单元格区域(标题行),单击"开始"选项卡"对齐方式"命令组中的"合并后居中"按钮 ⬚,将 A1 至 J1 单元格合并为一个单元格,里面的内容水平居中对齐。

② 选定 A21:J21 单元格区域(分隔行),单击"开始"选项卡中的"合并后居中"按钮 ⬚。

③ 选定 A22:C22 单元格区域,单击"开始"选项卡中的"合并后居中"按钮 ⬚。

④ 用同样的方法分别将 A23:C23、A24:C24、A25:C25、A26:C26、A27:C27、A28:C28、

图 4-36　"设置单元格格式"对话框之"数字"选项卡

A29:C29 等单元格区域"合并后居中"。

（2）将"班号"等列标题、"性别"列水平居中对齐；"等级"列右对齐

① 选定 A2:J2 单元格区域（列标题），按住 Ctrl 键再追加选择 C3:C20（"性别"列），单击"开始"选项卡"对齐方式"命令组中的水平"居中"对齐按钮，如图 4-37 所示。

② 选定 J3:J20 单元格区域（"等级"列），单击"开始"选项卡"对齐方式"命令组中的水平"右对齐"按钮。

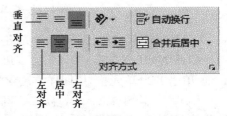

图 4-37　"开始"选项卡之"对齐方式"命令组

12. 调整列宽和行高

（1）设置 A 列和 B 列的列宽为 10、C-J 列的列宽为 7

① 选定 A 列和 B 列。

② 在选定的列标上右击，在右键快捷菜单中选择"列宽"命令项，在打开的"列宽"对话框中输入 10，单击"确定"。

③ 选定 C-J 列，用同样的方法将"列宽"设置为 7。

（2）设置第 1 行的行高为 22、第 21 行的行高为 8

① 选定第 1 行（标题行）。

② 单击"开始"选项卡"单元格"命令组中的"格式"按钮，在下拉列表中选择"行高"命令，在打开的"行高"对话框中输入 22，单击"确定"。

③ 选定第 21 行（分隔行），用同样的方法将"行高"设置为 8。

13. 设置边框和填充底纹

（1）给表格加上边框线，并将列标题行的下框线设置为蓝色粗线

① 选定 A1:J29 单元格区域（整个表格）。

② 在"开始"选项卡"字体"命令组中，单击"边框" 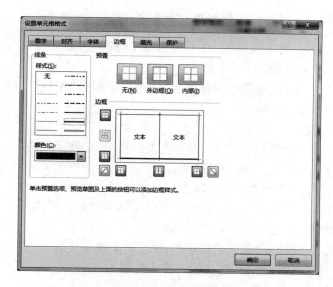 的下拉箭头，在弹出的下拉列表中选择"所有框线"命令 ⊞，给表格加上边框线。

③ 选定 A2:J2 单元格区域（列标题行）。

④ 在右键快捷菜单中选择"设置单元格格式"命令项，打开"设置单元格格式"对话框。

⑤ 选择"边框"选项卡，"样式"设置为最粗的实线，"颜色"设置为标准色"蓝色"。

⑥ 单击"边框"栏中的"下框线"按钮 ▦，将列标题行的下框线设置为蓝色粗线，如图 4-38 所示。

图 4-38　"设置单元格格式"对话框之"边框"选项卡

（2）给 A21 单元格填充"蓝色，个性色 1"底纹，给 A2:J2、A3:B20、A22:A29 三个矩形区域填充"白色，背景 1，深色 15％"底纹

① 单击 A21 合并的单元格。

② 在"开始"选项卡"字体"命令组中，单击"填充颜色" ▧ 的下拉箭头，在弹出的下拉列表"主题颜色"中选择"蓝色，个性色 1"（第 1 排第 5 个）。

③ 同时选定 A2:J2，A3:B20，A22:A29 三个矩形区域。

④ 在"开始"选项卡"字体"命令组中，单击"填充颜色" ▧ 的下拉箭头，在弹出的下拉列表"主题颜色"中选择"白色，背景 1，深色 15％"（第 3 排第 1 个）。

14. 应用样式

① 单击 A1 合并的单元格。

② 在"开始"选项卡"样式"命令组中，单击"颜色样式"的"其他"按钮 ▾，在下拉列表中单击"标题 1"样式。

15. 应用条件格式

（1）将语文、数学、英语三门课程小于 60 的数据设置为"红色、加粗"

① 选定要设置条件格式的单元格区域 D3:F20。

② 单击"开始"选项卡"样式"命令组中的"条件格式"按钮，在弹出的下拉列表中依次选择

"突出显示单元格规则"/"小于"命令,弹出"小于"对话框。

③ 在左边文本框中键入 60,如图 4-39 所示。

图 4-39　"小于"对话框

④ 单击右边"设置为"的下拉箭头,在下拉列表中选择"自定义格式",弹出"设置单元格格式"对话框。

⑤ 选择"字体"选项卡,设置颜色为标准色"红色",字形为"加粗"。单击"确定"按钮,返回"小于"对话框。

⑥ 单击"确定"按钮。

以后如果这个区域中的数据小于 60,则会自动设置为"红色、加粗"。

(2) 将总分用"蓝—白—红色阶"来描述

① 选定要设置条件格式的单元格区域 H3:H20。

② 单击"开始"选项卡"样式"命令组中的"条件格式"按钮,在弹出的下拉列表中依次选择"色阶"/"蓝—白—红色阶"命令。

(3) 将平均分用"三向箭头(彩色)"来描述,绿色的上箭头代表 90 分以上,黄色的横向箭头代表 60~90 分,红色的下箭头代表 60 以下

① 选定要设置条件格式的单元格区域 G3:G20。

② 单击"开始"选项卡"样式"命令组中的"条件格式"按钮,在弹出的下拉列表中依次选择"图标集"/"三向箭头(彩色)"命令,默认效果如图 4-40 所示。

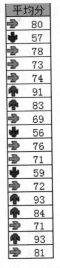

图 4-40　三向箭头默认效果

③ 选择区域不变,单击"开始"选项卡"样式"命令组中的"条件格式"按钮,在弹出的下拉列表中选择"管理规则"命令,弹出"条件格式规则管理器"对话框,如图 4-41 所示。

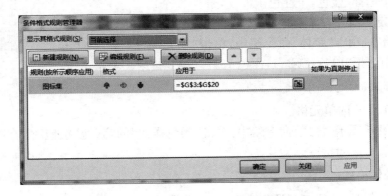

图 4-41　"条件格式规则管理器"对话框

④ 双击规则列表中的"图标集"规则,弹出"编辑格式规则"对话框,如图 4-42 所示。

⑤ 在"编辑规则说明"栏中,绿色上箭头的"类型"改为"数字","值"文本框中键入 90;黄色横向箭头的"类型"改为"数字","值"文本框中键入 60。

⑥ 单击"确定"按钮,退出"编辑格式规则"对话框。

⑦ 单击"条件格式规则管理器"对话框的"确定"按钮。

上述 3 种条件格式应用的操作结果如图 4-43 所示。

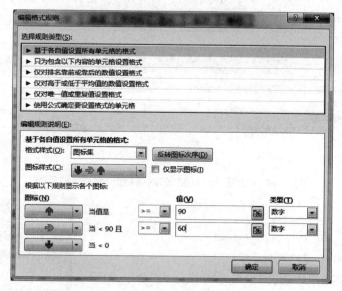

图 4-42 "编辑格式规则"对话框

	A	B	C	D	E	F	G	H	I	J
1	高二年级成绩统计表									
2	班号	学号	性别	语文	数学	英语	平均分	总分	名次	等级
3	高二1班	JD-0001	男	82	79	78	80	239	7	合格
4	高二1班	JD-0002	女	56	57	59	57	172	17	不合格
5	高二1班	JD-0003	女	78	87	70	78	235	8	合格
6	高二1班	JD-0004	男	82	68	70	73	220	11	合格
7	高二1班	JD-0005	女	76	67	78	74	221	10	合格
8	高二1班	JD-0006	男	95	89	90	91	274	3	优秀
9	高二1班	JD-0007	女	86	73	89	83	248	5	合格
10	高二1班	JD-0008	女	54	76	77	69	207	15	合格
11	高二1班	JD-0009	男	65	40	62	56	167	18	不合格
12	高二1班	JD-0010	男	78	76	75	76	229	9	合格
13	高二2班	JD-0011	男	78	45	89	71	212	14	合格
14	高二2班	JD-0012	男	55	56	65	59	176	16	不合格
15	高二2班	JD-0013	女	89	56	72	72	217	12	合格
16	高二2班	JD-0014	女	95	90	93	93	278	2	优秀
17	高二2班	JD-0015	男	92	74	86	84	252	4	合格
18	高二2班	JD-0016	女	83	76	54	71	213	13	合格
19	高二2班	JD-0017	男	98	89	92	93	279	1	优秀
20	高二2班	JD-0018	女	89	77	76	81	242	6	合格

图 4-43 3 种条件格式应用效果

知识链接…

不用的条件格式如何清除呢?

(1)清除整个工作表的条件格式

① 选择要清除条件格式的工作表。

② 在"开始"选项卡"样式"命令组中，单击"条件格式"按钮，在下拉列表中依次单击"清除规则"/"清除整个工作表的规则"命令，则当前工作表中的条件格式都被清除。

（2）清除所选单元格的条件格式

① 选择要清除条件格式的单元格区域。

② 在"开始"选项卡"样式"命令组中，单击"条件格式"按钮，在下拉列表中依次单击"清除规则"/"清除所选单元格的规则"命令，则所选单元格的条件格式被清除。

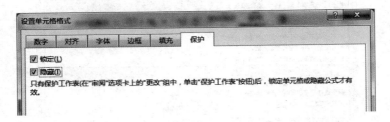

图 4-44　"设置单元格格式"对话框之"保护"选项卡

16. 隐藏公式

将"等级"单元格里的计算公式隐藏。

① 选定 J3:J20 单元格区域。

② 在右键快捷菜单中选择"设置单元格格式"命令，打开"设置单元格格式"对话框。

③ 在"保护"选项卡中选择"隐藏"复选框，如图 4-44 所示。

④ 单击"确定"按钮。

⑤ 单击"审阅"选项卡"更改"组中的"保护工作表"命令，弹出"保护工作表"对话框，如图 4-45 所示。

⑥ 这里不设密码，单击"确定"按钮。

单击 J3:J20 区域中的单元格，观察编辑栏中公式显示的变化。

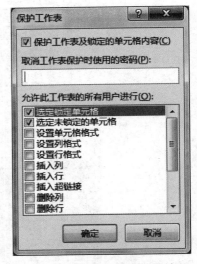

图 4-45　"保护工作表"对话框

知识链接···

单元格设置为"隐藏"保护，可以将工作表中的公式隐藏起来（在单元格或编辑栏中只显示公式的计算结果）；设置为"锁定"保护后，可以防止他人对单元格进行输入和编辑操作。但是，"锁定"和"隐藏"都必须在工作表保护的操作下才能生效。事实上，在默认情况下 Excel 已对工作表的全部单元格都设置了"锁定"，因为工作表没有保护，所以仍能正常输入和编辑。

如果要撤消工作表的保护，切换到需要撤消保护的工作表，单击"审阅"选项卡"更改"组中的"撤消工作表保护"命令即可。如果保护工作表时设置了密码，则会打开对话框要求输对密码才行。

注意：在工作表受保护时，"保护工作表"命令会变为"撤消工作表保护"。

任务 3　数据管理和分析

【任务展示】

如果 Excel 只有如前面所讲的表格功能，那用我们已经熟悉的 Word 的表格就可以了，Excel 重要性就在于其数据库管理功能，可以实现数据的排序、筛选、分类汇总、数据透视表和合并计算等功能。本任务：①根据任务 2 统计的如图 4-46 所示的成绩统计表分析各项成绩数据；②将两个分店的销售数据汇总。学习数据管理和分析的方法，最终结果如图 4-47～图 4-52 所示。

班号	学号	性别	语文	数学	英语	平均分	总分	名次	等级
				高二年级成绩统计表					
高二1班	JD-0001	男	82	79	78	80	239	7	中
高二1班	JD-0002	女	56	57	59	57	172	17	不及格
高二1班	JD-0003	女	78	87	70	78	235	8	中
高二1班	JD-0004	男	82	68	70	73	220	11	中
高二1班	JD-0005	女	76	67	78	74	221	10	中
高二1班	JD-0006	男	95	89	90	91	274	3	优
高二1班	JD-0007	女	86	73	89	83	248	5	良
高二1班	JD-0008	女	54	76	77	69	207	15	及格
高二1班	JD-0009	男	65	40	62	56	167	18	不及格
高二1班	JD-0010	男	78	76	75	76	229	9	中
高二2班	JD-0011	男	78	45	89	71	212	14	中
高二2班	JD-0012	男	55	56	65	59	176	16	不及格
高二2班	JD-0013	女	89	56	72	72	217	12	中
高二2班	JD-0014	女	95	90	93	93	278	2	优
高二2班	JD-0015	男	92	74	86	84	252	4	良
高二2班	JD-0016	女	83	76	54	71	213	13	中
高二2班	JD-0017	男	98	89	92	93	279	1	优
高二2班	JD-0018	女	89	77	76	81	242	6	良

图 4-46　"成绩统计表"原始表

班号	学号	性别	语文	数学	英语	平均分	总分	名次	等级
				高二年级成绩统计表					
高二1班	JD-0006	男	95	89	90	91	274	3	优
高二1班	JD-0007	女	86	73	89	83	248	5	良
高二1班	JD-0001	男	82	79	78	80	239	7	中
高二1班	JD-0003	女	78	87	70	78	235	8	中
高二1班	JD-0010	男	78	76	75	76	229	9	中
高二1班	JD-0005	女	76	67	78	74	221	10	中
高二1班	JD-0004	男	82	68	70	73	220	11	中
高二1班	JD-0008	女	54	76	77	69	207	15	及格
高二1班	JD-0002	女	56	57	59	57	172	17	不及格
高二1班	JD-0009	男	65	40	62	56	167	18	不及格
高二2班	JD-0017	男	98	89	92	93	279	1	优
高二2班	JD-0014	女	95	90	93	93	278	2	优
高二2班	JD-0015	男	92	74	86	84	252	4	良
高二2班	JD-0018	女	89	77	76	81	242	6	良
高二2班	JD-0013	女	89	56	72	72	217	12	中
高二2班	JD-0016	女	83	76	54	71	213	13	中
高二2班	JD-0011	男	78	45	89	71	212	14	中
高二2班	JD-0012	男	55	56	65	59	176	16	不及格

图 4-47　"多字段排序"结果

高二年级成绩统计表

班号	学号	性别	语文	数学	英语	平均分	总分	名次	等级
高二1班	JD-0006	男	95	89	90	91	274	3	优
高二1班	JD-0007	女	86	73	89	83	248	5	良

图 4-48　"多字段筛选"结果

高二年级成绩统计表

班号	学号	性别	语文	数学	英语	平均分	总分	名次	等级
高二1班	JD-0006	男	95	89	90	91	274	3	优
高二2班	JD-0014	女	95	90	93	93	278	2	优
高二2班	JD-0015	男	92	74	86	84	252	4	良
高二2班	JD-0017	男	98	89	92	93	279	1	优

图 4-49　"高级筛选"结果

分级显示按钮

隐藏明细数据按钮

高二年级成绩统计表

班号	学号	性别	语文	数学	英语	平均分	总分	名次	等级
高二1班	JD-0001	男	82	79	78	80	239	7	中
高二1班	JD-0002	女	56	57	59	57	172	17	不及格
高二1班	JD-0003	女	78	87	70	78	235	8	中
高二1班	JD-0004	男	82	68	70	73	220	11	中
高二1班	JD-0005	女	76	67	78	74	221	10	中
高二1班	JD-0006	男	95	89	90	91	274	3	不及格
高二1班	JD-0007	女	86	73	89	83	248	5	良
高二1班	JD-0008	女	54	76	77	69	207	15	及格
高二1班	JD-0009	男	65	40	62	56	167	18	不及格
高二1班	JD-0010	男	78	76	75	76	229	9	中
高二1班 平均值			75.2	71.2	74.8				
高二2班	JD-0011	男	78	45	89	71	212	14	中
高二2班	JD-0012	男	55	56	65	59	176	16	不及格
高二2班	JD-0013	女	89	56	72	72	217	12	中
高二2班	JD-0014	女	95	90	93	93	278	2	优
高二2班	JD-0015	男	92	74	86	84	252	4	良
高二2班	JD-0016	女	83	76	54	71	213	13	中
高二2班	JD-0017	男	98	89	92	93	279	1	优
高二2班	JD-0018	女	89	77	76	81	242	6	良
高二2班 平均值			84.875	70.375	78.375				
总计平均值			79.5	70.8333	76.3889				

图 4-50　"分类汇总"结果

	A	B	C	D
3		列标签		
4	行标签	男	女	总计
5	高二1班			
6	平均值项:语文	80.4	70.0	75.2
7	平均值项:数学	70.4	72.0	71.2
8	平均值项:英语	75.0	74.6	74.8
9	高二2班			
10	平均值项:语文	80.8	89.0	84.9
11	平均值项:数学	66.0	74.8	70.4
12	平均值项:英语	83.0	73.8	78.4
13	平均值项:语文汇总	80.6	78.4	79.5
14	平均值项:数学汇总	68.4	73.2	70.8
15	平均值项:英语汇总	78.6	74.2	76.4

… 　高级筛选　分类汇总　统计结果表

图 4-51　"数据透视表"结果

	A	B	C	D
1	1分店销售统计表			
2	型号	一季度	二季度	三季度
3	A001	90	80	85
4	A002	75	65	83
5	A003	85	75	80
6	A004	70	90	85

（a）参与"合并计算"的工作表1

	A	B	C	D
1	2分店销售统计表			
2	型号	一季度	三季度	二季度
3	A001	100	91	70
4	A003	73	78	75
5	A002	87	81	109
6	A004	98	85	91
7	A001	100	100	100
8	A005	200	200	200

（b）参与"合并计算"的工作表2

	A	B	C	D	E
1			一季度	二季度	三季度
+ 5	A001		290	250	276
+ 8	A002		162	174	164
+ 11	A003		158	150	158
+ 14	A004		168	181	170
+ 16	A005		200	200	200

（c）"合并计算"结果

图 4-52　"合并计算"

【相关知识】

1. 数据清单

在 Excel 中数据库是通过数据清单的形式来处理的。数据清单是包含相关数据的一系列工作表数据行。数据清单是由若干行和若干列组成的二维表格,表中的列称为字段,第一行的列标题称为字段名,字段名下的为字段的值,每一行构成一个整体,称为记录。

在工作表上输入数据时若能按照如下原则,则自动建立数据清单:

- 在数据清单所在区域的第一行为字段名行,每列中的数据具有相同的数据类型。
- 在数据清单与其他数据间,至少留出一个空列和一个空行。
- 数据清单中不包含空行、空列和合并的单元格。

例如,图 4-46"成绩统计表"中 A3:J21 就是一个数据清单,这里的表格标题"高二年级成绩统计表"下特意添加了一个空行用以和数据清单隔开。如果数据清单是严格按数据清单规则建立的,数据操作时 Excel 会自动识别,只要单击该区域中的任一单元格即可,否则要选择数据清单的整个区域。

2. 数据排序

排序是根据数据清单中某个字段的值来排列各行记录的顺序,这个字段称为"关键字"。排序分升序(由小到大)和降序(由大到小)两种,下面为数据升序排列的规则:

- 数字从最小的负数到最大的正数。
- 字母从 A 到 Z。
- 日期和时间从最早到最近。
- 逻辑值中,FLASE 排在 TRUE 之前。
- 中文数据根据其拼音字母的顺序排列。
- 空格排在最后。

（1）单字段排序

单字段排序就是根据一个字段（一个关键字）进行的排序。使用"数据"选项卡"排序和筛选"命令组中的"升序"按钮 ，"降序"按钮 或"排序"按钮 进行排序操作。

例如，将图4-46"成绩统计表"中的数据清单按"总分"由高到低（降序）排列。

在"总分"列中单击任一单元格（注意不要选择"总分"一列），单击"降序"按钮 即可。

（2）多字段排序

当根据一个字段排序时，会碰到有几行这一字段列中的数据相同的情况，可以根据第二个字段排，如果第二个字段列中的数据又有相同的，再根据第三个字段排，这就是多字段（多关键字）排序。

例如，将图4-46"成绩统计表"中的数据清单按"总分"由高到低（降序）排序，对总分相同的按"数学"由高到低排序，若"总分"和"数学"两项都相同，再按"英语"由高到低排序，使用"排序"按钮 进行排序操作，在打开的"排序"对话框中设置如图4-53所示。

图 4-53 "排序"对话框

（3）按行排序

Excel默认按列排序，也可按行排序，即根据指定行排列各列的顺序。在"排序"对话框中，单击"选项"按钮，在弹出的"排序选项"对话框的"方向"栏中选择"按行排序"即可。

（4）按自定义序列排序

用户除了可以按照默认的次序排序外，还可以依据自行定义的次序排序。特别是中文数据，由于中文数据是根据其拼音字母的顺序来排序的，这可能和它的中文含义不一致，需要自定义其排序次序。例如，将图4-46"成绩统计表"中的数据清单按"等级"排列。如果用默认的"降序"，将按"中→优→良→及格→不及格"的顺序排，因为这里"中"的拼音首字母是Z，最大，所以排在第一的位置。在这种情况下只能用"自定义序列"的方法来重定义它们的排列次序，具体操作可见后面的任务实施1。

3. 数据筛选

筛选可以快速而方便地查找工作表中的数据。筛选是将不满足条件的记录（行）暂时隐藏起来，而只显示符合条件的记录。Excel提供了"自动筛选"和"高级筛选"两种筛选方式。

（1）自动筛选

自动筛选适用于单个字段条件或多个"与"的关系的字段条件的筛选。使用"数据"选项卡"排序和筛选"命令组中的"筛选"按钮 ，在数据清单的每个字段右侧都会出现下拉箭头 ，单击打开下拉列表后,可以从下面列出的项目中勾选需要的进行筛选;也可以继续选择文本筛选或数字筛选,在弹出如图 4-54、图 4-55 所示的二级下拉列表中选择一项,弹出"自定义自动筛选方式"对话框。筛选后,字段名右侧的下拉箭头转换为: ,表示该字段已筛选过。

图 4-54　"文本筛选"二级下拉列表

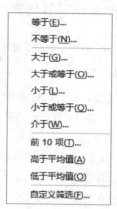

图 4-55　"数字筛选"二级下拉列表

如果需要查找某些字符相同但其他字符不同的文本,可以使用通配符 ?(问号)和 *(星号)。?(问号)表示任意单个字符,例如,"李?才"可找到"李俊才"和"李秀才";*表示任意数量的字符,例如,"张*"可找到所有姓张的。

（2）清除筛选

① 清除某个字段的筛选

单击已筛选的字段名(如数学)右侧的下拉箭头 ,在下拉列表中单击"从'数学'中清除筛选",则可以清除该字段的筛选。

② 清除工作表中的所有筛选

单击"数据"选项卡"排序和筛选"命令组中的"清除"按钮,清除工作表中的所有筛选,并重新显示所有行;也可以再次单击"数据"选项卡"排序和筛选"命令组中的"筛选"按钮 ,退出自动筛选,同时清除所有的筛选。

（3）高级筛选

在实际应用中,当利用自动筛选功能无法完成筛选时,如多个字段条件是"或"的关系,可以通过高级筛选来完成。

① 建立条件区域。条件区域和数据清单要隔开一空行或一空列,其中的字段名必须与数据清单中的对应字段名完全一样,例如大小写、空格个数等要完全相同,一般用复制的方法填写。

② 单击数据清单中的任一单元格,使用"数据"选项卡"排序和筛选"命令组中的"高级"命令,弹出"高级筛选"对话框。

③ 选择"列表区域"。一般不用选择,系统已自动选择好,如果不对,可重新选择。

④ 选择"条件区域"。

⑤ 在"方式"栏内选择放置筛选结果的方式:默认为"在原有区域显示筛选结果";选择"将筛选结果复制到其他位置"单选框,在"复制到"文本框中输入目的地的左上角单元格地址。

⑥ 若选中"选择不重复的记录"复选框,则筛选结果中不会存在完全相同的记录。

⑦ 单击"确定"按钮,显示筛选出满足条件的记录。

清除筛选结果,如果选择默认的"在原有区域显示筛选结果",则用"数据"选项卡"排序和筛选"命令组中的"清除"命令清除;如果选择"将筛选结果复制到其他位置",则删除筛选的结果即可。

注意:条件区域中同一行的多个条件为逻辑与、不同行的多个条件为逻辑或。

4. 分类汇总

分类汇总是数据统计中的常用方法。根据数据清单中已排序的字段分类,并求出各类数据的统计值,如:求和、计数、平均值、最大值、最小值等。

(1)创建分类汇总

① 如果分类字段(如"班号")没排序归类,则以分类字段为关键字对数据清单进行排序。

② 单击数据清单中的任一单元格。单击"数据"选项卡"分级显示"命令组中的"分类汇总"按钮,打开"分类汇总"对话框。

③ "分类汇总"对话框的设置

分类字段:选择已排序的字段(如"班号")。

汇总方式:单击右侧下拉箭头"▼",选择汇总方式(如"平均值")。

选定汇总项:勾选要参加汇总的字段,必须是数值型字段(如"数学")。

"每组数据分页"复选框:选中,则在每类数据后插入分页符,便于分页打印。

"汇总结果显示在数据下方"复选框:选中,则分类汇总结果和总汇总结果显示在原数据的下方,否则显示在上方。

④ 单击"确定"按钮。显示"分类汇总"结果。

(2)嵌套分类汇总

分类汇总默认替换原先的汇总,只显示最新的汇总结果。如果要把汇总结果叠加在原先的汇总结果上,只要将"分类汇总"对话框中的"替换当前分类汇总"复选框不选即可。

(3)删除分类汇总结果

如果进行分类汇总操作之后,用户需要恢复工作表的原始数据,则可再次打开"分类汇总"对话框,单击"全部删除"按钮即可。

(4)分级显示

对于分类汇总的结果可以分级显示,这样只要单击鼠标就可以隐藏或显示各种级别的细节数据。分级显示可以快速地显示那些仅提供了工作表中各级汇总和标题信息的行,或显示与汇总行相邻接的明细数据的区域。

分级显示可以具有至多 8 个级别的细节数据,其中每个内部级别为外部级别提供细节数据。在任务展示图 4-50 所示的"分类汇总"结果中,包含所有行的总计行"总计平均值"属于级别 1,包含两个班"平均值"的行属于级别 2,各个班级的成绩数据行则属于级别 3。

若仅显示某个级别中的行,可以单击分类汇总表第 1 行上面级别对应的各个数字分级按钮 1、2、3。例如单击 2,将显示级别 1、2 的汇总结果行,隐藏级别 3 的成绩数据行,如图 4-56 所示。

这时,虽然各个班级的成绩数据行是隐藏的,但可以单击其左边的"显示明细数据"按钮 ⊞ 来显示它们。例如,单击"高二 1 班平均值"左边的 ⊞ 号,高二 1 班的成绩数据将显示出来。此

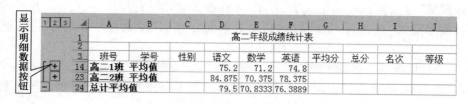

图 4-56　"分类汇总"结果分级显示

时 ⊞ 号变为 ⊟ 号,再单击"高二1班平均值"左边的 ⊟ 号,高二1班的成绩数据将隐藏起来。

（5）复制分类汇总的结果

在实际应用中,用户可能需要分类汇总结果,此时,不能使用一般的复制、粘贴操作,否则会将明细与分类汇总结果一起进行复制。仅复制分类汇总结果可如下处理:

① 通过分级显示按钮仅显示需要复制的结果,选择需要复制的分类汇总结果,再按〈Alt＋;(分号)〉组合键。

② 按 Ctrl＋C 组合键将其复制到剪贴板中。

③ 在目标单元格区域中按 Ctrl＋V 组合键完成粘贴操作。

5. 数据透视表

数据透视表是用于快速汇总大量数据的交互式表格。用户可以旋转其行或列以查看对源数据的不同汇总,还可以通过显示不同的页来筛选数据,或者也可以显示所关心区域的明细数据。

（1）创建数据透视表

利用任务展示图 4-46 所示"成绩统计表"中的数据,统计出不同班级、不同性别学生语文、数学、英语 3 门课程的平均分,以"班号"行显示,以"性别"列显示,课程放置的顺序为语文、数学、英语,结果放置在新工作表"统计结果表"中。操作步骤如下:

① 单击数据清单中的任意单元格。

② 在"插入"选项卡"表格"命令组中,单击"数据透视表"命令,打开"创建数据透视表"对话框。

③ 在"请选择要分析的数据"栏下,确保已选中"选择一个表或区域",然后在"表/区域"框中验证要用作源数据的单元格区域。Excel 会自动识别数据透视表的区域,你也可以选择其他区域。

④ 在"选择放置数据透视表的位置"栏,执行下列操作之一来指定位置:

• 若要将数据透视表放置在新工作表中,单击"新工作表"。

• 若要将数据透视表放置在现有工作表中,选择"现有工作表",然后在"位置"框中指定放置数据透视表的单元格区域,一般只要指定单元格区域的左上角单元格即可。

⑤ 单击"确定"按钮。Excel 将空白的数据透视表添加至新工作表或当前工作表指定位置,并在工作表的右侧显示"数据透视表字段"对话框。

⑥ 在"数据透视表字段"对话框中,将"选择要添加到报表的字段"栏中的字段拖到"行""列"和"值"3 个区域中。

⑦ 将默认"列"区中的"∑数值"拖到"行"区中。

⑧ "值"区中字段的默认汇总方式是"求和",可以单击其下拉列表,选择"值字段设置",弹

出"值字段设置"对话框,在"值汇总方式"选项卡的"计算类型"栏中选择其他方式,如"平均值";单击"数字格式"按钮可以在弹出的"设置单元格格式"对话框中设置汇总结果的数字格式。

（2）改变数据透视表布局

数据透视表创建完成后,也许所建的数据透视布局不是你所期盼的,这时需改变数据透视布局。操作步骤如下:

① 在数据透视表上单击,窗口右侧会显示"数据透视表字段"对话框。如果没有显示,右击数据透视表,在右键快捷菜单中选择"显示字段列表"菜单项。

②调整"行""列"和"值"3 个区中的字段。

③ 调整汇总方式。

（3）刷新数据透视表

在创建数据透视表之后对源数据中的数据所做的更改,要通过对数据透视表的"刷新"才能反映到数据透视表中。操作方法如下:

① 单击数据透视表上的任意位置,在功能区右边会添加"数据透视表工具",里面有"分析"和"设计"2 个选项卡。

② 单击"数据透视表工具"中的"分析"选项卡,然后单击"数据"组中的"刷新"按钮。

（4）更改数据源

如果想修改数据透视表的数据源区域,可通过"更改数据源"来实现。操作方法如下:

① 单击数据透视表上的任意位置。

② 单击"数据透视表工具"中的"分析"选项卡,然后单击"数据"组"更改数据源"下拉列表的"更改数据源",打开"更改数据透视表数据源"对话框。如图 4-57 所示。

图 4-57　"更改数据透视表数据源"对话框

③ 重新选择数据区域,单击"确定"按钮。

④ 单击"数据透视表工具"中的"分析"选项卡,然后单击"数据"组中的"刷新"按钮。

（5）移动数据透视表

① 单击数据透视表上的任意位置。

② 单击"数据透视表工具"中的"分析"选项卡,然后单击"操作"组中的"移动数据透视表"按钮,打开"移动数据透视表"对话框。如图 4-58 所示。

③ 可更改"现有工作表"的位置,也可以选择"新工作表"将数据透视表移到新工作表中。

④ 单击"确定"按钮。

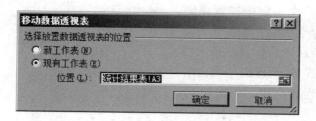

图 4-58　"移动数据透视表"对话框

（6）删除数据透视表

① 在要删除的数据透视表的任意位置单击。

② 单击"数据透视表工具"中的"分析"选项卡，然后单击"操作"组中"选择"的下拉箭头，选择下拉列表中的"整个数据透视表"。

③ 按"Delete"键删除。

6. 合并计算

合并计算可以将不同数据源的数据合并汇总到一个工作表(称主工作表)中。不同数据源可以是同一工作表中、与主工作表位于同一工作簿中，也可以位于其他工作簿中。合并计算是使用"数据"选项卡"数据工具"命令组中的"合并计算"命令实现的，可以使用两种方式对数据进行合并计算：

（1）按分类合并计算

当多个数据源中的数据以不同的方式排列，但却使用相同的行标签或列标签时，例如，在每个月生成布局相同的一系列销售工作表，但每个工作表包含不同的商品或商品的排列顺序不同时，可以使用此方法。具体操作见任务实施 6"将两个分店的销售数据汇总"。

（2）按位置合并计算

当多个数据源中的数据是按照相同的顺序排列并使用相同的行标签和列标签时，例如，使用同一个模板创建的开支工作表，可以使用此方法。

【任务实施】

1. 分班级根据等级由高到低排序——多字段排序、自定义序列排序

① 打开任务 2 已制作好的成绩统计表. xlsx，复制"成绩统计表"工作表并修改为如任务展示中图 4-46 所示的原始表，单击数据清单 A3:J21 中任一单元格(Excel 会自动识别数据清单)。

注意：排序时，如果选择部分数据区域，则仅对该区域的数据进行排序，其他未选区域的数据不变，这样可能引起数据错位。

② 单击"数据"选项卡"排序和筛选"命令组中的"排序"按钮 ，打开"排序"对话框，在"主要关键字"下拉列表框中选择"班号"，"次序"选择"升序"。

③ 单击"添加条件"按钮，在新增的"次要关键字"中，选择"等级"。如果已存在不需要的"关键字"，可选择后单击"删除条件"按钮删除。

④ 单击"次序"下拉列表，选择"自定义序列"，打开"自定义序列"对话框。

⑤ 在"输入序列"文本框中按顺序键入新建序列的各个条目：优→良→中→及格→不及格。每个条目占一行，按"Enter"键换行，单击"添加"按钮，新建的序列会出现在"自定义序列"列表框中，如图 4-59 所示。

提示：这里的"等级"列 L4 的公式是：

$=IF(G4>=90,"优",IF(G4>=80,"良",IF(G4>=70,"中",IF(G4>=60,"及格","不及格"))))$

⑥ 单击"确定"按钮返回"排序"对话框，结果如图 4-60 所示。

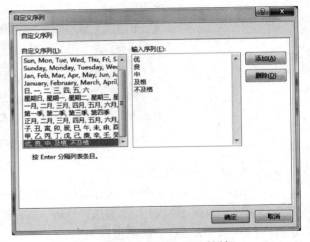

图 4-59 "自定义序列"对话框

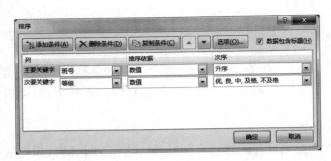

图 4-60 "排序"对话框

⑦ 单击"确定"按钮。最终排序结果如任务展示中图 4-47 所示。

提示：如果想保存任务实施的操作结果，则可预先多复制几个原始表以备后面的其他操作。

2. 筛选高二 1 班平均分大于等于 80 分的学生记录——多字段筛选

① 选择数据清单 A3:J21 中的任一单元格。

② 单击"数据"选项卡"排序和筛选"命令组中的"筛选"按钮 ，进入"自动筛选"状态。

③ 单击字段名"班号"右侧的下拉箭头 ，在弹出的下拉列表中列出了该字段的所有数据：高二 1 班、高二 2 班。撤消"高二 2 班"复选框，如图 4-61 所示。

④ 单击"确定"按钮，筛选出高二 1 班的数据，如图 4-62 所示。

⑤ 单击字段名"平均分"右侧的下拉箭头 ，在弹出的下拉列表中依次选择"数字筛选"/"大于或等于"，弹出"自定义自动筛选方式"对话框。

⑥ 在第一个条件的右文本框中键入"80"，如图 4-63 所示。

图 4-61 "班号"筛选下拉列表

班号	学号	性别	语文	数学	英语	平均分	总分	名次	等级
			高二年级成绩统计表						
高二1班	JD-0006	男	95	89	90	91	274	3	优
高二1班	JD-0007	女	86	73	89	83	248	5	良
高二1班	JD-0001	男	82	79	78	80	239	7	中
高二1班	JD-0003	女	78	87	70	78	235	8	中
高二1班	JD-0010	男	78	76	75	76	229	9	中
高二1班	JD-0005	女	76	67	78	74	221	10	中
高二1班	JD-0004	男	82	68	70	73	220	11	中
高二1班	JD-0008	女	54	76	77	69	207	15	及格
高二1班	JD-0002	女	56	57	59	57	172	17	不及格
高二1班	JD-0009	男	65	40	62	56	167	18	不及格

图 4-62　"班号"筛选结果

⑦ 单击"确定"按钮。最终筛选结果如任务展示中图 4-48 所示。

图 4-63　"自定义自动筛选方式"对话框

等级		语文	数学	英语
中		>90		
不及格			>90	
中				>90

图 4-64　建立条件区域

3. 筛选"语文＞90"或"数学＞90"或"英语＞90"的学生记录——高级筛选

① 如在"自动筛选"状态,则先退出自动筛选:再次单击"数据"选项卡"排序和筛选"命令组中的"筛选"按钮 ▼ ,退出自动筛选,同时清除所有的筛选。

② 建立条件区域:将字段名(列标题)复制到隔开一列的 L3:N3 中,"L4"单元格中输入"＞90","M5"单元格中输入"＞90","N6"单元格中输入"＞90",如图 4-64 所示。

③ 单击数据清单 A3:J21 中任一单元格。

④ 单击"数据"选项卡"排序和筛选"命令组中的"高级"命令,弹出"高级筛选"对话框。

⑤ "列表区域"中"A3:J21"Excel 已选择好了,如果不对,可重新选择。

⑥ 单击"条件区域"文本框,选择条件区域"L3:N6",如图 4-65 所示。

⑦ 单击"确定"按钮。筛选结果在原区域中显示,如

图 4-65　"高级筛选"对话框

任务展示中图 4-49 所示。

思考题：如果第②步条件区域中的 3 个条件在同一行中，则最后的筛选结果如何？为什么？

4. 统计高二各班 3 门课程的平均分——分类汇总

① 以分类字段"班号"为关键字对数据清单进行排序。

② 单击数据清单 A3:J21 中的任一单元格。

③ 单击"数据"选项卡"分级显示"命令组中的"分类汇总"按钮，打开"分类汇总"对话框。

④ "分类字段"选择已排序的字段"班号"。

⑤ "汇总方式"选择"平均值"。

⑥ "选定汇总项"选择要参加汇总的字段"语文""数学""英语"，如图 4-66 所示。

⑦ 单击"确定"按钮。分类汇总结果如任务展示中图 4-50 所示。

思考题：如果数据清单的班号是乱的，并跳过第①步没有按"班号"排序，则最后结果如何？

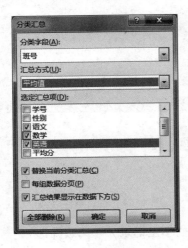 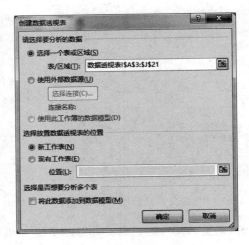

图 4-66 "分类汇总"对话框　　图 4-67 "创建数据透视表"对话框

5. 统计不同班级、不同性别学生语文、数学、英语 3 门课程的平均分——数据透视表

数据透视表以"班号"为行、"性别"为列，课程放置的顺序为语文、数学、英语，结果放置在新工作表"统计结果表"中。

① 单击数据清单 A3:J21 中的任一单元格。

② 在"插入"选项卡"表格"命令组中，单击"数据透视表"，打开"创建数据透视表"对话框。

③ 在"请选择要分析的数据"栏下，确保已选中"选择一个表或区域"，然后在"表/区域"框中验证要用作源数据的单元格区域：A3:J21。

④ 在"选择放置数据透视表的位置"栏中选择"新工作表"，如图 4-67 所示。

⑤ 单击"确定"按钮。Excel 将空白的数据透视表添加至新工作表，并在工作表的右侧显示"数据透视表字段"对话框。

⑥ 在"数据透视表字段"对话框中，将"选择要添加到报表的字段"栏中的"班号"拖到"行"，"性别"拖到"列"，单击"语文""数学""英语"3 门课程的复选框。

⑦ 将默认"列"区中的"Σ数值"拖到"行"区中，如图 4-68 所示。

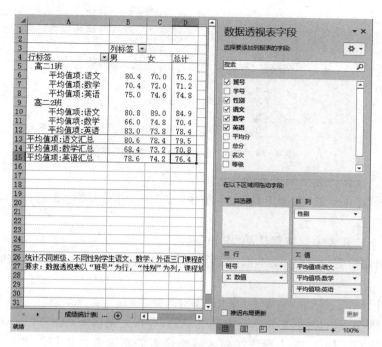

图 4-68　创建数据透视表

⑧ 单击"值"区中"求和项:语文"字段的下拉箭头,在下拉列表中选择"值字段设置"命令项,弹出"值字段设置"对话框。在"值汇总方式"选项卡的"计算类型"栏中选择"平均值",如图 4-69 所示。

⑨ 单击"数字格式"按钮,弹出"设置单元格格式"对话框,在"分类"下拉列表中选择"数值","小数位数"为"1"位。

⑩ 重复⑧⑨,修改"数学"和"英语"的汇总方式。

修改数据透视表所在的工作表名称为"统计结果表"。

创建的数据透视表如图 4-68 左侧所示。

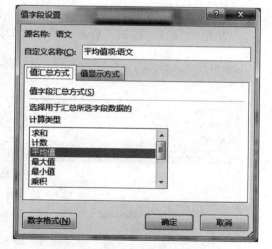

图 4-69　"值字段设置"对话框

6. 将两个分店的销售数据汇总——按类别合并计算

合并计算可以将不同数据源的数据合并汇总到一个工作表(称主工作表)中。不同数据源可以是同一工作表中、与主工作表位于同一工作簿中,也可以位于其他工作簿中。现有"合并计算. xlsx"工作簿中的"1 分店销售单""2 分店销售单"两张工作表,分别存放两个分店 3 个季度的销售统计,如图 4-70 所示。需新建工作表,计算两个分店不同型号产品每季度的销售总和。注意:"2 分店销售单"里多两行数据,行、列数据也没按顺序排列。

① 新建一个工作表作为合并计算的主工作表,工作名为"按类别合并计算"。

	A	B	C	D
1	1分店销售统计表			
2	型号	一季度	二季度	三季度
3	A001	90	80	85
4	A002	75	65	83
5	A003	85	75	80
6	A004	70	90	85

	A	B	C	D
1	2分店销售统计表			
2	型号	一季度	三季度	二季度
3	A001	100	91	70
4	A003	73	78	75
5	A002	87	81	109
6	A004	98	85	91
7	A001	100	100	100
8	A005	200	200	200

图 4-70　参与"合并计算"的两张工作表

② 单击存放合并计算结果区域的左上方单元格 A1。

③ 在"数据"选项卡的"数据工具"命令组中,单击"合并计算"命令,打开"合并计算"对话框,如图 4-71 所示。

④ "函数"下拉列表中保持默认的"求和"函数。

⑤ 单击"引用位置"栏中的文本框,然后单击工作表标签中的"1 分店销售单",选择 A2：D6 单元格区域。

⑥ 在"合并计算"对话框中,单击"添加"按钮。

⑦ 重复步骤⑤、⑥,添加"2 分店销售单"! A2:D8 单元格区域,如图 4-71 所示。

⑧ 在"标签位置"栏下,选中标签在源区域中位置的复选框："首行"和"最左列"；选中"创建指向源数据的链接",使合并计算在源数据改变时自动更新,并且合并计算结果以分类汇总的方式显示。

⑨ 单击"确定"按钮。合并计算结果如图 4-72 所示。

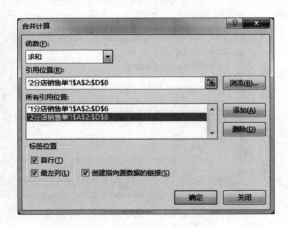

图 4-71　"合并计算"对话框

1 2		A	B	C	D	E
	1			一季度	二季度	三季度
+	5	A001		290	250	276
+	8	A002		162	174	164
+	11	A003		158	150	158
+	14	A004		168	181	170
+	16	A005		200	200	200

图 4-72　"合并计算"结果

知识链接……

合并计算有按类别合并计算和按位置合并计算两种类型,按位置合并计算和按类别合并计算有什么不同?

（1）参加合并计算的源数据严格按照相同的行、列顺序排列,行标题和列标题一致。

（2）第⑤步选择参加合并计算的源数据时，不选择行标题和列标题（A001、一季度……）。

（3）第⑧步标签位置栏中的"首行"和"最左列"不选。这样主工作表中的行标题和列标题需预留位置补充，顺序和源数据中的一致（一般用复制）。

任务 4　制作成绩分析图表

■【任务展示】

Excel 提供了强大的图表功能，用户将工作表中的数据用图表的形式表现出来，具有较好的视觉效果，可方便用户查看数据的差异、预测趋势，并且当工作表中的数据变化时，图表也自动更新。本任务使用任务 2 的统计结果制作相应的成绩分析图，如图 4-73～图 4-75 所示，学习 Excel 图表、迷你图和数据透视图的制作方法。

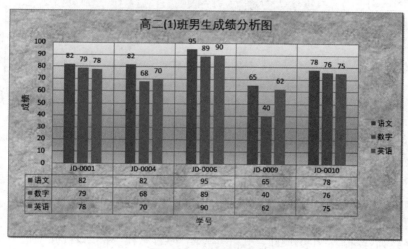

图 4-73　簇状柱形图

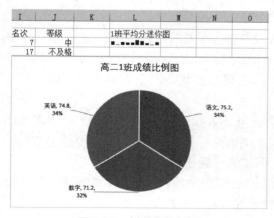

图 4-74　饼图和迷你图

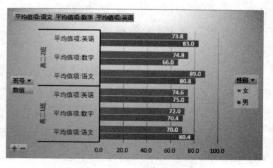

图 4-75　数据透视图

【相关知识】

1. 图表类型及元素

Excel 可以建立两种类型的图表,一种是"嵌入式图表",即图表以对象的形式嵌入在工作表中,作为工作表的一部分保存;一种是"图表工作表",独立于原始数据的特殊工作表。

各类图表的元素基本相似,如图 4-76 所示,主要元素有:

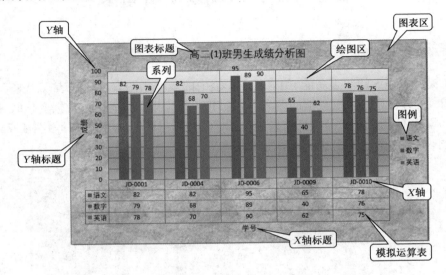

图 4-76　图表元素

（1）图表区:整个图表和它的全部元素。

（2）绘图区:在二维图表中,以坐标轴为界并包含全部数据系列的区域。在三维图表中,此区域以坐标轴为界并包含数据系列、分类名称、网格线和坐标轴标题。

（3）标题:说明性的文本,分为图表标题、X 轴标题、Y 轴标题。

（4）数据系列:绘制在图表中的一组相关数据,取自工作表的一行或一列。图表中的每一数据系列都具有特定的颜色或图案,并在图表的图例中进行了描述。在一张图表中可以绘制一个或多个数据系列,如饼图中只能有一个数据系列。

（5）数据点:图表中的柱形、条形、面积、扇区或其他类似符号,每个数据点都代表工作表中的一个数据,具有相同图案的数据点代表一个数据系列。

（6）数据标签:为数据点提供附加信息的标签,数据标签代表源于数据表单元格的单个数值。

（7）坐标轴:位于绘图区边缘的直线,为图表提供计量和比较的参考模型。对于多数图表,分成垂直(值)轴(Y 轴),它是根据图表的数据来创建坐标值,坐标值的范围覆盖了数据的范围;水平(类别)轴(X 轴),它用工作表数据中的行或列标题作为分类轴名称。

（8）网格线:为图表添加的线条,它使得观察和估计图表中的数据变得更为方便。网格线从坐标轴刻度线延伸并贯穿整个绘图区,有水平网格线和垂直网格线。

（9）图例:图例是一个方框,用于标识图表中数据系列或分类所指定的图案或颜色。

（10）模拟运算表：也称数据表，在图表的 X 轴下面用表格显示的每个数据系列的值。不是所有的图表类型都能显示模拟运算表。

2. 创建图表

（1）创建图表

创建图表时首先选择用于创建图表的工作表单元格区域，然后在"插入"选项卡的"图表"命令组中单击图表类型按钮，在下拉列表中选择一种符合要求的图表类型，在当前工作表中新建一个图表。

如果要查看所有的图表类型，单击"插入"选项卡"图表"命令组右下角的"查看所有图表"按钮 ，可打开如图 4-77 所示的"插入图表"对话框，里面可以看到各种类型的图表，并在右下角里列出该类型的几种效果供选择。

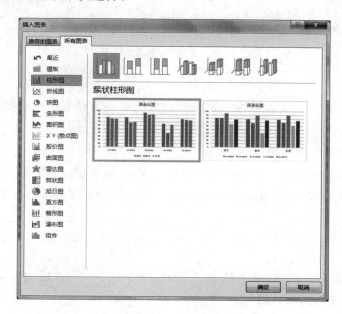

图 4-77　"插入图表"对话框

（2）更改图表类型

如果当前的图表不符合要求，可以更改图表类型以赋予其不同的外观，操作方法如下：

① 单击图表中的任意位置，在功能区会添加"图表工具"，里面有"设计"和"格式"两个选项卡。

② 在"设计"选项卡中，单击"更改图表类型"按钮，打开"更改图表类型"对话框，选择需要的图表类型。

③ 单击"确定"按钮。

（3）交换图表的行与列

如果新建的默认图表行/列不符合要求，即水平类别不对了，需要转换过来，操作方法如下：选定图表，单击"图表工具"之"设计"选项卡"数据"命令组中的"切换行/列"按钮。图 4-78 即是将任务展示中图 4-73 交换行/列后的效果图。

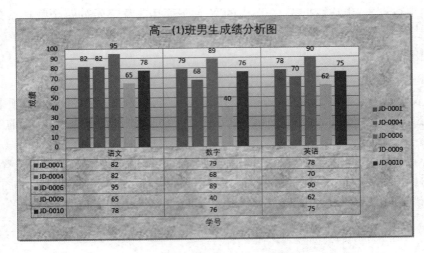

图 4-78　交换行/列后的图表

（4）删除图表

选中嵌入式图表，按 Delete 键即可删除嵌入式图表。图表工作表的删除，与前述的工作表删除方法一样。

3. 更改图表的布局或样式

图表创建后，可以为图表应用预定义的布局和样式，快速更改其外观，而不必手动添加或更改图表元素、设置图表格式。Excel 2016 提供了若干种预定义图表布局和图表样式供用户选择。

（1）应用预定义图表布局

① 单击图表中的任意位置。

② 在"图表工具"之"设计"选项卡"图表布局"命令组中，单击"快速布局"按钮，在打开的下拉列表中选择使用的图表布局。

（2）应用预定义图表样式

① 单击图表中的任意位置。

② 在"图表工具"之"设计"选项卡"图表样式"命令组中，单击要使用的图表样式。

单击"其他"按钮 ⊡ ，可查看所有预定义的图表样式。

4. 修改图表元素

应用预定义的图表布局和样式虽然可以快速更改图表的外观，但用户仍可以根据需要手动更改各个图表元素，设计更有个性的图表，可以通过"图表工具"之"设计"选项卡"图表布局"命令组中的"添加图表元素"命令来添加和修改图表元素。Excel 2016 提供了更便捷的操作方法来完成相应的功能操作，方法如下：选定图表后，在图表的右侧会出现 3 个按钮，第一个"图表元素"按钮 ⊞ 可添加/删除图表元素，选择其中的二级下拉列表"更多选项"可以打开"设置×××格式"对话框，用于调整元素的格式。"图表元素"的二级下拉列表如图 4-79 所示。

对于图表中已显示的元素，如果要修改它们的格式，可以右击（最好将鼠标指针移到对象上，确认出现的提示信息正确才右击），在快捷菜单中选择设置格式选项（一般为最后一项），在

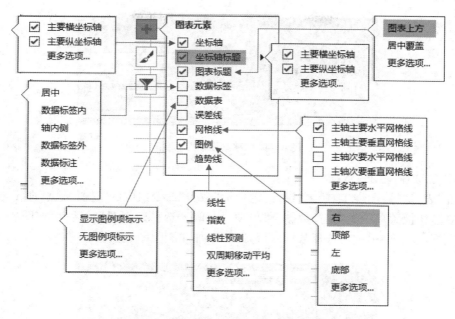

图 4-79　设置"图表元素"的二级下拉列表

弹出的对应格式对话框中进行相关的格式设置。

注意：如果在操作中窗口右侧的"设置×××格式"对话框有问题，可以尝试关闭再打开。

5. 调整图表大小和位置

（1）调整图表的大小

对于嵌入式图表，先选定图表，再将鼠标指向图表边框 4 条边的中央及 4 个角的 8 个控制点，当鼠标指针变为双向箭头时，拖动鼠标即可改变图表区大小；也可以在"图表工具"之"格式"选项卡"大小"命令组中设置"高度"和"宽度"。

（2）调整图表的位置

图表位置的移动分 3 种情况：

① 当前工作表内的移动

当鼠标指针移到图表上出现四向箭头时，拖动鼠标可以移动图表。

② 工作表之间的移动

将图表移到其他工作表中，操作方法为：选定图表，单击"图表工具"之"设计"选项卡"位置"命令组中的"移动图表"按钮，打开"移动图表"对话框，如图 4-80 所示，在"对象位于"栏的下拉列表中选择图表移动的目标工作表。

③ 嵌入式图表与图表工作表的转换

对于嵌入式图表，选择图 4-80"移动图表"对话框中的"新工作表"栏，将转换为图表工作表；对于图表工作表，选择图 4-80 中的"对象位于"栏，将转换为嵌入式图表。

6. 更改图表数据

由于图表是用工作表数据创建的，因此工作表中数据的变化会带来图表的自动变化，也可以通过图表源数据的调整来改变图表。

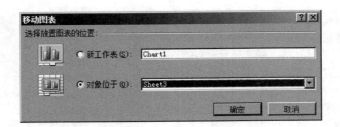

图 4-80 "移动图表"对话框

（1）添加或删除图表数据

单击图表，选择"图表工具"之"设计"选项卡"数据"命令组中的"选择数据"命令，或右击图表，单击右键快捷菜单中的"选择数据"菜单项，均弹出"选择数据源"对话框，如图 4-81 所示，在"图表数据区域"栏中重新选择数据区域，即可添加或删除图表数据。

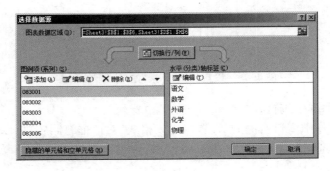

图 4-81 "选择数据源"对话框

（2）删除数据系列

如果直接在图表中单击某个数据系列，按下 Delete 键，或右击该系列，选择"删除"菜单项，图表中该系列就会被删除，但工作表中与之对应的数据并未被删除。

用户如果删除工作表中的某项数据，图表中对应的数据系列也会消失。

7. 数据透视图

数据透视图通过对数据透视表中的汇总数据添加可视化效果来对其进行补充，以便用户轻松查看比较。数据透视图的两种创建方法如下：

（1）通过数据透视表创建数据透视图

① 单击已存在的数据透视表中的任意单元格，单击"插入"选项卡"图表"命令组中的"数据透视图"，或在"数据透视表工具"之"分析"选项卡"工具"组中单击"数据透视图"按钮，打开"插入图表"对话框。

② 选择图表的类型，单击"确定"按钮，将插入数据透视图。

（2）通过数据源直接创建数据透视图

这和创建数据透视表一样，最后同时创建数据透视表和数据透视图。

8. 迷你图

迷你图是一种可直接在工作表单元格中插入的微型图表。将迷你图放在单元格区域附

近,可以显示其数据的变化趋势,或突出显示最大值和最小值,提供非常好的视觉冲击。迷你图具有以下优点:

① 可以直观清晰地看出数据的分布形态,占用空间少。

② 数据变化时,能实时看到迷你图的变化。

③ 可使用智能填充快速创建迷你图。

(1) 添加迷你图

① 在数据的附近选择一个空白单元格。

② 在"插入"选项卡"迷你图"命令组中选择迷你图类型,如"折线图""柱形图"或"盈亏",打开"创建迷你图"对话框。

③ 选择数据范围(要体现数据形态的单元格区域),然后单击"确定"按钮。

如果需要,可以拖动填充柄添加迷你图。

(2) 设置迷你图的格式

选择迷你图,选择"迷你图工具"之"设计"选项卡:

• "类型"命令组中,选择"折线图""柱形图"或"盈亏",以更改图表类型。

• "显示"命令组中,可选择突出显示迷你图中的值,如高点(最大值)、低点(最小值)、负点(负数)、首点(第一个数据)、尾点(最后数据)、标记(折线图时所有数据点)。

• "样式"命令组中,可以选择一个预设的样式。"迷你图颜色"可选择颜色,折线图还可通过"粗细"调整迷你图的线宽。"标记颜色"可更改各种标记的颜色。

• 如果数据中含有正值和负值,则选择"坐标轴",用于显示坐标轴。

(3) 删除迷你图

可用"开始"选项卡"编辑"命令组"清除"里的"全部清除"命令来删除迷你图。

【任务实施】

1. 制作成绩分析图——簇状柱形图

用任务 2 制作好的"成绩统计表原始表"按班号和性别排序,绘制一个高二(1)班男生的成绩分析图,如任务展示中图 4-73 所示。柱形图是最常见的图表之一,在柱形图中,每个数据都显示为一个垂直的柱体,其高度对应数据的值。柱形图通常用于表现数据之间的差异,表达事物的分布规律。

(1) 创建图表

① 选择"成绩统计表原始表"工作表,按班号和性别排序。

② 选择用于创建图表的工作表单元格区域:B3:B8,D3:F8。

③ 在"插入"选项卡的"图表"命令组中,单击"柱形图"按钮,在下拉列表中单击"二维柱形图"栏中的"簇状柱形图",在当前工作表中新建一个簇状柱形图,如图 4-82 所示。

(2) 修改图表元素

① 修饰图表区和绘图区

a. 双击图表区空白处,在窗口右侧打开"设置图表区格式"对话框。

b. 依次选择"填充与线条" ◇ →"填充"→"图片或纹理填充"→"纹理"中"信纸",给图表区添加背景图,如图 4-83 所示。

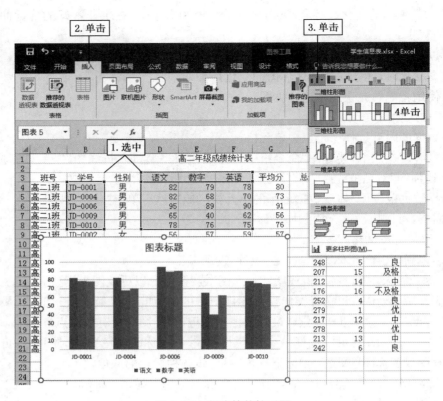

图 4-82　创建簇状柱形图

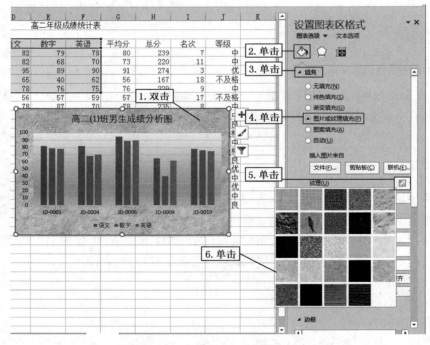

图 4-83　设置图表区背景格式

c. 依次选择"填充与线条" ⬙ →"边框"→"实线",给图表区添加边框线。

d. 依次选择"效果" ⬠ →"阴影"→"预设"→"外部"栏中的"右下斜偏移",给图表区添加阴影效果。

e. 双击绘图区空白处,窗口右侧变为"设置绘图区格式"对话框。

f. 依次选择"填充与线条" ⬙ →"渐变填充"→"预设渐变"中"浅色渐变-个性色 1",给绘图区添加背景色。效果如图 4-84 所示。

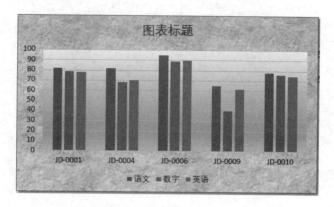

图 4-84　修饰图表区和绘图区后的图表

② 修改图表标题

a. 选择图表标题。

b. 修改里面的文字为"高二(1)班男生成绩分析图"。

③ 添加坐标轴标题

a. 选定图表,在右侧弹出 3 个按钮,单击"图表元素"按钮 ⊞ ,在下拉列表中勾选"坐标轴标题",将在横坐标轴下方添加横坐标轴标题,在纵坐标轴左侧添加纵坐标轴标题。

b. 修改横坐标轴标题为"学号",修改纵坐标轴标题为"成绩",效果如图 4-85 所示。

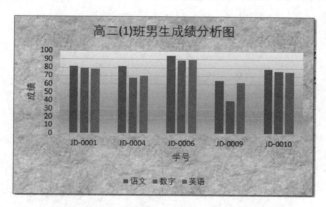

图 4-85　添加标题后的图表

④ 显示模拟运算表

a. 选定图表,单击"图表元素"按钮 ⊞ ,在下拉列表中勾选"数据表",将在横坐标轴下方显示"模拟运算表"。

b. 依次单击"图表元素"按钮 ⊞ →"数据表"的下拉箭头→"更多选项",在窗口右侧打开"设置模拟运算表格式"对话框。

c. 依次选择"填充与线条" ◇ →"边框"→"实线",给模拟运算表加上表格线,效果如图 4-86 所示。

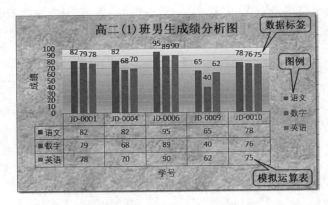

图 4-86　显示模拟运算表、添加数据标签、调整图例位置后的图表

⑤ 添加数据标签

选定图表,依次单击"图表元素"按钮 ⊞ →"数据标签"的下拉箭头→"数据标签外",将在每个柱状图的外面显示数据标签,效果如图 4-86 所示。

⑥ 调整图例位置

选定图表,依次单击"图表元素"按钮 ⊞ →"图例"的下拉箭头→"右",将图例放在图表的右侧,效果如图 4-86 所示。

⑦ 设置纵坐标轴刻度单位

a. 双击纵坐标刻度,在窗口右侧打开"设置坐标轴格式"对话框。

b. 依次选择"坐标轴选项" ▮▮ →"坐标轴选项",在"单位"栏中"主要"文本框里输入"20",使纵坐标的刻度单位为 20,效果如图 4-87 所示。

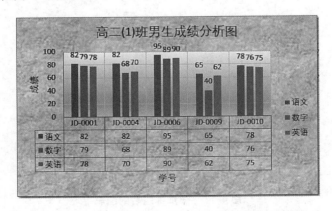

图 4-87　设置纵坐标轴刻度、垂直网格线后的图表

注意:如果要设置横坐标轴,可以在"设置坐标轴格式"对话框中,选择顶端"坐标轴选项"下拉列表的"水平(类别)轴"选项。

⑧ 显示垂直主要网格线

选定图表,依次单击"图表元素"按钮 ➕ →"网格线"的下拉箭头→"主轴主要垂直网格线",给图表添加主要垂直网格线,效果如图 4-87 所示。

提示:如果网格线显示不明显,可以在网格线的"更多选项"里设置"线条"为实线或颜色深些即可。

(3)调整图表大小和位置

把图表放在 A25:I44 单元格区域中。

① 将鼠标指针移到图表上,当出现四向箭头时,拖动鼠标把图表的左上角移到 A25 单元格里。

② 将鼠标指针移到图表右下角的控制点上,当出现双向箭头时,拖动鼠标把图表的右下角移到 I44 单元格里。效果如图 4-88 所示。

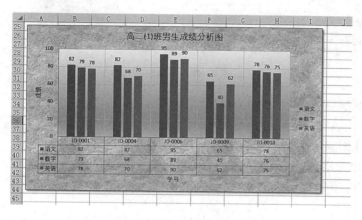

图 4-88　调整大小和位置后的图表

2. 制作成绩比例图和比较图——饼图和迷你图

用任务 3 创建的"分类汇总"结果的工作表绘制一个高二(1)班 3 门课程平均分的比例图(饼图)和各位同学平均分高低的比较图(迷你图),如任务展示中图 4-74 所示。

(1)制作饼图

饼图用于对比几个数据在其形成的总和中所占百分比值,整个饼代表总和,每一个数用一个楔形或薄片代表。

① 选择分类汇总结果的工作表。

② 选择用于创建图表的工作表单元格区域:A3,A14,D3:F3,D14:F14。

③ 在"插入"选项卡的"图表"命令组中,单击"插入饼图或圆环图"按钮,在下拉列表中单击"二维饼图"栏中的"饼图",在当前工作表中新建一个饼图,如图 4-89 所示。

④ 修改图表标题为"高二(1)班成绩比例图"。

⑤ 依次单击"图表元素"按钮 ➕ →"数据标签"的下拉箭头→"更多选项",在窗口右侧打开"设置数据标签格式"对话框。

⑥ 在"标签选项"中选择"类别名称""百分比",标签位置:"数据标签外"。

⑦ 单击"图表元素"按钮 ➕ ,在下拉列表中取消"图例"的选择,隐藏图例。

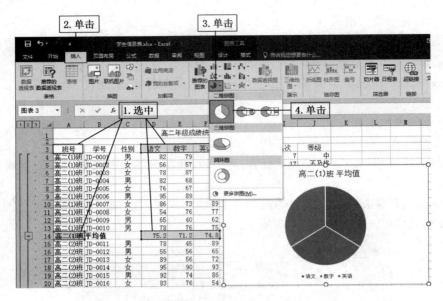

图 4-89　创建饼图

⑧ 调整数据标签外框的大小和位置,效果如图 4-90 所示。

⑨ 把图表放在 A26:I43 单元格区域中。

(2) 使用迷你图显示平均成绩的高低

① 单击 L4 单元格,选择放置迷你图的位置。

② 在"插入"选项卡的"迷你图"命令组中,单击"柱形图"按钮,打开"创建迷你图"对话框。

③ 选择数据范围:G4:G13,高二(1)班同学的平均分。

④ 单击"确定"按钮,在 L4 单元格中创建迷你图。

⑤ 选择"迷你图工具"之"设计"选项卡,在"显示"命令组中,选择"高点"和"低点",突出显示迷你图中的最大值和最小值。

⑥ 将 L 列宽度调宽点,更好地展现高二(1)班所有学生的平均分,效果如图 4-91 所示。

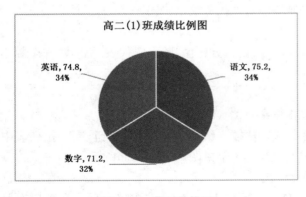

图 4-90　最后的饼图

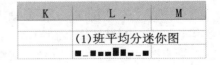

图 4-91　迷你图

3. 数据透视图

数据透视图是数据透视表可视化效果的直观体现,以便用户轻松查看比较。任务 3 创建的"数据透视表"统计高二不同班级、不同性别学生语文、数学、英语 3 门课程的平均分,现用它绘制一个数据透视图,如任务展示中图 4-75 所示。

① 选择存放数据透视表的工作表"统计结果表"。

② 单击数据透视表中的任意单元格。

③ 单击"插入"选项卡"图表"命令组中的"数据透视图",打开"插入图表"对话框。

④ 选择"条形图"中的"簇状条形图"。

⑤ 单击"确定"按钮,在当前工作表中插入数据透视图。

⑥ 选择数据透视图,选择"数据透视图工具"之"设计"选项卡"图表样式"里的"样式 3",最终效果如图 4-92 所示。

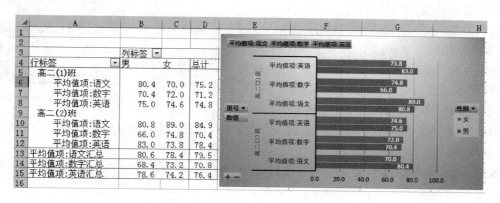

图 4-92　由数据透视表创建的数据透视图

"班号"下拉列表中有"高二(1)班"和"高二(2)班","性别"下拉列表中有"男"和"女",可以选择部分只显示局部数据图表。

知识链接…

1. 条形图和柱形图一样,也是最常见的图表之一,把柱形图顺时针旋转 90 度就成为条形图。当项目的名称比较长时,柱形图横坐标上没有足够的空间写名称,只能排成两行或者倾斜放置,而条形图却可以排成一行。

2. Excel 2016 中,圆锥图、棱锥图、圆柱图在默认的图表中并没有,其制作方法如下:

① 做成"三维簇状柱形图"。

② 右击"数据系列"(就是柱体),选"设置数据系列格式"命令。

③ 在"设置数据系列格式"对话框中,选择需要的"柱体形状"即可。

3. Excel 2016 默认的图表中也没有"分离型饼图",其制作方法如下:

① 先做成"饼图"。

② 将做好的饼图拖开即可。

4. "组合图"制作方法

① 选择两个以上的数据系列。

② 打开"插入图表"对话框,在"所有图表"选卡中选择"组合"(最后一个)。

③ 给不同的数据系列选择"图表类型",如果需要可勾选"次坐标轴"。

知识拓展

1. 工作表窗口的调整

工作表中数据量很大时,观察相距较远的两块数据会很不方便,通过对工作表窗口的有效调整,可使用户工作得更便捷,而不会影响工作表内的数据。

（1）缩放显示比例

在"视图"选项卡"显示比例"命令组中,单击"显示比例"按钮,打开"显示比例"对话框,如图4-93所示。

默认为"100%",单击所需的显示比例单选框,或直接在"自定义"文本框中键入从10到400之间的数字。

如果要将选定区域扩大至充满整个窗口,可以选择图4-93中的"恰好容纳选定区域"单选框,或单击"视图"选项卡"显示比例"命令组中的"缩放到选定区域"按钮。

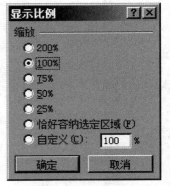

图4-93 "显示比例"对话框

如果要恢复默认的100%显示比例,可以单击"视图"选项卡"显示比例"命令组中的"100%"按钮。

提示:按Ctrl+F1组合键可折叠功能区,便于提供更多的工作区空间。再按Ctrl+F1组合键则展开功能区。

（2）工作表窗口的拆分

拆分工作表窗口是把当前工作表窗口拆分为2个或4个窗格,每个窗格相对独立,在每个窗格中都可以通过滚动条来显示工作表的每个部分,从而可以同时显示一张大工作表的多个区域。拆分工作表窗口的具体操作是:

首先将光标定位于某个单元格,单击"视图"选项卡"窗口"命令组中的"拆分"按钮,可把工作表拆分成4个窗格。

如果先选择了某行,则工作表会被拆分为上、下2个窗格。

拖动窗口中的分割条可调整窗口拆分的位置。将分割条拖至窗口的边上（或双击分割条）,可以取消拆分;若再单击"拆分"按钮则取消所有的拆分。

（3）工作表的冻结

工作表较大时,在向下或向右滚动浏览时将无法保持行、列标题在窗口中固定,采用Excel提供的冻结功能,可以始终显示表的前几行或前几列。

• 如果要在窗口顶部生成水平冻结窗格,应选定要冻结行的下边一行。如要冻结第二行,则选择第三行。

• 如果要在窗口左侧生成垂直冻结窗格,应选定要冻结列的右一列。如要冻结第二列,则选择第三列。

• 如果要顶部和左侧同时生成冻结窗格,应单击冻结点处的单元格。如要同时冻结第一行和第一列,则选择B2单元格。

然后单击"视图"选项卡"窗口"命令组中的"冻结窗格"命令,在下拉列表中选择"冻结拆分窗格"。此时滚动窗口数据,冻结窗格中的数据固定不动。

如果只要冻结首行或首列,则单击"冻结窗格"下拉列表中的"冻结首行"或"冻结首列"即可。

若要取消冻结,可单击"冻结窗格"下拉列表中的"取消冻结窗格"即可。

（4）同时显示多张工作表、工作簿

工作中经常需要同时浏览几个工作表作对比分析,可以作如下操作,在一个窗口中同时显示几个工作簿的多张工作表。

①打开需要同时显示的工作簿。如果要同时显示当前工作簿中的多张工作表,单击"视图"选项卡"窗口"命令组中的"新建窗口"命令。新建的窗口标题栏中工作簿文件名后增加序号":2",原来的增加序号":1"。切换至新的窗口,单击需要显示的工作表。对其他需要同时显示的工作表重复以上操作。

②单击"视图"选项卡"窗口"命令组中的"全部重排"命令,弹出"重排窗口"对话框。

③在对话框的"排列方式"栏中选择所需的单选框:平铺、水平并排、垂直并排、层叠。

如果只是要同时显示当前工作簿中的工作表,请选中"当前活动工作簿的窗口"复选框。

注意:如果要将工作簿还原回整个窗口显示,单击工作簿窗口右上角的"最大化"按钮即可,同时将不要的窗口关闭。

2. 打印工作表

工作表建好后,如果要打印,还要进行页面设置,通过打印预览的"所见即所得"功能查看实际的打印效果,满意了再正式打印,这样既提高效率,又节约成本。

（1）页面设置

单击"页面布局"选项卡"页面设置"命令组右下角的"页面设置"按钮 ⌐,弹出"页面设置"对话框,如图 4-94 所示。在对话框中通过4 个选项卡可以设置纸张大小、打印缩放比例、页边距、页眉和页脚、打印标题。

① 设置页面

选择"页面设置"对话框中的"页面"选项卡,如图 4-94 所示。

"方向"栏:选择纸张"纵向"或"横向"。

"缩放"栏:选中"缩放比例"单选框,输入或选择相对于正常尺寸的缩放比例。或选中"调整为"单选框,设置新的页宽、页高为正常页宽、页高的倍数。

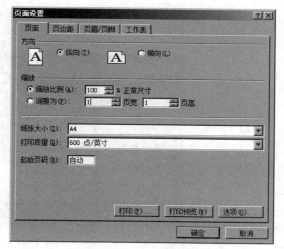

图 4-94　"页面设置"对话框

"纸张大小"下拉列表:选择纸张大小。

"打印质量"下拉列表:选择打印质量。

"起始页码"文本框:输入起始打印页码,系统默认为"自动"。

② 设置页边距

选择"页面设置"对话框中的"页边距"选项卡,如图 4-95 所示。

设置页面的"上""下""左""右""页眉""页脚"距页面边界的距离,以厘米为单位。

在"居中方式"栏内,选中"水平"复选框,打印内容在页面水平居中;选中"垂直"复选框,打印内容在页面垂直居中。

③ 设置页眉、页脚

选择"页面设置"对话框中的"页眉/页脚"选项卡,如图 4-96 所示。

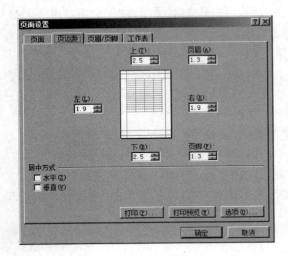 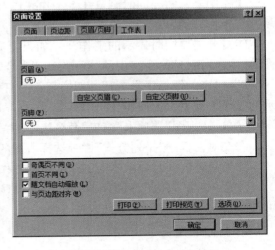

图 4-95 "页边距"选项卡　　　　　　图 4-96 "页眉/页脚"选项卡

在"页眉""页脚"下拉列表中选择系统已定义的页眉、页脚形式。

用户也可以自定义页眉、页脚,单击"自定义页眉"按钮,打开"页眉"对话框,如图 4-97 所示。在"左""中""右"文本框中可以输入显示在页眉相应位置上的文本,具体操作方法在对话框中都有提示说明。

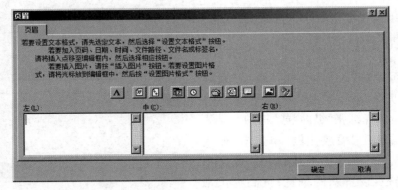

图 4-97 "页眉"对话框

页眉和页脚 4 个复选框的作用如下:

奇偶页不同:指定奇数页与偶数页使用不同的页眉和页脚。

首页不同:首页中的页眉和页脚与其他页的不同。

随文档自动缩放:页眉和页脚使用与工作表相同的字号和缩放比例。

与页边距对齐:页眉或页脚的边距与工作表的左右边距对齐。

"自定义页脚"与"自定义页眉"类似。

④ 工作表的打印设置

工作表的打印设置包括打印区域、打印标题、打印质量、打印顺序等项目的设置。选择"页面设置"对话框中的"工作表"选项卡,如图 4-98 所示。

图 4-98　"工作表"选项卡

在"打印区域"栏内输入或选择打印区域,默认为整个工作表。

在"打印"栏内选择相应的打印项目。

"打印顺序"栏内选择有分页符时的页面打印顺序,选中"先列后行"或"先行后列",从右侧的示例图中可以预览打印的顺序。

在"打印标题"栏内输入或选择在打印时每页都打印的固定行和固定列。

例如,将第一、二 2 行设为顶端标题行,输入 $1:$2;将 A 列设为左端标题列,输入 $A:$A。

设置打印标题后并不能直接看到效果,只有将工作表打印或进行打印预览时才能看到打印标题。

"页面设置"对话框中 4 个标签中的项目全部设置完成后,单击"确定"按钮,完成设置。用户也可以单击"打印预览"按钮,观看打印效果,或单击"打印"按钮打印输出。

Excel 对页面设置中的几个常用操作专门设置了选项卡命令,如图 4-99 所示。可以在"页面布局"选项卡"页面设置"命令组中进行页边距、纸张大小、纸张方向、打印区域、分隔符、背景、打印标题等的设置操作。

图 4-99　"页面布局"选项卡之"页面设置"命令组

（2）打印预览

"打印预览"功能可以模拟显示实际的打印效果。选择"文件"选项卡的"打印"命令，在右侧"打印预览"窗格中可看到当前工作表的打印效果，如图 4-100 所示。

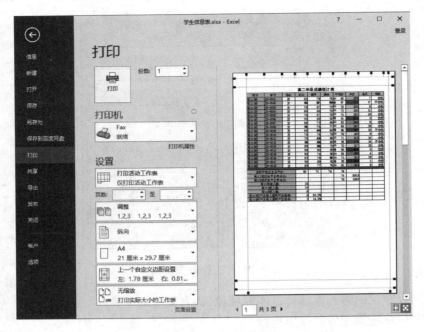

图 4-100 打印预览

要预览下一页和上一页，在"打印预览"窗格的底部单击"下一页"按钮 ▶ 和"上一页"按钮 ◀。

注意：只有在选择了多个工作表，或者一个工作表含有多页数据时，"下一页"和"上一页"按钮才可用。

要查看页边距，在"打印预览"窗格底部单击"显示边距"按钮 ▦ ，将出现页边距线和单元格宽度滑块，可以用鼠标拖动它们来调整页边距和单元格宽度。

要更改页面设置，如打印范围、打印方向、纸张大小等，在"设置"栏下选择合适的选项。若要对页面作进一步的调整，可单击"页面设置"按钮，将弹出"页面设置"对话框。

（3）打印工作表

当对编排的效果感到满意时，就可以打印该工作表了。如图 4-100 所示，先单击"打印机属性"按钮设置好打印机的属性，再设置好要打印的份数，最后单击"打印"按钮，就可以打印当前整个工作表的全部页面。

习 题

一、选择题

1. Excel 工作表最多有_____列。

A. 255　　　　　　B. 256　　　　　　C. 16384　　　　　　D. 1048576

2. Excel 中处理并存储工作数据的文件叫_____。

A. 工作簿　　　　　　B. 工作表　　　　　C. 单元格　　　　　D. 活动单元格

3. Excel 工作簿文件的扩展名是_____。

　　A. .txt　　　　　　　B. .docx　　　　　　C. .bmp　　　　　　D. .xlsx

4. 打开 Excel 工作簿一般是指_____。

　　A. 把工作簿内容从内存中读出,并显示出来

　　B. 为指定工作簿开设一个新的、空的文档窗口

　　C. 把工作簿的内容从外存储器读入内存,并显示出来

　　D. 显示并打印指定工作簿的内容

5. 在 Excel 工作表单元格中输入字符型数据 80012,下列输入中正确的是_____。

　　A. ′80012　　　　　　B. ″80012　　　　　C. ″80012″　　　　D. ′80012′

6. 如果要在单元格中输入当天的日期,需按_____组合键。

　　A. Ctrl+;(分号)　　B. Ctrl+Enter　　C. Ctrl+:(冒号)　　D. Ctrl+Tab

7. 如果要在单元格中输入当前的时间,需按_____组合键。

　　A. Ctrl+Shift+;(分号)　　　　　　　　B. Ctrl+Shift+Enter

　　C. Ctrl+Shift+,(逗号)　　　　　　　　D. Ctrl+Shift+Tab

8. 如果要在单元格中手动换行,需按_____组合键。

　　A. Ctrl+Enter　　　B. Shift+Enter　　C. Tab+Enter　　D. Alt+Enter

9. 某个 Excel 工作表 C 列所有单元格的数据是利用 B 列相应单元格数据通过公式计算得到的,在删除工作表 B 列之前,为确保 C 列数据正确,必须进行_____。

　　A. C 列数据搬移操作　　　　　　　　B. C 列数据粘贴操作

　　C. C 列数据替换操作　　　　　　　　D. C 列数据选择性粘贴操作

10. 在 Excel 工作表单元格中输入公式＝A3＊100－B4,则该单元格的值_____。

　　A. 为单元格 A3 的值乘以 100 再减去单元格 B4 的值,该单元格的值不再变化

　　B. 为单元格 A3 的值乘以 100 再减去单元格 B4 的值,该单元格的值将随着单元格 A3 和
　　　　B4 值的变化而变化

　　C. 为单元格 A3 的值乘以 100 再减去单元格 B4 的值,其中 A3、B4 分别代表某个变量的值

　　D. 为空,因为该公式非法

二、思考题

1. 什么是相对地址、绝对地址?

2. 当单元格中的内容显示为"♯♯♯♯♯"时,应该如何解决?

3. 如何对矩形区域进行行列互换?

4. 合并居中和跨列居中有何区别?

5. 应用条件格式设置的格式与普通方法设置的格式有何区别?

6. 工作表窗口的拆分和冻结有何区别?

7. 如何将单元格保护为不能被编辑修改、单元格内的公式隐藏起来?

8. 如何将标题行或列设置成在每页上都能打印?

9. 如何显示所有的隐藏行和隐藏列?

10. 在排序中主要关键字和次要关键字的作用有何区别?

11. 如果要按"优、良、中、及格、不及格"的顺序排序,该如何操作?

12. 什么情况下只能使用高级筛选？
13. 高级筛选中条件区域的输入应注意哪几点？
14. 分类汇总前通常要先完成什么操作？
15. 数据透视表与分类汇总有何区别？
16. 合并计算的两种类型操作时有何区别？
17. 如何调整数值轴(Y 轴)的刻度？
18. Excel 2016 中，如何制作圆锥图、棱锥图和圆柱图？

三、操作题

打开操作题的素材文件 TEST. XLSX，完成下列操作：

1. 选择“职工工资情况表”工作表

① 将 A1:H1 单元格合并为一个单元格，内容水平居中，并设置为样式“标题 1”。

② 计算“工资总额”列(工资总额=基本工资+奖金+补贴−扣除)。

③ 按工资总额的降序次序计算“排名”列的内容(用 RANK 函数，降序)。

④ 求出工程师的人数(用 COUNTIF 函数)，放在 C13 单元格中。求出工程师的工资总额(用 SUMIF 函数)，放在 C14 单元格中。求出工程师的人均工资(用 AVERAGEIF 函数)，放在 C15 单元格中。

⑤ 求出补贴大于等于 500 的总和(用 SUMIF 函数)，放在 C16 单元格中。

⑥ 求出工程师奖金大于 2500 的工资总额(用 SUMIFS 函数)，放在 C17 单元格中。

⑦ 将 A2:H11 数据区域设置为套用表格格式“表样式浅色 16”。

⑧ 选取“职工编号”列：(A2:A11)和“工资总额”列(G2:G11)数据区域的内容建立“带数据标记的折线图”。标题为“工资总额比较图”；添加横坐标轴标题“职工编号”、纵坐标轴标题“工资总额”；图表区加“实线”边框线、纯色填充(深蓝，文字 2，淡色 60%)；添加“靠上”的数据标签。将图表移动到工作表的 D12:J27 单元格区域内。

最终结果如图 4-101 所示。

职工工资情况表

职工编号	职称	基本工资	奖金	补贴	扣除	工资总额	排名
BM010123	工程师	3150	2530	500	20	6160	4
BM020456	工程师	3250	2300	500	25	6025	5
BM030789	高级工程师	4900	3000	800	20	8680	1
BM010426	工人	2000	2000	200	25	4175	8
BM010761	工人	2200	1800	200	25	4175	8
BM020842	工程师	3900	2600	500	25	6975	3
BM030861	高级工程师	5000	2580	800	30	8350	2
BM030229	工程师	3000	2300	500	30	5770	6
BM020357	工人	2050	2000	200	30	4220	7

工程师人数：	4
工程师的工资总额：	24930
工程师的人均工资：	6232.5
补贴大于等于500的总和：	3600
工程师奖金大于2500的工资总额：	13135

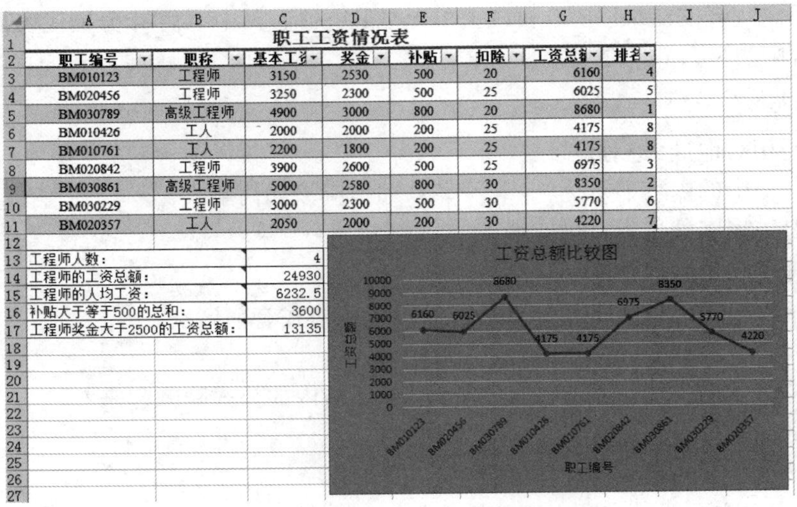

图 4-101　职工工资情况表

2. 选择"四月份销售记录"工作表

① 计算"销售额"列(销售额＝单价×销售量)。如果"销售额"大于 15000,在"备注"列内给出信息"良好",否则内容为空白("")(用 IF 函数)。

② 设置"单价"和"销售额"列为会计专用型数据,小数位数为 0。设置列标题行为楷体、加粗、深红,添加"主题颜色"中的"白色,背景 1,深色 15%"灰色背景色,行高设置为 20。设置"备注"列水平居中。给整个表格加"最细单实线"边框线。

③"销售量"列应用条件格式"蓝色渐变填充数据条","销售额"列应用条件格式"三向箭头(彩色)"图标集。结果如图 4-102 所示。

	A	B	C	D	E	F	G
1	日期	销售地区	商品名称	销售量	单价	销售额	备注
2	2016/4/8	北京	笔记本	4	¥ 9,990	¥ 39,960	良好
3	2016/4/14	北京	笔记本	3	¥ 9,990	¥ 29,970	良好
4	2016/4/6	上海	笔记本	5	¥ 9,990	¥ 49,950	良好
5	2016/4/5	广州	笔记本	3	¥ 9,990	¥ 29,970	良好
6	2016/4/12	成都	笔记本	3	¥ 9,990	¥ 29,970	良好
7	2016/4/5	北京	传真机	3	¥ 1,600	¥ 4,800	
8	2016/4/15	北京	传真机	3	¥ 1,600	¥ 4,800	
9	2016/4/9	上海	传真机	2	¥ 1,600	¥ 3,200	
10	2016/4/14	上海	传真机	1	¥ 1,600	¥ 1,600	
11	2016/4/15	上海	传真机	1	¥ 1,600	¥ 1,600	
12	2016/4/7	广州	传真机	1	¥ 1,600	¥ 1,600	
13	2016/4/6	成都	传真机	3	¥ 1,600	¥ 4,800	
14	2016/4/7	北京	打印机	2	¥ 3,600	¥ 7,200	
15	2016/4/1	上海	打印机	4	¥ 3,600	¥ 14,400	
16	2016/4/6	广州	打印机	5	¥ 3,600	¥ 18,000	良好
17	2016/4/8	成都	打印机	5	¥ 3,600	¥ 18,000	良好
18	2016/4/10	北京	扫描仪	5	¥ 8,900	¥ 44,500	良好
19	2016/4/20	上海	扫描仪	4	¥ 8,900	¥ 35,600	良好
20	2016/4/28	广州	扫描仪	2	¥ 8,900	¥ 17,800	良好
21	2016/4/9	成都	扫描仪	3	¥ 8,900	¥ 26,700	良好
22	2016/4/11	北京	台式电脑	3	¥ 4,800	¥ 14,400	
23	2016/4/15	北京	台式电脑	2	¥ 4,800	¥ 9,600	
24	2016/4/10	上海	台式电脑	4	¥ 4,800	¥ 19,200	良好
25	2016/4/14	上海	台式电脑	2	¥ 4,800	¥ 9,600	
26	2016/4/21	上海	台式电脑	4	¥ 4,800	¥ 19,200	良好
27	2016/4/4	广州	台式电脑	4	¥ 4,800	¥ 19,200	良好
28	2016/4/8	广州	台式电脑	2	¥ 4,800	¥ 9,600	
29	2016/4/3	成都	台式电脑	3	¥ 4,800	¥ 14,400	
30	2016/4/15	成都	台式电脑	5	¥ 4,800	¥ 24,000	良好
31	2016/4/25	成都	台式电脑	4	¥ 4,800	¥ 19,200	良好

图 4-102 四月份销售记录

④ 基于"销售地区"按"北京、上海、广州、成都"的顺序进行排序,并将排序结果复制到 Sheet1 工作表中。

⑤ Sheet1 工作表中分类汇总出每种商品的总销售额,将分类汇总的结果复制到 Sheet2 工作表中,如图 4-103 所示。

⑥ Sheet2 工作表中选取 A1:B6 建立"三维饼图",图表标题为"商品销售额比例图";数据标签要显示"百分比",标签位置为"数据标签内";将图表移动到工作表的 D1:J16 单元格区域内。

⑦ 返回"四月份销售记录"工作表,筛选出销售地区为"上海",销售量大于 3 的记录,并将筛选结果复制在销售表下方的空白区域。

⑧ 使用合并计算功能汇总各类商品的总销售量到新工作表 Sheet3 中保存,如图 4-104 所示。

	A	B
1	商品名称	销售额
2	笔记本 汇总	¥ 179,820
3	传真机 汇总	¥ 22,400
4	打印机 汇总	¥ 57,600
5	扫描仪 汇总	¥ 124,600
6	台式电脑 汇总	¥ 158,400
7	总计	¥ 542,820

图 4-103　分类汇总复制结果

	A	B
1		销售量
2	传真机	14
3	打印机	16
4	笔记本	18
5	扫描仪	14
6	台式电脑	33

图 4-104　合并计算结果

⑨ 创建数据透视图，以“销售地区”为图表的列标签，“商品名称”为行标签，汇总每个销售地区每种商品的总销售额，放在新工作表中；数据透视图为簇状柱形图，放在 G1:M16，如图 4-105 所示；将工作表改名为“销售额汇总表和图”。

	A	B	C	D	E	F
1	求和项:销售额	列标签				
2	行标签	北京	上海	广州	成都	总计
3	笔记本	69930	49950	29970	29970	179820
4	传真机	9600	6400	1600	4800	22400
5	打印机	7200	14400	18000	18000	57600
6	扫描仪	44500	35600	17800	26700	124600
7	台式电脑	24000	48000	28800	57600	158400
8	总计	155230	154350	96170	137070	542820

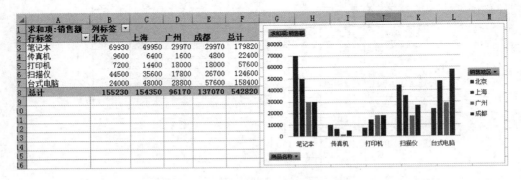

图 4-105　数据透视表、数据透视图

单元 5

PowerPoint 2016 演示文稿

MicrosoftPowerPoint 是微软公司 Office 套装办公软件中的一员，是专门编制演示文稿的优秀工具软件。PowerPoint 最大的特点就是可以集文字、声音、图形、图像以及视频剪辑等多媒体于一体，创造出具有简单动画功能的演示文稿。它主要用于学术交流、产品展示、工作汇报和情况介绍等各种场合的幻灯片制作。

本章首先介绍如何进入及退出 PowerPoint 2016，介绍它的窗口组成和演示文稿的打开与关闭后制作简单演示文稿，利用不同视图可帮助用户巧妙编排演示文稿中的幻灯片。为了美化演示文稿，可以应用主题和设置背景以统一演示文稿的外观风格。对幻灯片除了文本信息外，还可以添加精美图片（图形）、艺术字和表格，尽情丰富演示文稿。通过幻灯片动画设计、切换方式设计和方式设置使演示文稿更加绚丽多彩、赏心悦目。最后介绍演示文稿的打包和格式转换，以便在未安装 PowerPoint 2016 的计算机上放映演示文稿。

任务 1　制作演示文稿

■【任务展示】

本任务制作介绍机电与信息工程学院的演示文稿，要求掌握新建演示文稿、插入新幻灯片、设置字体和段落格式，掌握幻灯片的选择、移动、复制与删除幻灯片等操作，以及保存并退出等基本操作，最终效果如图 5-1 所示。

图 5-1　任务 1 效果图

【相关知识】

1. PowerPoint 2016 简介

（1）术语

PowerPoint 中有一些该软件特有的术语，掌握这些术语可以更好地理解和学习 Power-Point。

① 演示文稿：一个演示文稿就是一个文档，其默认扩展名为 .pptx。一个演示文稿是由若干张"幻灯片"组成，制作一个演示文稿的过程就是依次制作每一张幻灯片的过程。

② 幻灯片：视觉形象页，幻灯片是演示文稿的一个个单独的部分。每张幻灯片就是一个单独的屏幕显示。制作一张幻灯片的过程就是在幻灯片中添加和排放每一个被指定对象的过程。

③ 对象：它是可以在幻灯片中出现的各种元素，可以是文字、图形、表格、图表、音频和视频等。

④ 版式：它是各种不同占位符在幻灯片中的"布局"。版式包含了要在幻灯片上显示的全部内容的格式设置、位置和占位符。

⑤ 占位符：它是带有虚线或影线标记边框的框，它是绝大多数幻灯片版式的组成部分，这些框容纳标题和正文，以及图表、表格和图片等。

⑥ 幻灯片母版：它指幻灯片的外观设计方案，它存储了有关幻灯片的主题和幻灯片版式的所有信息，包括背景、颜色、字体、效果、占位符大小和位置，也包括为幻灯片特定添加的对象。

⑦ 模板：它指一个演示文稿整体上的外观设计方案，它包含每一张幻灯片预定义的文字格式、颜色以及幻灯片背景图案等。

（2）PowerPoint 2016 窗口组成

PowerPoint 2016 的应用程序窗口主要由标题栏、快速访问工具栏、"文件"按钮、选项卡、功能区、"大纲"和"幻灯片"窗格、幻灯片编辑窗格、"备注"窗格和状态栏等部分组成，如图 5-2 所示。

图 5-2　PowerPoint 2016 窗口组成

① 标题栏

标题栏位于工作界面的顶端，其中自左至右显示的是快速访问工具栏、当前正在编辑的文档名称"演示文稿 1"、应用程序名称 PowerPoint、功能区显示选项按钮、最小化按钮、最大化/还原按钮和关闭按钮。

② "文件"按钮

位于标题栏下，单击"文件"按钮（选项卡），可以在打开的菜单中，针对文档进行新建、打开、保存、打印等操作。

③ 快速访问工具栏

位于界面的标题栏中，从左向右包括"保存"按钮、"撤消"按钮、"重复"按钮以及"自定义快速访问工具栏"按钮。

④ 选项卡

在"文件"按钮右侧排列了 8 个选项卡，都是针对文档内容操作的。单击不同的选项卡，可以打开相应的功能区，得到不同的操作设置选项。

⑤ 功能区

单击某个选项卡可以打开相应的功能区，将显示不同选项卡中包含的操作命令组。例如，"开始"选项卡中主要包括剪贴板、幻灯片、字体、段落、绘图、编辑等功能区。功能区操作命令组右下角带有 ▣ 标记的按钮表示有命令设置对话框。

⑥ "大纲"和"幻灯片"窗格

位于"幻灯片编辑"窗格的左侧，在不同的大纲/普通视图下，显示幻灯片大纲文本或幻灯片缩略图。

⑦ 幻灯片编辑窗格

这是 PowerPoint 中最大也是最重要的部分，关于幻灯片编辑的所有操作都在该窗格中完成。当幻灯片出现多张时，可以通过拖动滚动条来显示其他的幻灯片内容。

⑧ "备注"窗格

位于幻灯片编辑窗格的下部，在编辑演示文稿时对幻灯片添加注释和说明，供演讲者编辑和查阅该幻灯片的相关信息。

⑨ 状态栏

位于工作界面的最下方，主要用于提供系统的状态信息，其内容随着操作的不同而有所不同。状态栏的左边显示了当前幻灯片的序号以及总幻灯片数，右边显示了视图切换按钮和显示比例。

（3）视图方式

为了在不同情况下建立、编辑、浏览和放映幻灯片，PowerPoint 2016 提供了 4 种视图：普通视图、幻灯片浏览视图、幻灯片阅读视图和幻灯片放映视图。每种视图各有所长，不同的视图方式适用于不同场合。普通视图和幻灯片浏览视图是最常用的 2 种视图模式。

① 普通视图

PowerPoint 2016 的默认视图是普通视图，可用于撰写或设计演示文稿。如图 5-3 所示，该视图有 3 个工作区域：演示文稿左侧是大纲/幻灯片窗格，大纲/幻灯片窗格包括大纲和幻灯片 2 个选项卡，用户可通过单击本窗格上方的"大纲"选项卡和"幻灯片"选项卡实现它们之间的切换。右侧上部为幻灯片窗格，右侧下部是备注窗格。

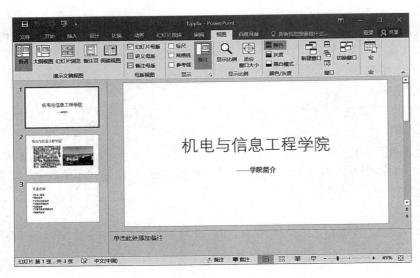

图 5-3　普通视图

② 幻灯片浏览视图

如图 5-4 所示，在该视图下，可以直观地查看所有幻灯片，如各幻灯片之间颜色、结构搭配是否协调等。

用户也可在该视图模式下复制、移动、删除幻灯片，更改幻灯片的放映时间、选择幻灯片的切换效果和进行动画预览等操作，但不能直接对幻灯片内容进行编辑或修改。如果要对幻灯片进行编辑，可双击某一张幻灯片，系统会自动切换到幻灯片编辑窗格。

图 5-4　幻灯片浏览视图

③ 幻灯片阅读视图

幻灯片阅读视图隐藏了用于幻灯片编辑的各种工具，仅保留标题栏、状态栏和幻灯片窗格，通常用于演示文稿制作完成后对其进行简单的预览。

④ 幻灯片放映视图

PowerPoint 将从当前幻灯片开始，以全面方式逐张动态显示演示文稿中的幻灯片。在放映过程中，可以按 Esc 键终止放映。

2. PowerPoint 2016 基本操作

（1）PowerPoint 2016 的启动

PowerPoint 2016 软件的启动有 3 种常用方法：

① 在桌面上选择"开始"→PowerPoint 2016 菜单命令。

② 如果桌面上建有 PowerPoint 2016 的快捷方式图标，则双击该快捷方式图标。

③ 如果"开始"屏幕上有 PowerPoint 2016 的命令，则单击该命令。

用以上 3 种方式启动 PowerPoint 2016 后，系统将打开 PowerPoint 应用程序窗口，并自动创建一个默认设计模板的 pptx 电子演示文稿文件。

（2）创建演示文稿

启动 PowerPoint 2016 后，系统会自动创建一个文件名为"演示文稿 1"的空白演示文稿，也可手动创建新的演示文稿。这里介绍 PowerPoint 2016 提供的 2 种创建新演示文稿的方法：

① 使用"空白演示文稿"创建演示文稿

这种方法是直接创建一个什么内容都没有的新演示文稿，需要创建者添加所有的演示文稿内容和设置格式。

单击"文件"按钮，在菜单中选择"新建"命令，在窗口右侧显示的"模板和主题"图标中选择"空白演示文稿"图标，如图 5-5 所示，单击该图标，则新建空白的演示文稿。

② 利用模板创建演示文稿

利用模板创建演示文稿，即允许用户从开始就为演示文稿选择主题和配色方案。Power-Point 2016 中有很多模板以丰富演示文稿的效果，利用其创建新演示文稿的操作步骤如下：

a. 单击"文件"按钮，在打开的菜单中选择"新建"命令，在图 5-5 右侧的窗口中浏览模板效果图列表，并单击某个效果图即可在弹出的对话框中单击"创建"按钮，就可以按所选的模板创建演示文稿。

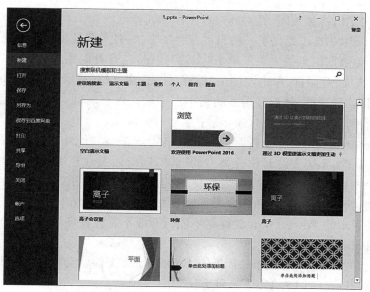

图 5-5　"新建演示文稿"窗口组成

b. 单击"文件"按钮,在打开的菜单中选择"新建"命令,在右侧的窗口中单击"建议的搜索"中的模板分类选项,如"教育",然后单击右边的"教育"分类下的某个模板效果图,即可弹出对应模板的创建对话框,在对话框中单击"创建"按钮则下载对应模板,并创建相应的演示文稿。

（3）打开演示文稿

已经创建的演示文稿文档在需要的时候可以重新打开以便查阅和编辑。打开已有 PowerPoint 演示文稿的方法有 3 种:

① 单击"文件"按钮,在打开的菜单中选择"打开"命令,在右侧打开的窗口中,单击"浏览"按钮或双击"这台电脑"按钮,之后在"打开"对话框中选择需要打开的已有演示文稿的位置,然后选中要打开的演示文稿文档,单击"打开"按钮即可。

② 单击"文件"按钮,在打开的菜单中选择"打开"命令,在右侧打开的窗口中,单击"最近"按钮,之后在右侧打开的最近访问文件列表窗格中选择需要打开的已有演示文稿。

③ 在计算机磁盘中找到要打开的演示文稿文档,双击该文档,将直接打开它。

（4）保存演示文稿

保存当前 PowerPoint 演示文稿的方法有以下 4 种:

① 对于新建的演示文稿,可单击"文件"按钮,在打开的菜单中选择"保存"命令,或者单击快速访问工具栏上的"保存"按钮,将在文件菜单右侧出现"另存为"窗口,单击"浏览"按钮,在打开的"另存为"对话框中选择文件保存的位置,在"文件名"文本框中输入文件名,从"保存类型"下拉列表中选择需要保存的文件格式,最后单击"保存"按钮即可。

② 对于已经保存过的文档,可选择"文件"→"保存"命令或者单击快速访问工具栏上的"保存"按钮,将当前正在编辑和修改的演示文稿文件以原文件名原位置存盘。

③ 对于已经保存过的文档,在编辑之后打算换名和换位置存放的,可选择"文件"→"另存为"命令,在打开的右侧窗口中单击"浏览"按钮或双击"这台电脑"按钮,打开"另存为"对话框,对文件进行保存操作。需要注意的是,如果换名保存现有文档后,则将新生成一个该名字的文档,而原来打开的文档将被关闭,且对其内容不作任何修改。

④ PowerPoint 2016 还提供了一种自动保存的方法,让软件定时对文档进行自动保存,这样可以进一步避免数据信息的丢失。单击"文件"按钮,在打开的菜单中选择"选项"命令。打开"PowerPoint 选项"对话框,单击左侧的"保存"按钮,在"保存演示文稿"栏中选中"保存自动恢复信息时间间隔"复选框,然后在后面的文本框中输入保存时间,单击"确定"按钮即可。注意,自动保存时间间隔不宜过长或过短,最好为 5~10 min。

PowerPoint 2016 演示文稿文件存储的默认格式是 pptx。此外,还可以保存为其他格式。

存储演示文稿时,不但要注意保存类型的选择,同时还要注意 PowerPoint 版本之间的差别。一般保存 PowerPoint 文件时,以当前使用的版本为默认的文件类型。当要将 PowerPoint 文件保存为其他版本的文件时,要遵循较高版本 PowerPoint 软件向下兼容较低版本的原则;反之,较低版本的 PowerPoint 软件则不能打开或不兼容较高版本的 PowerPoint 文件。

（5）PowerPoint 2016 的退出

PowerPoint 2016 版本中,如果关闭所有 PowerPoint 文件就会自动退出 PowerPoint 应用程序。关闭 PowerPoint 2016 有以下 3 种方法:

① 单击"文件"按钮,在弹出的命令列表中选择"关闭"命令。

② 单击 PowerPoint 2016 窗口标题栏中最右边窗口操作按钮中的"关闭"按钮。

③ 在标题栏的空白处右击,在弹出的快捷菜单中选择"关闭"命令。

如果在退出 PowerPoint 2016 时,尚有已修改过的文件未保存,则在实际退出之前会显示对话框,询问是否要保存当前被修改过的文件。若单击"保存"按钮,则保存该文件后退出 PowerPoint 2016;若单击"不保存"按钮,则不保存该文件直接退出 PowerPoint 2016。在这种情况下,文件中修改的数据或新建的文件数据将会丢失。若单击"取消"按钮,则返回到 PowerPoint 2016 窗口(即取消退出 PowerPoint 2016 操作)。

（6）关闭演示文稿

当演示文稿文档编辑结束时,需要将其关闭。单击"文件",在打开的菜单中选择"关闭"命令,即关闭当前的演示文稿。要注意的是,使用该命令只是关闭了当前文档,而 PowerPoint 2016 程序并没有关闭。

3.　幻灯片的剪辑

（1）选择幻灯片

在制作幻灯片时,有时需要选择单张幻灯片,有时又需要选择多张连续或不连续的幻灯片。选择幻灯片有以下几种方式:

① 在"大纲"窗格或"幻灯片"窗格中,单击需要选择的幻灯片缩略图,即可单独选择该张幻灯片。

② 在"大纲"窗格或"幻灯片"窗格中,单击需要选择的第一张幻灯片缩略图,然后按住 Ctrl 键不放,单击需要选择的第二张幻灯片缩略图,再依次单击其他所需的幻灯片缩略图,可以选择不连续的幻灯片。

③ 在"大纲"窗格或"幻灯片"窗格中,单击需要连续选择的第一张幻灯片缩略图,然后按住 Shift 键不放,再单击连续选择的最后一张幻灯片缩略图,这时 2 张幻灯片之间的所有幻灯片均被选中。

（2）插入新幻灯片

新建的空白演示文稿中默认只有 1 张幻灯片,但是在实际制作幻灯片时,往往需要多张幻灯片,此时可以根据需要在演示文稿中插入新的幻灯片。插入幻灯片的方法有以下几种:

① 在"幻灯片"窗格中选中某张幻灯片后,单击"开始"选项卡,在"幻灯片"功能区中单击"新建幻灯片"按钮,在选中的幻灯片下方即可插入一张新的幻灯片。

② 在"幻灯片"窗格中选中某张幻灯片后,按 Enter 键将在该幻灯片下方插入一张默认版式的幻灯片。

③ 在"幻灯片"窗格中选中某张幻灯片后,按组合键 Ctrl+M 也可在该幻灯片下方插入幻灯片。

④ 在"幻灯片"窗格中选中某张幻灯片后,右击鼠标,在弹出的快捷菜单中选择"新建幻灯片"命令,将在该幻灯片下方插入一张新的幻灯片。

（3）复制幻灯片

如果制作的幻灯片与已制作完成的幻灯片内容相似时,可以复制已制作完成的幻灯片,然后在此基础上进行修改,这样能节约幻灯片的制作时间。复制幻灯片的方法如下:

① 在"幻灯片"窗格中选中需要复制的幻灯片,按住 Ctrl 键的同时,拖动鼠标到新的位置松开鼠标即可。

② 选中需要复制的幻灯片,按组合键 Ctrl＋C 复制该幻灯片,然后在新的位置按 Ctrl＋V 组合键。

③ 选中需要复制的幻灯片,右击鼠标,在弹出的快捷菜单中选择"复制"命令,再在新的位置处右击鼠标,在弹出的快捷菜单中选择"粘贴"命令。

④ 选中需要复制的幻灯片,右击鼠标,在弹出的快捷菜单中选择"复制幻灯片"命令,将在该幻灯片下方复制幻灯片。

⑤ 在"幻灯片"窗格中选中 1 张或多张幻灯片后,单击"开始"选项卡,在"幻灯片"栏中单击"新建幻灯片"按钮,在展开的列表框中,选择下方的"复制选定幻灯片"命令,将在选中的幻灯片下方复制 1 张或多张该幻灯片。

(4) 移动幻灯片

在制作幻灯片的过程中,有时需要将幻灯片移动到不同的位置上,移动幻灯片的方法有以下几种:

① 选中需要移动的幻灯片,按组合键 Ctrl＋X 剪切该幻灯片,然后在新的位置上按 Ctrl＋V 组合键。

② 选中需要移动的幻灯片,单击"开始"选项卡,在"剪贴板"栏中单击"剪切"按钮,然后在新的位置选择"剪贴板"栏中"粘贴"命令即可。

③ 在"幻灯片"窗格中,选中需要移动的幻灯片,按住鼠标左键不放并拖动到适当位置后,松开鼠标即可完成移动幻灯片的操作。

④ 选中需要移动的幻灯片,右击鼠标,在弹出的快捷菜单中选择"剪切"命令,再在新的位置处右击鼠标,在弹出的快捷菜单中选择"粘贴选项"中的相应命令即可。

(5) 删除幻灯片

在编辑幻灯片时,对于不需要的幻灯片,可以将其删除。删除幻灯片的方法有以下几种:

① 在左侧的"幻灯片"窗格中选择需要删除的幻灯片,右击鼠标,在弹出的快捷菜单中选择"删除幻灯片"命令。

② 选中需要删除的幻灯片,按 Del 键进行删除。

4. 编辑与格式化文本

普通视图是编辑演示文稿最直观的视图模式,也是最常用的一种模式。演示文稿有各种版式,其中与文本有关的主要有以下 3 种格式:

① 标题框:在每张幻灯片的顶部有一个矩形框,用于输入幻灯片的标题。

② 正文项目框:该区域内一般用于输入幻灯片所要表达的正文信息,在每一条文本信息的前面都有一个项目符号。

③ 文本框:这是在幻灯片上另外添加的文本区域。通常在需要输入除标题和正文以外的文本信息时,由用户另外添加。

新建一张幻灯片时,单击"开始"选项卡,在出现的功能区中选择"幻灯片"栏,单击"新建幻灯片"按钮,在打开

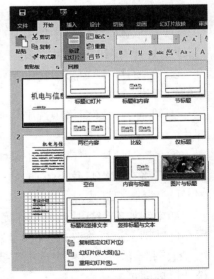

图 5-6　新建幻灯片

的列表中选择相应的版式,如图 5-6 所示。

单击该版式后,PowerPoint 将为该幻灯片中的各对象区域给出一个虚框,提示用户在该位置输入相应内容,这些虚框称为"文本占位符"。

（1）文字的录入

在幻灯片中,若要输入文字信息,只要单击文本占位符,将光标置入占位符中,就可以在其中输入文字了。文字输入完成后,单击占位符虚线框外的任何位置,即退出对该对象的编辑,如图 5-7 所示。如果文字输入太多,PowerPoint 2016 会自动调整字号。如果自动匹配不能完成,可以用鼠标拖动边框线,改变文本框尺寸。除了在固定的占位符中输入文字以

图 5-7　幻灯片版式

外,有时用户希望在幻灯片的任意位置插入文字,这时可以利用文本框来解决。选择"插入"选项卡,单击"文本"栏中的"文本框"按钮,在打开的列表中选择"横排文本框"和"垂直文本框"两种编排方式之一。将鼠标移动到幻灯片中,当鼠标指针变为"十"形状时,单击鼠标并斜向拖动鼠标,即可绘制出一个文本框。这时光标已经在文本框中,可以直接输入文字。

用户可以根据需要来改变系统默认的文本框格式以达到更好的表达效果。方法一:在文本框上右击,在弹出的快捷菜单中选择"设置形状格式"命令,PowerPoint 2016 窗口右侧显示"设置形状格式"窗格;方法二:单击"绘图工具格式"选项卡,在"形状样式"功能区中选择相应命令进行设置。

还可以在"自选图形"中添加文字。单击"插入"选项卡,在"插图"功能区中单击"形状"按钮,在打开的列表中单击相应的图形。将鼠标移动到幻灯片中,当鼠标指针变为"十"形状时,单击鼠标并斜向拖动鼠标,即可绘制出一个图形。选中图形,右击鼠标,在弹出的快捷菜单中选择"编辑文字"命令。此时,图形中出现文本插入点光标在闪动,输入文字即可。

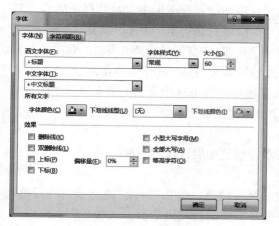

图 5-8　"字体"对话框

（2）文字的编辑

在幻灯片中输入文字之后应该对其进行多次检查,如果发现错误,要对文字进行修改和编辑。一般的编辑方法包括文字的选择、复制、剪切、移动、删除和撤消删除等操作,这些操作与前面章节中已经介绍的方法相同,在这里就不重复介绍。

（3）文字的格式化

文字的基本格式设置主要是设置文字的属性,文字的基本属性有设置字体、字号和颜色等。可以通过多种方法进行设置。

① 使用"字体"功能区设置文字格式

在"开始"选项卡中的"字体"功能区中包含了对文字格式的基本设置内容。选中要设置格式的文字,单击"字体"功能区中"字体"下拉列表框右侧的 按钮,在展开的列表中选择相应的字体,如图 5-8 所示。用同样的方法还可以设置字号和颜色。

② 通过浮动工具栏设置文字格式

在幻灯片中添加文字后,当选择了文本之后,会出现一个浮动的工具栏"绘图工具格式",如图 5-9 所示。将鼠标移动到该工具栏上,单击相应的按钮也可以对文字进行格式设置。

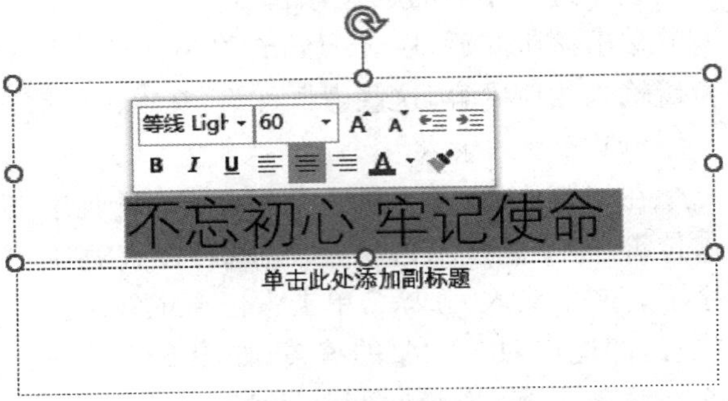

③ 通过对话框设置文字格式

在选择了幻灯片中的文字后,右击鼠标,在弹出的快捷菜单中选择"字体"命令,将打开"字体"对话框。

图 5-9 "字体"浮动工具栏

(4) 文本的对齐方式

在占位符中输入文字后,PowerPoint 默认情况是居中对齐方式显示的。但当有特殊需要的时候也可以改变。文字的对齐方式可分为段落对齐和文本对齐 2 种。

① 段落对齐

用来实现设置文字在幻灯片段落中的水平相对位置。在"开始"选项卡中的"段落"功能区中包含了对文字进行段落对齐的基本设置,共分为"左对齐""右对齐""居中""分散对齐"和"两端对齐"5 种,分别对应 5 个按钮。或者在"开始"选项卡的"段落"功能区中,单击右下角的 按钮,将打开如图 5-10 所示的"段落"对话框,在"缩进和间距"选项卡中可以看到对齐方式。

图 5-10 "段落"对话框

② 文本对齐

用来实现同一占位符中文字的垂直对齐方式。单击"开始"选项卡中"段落"栏中的 "对齐文本"按钮,在展开的列表框中选择"其他选项",在窗口右侧打开"设置形状格式"窗格,在"设置形状格式"窗格中单击"文本选项"下的"文本框"按钮,在打开的窗格中单击"垂直对齐方式"右侧的下拉列表,对文字进行垂直对齐方式的设置,共分"顶端对齐""中部对齐""底端对齐""顶部居中""中部居中"和"底部居中"6 种。或者在占位符中选中需要对齐的文本,右击鼠标,在弹出的快捷菜单中选择"设置形状格式"命令,打开"设置形状格式"窗格。

(5) 段落的格式化

通过对段落列表级别和行距的设置可以使文本内容更加层次化、条理化。

① 行间距设置

选中需要调整段落间距的文本框或文本框中的某一段落。单击"开始"选项卡,在"段落"功能区中单击 "行距"按钮,在弹出的列表框中选择需要的行间距数值。或者在列表框中选择"行距选项"命令,打开"段落"对话框,在"缩进和间距"选项卡的"间距"栏中可以手动输入行间距的数值。用户也可以通过单击"开始"选项卡"段落"功能区中右下角的 按钮,打开"段落"对话框进行设置。

② 段落列表级别设置

幻灯片主体文本的段落是有层次的,PowerPoint 2016 的每个段落可以有 8 个级别,每个级别有不同的项目符号，字形大小也不相同，这样可以使层次感增强。单击"开始"选项卡，在"段落"功能区"行距"按钮的左边有 "降低列表级别"和 "提高列表级别"2 个按钮。在文本的浮动工具栏上也有这 2 个按钮。选择相应的段落文本，单击这 2 个按钮将改变文本的列表级别。

（6）项目符号和编号

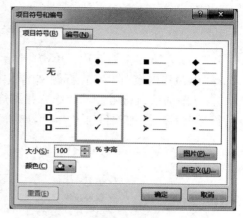

图 5-11　"项目符号和编号"对话框

当文本内容太多时，在文本的前面添加项目符号和编号，可使文本具有条理性。PowerPoint 中的项目符号和编号操作与 Word 中此项操作方法相同。选定操作文本后，单击"开始"选项卡，在"段落"功能区中单击 "项目符号"按钮或者 "编号"按钮，将会在文本前面出现默认的项目符号或编号，单击图标旁边的黑三角按钮，在弹出的列表框中可以选择需要的项目符号或编号。如果希望选择其他的项目符号和编号的样式，选择列表框中的"项目符号和编号"命令，打开"项目符号和编号"对话框，在"项目符号"或"编号"选项卡中选择希望使用的符号或编号，然后单击"确定"按钮，如图 5-11 所示。

每次确定一个项目符号或编号后，按 Enter 键，下一段自动插入项目符号或编号。此外，还可以通过"项目符号和编号"对话框中"大小"和"颜色"2 个选项来改变项目符号的大小和颜色。

取消项目符号和编号一般有以下 2 种方法：

① 在"项目符号和编号"对话框的"项目符号"或"编号"选项卡中选择"无"项目符号，使之成为空白状态。

② 在选中对象后，直接单击"开始"选项卡，在"段落"功能区中单击"项目符号"按钮或者"编号"按钮即可取消。

（7）分栏显示文本

当输入的文本过多，但又需要在一张幻灯片中显示时，可以通过设置分栏来显示文本。首先选中要分栏的文本，单击"开始"选项卡，在"段落"栏中单击 "分栏"按钮，在弹出的列表框中选择"一列""两列"或"三列"命令。如果希望选择更多的列，可单击列表框中的"更多栏"命令，打开"分栏"对话框，输入栏数和选择数值的单位，单击"确定"按钮即可。

【任务实施】

1. 新建演示文稿。单击"开始"→"所有程序"→PowerPoint 命令，在弹出的对话框中单击"空白演示文稿"。

2. 制作标题幻灯片。在默认标题幻灯片中"单击此处添加标题"的占位符，输入"机电与信息工程学院"，单击副标题占位符，输入"——学院简介"，如图 5-12 所示。

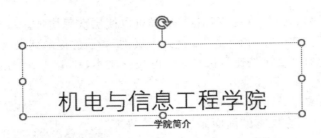

图 5-12　制作标题幻灯片

3. 插入第二张幻灯片。单击"开始"选项卡中的"新建幻灯片"按钮，在弹出的下拉列表中选择"标题和内容"选项，在标题文本框中输入"专业介绍"，在下面的文本框里录入相关专业。

4. 添加项目符号。选择第二张幻灯片，选择相关专业，单击"开始"选项卡"段落"组的"项目符号"命令，添加项目符号"✓"，如图 5-13 所示。

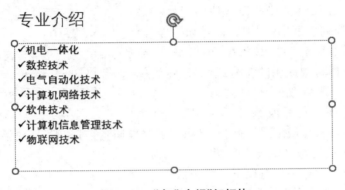

图 5-13　"专业介绍"幻灯片

5. 插入第三张幻灯片，选择"两栏内容"版式。在标题占位符中输入"机电与信息工程学院"，在第一个文本框中输入相关文字；在第二个文本框中双击"图片"，系统将打开"插入图片"对话框，选择所需图片，单击"插入"按钮。

6. 设计幻灯片文本格式。选择第三张幻灯片，选择标题，单击"开始"选项卡"字体"组，设置字体为楷体，字号为 60。再选择左侧文本，同样设置字体为隶书，字号为 20，再单击"段落"选项组，打开"段落"对话框，在"缩进"的"特殊格式"中选择"首行缩进"，度量值为"2 字符"，"行距"设置"1.5 倍行距"，如图 5-14 所示。

机电与信息工程学院

机电与信息工程学院拥有江苏省重点骨干建设专业、教育部财政部重点支持建设专业1个，江苏省高职示范专业1个，无锡市重点建设专业、示范专业4个。拥有一支素质过硬、专兼结合、德技双馨的"双师结构"教学团队，其中硕士、博士研究生学历占55%，教授、副教授等高级职称占36%；专业教师团队中有江苏省"333"工程和"青蓝工程"培养对象4人，学院师资力量雄厚。

图 5-14　学院简介幻灯片

7. 移动幻灯片。在"幻灯片"窗格中,选择第二张幻灯片,按住鼠标左键不放并拖动到最后一张位置后,松开鼠标即完成移动幻灯片的操作。

8. 保存演示文稿。单击"文件"→"另存为"→"浏览"命令,在弹出的"另存为"对话框中单击"桌面",在"文件名"输入框中输入"机电与信息工程学院",单击"保存"按钮。

9. 关闭演示文稿。单击"文件"按钮,在弹出的命令列表中选择"关闭"命令,即关闭当前演示文稿。

任务 2　演示文稿的修饰与美化

【任务展示】

本任务要求插入各种幻灯片对象,制作多张幻灯片,并应用主题,修改幻灯片背景,最终效果如图 5-15 所示。

图 5-15　任务 2 效果图

【相关知识】

1. 插入幻灯片对象

（1）插入图片

在进行产品展示、销售报告、电子相册等幻灯片制作时,为了使制作出的幻灯片生动形象,通常都需要使用图片,让幻灯片图文并茂,更加具有说服力和欣赏性。

在 PowerPoint 2016 中插入图片的方法主要有 2 种。

① 在"普通"视图中,单击需要插入图片的幻灯片,在"插入"选项卡的"图像"功能区中单击"图片"按钮。

② 选中需要插入图片的幻灯片,在包含有插入对象的占位符中单击"图片"按钮。执行上述任意命令后,都将打开"插入图片"对话框。通过对话框左边的导航栏和上面的地址栏定位图片所在的具体位置,在中间的列表框中选择要插入的图片文件,然后单击"插入"按钮即可。

图片被插入到幻灯片后,将自动启动"图片工具格式"选项卡。选中需要编辑的图片,单击"格式"选项卡,在该选项卡的"调整"功能区中可设置图片的背景、亮度、对比度及压缩图片等;在"图片样式"功能区中可设置图片的形状、边框、效果、版式等;在"排列"功能区中可设置图片的叠放次序或对齐方式等;在"大小"功能区中可以裁剪图片并设置其大小和位置,如图 5-16 所示。

图 5-16　图片工具"格式"选项卡

除此之外,还可以通过"设置图片格式"窗格对图片的边框线型、阴影、映像、三维格式、三维旋转、发光和柔化边缘等进行编辑,如图 5-17 所示。打开"设置图片格式"窗格的方法有以下几种:

a. 选中需要编辑的图片,右击鼠标,在弹出的快捷菜单中选择"设置图片格式"命令。

b. 单击"格式"选项卡下的"图片样式"功能区,或者单击"大小"功能区右下角的 ⌐ 按钮。

除了通过"格式"选项卡和"设置图片格式"窗格外,还可以通过图片周围的 8 个控制点来设置图片的大小。另外,拖动图片的旋转控制点还可以旋转图片以改变图片的倾斜角度。

（2）插入自选图形

自选图形,就是自己选择需要的图形进行绘制,PowerPoint 2016 提供了许多简单的几何图形供用户选择。自选图形包括一些基本的线条、矩形、箭头、公式形状和流程图等图形,绘制自选图形有如下方法:

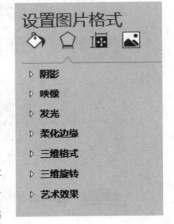

图 5-17　"设置图片格式"窗格

① 单击"开始"选项卡,在"绘图"功能区的左上角有一个图形列表框,可以选择其中的图形进行绘制。或者单击该图形列表框右下角的"其他"按钮,在弹出的下拉列表框中选择需要的自选图形,如图 5-18 所示。

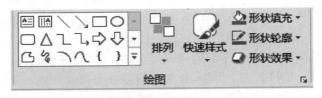

图 5-18　自选图形

② 单击"插入"选项卡,在"插图"栏中单击"形状"按钮,在弹出的下拉列表框中选择需要的自选图形。

在弹出的下拉列表框中单击选择需要绘制的自选图形后,将鼠标指针移动到幻灯片中,此时鼠标指针变成"+"形状,在幻灯片空白处拖动鼠标即可绘制该自选图形。

自选图形绘制完毕后,还可以在图形中添加文本。选中图形,右击鼠标,在弹出的快捷菜单中选择"编辑文字"命令,此时自选图形中间出现一个闪烁的光标,这时就可以输入所需文本。

插入图形之后,如果需要对图形进行格式的设置,可以使用"开始"选项卡里的"绘图"功能区中的选项进行设置。或者选中图形后,单击出现的"绘图工具格式"选项卡,利用其中的选项对图形进行形状改变或对形状样式、艺术字样式、图形排列和大小进行设置。

（3）插入 SmartArt 图形

SmartArt 图形因其丰富的组织形状和优美的外观效果深受用户的喜爱。SmartArt 图形提供了许多种不同效果和结构的组织布局,供用户选择使用,能够快速、有效、准确地传达演讲者所要表达的意思。

① 插入 SmartArt 图形

添加 SmartArt 图形的方法主要有 2 种:

a. 选择需要添加 SmartArt 图形的幻灯片,单击"插入"选项卡,在"插图"功能区中单击 SmartArt 按钮。

b. 选择需要添加 SmartArt 图形的幻灯片,在包含有插入对象的占位符中单击"插入 SmartArt 图形"按钮。

以上 2 种操作都将打开"选择 SmartArt 图形"对话框,如图 5-19 所示。在该对话框中选择需要的图形样式,单击"确定"按钮即可在幻灯片中添加 SmartArt 图形。

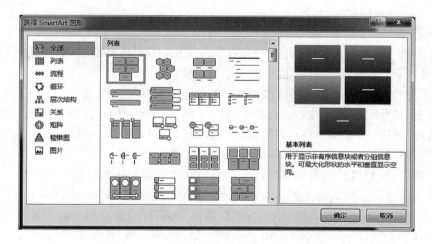

图 5-19 SmartArt 图形

② 在 SmartArt 图形中添加文本

在已经插入的 SmartArt 图形中单击标有"［文本］"字样,原有的文字消失,输入光标出现在文本框中,切换需要的输入法输入文字即可。

③ 修改 SmartArt 图形样式

插入的 SmartArt 图形会有默认的颜色设置，为了使 SmartArt 图形更加美观，可通过设置改变它的外观。选择幻灯片中的 SmartArt 图形。单击"SmartArt 工具"中的"设计"选项卡，在"SmartArt 样式"功能区中单击"更改颜色"按钮和样式列表框右下角的"其他"按钮，为 SmartArt 图形选择不同的颜色和样式。在"版式"功能区中可为 SmartArt 图形选择不同的组织结构。如果对为 SmartArt 图形设置的颜色和样式不满意，可单击"重置"功能区中的"重设图形"按钮，让 SmartArt 图形重新回到默认设置状态。

④ 添加 SmartArt 图形形状

插入 SmartArt 图形后，如果现有图形形状的个数不能满足需要，可以向 SmartArt 图形中添加形状。主要方法有 2 种：

a. 选择幻灯片 SmartArt 图形中的一个形状，右击鼠标，在弹出的快捷菜单中选择"添加形状"→"在后面添加形状"/"在前面添加形状"命令。

b. 单击"SmartArt 工具"中的"设计"选项卡，在"创建图形"功能区中单击"添加形状"按钮，再进行选择。

以上 2 种操作都可以为 SmartArt 图形添加形状。

⑤ 修改 SmartArt 图形格式

若对插入的 SmartArt 图形的外观及文字的样式不满意，可重新进行设置，主要设置方式有 2 种：

a. 单击"SmartArt 工具"中的"格式"选项卡，利用功能区中的各种选项可设置图形的形状、形状样式、艺术字样式及图形排列和大小。

b. 选中某个形状，右击鼠标，在弹出的快捷菜单中选择"设置形状格式"命令，在弹出的"设置形状格式"窗格中选择相应的命令进行设置。

（4）插入声音和影片

① 插入声音

幻灯片中除了可以插入图片、形状、SmartArt 图形、图表和表格等以外，还可以插入音频文件，可以插入 PC 上现有的音频，也可以录制音频插入。

插入 PC 上现有的音频：有时用户需要将自己制作的声音文件或者其他的声音文件在幻灯片中进行播放，此时可单击"插入"选项卡，在"媒体"功能区中单击"音频"按钮，在弹出的下拉列表中选择"PC 上的音频"命令，在打开的"插入音频"对话框中选择要插入的声音文件，单击"插入"按钮即可。

插入声音后，在幻灯片编辑区将出现一个小喇叭的图标。用鼠标拖动该图标，将其移动到合适的位置。通过调整其边框上的 8 个控制点，可改变图标的大小。把鼠标光标移动到小喇叭上，在其下方将显示播放工具栏，单击"播放/暂停"按钮即可欣赏插入的声音。

插入录制的音频：PowerPoint 2016 允许插入使用"录音机"软件录制的声音，这时用户可以将幻灯片中所需要的演讲词和解说词等插入在幻灯片中。单击"插入"选项卡，在"媒体"功能区中单击"音频"按钮，在弹出的下拉列表框中选择"录制音频"命令，将打开"录音"对话框。在对话框中的"名称"文本框中输入所录声音文件的名称，然后单击"录制"按钮开始录制声音。录制完成后，单击"停止"按钮停止录制，在"声音总长度"后将显示出声音的长度。单击"播放"按钮，播放刚才录制的声音。如果满意，则单击"确定"按钮，否则单击"取消"按钮。如果单击了"确定"按钮,则返回到幻灯片编辑状态,在其编辑区中将出现一个小喇叭图标,表示已完成了幻灯片的配音。

设置声音效果:在插入了声音文件的幻灯片中,选中幻灯片编辑区中的声音图标,此时将自动启动"音频工具"的"格式"和"播放"选项卡,通过其中的"播放"选项卡,可以对插入的声音效果进行设置。在"播放"选项卡的"音频选项"功能区中可以设置音量的大小、声音播放的开始形式、放映隐藏和循环播放等选项。在编辑功能区中可对声音进行剪辑和设置声音的淡化持续时间。

要查看插入声音的最终效果,直接放映幻灯片即可。在默认情况下,插入的声音只在当前幻灯片播放时有效,当该幻灯片播放结束,切换到其他幻灯片时声音的播放也将结束。

② 插入影片

在制作幻灯片时,有时需要在幻灯片中播放视频。PowerPoint 2016 同样允许插入视频影片。不仅可以插入 PC 上存放的视频文件和联机视频文件,还可以录制屏幕并插入幻灯片。插入 PC 上的视频的方法有如下 2 种:

a. 在"普通"视图下,选中需要插入影片的幻灯片,单击"插入"选项卡,在"媒体"功能区中单击"视频"按钮,在弹出的下拉列表中选择"PC 上的视频"命令。

b. 选中需要插入影片的幻灯片,在包含有插入对象的占位符中单击"插入视频文件"按钮,并在打开的对话框中单击"来自文件浏览"按钮。

执行上述任意一种命令后,都将打开"插入视频文件"对话框,在其中可以选择需要插入的影片。

如果在插入选项卡"媒体"功能区中单击"视频"按钮,在弹出的下拉列表中选择"联机视频",则可以选择链接到本地驱动器上的视频文件或网站的视频文件。

如果在插入选项卡"媒体"功能区中单击"屏幕录制",则可以选择录制区域录制一段屏幕视频,并插入到当前幻灯片中。

如果要剪裁视频,在幻灯片中单击选中视频文件,选择"视频工具播放"选项卡,在"编辑"功能区单击"剪裁视频"按钮,在弹出的"剪裁视频"对话框中即可进行视频剪裁。

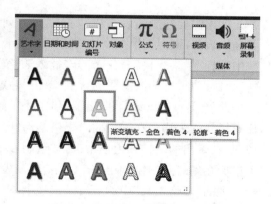

图 5-20　艺术字

(5) 插入艺术字

艺术字在幻灯片中的使用,丰富了幻灯片页面布局,增强了幻灯片的可观赏性,同时能够吸引观看者更多的注意力。在 PowerPoint 2016 中,艺术字的制作有 2 种方式:

① 选择需要插入艺术字的幻灯片,然后单击"插入"选项卡,在"文本"功能区中单击"艺术字"按钮,在弹出的艺术字样式列表中选择艺术字样式,在幻灯片中出现的文本框中输入文字即可,如图 5-20 所示。

② 选中文本框或要修改的文字,在出现的"格式"选项卡下的"艺术字样式"功能区中选择想要的效果,此时被选中的文字就变成了艺术字样式。

插入艺术字后,若要改变它的形状、格式和位置等,可选中该艺术字对象,单击"格式"选项卡下"艺术字样式"功能区中的"文本填充"按钮、"文本效果"按钮和"文本轮廓"按钮等来进行设置;或者单击"格式"选项卡下"艺术字样式"功能区右下角的 ![图标] 按钮,打开"设置形状格式"窗格的"文本选项"来进行设置。用户也可以通过选择"设置形状格式"窗格的"形状选项"来设置艺术字所在的形状的效果。

(6) 插入表格

在 PowerPoint 2016 的幻灯片中可以添加表格,默认情况下最多只能创建 8 行 10 列的表格。单击"插入"选项卡下"表格"功能区中的"表格"按钮,在弹出的下拉列表框中,用鼠标指向"表格框",移动鼠标,则被选择的表格边线为橙色。当达到需要的行列数时单击,需要绘制的表格就出现在幻灯片中。如图 5-21 所示。

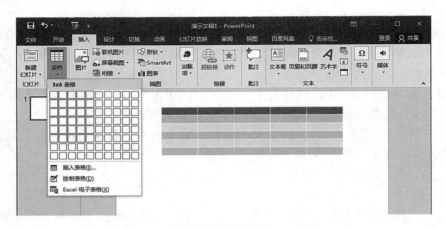

图 5-21　插入表格

如果需要绘制的表格超过了 8 行 10 列,则可以使用"插入表格"对话框来达到目的。在需要插入表格的幻灯片中,单击"插入"选项卡下"表格"功能区的"表格"按钮,在弹出的下拉列表框中选择"插入表格"命令,打开"插入表格"对话框。在"列数"数值框中输入需要的列数,在"行数"数值框中输入需要的行数,单击"确定"按钮即可。

此外,PowerPoint 2016 还提供了手工绘制表格的功能,通过手工可以绘制出自己需要的任意样式的表格。在需要插入表格的幻灯片中,单击"插入"选项卡下"表格"功能区的"表格"按钮,在弹出的下拉列表框中选择"绘制表格"命令。此时,鼠标指针变成了一支笔的形状,拖动鼠标在幻灯片中绘制出一个表格,但该表格只有一个单元格。若要绘制出更多的单元格,在新出现的"表格工具"中的"设计"选项卡,单击"绘制边框"功能区中的"绘制表格"按钮,用变为笔形状的鼠标指针在表格中画线即可。

刚创建的表格样式很单调,若不满意,可以对其进行修改。设置表格样式有快速套用已有的样式和自定义表格样式 2 种。

选择幻灯片中的表格,单击"设计"选项卡,在"表格样式"功能区中,单击"其他"按钮,在弹出的下拉列表中选择样式。

自定义表格样式则可以单独为某个或某些选中的单元格设置表格样式。选择表格中的第一个单元格,单击"设计"选项卡下的"表格样式"功能区,利用其中的"底纹"按钮、"边框"按钮和"效果"按钮进行格式设置。

除了对表格样式进行设置外，还可以利用"设计"选项卡下的"艺术字样式"功能区中的选项，对表格中的文字进行设置。还可以利用"表格工具"中"布局"选项卡中的选项，对表格进行行列的插入、删除、合并、拆分以及对单元格大小、对齐方式、表格尺寸和排列方式等设置。

（7）插入图表

在制作演示文稿时，经常需要在幻灯片中输入数据。将枯燥的文字数据用形象直观的图表显示出来，更容易让人理解。在幻灯片中插入图表，不仅可以直观地体现数据之间的关系，便于分析或比较数据，还可以增添幻灯片的美感，便于人们的理解。

在 PowerPoint 2016 的幻灯片中，插入图表常用的方法有 2 种：

① 选择要插入图表的幻灯片，单击"插入"选项卡，在"插图"功能区中单击"图表"按钮。

② 选择要插入图表的幻灯片，在拥有可插入对象的占位符中单击"插入图表"按钮。

执行上述任意一种操作后，都将打开"插入图表"对话框，如图 5-22 所示。在该对话框中选择需要的图表类型，然后单击"确定"按钮即可插入。插入图表后，在 PowerPoint 2016 窗口旁边将自动启动 Microsoft Excel 窗口，在该窗口中可以输入编辑图表中所需要的数据。

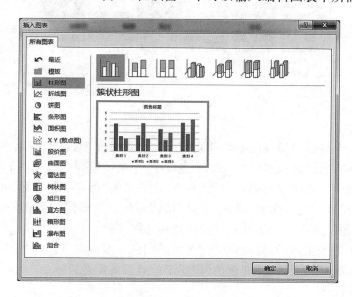

图 5-22　插入图表

插入图表后，将会出现 2 个新的选项卡，分别是"图表工具设计"和"图表工具格式"。

利用"图表工具设计"选项卡中的命令，可以更改图表类型，重新编辑图表数据，调整图表中各标签的布局，变换图表的样式。

利用"图表工具格式"选项卡中的命令，可以设置图表的形状样式，为图表中的文字设置艺术字样式，调整图表在幻灯片中的位置排列和大小。

2. 幻灯片主题

在 PowerPoint 2016 中，控制演示文稿的外观，较快捷的方法是应用设计主题。一般来说，在创建一个新的演示文稿时，可以为演示文稿选择一种主题，以便幻灯片有一个完整、专业的外观。当然，也可以在演示文稿建立后，为该演示文稿重新更换设计主题。用户在设计了新的主题后，还可以将其保存下来，以便以后继续使用。

单击"设计"选项卡,在"主题"功能区中可以看到主题列表选项。单击该列表右下角的"其他"按钮,将展开主题列表可以看到 PowerPoint 2016 提供的所有主题,如图 5-23 所示。单击其中任意一个主题选项,则该主题将被应用于所有的幻灯片。若要将该主题应用于当前幻灯片,用鼠标指向所需的主题,右击鼠标,在弹出的菜单中选择"应用于选定幻灯片"命令,可以看到新的主题设计方案取代了原来的设计主题。

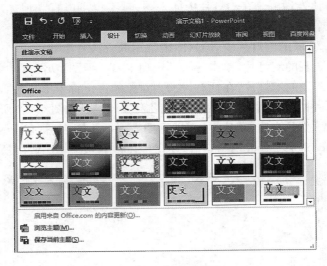

图 5-23 "主题"列表

用户也可将一个已经设置好的幻灯片文档保存为设计主题,供以后用来建立同样风格的幻灯片。方法是在"设计"选项卡的"主题"功能区中,单击主题列表选项右下角的"其他"按钮。在展开的主题列表中,选择"保存当前主题"命令,在弹出的"保存当前主题"对话框中选择适当的保存位置,输入设计主题的名称,单击"保存"按钮即可。若要使用保存的主题,则在主题列表中选择"浏览主题"命令,在弹出的对话框中选择主题文件。

有时在选择了一个主题后,可能对该主题中的配色方案或者字体样式并不满意,此时可通过"设计"选项卡"变体"功能区中的"颜色"按钮来配置新的配色方案。

3. 幻灯片背景设置

进入普通视图模式,选中需要调整背景颜色的幻灯片。单击"设计"选项卡,在右边的"自定义"功能区中单击"设置背景格式"按钮,在窗口右侧会出现"设置背景格式"窗格,如图 5-24 所示。

在"设置背景格式"窗格中的"填充"选项卡中,主要设置选项是 4 个单选按钮:"纯色填充""渐变填充""图片或纹理填充"和"图案填充",可在 4 个按钮中选中任何一种背景效果进行设置。下面对这 4 种填充方式分别说明。

（1）纯色填充

进入"设置背景格式"窗格默认选中"纯色填充"按钮,下面出现"颜色"选项组,单击"颜色"按钮,在展开的下拉框中,

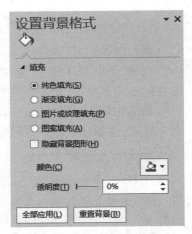

图 5-24 "设置背景格式"窗格

可以直接单击"主题颜色"和"标准色"中的颜色按钮,选择该颜色作为背景颜色。用户也可以选择下方的"其他颜色"命令,在弹出的"颜色"对话框中,可以直接选用"标准"选项卡中的颜色。用户也可以在"自定义"选项卡中,通过选择"红色""绿色"和"蓝色"变数框中的数值来自定义颜色。在设置完颜色后,拖动"透明度"滑块调整背景色的透明度。设置之后单击"全部应用"完成设置所有幻灯片的背景颜色,也可以直接关闭"设置背景格式"窗格,则只设置当前选中的幻灯片的背景颜色。

（2）渐变填充

渐变填充是以多种方式将1种或2种颜色合并到一起进行填充,设置为背景色的方法。单击"渐变填充"按钮后,将在下面出现设置的选项。在"预设渐变"下拉框中选择系统已经设置好的预设方案,然后通过下面其他的选项进行变化修改,设置为自己需要的填充颜色。通过"类型"下拉框选项设置渐变颜色组合形状;通过"方向"下拉框设置颜色渐变的方向;在"类型"下拉框中选择"线性"选项,则"角度"变数框成为可选项,通过改变变数框中的数字,可调整颜色渐变的角度。

（3）图片或纹理填充

单击"图片或纹理填充"按钮后,下面出现设置图片或纹理为背景的选项。如果要设置纹理作为幻灯片的背景,单击"纹理"按钮,在弹出的下拉框中将有24种纹理选项,将鼠标指向纹理选项,将显示该选项的名字,单击它即可。

如果要设置图片为背景,则单击"插入图片来自"选项中的3个按钮。单击"文件"按钮,将打开"插入图片"对话框,在文件夹中选择相应图片,单击"插入"按钮即可。

在设置纹理作为背景之后,则"将图片平铺为纹理"复选框被选中。可利用下面的"平铺选项"来设置纹理的"偏移量""刻度""对齐方式""镜像类型"和图片的透明度。如果设置的是图片为背景,则"将图片平铺为纹理"复选框不被选中,下面的"伸展选项"将只可以设置图片在幻灯片中的透明度和偏移量。

（4）图案填充

单击"图案填充"按钮后,下面将出现48个图案样式选项。将鼠标指向图案选项,将显示该图案的名字,单击它即可。单击下面的"前景色"和"背景色"按钮可以改变图案的颜色。前景色显示图案中圆点条纹等的颜色,背景色则可调整图案的墙面颜色。

在设置好背景之后,单击"设置背景格式"窗格下面的"全部应用"按钮,将把背景设置应用在所有的幻灯片中。若对刚才的背景设置不满意,单击"重置背景"按钮将取消刚才所有的设置。

4. 幻灯片母版

幻灯片母版是存储关于模板信息的一个元素,这些模板信息包括背景的内容,设置标题和主要文字的格式,包括文本的字体、字号、颜色和阴影等特殊效果。在 PowerPoint 2016 中有3种母版:幻灯片母版、讲义母版和备注母版。

（1）幻灯片母版

幻灯片母版是最常用的母版,是幻灯片层次结构中的顶层幻灯片,用于存储有关演示文稿的主题和幻灯片版式的信息,如背景、颜色、字体、占位符、大小等,它控制着所有幻灯片的格式。

（2）讲义母版

若要在一张纸上打印多张幻灯片,可以使用打印讲义功能。讲义母版可以为讲义设置统一格式。

（3）备注母版

打印简报时如果想连同备注一同打印，可使用打印备注页功能，备注母版可为简报的备注页设置统一的格式。例如，若要在所有的备注页中放置公司徽标或其他图形对象，只需将其添加至备注母版中即可。

5. 幻灯片页眉页脚设置

在 PowerPoint 2016 中，设置是否显示页眉和页脚及其内容，可以在"页眉和页脚"对话框中完成。在幻灯片普通视图中，单击"插入"选项卡，在"文本"功能区中单击"页眉和页脚"按钮，打开"页眉和页脚"对话框，在该对话框中可设置页眉和页脚的日期、时间、编号和页码等，如图 5-25 所示。"页眉和页脚"对话框的"幻灯片"选项卡中各部分含义如下。

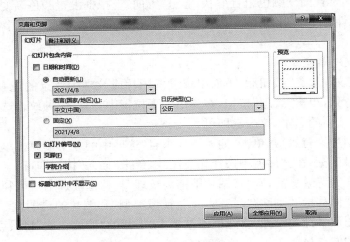

图 5-25 "页眉和页脚"对话框

（1）选中"日期和时间"复选框，表示在"日期区"显示的日期时间生效。

（2）如果"日期和时间"复选框被选中，则"自动更新"和"固定"单选按钮成为可选项，可对日期时间的设置方式进行选择。

（3）选中"自动更新"单选按钮，则时间域的时间就会随日期和时间的变化而变化。其包含的下拉菜单用于选择时间的显示样式。"语言（国家/地区）"下拉菜单可以选择显示的国家。

（4）选中"固定"单选按钮，则用户可自行输入一个日期或时间，自由决定幻灯片的制作时间。该日期时间除非用户再次更改，否则不会发生变化。

（5）选中"幻灯片编号"复选框，则在"数字区"自动加上个幻灯片数字编码，相当于页码。

（6）选中"页脚"复选框，可在"页脚区"输入内容，作为每页的注释。

（7）如果不想在标题幻灯片上见到页脚内容，可以选中"标题幻灯片中不显示"复选框。

在这里设置页眉和页脚是不能对它们的外观（大小、位置和文字格式等）进行修改的，若要调整和修改它们的外观，可以在幻灯片母版中进行。

【任务实施】

1. 插入图片

新建 1 号幻灯片,版式为"两栏内容",在幻灯片标题位置输入"龙背山森林公园",居中。文本位置输入相关内容,标题字体设置为:44 磅、加粗;文本字体设置为:24 磅、幼圆体。插入图片,适当改变其高度和宽度,如图 5-26 所示。

龙背山森林公园

龙背山森林公园位于宜兴城区南侧,占地550公顷,园内丘陵起伏,植被茂密。公园于2000年着手建设,已投入资金3亿元,各项基础设施已经到位。文峰塔、历史名人馆、科教名人馆、艺术名人馆等一大批景点已建成开放。园内上万平方米草坪绿意盎然:桂花园、杜鹃园、蔷薇园镶嵌于青松翠竹间,而岩碧飞瀑,砚池碧波和茂林修竹,常使游客流连忘返。

图 5-26　插入图片效果

2. 插入艺术字

新建 2 号新幻灯片,版式为"空白",在"插入"选项卡中的"文本"选项组选择"艺术字",样式为"填充-橙色,着色 2,轮廓-着色 2",输入"龙背山森林公园",如图 5-27 所示。

龙背山森林公园

图 5-27　插入艺术字效果

3. 插入表格

新建 3 号新幻灯片,版式为"标题和内容",单击"单击此处添加标题"图标,输入"陶都一日游",居中。单击下方中间"插入表格"占位符,弹出"插入表格"对话框,设置列数为"3"、"行数"为"5"。单击"确定"按钮,即可生成一个 5 行 3 列的表格,要求输入相关文本和数据。选中表格,单击"表格工具—设计"选项卡中"表格样式"组中的"中度样式 2-强调 1"按钮。单击"表格工具—设计"选项卡中的"表格尺寸"组,高度为 8 厘米,宽度为 20 厘米。填充主题颜色"白色,背景 1,深色 15%",再选择第 1 列作相同的填充,其他单元格填充白色。选中表格中第 1 行、第 1 列和第 3 列,单击"表格工具—布局"选项卡"对齐方式"组中的"居中"和"垂直居中"按钮。选中表格中第 1 列和第 3 列,单击"表格工具—布局"选项卡中的"单元格大小"组,宽度为 3.5 厘米。效果如图 5-28 所示。

陶都一日游

线路	景点	报价
线路A	龙背山森林公园、张公洞风景区、中国宜兴陶瓷博物馆、陶瓷市场购物	200
线路B	龙背山森林公园、优美灵谷风景区、阳羡茶园	150
线路C	龙背山森林公园、陶祖圣境风景区、竹海风景区、陶瓷市场购物	180
线路D	龙背山森林公园、善卷洞风景区、阳羡茶园、宜兴现代农业观光园	220

图 5-28　插入表格效果

4. 插入 SmartArt 图形

新建 4 号幻灯片,选择"插入"选项卡"插图"组中的 SmartArt 图形按钮,即可弹出"选择 SmartArt 图形"对话框,选择左侧窗格的"层次结构",在右侧"列表"中选择"水平层次结构",单击"确定"按钮,出现如图 5-29 所示的结构图。

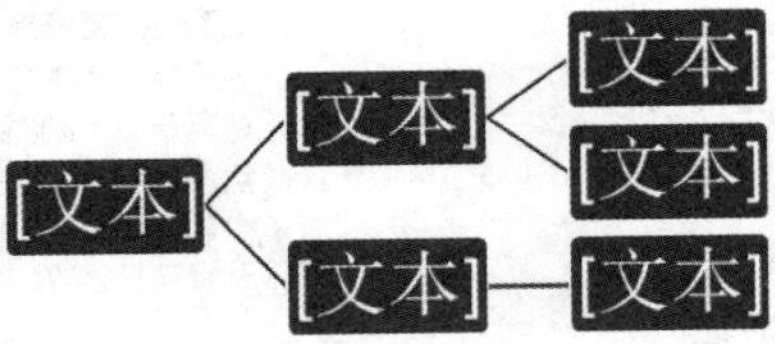

图 5-29　"水平层次结构"结构图

选择右侧的形状,右击鼠标弹出的下拉菜单中选择"剪切"命令,或直接按键盘上的 Delete 删除。选择剩下的右侧的形状,单击"SmartArt 工具—设计"选项卡中的"创建图形"组中的"添加形状"按钮下拉菜单中的"在后面添加形状"。用户也可以右击鼠标,在弹出的下拉菜单中选择"添加形状"下的"在后面添加形状"命令,添加 2 个形状。选择添加的形状,右击鼠标弹出的下拉菜单中选择"编辑文字"命令。根据要求输入相关文本。选择"SmartArt 工具—格式"选项卡中的"形状样式"组,选择主题样式中"强烈效果—绿色,强调颜色 6"。这样就完成一个如图 5-30 所示的组织结构图。

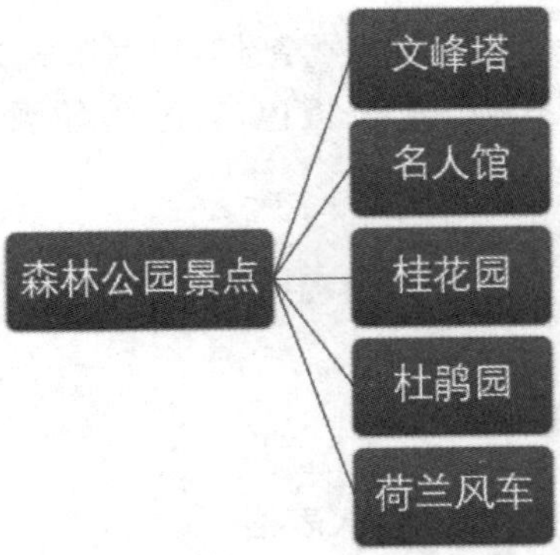

图 5-30　插入 SmartArt 图形效果

5. 应用主题

单击"设计"选项卡中的"主题"组下拉列表,选择"回顾"主题,则演示文稿中所有幻灯片都应用了这个主题。

6. 设置背景格式

选择第一张幻灯片,单击"设计"选项卡"自定义"组的"设置背景格式"命令,弹出"设置背景格式"对话框,选择"图案填充"列表中的"点式菱形"。

7. 编辑幻灯片母版

选择"视图"选项卡"母版视图"组中的"幻灯片母版"按钮,打开"幻灯片母版"视图,选择"幻灯片母版"选项卡"背景"组中的背景样式-样式 9,单击"幻灯片母版"选项卡"关闭"组中的"关闭母版视图"命令,退出母版编辑状态。

任务 3　设计动感幻灯片

【任务展示】

通过幻灯片动画设计、切换方式设计和方式设置使演示文稿更加绚丽多彩、赏心悦目，并通过超链接和动作的设置使幻灯片更具动感，如图 5-31 所示。

图 5-31　任务 3 效果图

【相关知识】

1. 幻灯片动画效果的设置

所谓幻灯片的动画效果，是指在播放幻灯片时，幻灯片中不同对象的动态显示效果、各对象显示的先后顺序以及对象出现时的声音效果等。这样能让观看者将注意力集中在要点上以及提高观看者对演示文稿的兴趣，更能吸引观看者的视线，增加幻灯片的欣赏性。制作幻灯片时，用户可以在幻灯片中设置动画的对象有文本、图片、形状、表格和 SmartArt 图形等。

（1）设置动画方案

PowerPoint 2016 为幻灯片提供了多种预设的动画方案，用户只需要选择设置动画的对象，然后选择一种方案即可。设置使用动画方案为幻灯片添加动画效果的方法如下：

① 选择要设置动画效果的某张幻灯片中的对象。

② 单击"动画"选项卡，在"动画"功能区中单击"其他"按钮，在弹出的下拉列表框中，如图 5-32 所示，选择所需的动画方案即可。

PowerPoint 2016 提供了制作"进入""强调"和"退出"这几类动画效果的功能，还提供了通过制作动作路径来制作动画效果的功能。

"进入"式动画效果是指幻灯片中的对象出现在屏幕上的动画形式。这样可以让要显示的对象逐渐显现出来，从而产生一种动态的效果。

"强调"式动画效果是用于改变幻灯片中对象的形状。这样可以为幻灯片中要重点强调的对象应用这种效果，从而达到引人注意的目的。

"退出"式动画效果是指幻灯片中的对象在显示之后，当用户介绍完这一对象，不需要在之后的时间中继续出现在当前幻灯片中，或者对于那些要在放映幻灯片时一闪而过的对象，则可以为其应用"退出"式动画效果。

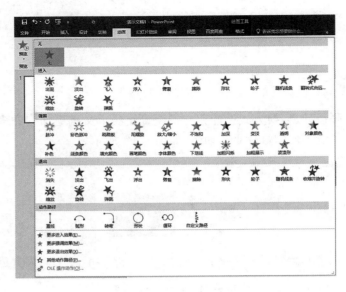

图 5-32 "动画"列表

由于"进入""强调"和"退出"这 3 种动画效果的制作方法以及操作过程非常类似，因此仅以"进入"式动画效果制作为例，介绍其操作过程。

如果要指定某个对象进入幻灯片中的动画效果，则可以选择动画的对象，然后在"动画"功能区中单击"效果选项"按钮，在弹出的下拉列表框中选择相应选项。

（2）设置动画效果

幻灯片中的对象在设置了动画效果后，还可以进一步对该动画效果的进入方式、播放速度和声音等进行设置，使其能够更完美地与展示的主题与内容相结合。

图 5-33 "动画窗格"
任务窗格

若要为幻灯片设置动画效果，首先要选择的幻灯片中设置了动画的对象，然后单击"动画"选项卡，在"高级动画"功能区中单击"动画窗格"按钮，打开"动画窗格"任务窗格，如图 5-33 所示。在动画窗格中将显示已经设置的动画，这些动画按照播放顺序由上向下排列。

在需要设置动画效果的动画上右击鼠标，或者单击该动画右边的黑三角按钮，在弹出的快捷菜单中选择"效果选项"命令，将打开相应的"效果选项"设置对话框，如图 5-34 所示，在其中即可设置相应动画的效果。双击列表框中某个动画也可以打开动画"效果选项"设置对话框。

① "效果"选项卡

选择动画效果设置对话框中的"效果"选项卡。在该选项卡中可以设置动画的播放方向和动画的增强效果。操作方法如下：

a. 在"方向"下拉列表框中可以设置动画的开始方向。要注意的是，如果设置的动画不同，则"方向"下拉列表框中的选项也可能会发生变化。

b. 在"声音"下拉框中可以选择与动画同时播放的声音。

c. 在"动画播放后"下拉框中可以选择动画播放后对对象的处理变化。例如，让对象改变颜色等。

图 5-34　"效果选项"对话框

d. 在"动画文本"下拉框中可以选择文本对象以什么方式出现,是一起出现,还是逐字地出现。

② "计时"选项卡

使用动画效果设置对话框中的"计时"选项卡,可以设置动画的播放开始方式、开始时间和持续时间等效果。

a. 在"开始"下拉列表框中有 3 个选项。"单击时"表示在幻灯片上单击鼠标时开始所选对象的动画播放;"与上一动画同时"表示与幻灯片中前一个设置了动画效果的对象同时进行动画播放;"上一动画之后"表示在播放了前一个设置了动画效果的对象以后,继续播放所选对象的动画。

b. 在"延时"框中可以设置动画开始的延迟时间。例如,如果动画的开始方式是"单击时",延时设置为 2 秒,那么当播放幻灯片时,鼠标单击后,该动画会在 2 秒钟之后才开始播放。

c. 在"期间"下拉列表框中可以设置动画播放的持续时间。

d. 在"重复"下拉列表框中可以设置动画播放的次数。

为了方便用户对动画效果的设置,有一些效果设置的选项被放在了"动画"选项卡的"计时"功能区中。在"计时"功能区中可以设置动画的开始方式、持续时间、延迟时间以及动画的先后顺序。

(3) 添加动画方案

在为幻灯片中的对象设置了动画效果后,如果还达不到用户的要求,此时还可以继续为该对象添加其他的动画效果,使其达到理想效果。例如,在已经为对象设置了"进入"动画效果后,还想为该对象设置"退出"动画效果,此时就需要为该对象添加新的动画方案。

选中需要添加动画方案的对象,单击"动画"选项卡,在"高级动画"功能区中单击"添加动画"按钮。在弹出的下拉列表中选择需要的动画方案即可。

(4) 更改动画效果

为了使制作出的幻灯片达到理想效果,方便用户对动画的编辑,PowerPoint 2016 还提供了删除、更改和重新排序动画效果。

① 删除动画效果

如果在设置动画的过程中发现需要将已经设置的动画效果去除，则可将其删除。删除动画效果的方法有以下几种。

a. 删除某个动画效果：在"动画窗格"中的动画效果列表中，右击要删除的动画效果，在弹出的快捷菜单中选择"删除"命令即可。

b. 删除某个对象上的所有动画：选择要删除所有动画的对象，在"动画"选项卡上的"动画"功能区中单击"其他"按钮，在弹出的下拉列表框中选择"无"选项即可。

c. 删除幻灯片上所有对象的动画效果：选择要删除所有对象动画的幻灯片，在"开始"选项卡上的"编辑"功能区中单击"选择"按钮，在弹出的下拉列表中选择"全选"选项，或者直接按Ctrl＋A组合键，然后在"动画"选项卡上的"动画"功能区中单击"其他"按钮，在弹出的下拉列表框中选择单击"无"选项即可。

② 更改动画效果

如果在设置动画的过程中发现对已经设置的动画效果不满意或者出现错误，则可以更改其动画效果。更改动画效果的具体操作步骤如下：在幻灯片中选择需要更改动画效果的对象，单击"动画"选项卡，在"动画"功能区中单击"其他"按钮，在打开的下拉列表中选择所需的新动画即可。

③ 排序动画效果

在为幻灯片中的对象设置动画时，每个设置的动画效果在"任务窗格"中按照设置的先后顺序从上到下依次排列。播放幻灯片时，动画的放映也是按照这个顺序进行的。如果要改变动画的放映顺序，则需在"动画窗格"中对动画的播放顺序进行调整。需要对动画排序时，先选择需要变更动画效果排序顺序的幻灯片，单击"动画"选项卡，在"高级动画"功能区中单击"动画窗格"按钮，打开"动画窗格"，之后在动画窗格中进行排序的方法有如下几种：

a. 在动画效果列表中选择要变更顺序的动画效果，单击"动画窗格"上部的向上或向下按钮。

b. 在动画效果列表中选择要排序的动画，按住鼠标左键不放，直接将其拖动到需要的位置后松开鼠标左键即可。

c. 在动画效果列表中选择要排序的动画，然后单击"动画"选项卡，在"计时"功能区的"对动画重新排序"功能区中，单击"向前移动"或"向后移动"按钮。

(5) 制作动作路径动画

PowerPoint 2016 提供了一种特殊的动作路径动画效果，它是幻灯片自定义动画的一种表现形式，用户可以使用预定义的动作路径，同样也可以自行设计一条自己满意的动作路径。PowerPoint 2016 本身自带基本、直线和曲线、特殊 3 类 63 种"动作路径"，用户可以直接使用这些"动作路径"。制作路径的方法和设置其他动画的方法相同，唯一不同的是在对象旁边会出现一个箭头来指示动作路径的开端和结束。

① 自带动作路径

为对象设置自带动作路径的具体操作步骤如下：

a. 选择幻灯片中要设置动画的对象，单击"动画"选项卡，在"动画"功能区中单击"其他"下拉按钮，在弹出的下拉列表中选择"其他动作路径"命令，将打开"更改动作路径"对话框，如

图 5-35 所示。

　　b. 向下拖动滚动条,在对话框中选择某个路径选项,然后单击"确定"按钮。

　　c. 返回幻灯片编辑区,在要设置动画的对象旁出现了一个用虚线显示的动作路径图形。绿色箭头表示动作路径的开始点,红色箭头指示动作的结束点。

　　d. 在"动画"功能区中单击"效果选项"按钮,在展开的下拉列表中选择"路径"功能区的"编辑顶点"选项,此时幻灯片编辑区中的动作路径呈可编辑状态,动作路径的每个顶点都有一个黑色小方块,选中要编辑的顶点上的小方块,按住鼠标左键拖动它,变更路径顶点到需要的位置。

　　e. 编辑完成后,在幻灯片编辑区中的其他位置单击即可退出编辑状态。单击"动画"选项卡,在"预览"功能区中单击"预览"按钮,可浏览查看该动画效果。

　　② 自定义动作路径

　　在编辑动作路径动画时,如果发现现有的动作路径不能

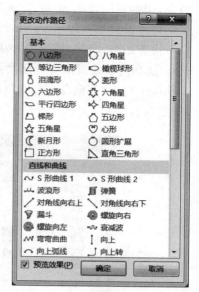

图 5-35　"更改动作路径"对话框

满足需要,则可以自己画"动作路径"。为对象设置自定义动作路径的具体操作步骤如下:

　　a. 单击选中需要设置动作路径动画的幻灯片中的对象。

　　b. 在"动画"选项卡的"动画"功能区中,选择列表框中"动作路径"栏的"自定义路径"选项。这时鼠标变成"＋"形状,用鼠标指向动作路径开始位置,拖动鼠标画出自己需要的路径曲线。当要结束时,双击鼠标即可。

　　c. 当画完动作路径后,PowerPoint 2016 会自动演示自制的动作路径动画。

　　(6) 触发动画效果

　　触发功能用于设置动画的触发范围或触发时机。触发动画效果是指在幻灯片放映期间,当鼠标移至设置为触发动画的对象时会变成手形,单击则可触发相应的动画发生;或者在播放音频或视频时,音频或视频播放到设置的书签处,则触发相应的动画发生。触发动画效果的制作方法如下:

　　① 选择幻灯片中的动画对象,单击"动画"选项卡,在"高级动画"功能区中单击"动画窗格"按钮,打开"动画窗格"。在其列表框中单击某个动画右边的下拉按钮,选择"计时"。打开"效果选项"对话框,在"计时"选项卡里设置触发器。

　　② 在"高级动画"功能区中单击"触发"按钮,在弹出的下拉列表框中选择"单击"命令,在展开的级联菜单中选择要设置触发动画的对象。例如:文本框 1,或者选择"书签"命令,在展开的级联菜单中选择要触发动画的书签。

　　此时在幻灯片编辑区中设置动画的对象左上角会出现一个闪电的图标,在"动画窗格"中也出现了一个"触发器"提示信息。

2. 幻灯片切换效果的设置

　　幻灯片的切换效果是指演示文稿播放过程中幻灯片在屏幕上出现的形式,即前一张幻灯片的消失方式和下一张幻灯片出现的方式。给幻灯片添加切换效果,可动感有趣地提醒观众新的幻灯片开始播放了,同时也给单调的播放现场增添了趣味。PowerPoint 提供了多种切换

效果,包括页面卷曲、溶解、摩天轮、旋转、立方体等。在演示文稿制作过程中,可以为指定的一张幻灯片设置切换效果,也可以为一组幻灯片设置相同的切换效果。

设置幻灯片切换效果的方法如下:

① 在需要设置幻灯片切换效果的演示文稿中,单击"切换"选项卡,在"切换到此幻灯片"功能区中单击"其他"按钮,在弹出的下拉列表框中选择需要的选项即可设置其幻灯片切换的动画效果,如图 5-36 所示。

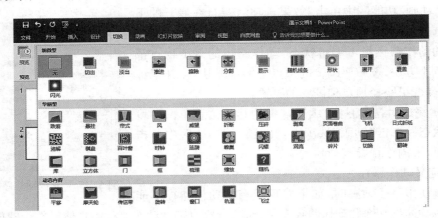

图 5-36　"切换"选项卡

② 当为一张幻灯片设置了切换动画之后在"切换到此幻灯片"功能区中的"效果选项"按钮成为可操作状态,单击该按钮,在弹出的下拉列表框中选择效果选项,可设置切换动画产生的不同效果。

在"切换"选项卡中,不仅可以选择切换效果,还可以设置切换速度、音效、换片方式和自动换片时间。

① 选择要为其切换效果设置计时的幻灯片,然后单击"切换"选项卡,在"计时"功能区中的"持续时间"数值框中输入相应的秒数,则可设置幻灯片动画所持续播放的时间。

② 在"计时"功能区中单击"声音"右边的黑三角按钮,在弹出的下拉列表框中选择一个声音的选项,则当幻灯片播放切换动画的同时会播放设置的声音。

③ 在"计时"功能区中还可以设置进入下张幻灯片的"换片方式"。"换片方式"有"单击鼠标时"和"设置自动换片时间"2 个选项。默认选项是"单击鼠标时"切换到下一张幻灯片。如果想让幻灯片自动切换,就取消选中"单击鼠标时"复选框,并选中"设置自动换片时间"复选框,然后改变变数框中的时间,单位为秒。例如,如果是 00:02:00,则该张幻灯片在播放 2 秒之后将自动切换到下一张。如果"换片方式"中的 2 个复选框都不选,则无论是单击鼠标,还是不断等待,幻灯片之间都不会进行切换。

用户在设置好某张幻灯片切换动画效果后,如果要将该动画效果应用在所有的幻灯片上,则可在"计时"功能区中单击"全部应用"按钮。

如果对设置的幻灯片切换动画效果不满意,可以将其删除。选择需要删除切换效果的幻灯片,单击"切换"选项卡。在"切换到此幻灯片"功能区中单击"其他"按钮,在弹出的下拉列表框中的"细微型"功能区中选择"无"选项,则将删除该幻灯片的切换动画效果。

3. 幻灯片的超链接设置

幻灯片的超链接是为了实现在幻灯片中不按照默认的幻灯片播放顺序切换，而是按照用户自己的想法在不破坏原有幻灯片顺序的情况下设置幻灯片浏览顺序的一种动作方式。在 PowerPoint 2016 中，除了可以将对象的超链接从一张幻灯片链接到同一演示文稿中的另一张幻灯片外，还可以将其链接到不同演示文稿、电子邮件或网页等对象中。在制作幻灯片时，可以为文本、图形和图片等对象创建超链接。

如果是为文本设置超链接，则在设置有超链接的文本上会自动添加下划线，并且其颜色为配色方案中指定的颜色。从超链接跳转到其他位置后，其颜色会改变，因此可以通过颜色来分辨访问过的超链接。

（1）创建超链接

创建超链接时，通常情况下是在"插入超链接"对话框中进行的。打开"插入超链接"对话框常用的方法主要有 3 种。

① 选中需要创建超链接的对象，单击"插入"选项卡，在"链接"功能区中单击"超链接"按钮。

② 选中需要创建超链接的对象，右击鼠标，在弹出的快捷菜单中选择"超链接"命令。

③ 选中需要创建超链接的对象，按 Ctrl＋K 组合键。

执行上述任意一种操作后，都将打开"插入超链接"对话框。在该对话框中即可设置超链接的属性。在该对话框中，可以分别为 4 种不同的对象创建超链接：现有文件或网页、本文档中的位置、新建文档和电子邮件地址。下面分别介绍其中的几种。

① 链接到现有文件

在创建超链接时链接的对象可以是其他演示文稿或文件，具体的操作步骤如下：

a. 打开演示文稿，选中其中要设置超链接的对象或内容，展开"插入"选项卡，在"链接"功能区中单击"超链接"按钮。

b. 在打开的"插入超链接"对话框的"链接到"栏中单击"现有文件或网页"选项卡，在"查找范围"下拉列表框中选择要链接到的目标文件所在位置，在下方的列表框中选择要链接的文件。

c. 单击"屏幕提示"按钮，打开"设置超链接屏幕提示"对话框，在"屏幕提示文字"文本框中输入相应的超链接提示信息。该信息将在用户播放幻灯片，用鼠标指向超链接对象时显示出来。

d. 单击"确定"按钮，完成设置。

返回到幻灯片中，此时可以播放该幻灯片，查看设置超链接后的效果。放映幻灯片时，用鼠标指向设置了超链接的对象，此时鼠标光标变为手形，单击鼠标则会显示或运行超链接的目标文件。

② 链接到网页

有时需要在幻灯片中举例说明一些网站上的信息，但网页内容过多，无法都在幻灯片中展示。此时，可以将幻灯片中的对象直接链接到网页，单击幻灯片中的某对象就可以打开指定的网页，以便于查看相关信息。链接到网页的具体操作步骤如下：

a. 在幻灯片中，选择需要链接到网页的对象，展开"插入"选项卡，在"链接"功能区中单击"超链接"按钮。

b. 打开"插入超链接"对话框，在"链接到"栏中单击"现有文件或网页"选项卡。在中间的列表中单击"浏览过的网页"按钮,在显示的网页 URL 中找到并选择要链接到的网页地址,或者直接在"地址"下拉列表框中选择或输入要链接的网页 URL。

c. 单击"确定"按钮,完成设置。在放映该张幻灯片时单击该对象的超链接即可运行默认浏览器并打开相应的网页。

③ 链接到本文档中的位置

在创建超链接时,有时用户需要不按照原有的幻灯片播放顺序演示幻灯片中的内容,即可能在播放幻灯片时,下一张演示的幻灯片可能是之后或之前的某张幻灯片。此时即可使用超链接来实现在不破坏原有幻灯片顺序的情况下设置幻灯片浏览顺序。具体的操作步骤如下:

a. 打开演示文稿,选中其中要设置超链接的对象或内容,展开"插入"选项卡,在"链接"功能区中单击"超链接"按钮。

b. 在打开的"插入超链接"对话框的"链接到"栏中单击"本文档中的位置"选项卡,在"请选择文档中的位置"的内容框中选择要链接到的幻灯片。

c. 单击"确定"按钮,完成设置。

④ 链接到电子邮件

PowerPoint 2016 还提供了链接到电子邮件功能,它可以将对象链接到电子邮件,方便用户发送电子邮件,具体的操作步骤如下:

a. 打开演示文稿,选中其中要设置超链接的对象或内容,展开"插入"选项卡,在"链接"功能区中单击"超链接"按钮。

b. 在打开的"插入超链接"对话框的"链接到"栏中单击"电子邮件地址"选项卡,在"电子邮件地址"文本框中输入接收方的邮箱地址,在"主题"文本框中输入邮件主题。

c. 单击"确定"按钮,完成设置。

放映该幻灯片时,单击幻灯片中的超链接对象,将自动运行 Outlook 2016 程序,并打开电子邮件发送邮件窗口,此时接收方邮件地址和主题已经输入了内容,用户只要再输入其他邮件内容,单击"发送"按钮即可。

(2) 删除超链接

当在编辑幻灯片时,发现某些对象不需要已经设置的超链接,则可以将其删除。删除超链接的方法有以下几种:

① 选中需要删除超链接的对象,右击鼠标,在弹出的快捷菜单中选择"取消超链接"命令即可。

② 选中需要删除超链接的对象,右击鼠标,在弹出的快捷菜单中选择"编辑超链接"命令,在打开的"编辑超链接"对话框中单击"删除链接"按钮。

③ 选中需要删除超链接的对象,单击"插入"选项卡,在"链接"功能区中单击"超链接"按钮。在打开的"编辑超链接"对话框中单击"删除链接"按钮。

4. 幻灯片的动作设置

演示文稿在播放时,默认方式是按幻灯片的正常次序进行放映,但有时用户需要使用非正常的顺序播放幻灯片。PowerPoint 为幻灯片设计了一种动作设置方式:当单击幻灯片中的某对象时,能跳转到预先设定的任意一张幻灯片、其他演示文稿、Word 文档甚至是运行某个程序。动作设置既可以使用幻灯片中已有的对象来设置,也可以插入相应动作按钮,在动作按钮上设置动作。

（1）为已有对象设置动作

为已经在幻灯片中插入的对象设置动作的具体方法如下：

① 打开演示文稿，选中要创建动作设置的对象，单击"插入"选项卡，在"链接"功能区中单击"动作"按钮，将打开"操作设置"对话框。

② "操作设置"对话框中包括"单击鼠标"和"鼠标悬停"2 个选项卡，分别用于当鼠标单击或悬停动作设置对象尺寸时，对象产生的动作。2 个选项卡中的设置内容基本相同。选择"单击鼠标"选项卡，在"单击鼠标时的动作"栏中选中相应的单选按钮，设置要进行的动作。例如，选择"运行程序"单选按钮，单击"浏览"按钮，在弹出的对话框中选择一个希望运行的程序，则当播放幻灯片时，单击该对象，将会运行设定的程序。如果希望动作发生时有声音播放，则选择"播放声音"复选框，并在下方的列表框中选择相应的声音。

③ 单击"确定"按钮结束设置。

（2）利用动作按钮设置动作

除了可以为幻灯片中的已有对象设置动作以外，PowerPoint 还提供了一组代表一定含义的动作按钮，这些动作按钮已经设置了相应的动作，只要将其插入到幻灯片中，就可以使用它们，而不用专门再去设置动作。当然，如果需要也可以更改它们的动作设置。在幻灯片中插入"动作按钮"的方法如下：

① 打开演示文稿，选择需要插入"动作按钮"的幻灯片。单击"插入"选项卡，在"插图"功能区中单击"形状"按钮，在弹出的下拉列表框的"动作按钮"功能区中选择相应的"动作按钮"，如图 5-37 所示，此时鼠标变为"+"形状。

图 5-37　动作按钮

② 在幻灯片上拖动鼠标绘制该按钮，松开鼠标时，弹出对话框，可以为该按钮设置动作。

若要修改动作设置，可以先选择对象，然后右击，选择"编辑超链接"，打开"操作设置"对话框进行修改。

【任务实施】

1. 设置幻灯片动态效果

（1）打开"机电与信息工程学院. pptx"，将第 1 张幻灯片设置为当前幻灯片，选定标题，在"动画"选项卡的"动画"组中单击"浮入"。

（2）在"动画"选项卡的"计时"组中，在"开始"项下拉列表中选择"单击时"，"持续时间"选择"2 秒"，完成对标题的动画设置。

（3）同样选定副标题，在"动画"选项卡的"动画"组中单击"飞入"。也可以单击"动画"组的对话框，单击"计时"选项卡，"开始"项选择"上一动画之后"，"延迟"项设置为 1.5 秒，其间选择"快速（1 秒）"，单击"确定"按钮。

（4）如果想修改对象出现的顺序，可以在"动画"窗格中，选择要调整顺序的对象，然后单击动画空格下方"重新排序"的向上箭头和向下箭头;在"动画"选项卡下的"预览"组中,单击"预览"按钮可以观看设置动画后的效果。

2. 设置幻灯片切换方式

(1)第1张幻灯片,在"切换"选项卡下的"切换到此幻灯片"组的"细微型"中,单击"分割"按钮。

(2)单击"效果选项"按钮,在展开的列表中单击"中央向上下展开"。

(3)在"计时"组中,在"持续时间"框中可以设置换片时间间隔,换片方式可以"单击鼠标时",也可以"设置自动换片时间"。如果所有幻灯片设置相同的切换效果,单击"计时"组中"全部应用"按钮即可。

3. 创建超级链接

(1)将第2张幻灯片设置为当前幻灯片,选中标题文字,单击右键,在弹出的快捷菜单中选择"超链接…",弹出如图5-38所示的"插入超链接"对话框,单击"本文档中的位置"项,在"请选择文档中的位置"下选择第1张幻灯片,单击"确定"按钮。

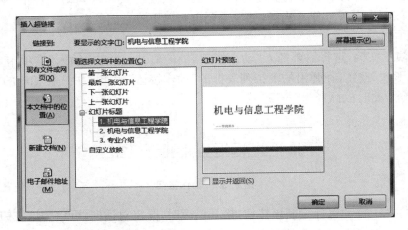

图5-38 "插入超链接"对话框

(2)将第3张幻灯片设置为当前幻灯片,在"插入"选项卡的"插图"组中,单击"形状"按钮,在展开的列表中单击"动作按钮",选择第一个图标在幻灯片上按下鼠标左键,画出所选动作按钮,释放鼠标左键,幻灯片上出现一个按钮同时弹出如图5-39所示的"操作设置"对话框,默认超链接到"上一张幻灯片"。在此对话框中单击"超链接到"的下拉列表框,选择"幻灯片",自动弹出"超链接到幻灯片"对话框,选择第一张幻灯片,单击"确定"按钮,返回"操作设置"对话框,单击"确定"按钮。

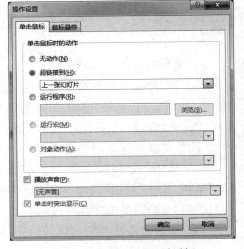

图5-39 "操作设置"对话框

任务 4　放映与输出演示文稿

■【任务展示】

本任务对演示文稿设置放映方式及播放,并将幻灯片输出为 PDF、视频、打包成 CD 等。

■【相关知识】

制作完成的演示文稿最终要播放给观众看。通过幻灯片的放映,可以将精心创建的演示文稿展示在观众面前,将自己想要说明的问题更好地表达出来。在放映幻灯片之前,还需要对演示文稿的放映方式进行设置,如幻灯片的放映类型、换片方式、隐藏/显示幻灯片和自定义放映等,使其能够更好地将演示文稿展示给观看者或客户。

1. 演示文稿放映方式的设置

PowerPoint 演示文稿既可以在本地计算机上播放,也可以另存为"网页"类型的文件,通过 Internet 传播。PowerPoint 软件提供了 3 种不同的本机放映方式,用户可以根据需要进行选择。

打开要设置放映方式的演示文稿,单击"幻灯片放映"选项卡,在"设置"功能区中单击"设置幻灯片放映"按钮,将打开如图 5-40 所示的"设置放映方式"对话框,在该对话框中的"放映类型"功能区下选择需要的放映类型,然后单击"确定"按钮即可。

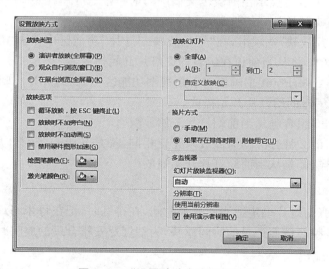

图 5-40　"设置放映方式"对话框

在"设置放映方式"对话框中,有演讲者放映(全屏幕)、观众自行浏览(窗口)和在展台浏览(全屏幕)3 种放映类型,下面分别对它们的功能进行介绍。

(1)演讲者放映(全屏幕):选中该选项,可全屏显示幻灯片。在演讲者自行播放时,可采用单击鼠标触发一个动作的手动方式放映或自动方式放映;可以将演示文稿暂停,添加会议细节或及时反应；可以在放映过程中录下旁白；可以使用快捷菜单或 PgUp、PgDn 键显示不同的幻灯片；还可以使用绘图笔。

（2）观众自行浏览（窗口）：以标准窗口形式显示演示文稿。在窗口中放映幻灯片时，可通过拖动滚动条或单击滚动条两端的向上按钮或向下按钮选择放映的幻灯片。

（3）在展台浏览（全屏幕）：以全屏幕方式显示幻灯片，在这种方式下，PowerPoint 会自动选定"循环放映，按 Esc 键终止"复选框，鼠标只能用来单击超链接和动作按钮，若需要终止只能使用 Esc 键，其他功能全部无效。

在"放映幻灯片"选项组中，选择所放映的幻灯片的范围，包括全部、部分（从……到……）和自定义放映，其中的"自定义放映"实际上是在下拉列表框中显示若干个自定义放映名称，每个放映名称要通过执行"幻灯片放映/自定义幻灯片放映"菜单命令，然后在出现的对话框中选择要播放的幻灯片并确定播放的顺序，这里的顺序不一定是创建幻灯片时的顺序。

在"放映选项"选项组中，可以选择幻灯片放映时是否循环放映、是否不加旁白和是否不加动画。

在"换片方式"选项组中，通过单选按钮确定是手动换片还是按照排练时间自动换片。

设置完成后，单击"确定"按钮，演示文稿将会按照用户所作的设置进行播放。

2. 演示文稿的放映

用户要播放一个演示文稿，首先应打开该演示文稿。播放一个已经打开的演示文稿，通常有以下 5 种方法：

（1）单击"幻灯片放映"选项卡，在"开始放映幻灯片"功能区中单击"从头开始"按钮，PowerPoint 2016 将整屏幕显示当前演示文稿中的第一张幻灯片。

（2）按 F5 键从头开始放映幻灯片。

（3）单击"幻灯片放映"选项卡，在"开始放映幻灯片"功能区中单击"从当前幻灯片开始"按钮，PowerPoint 2016 将从当前正在编辑的幻灯片开始播放。

（4）直接单击 PowerPoint 主画面右下角视图功能区中的"幻灯片放映"按钮，PowerPoint 2016 将从当前正在编辑的幻灯片开始播放。

（5）按 Shift+F5 组合键从当前幻灯片开始放映。

由此可以看出，前 2 种方法的播放效果完全相同，都是从第一张幻灯片开始播放；后 3 种方法的播放效果一样，都是从当前幻灯片开始播放。

3. 排练计时

通过排练为每张幻灯片确定适当的放映时间，在排练时，把在每张幻灯片上停留的时间记录下来，在幻灯片放映时按照记录的时间放映，为幻灯片安排合理的放映时间。

4. 演示文稿的输出

（1）演示文稿的打包

PowerPoint 2016 中的"打包成 CD"功能可将 1 个或多个演示文稿随同支持文件复制到 CD 中，方便那些没有安装 PowerPoint 2016 的用户放映演示文稿。默认情况下，PowerPoint 使用的播放器链接文件、声音、视频和其他设置会被打包在其中，这样就可在其他计算机上运行打包的演示文稿，不用担心影响幻灯片的放映效果或因没有安装 PowerPoint 2016 而无法放映的烦恼。

PowerPoint 2016 还提供了将 1 个或多个演示文稿打包到计算机或某个网络位置上的文件夹中,而不是在 CD 上。将演示文稿打包成 CD 的方法如下:

① 打开需要打包成 CD 的演示文稿,单击"文件"选项卡,在打开的窗口中选择"导出"命令,在中间的"导出"栏中选择"将演示文稿打包成 CD"命令,在右边的"将演示文稿打包成CD"中单击"打包成 CD"按钮,将弹出"打包成 CD"对话框,如图 5-41 所示。

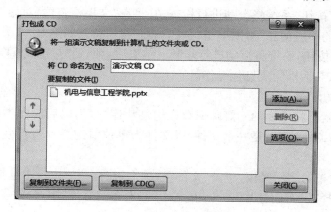

图 5-41　"打包成 CD"对话框

② 在"将 CD 命名为"文本框中,为 CD 输入名称。

③ 若要打包多个演示文稿,单击"添加"按钮,将打开"添加文件"对话框,在添加文件对话框中间的列表中定位选择演示文稿,然后单击"添加"按钮,回到"打包成 CD"对话框。

④ 默认情况下,演示文稿被设置为按照"要复制的文件"列表中排列的顺序进行自动运行。若要更改播放顺序,请选择一个演示文稿,然后单击向上按钮或向下按钮,将其移动到列表中的新位置。默认情况下,当前打开的演示文稿已经出现在"要复制的文件"列表中。链接到演示文稿的文件(例如图形文件)会自动包括在内,而不出现在"要复制的文件"列表中。

⑤ 若要删除某个添加进来的演示文稿,则选中它,然后单击左侧的"删除"按钮即可。

⑥ 若要更改默认设置,单击"选项"按钮,然后设置其中的选项。若要确保生成的包中包括与演示文稿相链接的文件,选中"链接的文件"复选框。与演示文稿相链接的文件可以包括图表文件、声音文件、电影剪辑及其他内容;若要演示文稿将当前文档中使用的嵌入字体也一起打包使用,则选中"嵌入的 TrueType 字体"复选框,可在打包时包括这些字体,该复选框适用于打包的所有演示文稿,包括链接的演示文稿。若需要其他用户在打开或编辑复制的任何演示文稿之前先提供密码,请在"增强安全性和隐私保护"下的密码框中输入要使用的密码。如果希望系统帮助检查演示文稿中的不适宜信息或个人信息,则选中"检查演示文稿中是否有不适宜信息或个人信息"复选框。

⑦ 完成设置后,如果要将演示文稿复制到网络或计算机上的本地磁盘驱动器,单击"复制到文件夹"按钮将文件复制到指定的文件夹。如果要将演示文稿复制到 CD 中,单击"复制到CD"按钮,将文件复制到 CD 中。

⑧ 如果这里单击"复制到文件夹"按钮,将打开"复制到文件夹"对话框。在"文件夹名称"文本框中输入打包生成的文件夹名字。单击"浏览"按钮,在弹出的"选择位置"对话框中选择保存位置。选中"完成后打开文件夹"复选框,则会在打包完成后打开这个文件夹,以便用户查

看。设置结束后，单击"确定"按钮，可将打包后的演示文稿存放到计算机的文件夹中。

⑨ 如果演示文稿中含有链接文件，将打开提示包含链接文件信息的对话框，在其中单击"是"按钮，可将链接文件一起复制到文件夹或光盘中。

⑩ 如果单击了"选项"按钮，并在弹出的"选项"对话框中选中了"检查演示文稿中是否有不适宜信息或个人信息"复选框，将打开"文档检查器"对话框。用户可以在对话框中选择检查的项目，单击"检查"按钮，系统将自动进行检查，并将在"文档检查器"对话框中显示检查结果。若需要删除检查到的相应信息，可以单击"全部删除"按钮将其删除。

⑪ 单击"关闭"按钮，系统将自动进行复制。结束后返回到"打包成 CD"对话框，再次单击"关闭"按钮，关闭该对话框完成打包操作。

（2）演示文稿的发布

幻灯片的发布就是将重要的幻灯片保存在幻灯片库中，为以后制作类似幻灯片时方便调用。被发布的幻灯片每一张就是一个文件，以文件为单位对幻灯片进行发布保存。具体的发布过程如下：

① 打开需要发布的演示文稿，单击"文件"选项卡，在打开的窗口中选择"共享"命令，在中间的"共享"栏中选择"发布幻灯片"命令，在右边的"发布幻灯片"中选择"发布幻灯片"按钮，将弹出"发布幻灯片"对话框，如图 5-42 所示。

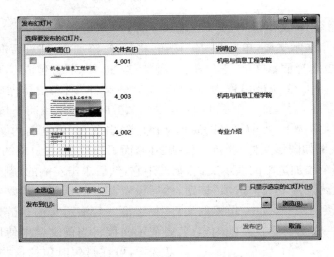

图 5-42　"发布幻灯片"对话框

② 在"发布幻灯片"对话框中"选择要发布的幻灯片"列表框下，选择需要发布的幻灯片，并在左边的复选框中选中。如果需要选择全部，则单击"全选"按钮。如果需要清除所有的选择，则单击"全部清除"按钮。

③ 选中"只显示选定的幻灯片"复选框，此时列表框中只会显示该演示文稿中需要发布的幻灯片，即被选择的幻灯片。

④ 单击"浏览"按钮，在弹出的对话框中选择要发布到的文件夹。

⑤ 设置完成之后，单击"发布"按钮将所有的幻灯片保存在选定的文件夹中。

（3）演示文稿的打印

当一份演示文稿制作完成后，有时需要将演示文稿打印出来。PowerPoint 2016 允许用户选择以彩色、灰度或黑白方式来打印演示文稿的幻灯片、观众讲义或备注页。PowerPoint 2016 文件打印前要先进行页面设置，页面设置是演示文稿显示、打印的基础。

① 页面设置

单击"设计"选项卡，在"自定义"功能区中单击"幻灯片大小"右侧的下拉按钮，打开下拉菜单，选择最下面的"自定义幻灯片大小"命令，弹出如图 5-43 所示的"幻灯片大小"设置对话框。

在"幻灯片大小"下拉列表框中，可以选择幻灯片的标准尺寸，也可以在"宽度"和"高度"数值框中重新设置幻灯片的尺寸大小。

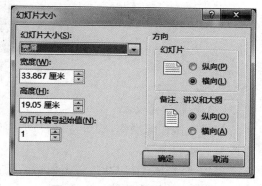

图 5-43　"幻灯片大小"对话框

在"幻灯片编号起始值"变数框中，可以输入幻灯片编号的起始值。

在"方向"选项区中，设置"幻灯片"和"备注、讲义和大纲"的打印方向，可以设置成"纵向"或"横向"。演示文稿中的所有幻灯片必须保持同一方向。

② 打印演示文稿

单击"文件"按钮，在打开的窗口中选择"打印"命令，将显示"打印"窗格内容区域。在"打印机"栏的下拉列表框中选择打印机，然后单击"打印机属性"，在弹出的"打印机属性"对话框中，选择打印时使用的纸张大小。

在"设置"栏中，单击"打印全部幻灯片"列表框按钮，在弹出的列表中选择打印全部的幻灯片、当前幻灯片或者自定义范围；单击"整页幻灯片"列表框按钮，在弹出的列表中选择打印幻灯片、备注页、大纲或者讲义；单击"单面打印"列表框按钮，在弹出的列表中选择单面打印还是双面打印；单击"调整"列表框按钮，在弹出的列表中选择打印幻灯片的方式，是按照从头到尾一份一份地打印，还是将第一页全部打印，之后再打印第二页，依次类推；单击"灰度"列表框按钮，在弹出的列表中选择打印幻灯片时的色彩方案；单击"编辑页眉和页脚"，将打开"页眉和页脚"对话框。单击"幻灯片"选项卡，在"幻灯片包含内容"栏中，选中"日期和时间"复选框，并选中其下的"自动更新"单选按钮，然后再选中"幻灯片编号"和"页脚"复选框，在"页脚"下面的文本框中输入相应的页脚内容文本。最后单击"全部应用"按钮关闭"页眉和页脚"对话框。

当全部打印设置完成后，在"打印"选项卡"打印"栏中的"份数"变数文本框中，输入需要打印的份数，单击"打印"按钮，系统开始向打印机传输数据，随后打印机便开始打印选择的幻灯片。

■【任务实施】

1. 放映和控制演示文稿

（1）放映演示文稿

打开演示文稿，单击"幻灯片放映"选项卡，单击"从头开始"，如图 5-44 所示，或者直接按 F5 键，幻灯片将从第 1 张开始放映。

图 5-44　幻灯片放映

（2）控制演示文稿

如果不做任何操作，幻灯片将自动播放。按 PageUp 和 PageDown 键切换幻灯片到上一张或下一张。

提示：在放映幻灯片时，单击鼠标右键，从弹出的快捷菜单中选择"指针选项"命令，将打开子菜单，可以选择绘图笔。

按 Esc 键，或右击，在弹出的快捷菜单中单击"结束放映"菜单项，即可结束放映。

2. 排练计时

在正式放映前用手动的方式进行换片，PowerPoint 2016 自动把手动换片的时间记录下来，如果应用这个时间，以后就可以按照这个时间自动进行放映观看，无须人为控制。

单击"幻灯片放映"选项卡，单击"设置"组中的"排练计时"按钮。

演示文稿自动从第 1 张幻灯片开始放映，此时幻灯片左上角出现"录制"对话框，如图 5-45 所示。当放映结束后弹出信息提示对话框，询问"是否保留新的幻灯片排练时间"，单击"是"按钮，演示文稿自动切换到幻灯片浏览视图，并在每张幻灯片缩略图下显示放映该幻灯片所需的时间。

图 5-45　"录制"工具栏

根据需要安排每张幻灯片放映时间。"录制"工具栏上的计时区将自动计算每张幻灯片放映时间。需要切换到下一张幻灯片时，单击"下一项"按钮进行切换。

直到播放最后一张幻灯片，单击"下一项"按钮后出现"Microsoft PowerPoint"提示框，如图 5-46 所示。

图 5-46　排练计时

单击"是"按钮对话框，此时窗口中的视图方式自动切换到"幻灯片浏览"视图。这时可以看到每一张幻灯片缩览图左下角都标有数字，表示每张幻灯片放映的时间。以后幻灯片放映时将按此时间进行播放。

提示：幻灯片能否按排练计时进行放映，主要取决于在"设置放映方式"对话框中是否选中了"如果存在排练时间，则使用它"选项。

3. 录制旁白

为了便于观众理解，有时演示者会在演示文稿放映过程中进行讲解，某些特殊情况下演讲者不能参与演示文稿的放映，那么可以通过录制旁白功能来解决此问题。

单击"幻灯片放映"选项卡，单击"录制幻灯片演示"，在弹出的"录制幻灯片演示"对话框中单击"开始录制"按钮，如图 5-47 所示。

当幻灯片结束放映后，演示文稿进入幻灯片浏览视图，并在每张幻灯片缩略图的下面显示该幻灯片的录制时间，在右下角添加一个声音图标。

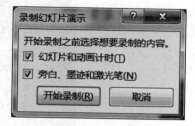

图 5-47　"录制幻灯片演示"对话框

4. 输出演示文稿

（1）创建文档

单击"文件"菜单，单击"导出"→"创建 PDF/XPS 文档"→"创建 PDF/XPS"命令。

（2）打包演示文稿

如果想让演示文稿中包含的超链接、特殊字体、视频或音频在其他计算机中放映演示文稿时能够正常打开或播放，则需要使用打包功能。

单击"文件"菜单，单击"导出"→"将演示文稿打包成 CD"→"打包成 CD"命令，如图 5-48 所示。

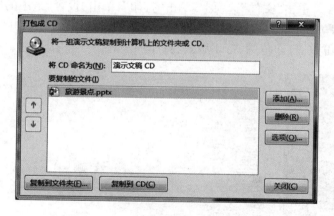

图 5-48　"打包成 CD"对话框

在弹出的"打包成 CD"对话框"将 CD 命名为"输入框中输入"旅游景点"，单击"复制到文件夹"。在弹出的"复制到文件夹"对话框的"位置"文本框中选择路径，单击"确定"按钮。

（3）将演示文稿导出为视频格式

单击"文件"菜单，单击"导出"→"创建视频"命令，选择"高清 720P"，选择"使用录制的计时和旁白"，在"放映每张幻灯片的秒数："中输入"6"秒，单击"创建视频"，如图 5-49 所示。

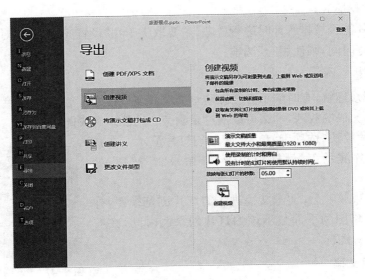

图 5-49　"创建视频"页面

5. 打印演示文稿

某些特殊的场合需要将演示文稿像 Word 一样打印在纸上,供与会人员了解演讲内容。

(1) 设置幻灯片大小。选择"设计"选项卡,单击"自定义"组中的"幻灯片大小—自定义幻灯片大小",在弹出的对话框中设置"幻灯片大小"为"全屏显示(4∶3)";在方向设置区,选中"幻灯片"中的"横向",再选中"备注、讲义和大纲"中的"纵向",单击"确定"按钮。

(2) 打印幻灯片。单击"文件"选项卡,单击"打印",单击"设置"组中的"整页幻灯片"下拉列表,单击"4 张水平放置的幻灯片",其余选项默认,单击"打印"按钮,如图 5-50 所示。其余各选项可设置打印份数、打印范围、打印版式、打印顺序等。

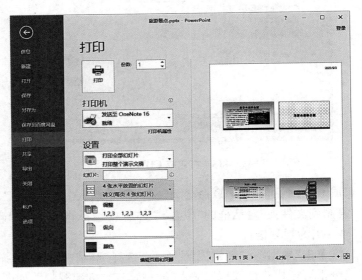

图 5-50　打印幻灯片

习　题

一、选择题

1. PowerPoint 2016 演示文稿的扩展名是_____。

A．.htmx　　　　B．.pptx　　　　C．.ppsx　　　　D．.potx

2. 在演示文稿中，将某张幻灯片版式更改为"标题和内容"，应选择的选项卡是_____。

A."设计"　　　B."视图"　　　C."开始"　　　D."插入"

3. 在幻灯片浏览视图中要选定多张幻灯片时，先按住_____键，再逐个单击要选定的幻灯片。

A．Ctrl　　　　B．Enter　　　　C．Shift　　　　D．Alt

4. 在 PowerPoint 2016 提供的各种视图模式中，全屏幕显示幻灯片的是_____。

A．大纲视图　　　B．幻灯片浏览视图　　C．幻灯片视图　　D．幻灯片放映视图

5. 为了使一份演示文稿的所有幻灯片中具有公共的对象，则应使用_____。

A．自动版式　　　B．母版　　　　C．备注幻灯片　　　D．大纲视图

6. 如果要终止幻灯片的放映，可以直接按_____键。

A．Alt＋F4 组合　　B．Ctrl＋X 组合　　C．Esc　　　　D．End

7. 如果要设置从一张幻灯片"擦除"切换到下一张幻灯片，应使用_____命令来进行设置。

A．动作设置　　　B．预设动画　　　C．幻灯片切换　　　D．自定义动画

8. 在交易会上进行广告演示文稿的放映时，应该选择_____方式。

A．演讲者放映　　B．观众自行放映　　C．循环放映　　　D．在展台浏览

9. 在设置幻灯片自动切换之前，应该事先进行演示文稿_____设置。

A．自动播放　　　B．排练计时　　　C．打印输出　　　D．打包

10. 在 PowerPoint 2016 中，演示文稿可以使用_____命令，使其在其他未安装 PowerPoint 2016 的计算机上可以放映。

A．发送　　　　B．另存为　　　　C．打包　　　　D．保存

二、思考题

1. 简单叙述演示文稿和幻灯片之间的关系。

2. 建立演示文稿的方法有几种？

3. 有哪几种视图方式，其作用分别是什么？

4. 在普通视图下，演示文稿的每一页由哪几个主要的区域构成？

5. 常用的母版有哪几种类型？各有什么作用？

6. 幻灯片放映通常有哪几种类型？各有什么特点？

7. 在 PowerPoint 2016 中包含几种动画效果，其含义分别是什么？

8. 什么是切换效果？

9. 如何自定义幻灯片的放映方式？

10. 幻灯片放映时如何定位至其他幻灯片？

11. 在手动换片方式下有必要设置放映时间吗？

12. 如何将演示文稿打包为 CD?

三、操作题

1. 按下列要求完成演示文稿的建立。

(1) 写一篇讲演稿,共包括 5 张幻灯片。

① 题目是"我和计算机"。

② 第一张是标题片,自己设计体现个人理解主题的标题版面。落款是

　　　　　　　　　　单　　位:所在学院所在班级
　　　　　　　　　　主　讲　人:自己姓名

③ 第二张是提纲片,叙述要点。

④ 其他幻灯片是主题内容。

⑤ 在第三张幻灯片中插入一个图片或 PC 上的视频。

(2) 定义幻灯片母版

① 标题用 36 磅字、幼圆字体、居中、红色。

② 一级正文用 28 磅字、宋体、左对齐、深蓝色。

③ 二级及以下正文用 24 磅字、宋体、左对齐、深蓝色。

在底部中央设置 3 个动作按钮;用于前翻一页、后翻一页和结束放映,底部右下角显示页编号,页编号格式为 14 磅字、宋体、绿色。

(3) 动画设置

① 第二张幻灯片的文本要求"自定义动画",文本进入是"飞入",单击启动,方向是"自左侧",速度为"慢速"。

② 其他幻灯片中的文本要求设置动画为"形状",动画效果为"圆形切入"。

③ 所有幻灯片切换方式设置为"百叶窗",持续时间为 2 秒,声音为"风铃",换片方式为"每隔 3 秒自动换片"。

(4) 格式要求如下:

① 设置页眉页脚,标题片不显示。

② 页脚格式设置为"主讲人:自己姓名"。

2. 按下列要求完成演示文稿的建立。

(1) 建立页面一:版式为"标题幻灯片",选择设计主题中的"环保"主题;标题内容为"信息技术与教育信息化",并设置为黑体、44 磅、深蓝色。副标题内容为:

① 什么是信息技术。

② 什么是教育信息化。

将副标题设置为楷体、36 磅、橙色;左下角插入一个"动作按钮",并在按钮上添加文本"下一页",单击时链接到下一页幻灯片。

(2) 建立页面二:版式为"仅标题",标题内容为"信息技术实际上就是能够扩展人类信息器官功能的技术,也是人类处理信息的技术"并设置为楷体、蓝色居中;任意选择插入一张图片;左下角插入 2 个动作按钮,并在按钮上添加文本"上一页"和"下一页",单击时分别链接到上一页幻灯片和下一页幻灯片。

(3) 建立页面三:版式为"仅标题",标题内容为"教育信息化,就是将信息技术应用到教育

决策、管理、研究、过程等教育的各方面",并设置为楷体、36 磅、蓝色、居中;插入艺术字"面向教育",样式为艺术字列表中的第 2 排第 4 个,字号为 64 磅,文本效果为"靠下透视";插入 3 个动作按钮并在按钮上添加文本"首页""上一页"和"结束",单击时分别链接到首页幻灯片、上一页幻灯片和结束放映。

(4) 将所有幻灯片插入页脚,内容为"信息技术与教育信息化"。

(5) 将页面设置成 A4 型纸。

(6) 将所有幻灯片插入幻灯片编号。

(7) 将该演示稿以"信息技术"为文件名,保存在 D 盘"考生"目录下。

3. 按下列要求完成演示文稿的建立。

(1) 利用"教育"→"学校儿童教育演示文稿、相册(宽屏)"建立一套幻灯片的演示文稿文档。把第 4 张幻灯片向前移动,作为演示文稿的第 2 张幻灯片,并改为"比较"版式,在首页幻灯片标题处输入文字"大学生演讲比赛",字体设置成宋体、加粗、倾斜、44 磅,将最后一张幻灯片的版式更换为"标题和竖排文本"。

(2) 用"平面"演示文稿设计主题修饰全文;全文幻灯片切换效果设置为"淡出";首页幻灯片的标题文本动画设置为"浮入"。

(3) 隐藏第 4 张幻灯片。

单元 6

Internet 应用

Internet 是计算机网络中的一种，计算机网络由计算机和通信网络两部分组成，主要解决数据处理和数据通信的问题。计算机是通信网络的终端或信源，通信网络为计算机之间的数据传输和交换提供了必要的手段；计算机技术和通信技术的紧密结合，促进了计算机网络的发展，对人类社会的发展和进步产生了巨大的影响。

本单元的主要内容安排如下：

1. 了解计算机网络的基本概念和基本技术；

2. 了解计算机局域网的相关概念和技术；

3. 了解 Internet 的相关概念和接入技术。

任务 1 认识计算机网络

【任务展示】

计算机网络可以实现网络中计算机之间的通信，计算机是通过各自的 IP 地址来相互访问的，本任务要求掌握计算机的 IP 地址配置，并使用 Ping 命令测试网络的连通情况，图 6-1 是配置 IP 地址及相关信息的界面。

【相关知识】

1. 计算机网络的发展

计算机网络仅有几十年的发展历史，经历了从简单到复杂、从低级到高级、从地区到全球的发展过程。从应用领域上看，这个过程大致可划分为 4 个阶段：

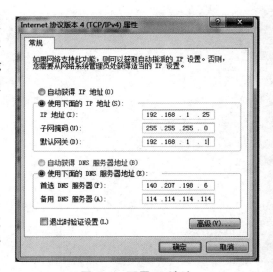

图 6-1 配置 IP 地址

第一阶段(20 世纪 60 年代)：以单个计算机为中心的面向终端的计算机网络系统。这种网络系统是以批处理信息为主要目的，通过较为便宜的通信线路共享较昂贵的计算机。它的缺点是：如果计算机的负荷较重，会导致系统响应时间过长;单机系统的可靠性一般较低,一旦计算机发生故障,将导致整个网络系统瘫痪。

第二阶段(20 世纪 70 年代):以分组交换网为中心的多主机互连的计算机通信网络。为了克服第一代计算机网络的缺点,提高网络的可靠性和可用性,人们借鉴了电信部门的电路交换的思想,提出了存储转发(Store and Forward)的交换技术。所谓"交换",从通信资源的分配角度来看,就是由交换设备动态地分配传输线路资源或信道带宽所采用的一种技术。英国 NPL 的戴维德(David)于 1966 年首次提出了"分组"(Packet)这一概念。1969 年 12 月,美国的分组交换网网络中传送的信息被划分成分组(Packet),该网称为分组交换网 ARPANET(当时仅有 4 个交换点投入运行)。ARPANET 的成功,标志着计算机网络的发展进入了一个新纪元。

第三阶段(20 世纪 80 年代):具有统一的网络体系结构,遵循国际标准化协议的计算机网络,是计算机局域网网络发展的盛行时期。

在第三代网络出现以前网络是无法实现不同厂家设备互联的。随着 ARPANET 的建立,各厂家为了霸占市场,采用自己独特的技术并开发了自己的网络体系结构,如 IBM 发布的 SNA(System Network Architecture,系统网络体系结构)和 DEC 公司发布的 DNA(Digital Network Architecture,数字网络体系结构)。这些网络体系结构的出现,使得一个公司生产的各种类型的计算机和网络设备可以非常方便地进行互联。但是,由于各个网络体系结构都不相同,协议也不一致,使得不同系列、不同公司的计算机网络难以实现互联,这为全球网络的互联、互通带来了困难,阻碍了大范围网络的发展。后来,为了实现网络大范围的发展和不同厂家设备的互联,1977 年国际标准化组织 ISO(International Organization for Standardization,ISO)提出一个标准框架——OSI(Open System Interconnection/ Reference Model,开放系统互联参考模型)共 7 层。1984 年正式发布了 OSI,使厂家设备、协议达到全网互联。

在计算机网络发展的进程中,另一个重要的里程碑就是出现了局域网。局域网可使得一个单位或部门的微型计算机互连在一起,互相交换信息和共享资源。由于局域网的距离范围有限、联网的拓扑结构规范、协议简单,使得局域网联网容易,传输速率高,使用方便,价格也便宜,所以很受广大用户的青睐。因此,局域网在 20 世纪 80 年代得到了很大的发展,尤其是 1980 年 2 月美国电气和电子工程师学会组织颁布的 IEEE802 系列的标准,对局域网的发展和普及起到了巨大的推动作用。

第四阶段(20 世纪 90 年代):网络互联与高速网络。随着数字通信的出现和光纤的接入,计算机网络飞速发展,其主要特征是:计算机网络化综合化、高速化、协同计算能力发展以及全球互联网络(Internet)的盛行。快速网络接入 Internet 的方式也在不断诞生。如:ISDN、ADSL、DDN、FDDI 和 ATM 网络等。随着 Internet 的商业化,计算机网络已经真正进入社会各行各业,走进平民百姓的生活。

2. 计算机网络的定义

计算机网络指分布在不同地理位置上具有独立功能的多个计算机系统,利用通信设备和通信线路相互连接起来,在网络软件的管理下实现数据传输和资源共享的系统。

上述计算机网络的定义包含以下 3 个要点:

① 一个计算机网络包含多台具有独立功能的计算机。所谓的"独立"是指这些计算机在脱离网络后也能独立工作和运行。通常被称为主机(Host)。

② 组成计算机网络的连接设备和传输介质,以及连接时必须遵循的约定和规则,即通信

协议。

③ 建立计算机网络的主要目的是为了实现网络通信、资源共享或者是计算机之间的协同工作。一般将计算机资源共享作为网络的最基本特征。

3. 计算机网络的功能

计算机网络的应用已经渗透到社会的各个领域,其基本功能是数据通信和资源共享。

(1) 数据通信

它是计算机网络最基本的功能之一。利用计算机网络可实现各计算机之间快速可靠地互相传送数据,进行信息处理,如传真、电子邮件(E-mail)、电子数据交换(EDI)、电子公告牌(BBS)、远程登录(Telnet)与信息浏览等通信服务。数据通信能力是计算机网络最基本的功能。

(2) 资源共享

它包括软件资源、硬件资源和数据资源的共享,是计算机网络最突出的优点。通过资源共享,可以使网络中各地区的资源互通有无,分工协作,从而大大提高系统资源的利用率。

4. 计算机网络的分类

计算机网络的分类,可按不同的标准进行划分。现较为普遍使用的方法是按网络覆盖的地理范围划分,主要有以下几类:局域网(LAN——Local Area Network)、城域网(MAN——Metropolitan Area Network)和广域网(WAN——Wide Area Network)。

(1) 局域网

局域网是在微型计算机大量推出后被广泛使用的,其特点是覆盖范围小,最大距离不超过10 km,各个网络节点之间的距离较短,具有传输速率高(10～1 000 Mbps)、误码率低、延迟小、易维护管理等特点,其设备也比较便宜,往往由一个单位或部门筹建并使用。

(2) 城域网

城域网的作用范围介于 LAN 和 WAN 之间,一般为几千米到几十千米,传输速率一般在50 Mbps 左右,可以认为是一种大型的局域网(LAN),通常使用与局域网相似的技术,它可以覆盖一个城市的范围,并且城域网有可能连接当地的有线电视网络,提供更丰富的数据信息资源。

(3) 广域网

广域网的作用范围一般为几十千米到几千千米,可以跨省、跨国或跨洲,可以实现计算机更广阔范围上的互联,实现世界级范围内的信息数据共享。我们所熟悉的 Internet 就是广域网的典型应用。广域网传输速率较低,一般在 96 kbps～45 Mbps 左右。

5. 计算机网络结构

(1) 计算机网络的组成

从数据通信和数据处理的功能来看,网络可分为两层:内层的通信子网和外层的资源子网。如图 6-2 所示。

通信子网包括通信线路、网络连接设备、网络协议和通信控制软件等,是用作信息交换的节点计算机和通信线路组成的独立的通信系统。它承担全网的数据传输、转接、加工和交换等通信处理工作。

网络中实现资源共享功能的设备及其软件的集合称为资源子网,资源子网包括联网的计

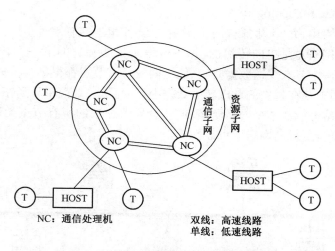

图 6-2　计算机网络的通信子网和资源子网

算机、终端、外部设备、网络协议和网络软件等。资源子网主要负责全网的信息处理,为网络用户提供网络服务和资源共享功能等。

随着局域网技术的发展,网络结构也在随之变化,通过路由器可以实现网络互联,以构成一个大型的互联网络。

(2) 网络的拓扑结构

将网络中的所有设备定义为结点,两个结点间的连线定义为链路,计算机网络就变成由一组结点和链路组成的系统。网络结点和链路的几何图形,就是网络拓扑结构。

网络拓扑结构反映了网络中各种网络设备的物理布局,局域网的 3 种基本网络拓扑结构有星形、环形和总线形,广域网的拓扑结构则是网状拓扑。另外,星形结构还可以扩展成树形结构。

① 总线拓扑(CommonBus Topology)

在总线拓扑中,所有的设备都连接到一个线形的传输介质上,这个线形的传输介质通常称为总线。在总线的两头还必须有一个称为终结器的电阻器。终结器的作用是在信号到达目的地后终止信号。如图 6-3 所示。

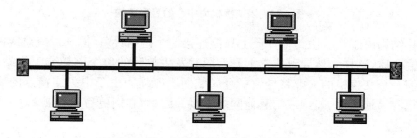

图 6-3　总线结构示意图

总线拓扑比较简单,所用的传输介质也很少。因此,总线拓扑与其他网络拓扑相比费用是比较低的。但这种网络不能较好地扩展。另一个缺点是它们具有较差的容错能力,这是因为在总线上的某个中断或缺陷将影响整个网络。

② 环形拓扑(Ring Topology)

在环形拓扑结构中,每个设备与两个最近的设备相连接使整个网络形成一个环状,如图 6-4 所示。环形网络总是单向传输的,每一台设备只能和它的下一个相邻节点直接通信,当一个节点要往另一个节点发送数据时,它们之间的所有节点都得参与传输。这样,比起总线拓扑来,更多的时间被花在替别的节点转发数据上。而且,一个简单环形拓扑结构的缺点是单个发生故障的工作站可能使整个网络瘫痪,这就会导致环中的所有节点无法正常通信。可以通过双环实现双向传输,提高网络的可靠性。

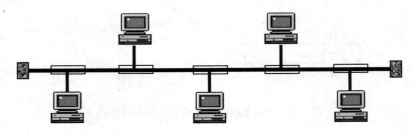

图 6-4　环形结构示意图

③ 星形拓扑(Star Topology)

在星形拓扑中,网络上的设备都通过传输介质连接到处于中心的中央设备,如用交换机连接在一起。使用星形拓扑,连接到网络上的设备之间的通信都要经过交换机来实现相互的通信。如图 6-5 所示。

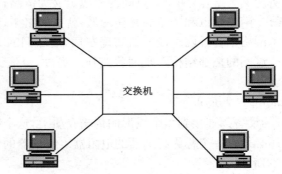

图 6-5　以交换机为中心的星形结构

星形拓扑结构由于在一段传输介质上只能连接一个网络设备,同环形或总线网络相比,需要更多的传输介质,这样必然导致成本上升。同时发生故障的单个电缆或工作站不会使星形网络瘫痪。但一个交换机的失败将导致一个局域网段瘫痪。由于中央连接点的使用,星形拓扑结构可以很容易地移动、隔绝或与其他网络连接。因此,它们更易于扩展。

④ 树形结构

树形结构实际上是星形结构的一种变形,它将原来用单独链路直接连接的节点通过多级处理主机进行分级连接,如图 6-6 所示。

这种结构与星形结构相比降低了通信线路的成本,但增加了网络复杂性。网络中除最低层节点及其连线外,任一节点或连线的故障均影响其所在支路网络的正常工作。

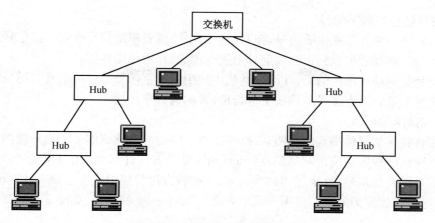

图 6-6　树形结构示意图

⑤ 网状结构

网状结构分为完全连接网状和不完全连接网状两种形式。完全连接网状中,每一个节点和网络中其他节点均有链路连接。不完全连接网状中,两节点之间不一定有直接链路连接,它们之间的通信,依靠其他节点转接(如图 6-7 所示)。这种网络的优点是节点间路径多,碰撞和阻塞可大大减少,局部的故障不会影响整个网络的正常工作,可靠性高;网络扩充和主机入网比较灵活、简单。但这种网络关系复杂,建网不易,网络控制机制复杂。广域网中一般用不完全连接网状结构。

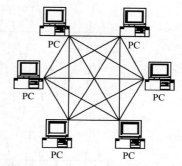

图 6-7　完全连接的网状结构示意图

6. 数据通信常识

数据通信是依照通信协议,利用数据传输技术在两个功能单元之间传递数据信息。而数据传输是传播处理信号的数据通信,将源站点的数据编码成信号,沿传输介质传播至目的站点。数据传输的品质取决于被传输信号的品质和传输介质的特性。

下面介绍几个常用术语:

(1) 信号

信号是数据传输的载体,信号中携带有要传输的信息,通过传输介质进行传输,它是由网络部件如网络接口卡产生的。信号分以下几类:

① 电信号:通过铜线媒介传输。

② 光信号:通过光缆、空气、真空等途径传播。

③ 电磁信号:在空间进行传播,主要在无线通信中使用。

(2) 信道

信道是信号传输的通路,在计算机网络中有物理信道和逻辑信道之分。物理信道是指用来传输信号的物理通路,由传输介质和相关通信设备组成。传输介质有有线介质和无线介质两种,有线介质包括双绞线、同轴电缆和光缆,同轴电缆有细缆和粗缆,光纤又有单模光纤和多模光纤;无线介质有红外、激光、微波和卫星通信。逻辑信道是建立在通信双方的通路,是网络中众多物理信道通过内部结点连接而成的,通信双方并没有直接的物理连接。

（3）模拟信号与数字信号

模拟信号是一种连续变化的信号，在网络通信中使用的模拟信号是正弦波信号，计算机产生的数字信号经调制后加载到正弦波信号上进行传输，称为模拟传输。

数字信号是一种离散的信号，在网络通信中使用的数字信号是方波信号，计算机能识别的二进制数经网卡编码后直接送到网线上进行传输，称为数字传输。

（4）调制与解调

对于要将数字信号传播到较远距离时，可以将数字信号转化成能长距离传输的模拟信号。这就要求在通信的双方安装调制解调器（Modem），发送方将计算机发出的数字信号转化为加载了数字信息的模拟信号，这个过程称为调制；而接收方则将模拟信号还原成计算机能接收的数字信号，这个过程称为解调。常用的调制方法有调幅、调频和调相，如图 6-8 所示。

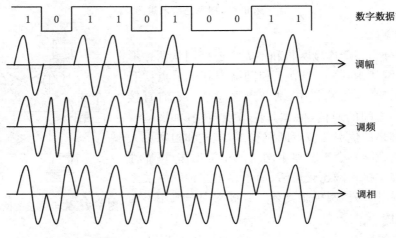

图 6-8 数字调制的方法

（5）数据传输速率

数据传输速率是指单位时间内传送的二进制数据的位数，通常用 bps（bit per second，位每秒）或 Bps（Byte per second，字节每秒）作计量单位。

（6）带宽

在模拟信道中，带宽表示电路可以保持稳定工作的频率范围，以信号的最高频率与最低频率之差来表示，频率（Frequency）是模拟信号波每秒变化的周期数，单位是赫（Hz）。在数字通信中，通信信道的最大传输速率与信道带宽之间存在着明确的关系，所以网络技术中，带宽所指的其实就是数据传输速率，是通信系统的主要技术指标之一。

（7）误码率

误码率是指在信息传输过程中数据出错的概率，是通信系统的可靠性指标，误码率是用来衡量误码出现的频率。计算机网络通信中，要求误码率低于 10^{-6}。IEEE 802.3 标准为1000Base－T 网络制定的可接受的最高限度误码率为 10^{-10}。这个误码率标准是针对脉冲振幅调制（PAM－5）编码而设定的，也就是千兆以太网的编码方式。

7. 组网和联网的硬件设备

计算机网络由网络软件和硬件两部分组成，网络软件主要指网络操作系统，目前使用的网络操作系统有：Windows、Unix 和 Linux 等。而硬件设备主要有以下几种：

（1）组网设备

① 计算机

网络中有两种不同的管理模式：客户机/服务器模式和对等网模式。这两种模式中使用的计算机是不同的。

a. 客户机/服务器模式（Client/Server）

客户机/服务器模式是以网络服务器为中心的集中管理模式，网络包含了 1 台或多台安装了服务器软件的计算机，以及连接到服务器上的安装了客户端软件的 1 台或多台计算机。服务器要求有较高的性能和较大的存储容量，承担着提供整个网络数据存储和转发的功能，并集中为客户机提供服务。根据提供服务的不同，服务器可分为文件服务器、数据库服务器、Web 服务器和电子邮件服务器等。客户机则是普通的计算机，提供用户上网的平台，受到服务器的统一管理。网络数据库、网络在线游戏等都是客户机/服务器模式网络的典型应用。

b. 对等网模式（Peer-to-Peer，也常常称作 P2P）

对等网模式的网络，在网络中的所有互联设备地位相同，网络中的计算机都称为工作站，既是服务器又当客户机，可以独自存储数据，直接传输数据而不需要中心服务器的参与。P2P 技术是网络文件共享服务的基础，例如互联网上著名的 P2P 软件——BT 下载，以及微软的 Windows 对等网络等都是以此模式为理论依据的。

图 6-9 是客户机/服务器模式和对等网模式的比较图。

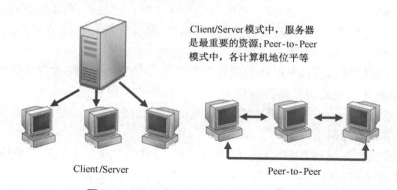

Client/Server 模式中，服务器是最重要的资源；Peer-to-Peer 模式中，各计算机地位平等

Client/Server　　　　Peer-to-Peer

图 6-9　Client/Server 与 Peer-to-Peer 的对比

② 传输介质

网络中常见的传输介质有双绞线、同轴电缆、光纤和无线传输介质。

a. 双绞线

双绞线是一种应用广泛、价格低廉的网络线缆。它的内部包含 4 对铜线，每对铜线相互绝缘并被绞合在一起，所以其得名双绞线。双绞线可以分为屏蔽双绞线和非屏蔽双绞线两大类，我们通常用的都是非屏蔽双绞线（如图 6-10）。双绞线现在正被广泛地应用于局域网中。

内部为铜导线

塑料保护套

图 6-10　非屏蔽双绞线的结构

b. 同轴电缆

在早期的局域网中经常采用同轴电缆作为传输介质。常用的同轴电缆有粗缆和细缆之分,粗缆的特点是连接距离长、可靠性高,最大传输距离可达 2 500 m;缺点为安装难度大,总体造价高。细缆的特点是传输距离略短,为 925 m,但是安装比较简单,造价较低。同轴电缆适用于总线网络拓扑结构。在现代网络中,同轴电缆构成的网络已逐步被由非屏蔽双绞线或光纤构成的网络所淘汰。图 6-11 为同轴电缆的结构。

c. 光纤

光纤是一束极细的玻璃纤维的组合体。每一根玻璃纤维都称为一条光纤,它要比人们的头发丝还要细很多。由于玻璃纤维极其脆弱,因此,每一根光纤都有外罩保护,最后用一个极有韧性的外壳将若干光纤封装,就成了我们看到的光纤线缆,如图 6-12 所示。

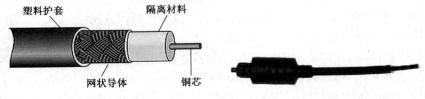

图 6-11　同轴电缆的结构　　　　图 6-12　光纤线缆

光纤分单模光纤和多模光纤两种,所谓模是指光的路径,多模光纤允许多种不同入射角的光以全反射的原理在光纤中传播,其光源可以是发光二极管或激光;而单模光纤中的光是沿光纤直线传播的,其光源往往是激光。与多模光纤相比,单模光纤纤芯的直径要细得多,信号衰减更小,传输速率更快、传输距离更远。

光纤不同于双绞线和同轴电缆将数据转换为电信号传输,而是将数据转换为光信号在其内部传播,从而拥有了强大的数据传输能力。目前光纤的数据传输速率可达 2.4 Gbps,传输距离可达上千米。Internet 的主干网络就是采用光纤线缆搭建而成,并且,光纤也越来越多地应用于商业网络和校园网络之中。

除以上有线线缆外,我们还可以使用 USB 线缆、电话线甚至是电力线缆来传输数据。

d. 无线传输介质

常用的无线传输介质主要有微波、红外线、无线电、激光和卫星等。

无线网络的特点是传输数据受地理位置的限制较小、使用方便,其不足之处是容易受到障碍物和天气的影响。

③ 网络接口卡

网络接口卡 NIC(Network Interface Card),通常被做成插件的形式插入计算机的一个扩展槽中,故也被称作网卡。在局域网中,计算机都是通过网络接口卡连接到网络。网卡的种类很多,各有自己适用的传输介质与网络协议。

(2) 网络互联设备

网络互联设备可实现多个网络的互联,主要有以下几种:

① 集线器

集线器(Hub)又称集中器,是多口中继器,以它作为一个中心节点,可连接多条传输媒体。其优点是当某条传输媒体发生故障时,不会影响到其他的节点。

② 交换机

交换机是一种类似于集线器的网络互联设备,它将传统的网络"共享"传输介质技术改变为交换式的"独占"传输介质技术,提高了网络的带宽。

集线器和交换机的重要区别就在于:集线器是共享线路带宽;交换机独占线路带宽。

③ 路由器

路由器用来将不同类型的网络互联,能够实现数据的路由选择,支持局域网和广域网的互联,是互联网上的主要网络互联设备。

④ 无线 AP

无线 AP 即无线访问点。单纯的无线 AP 就是一个无线交换机,仅提供无线信号的发射和接收功能,可以将有线网和无线网连接到一起,将有线网中的网络信号转换成无线信号发送出去,形成无线网的覆盖。不同的无线 AP 具有不同的功率,可以实现不同程度、不同范围的覆盖。一般的无线 AP 的最大覆盖范围可达 300 m,非常适合在建筑物之间、楼层之间等不便于架设有线局域网的地方构建无线局域网。

无线 AP 还是无线路由器等设备的统称,提供路由、网管等功能,可以实现无线网络之间的连接。

8. TCP/IP 体系结构

计算机之间相互通信需要遵守共同的规则,这些规则规定了所有交换数据的格式以及如何发送和接收数据的时序,称为网络通信协议。

为了减少网络协议设计的复杂性,通常把整个网络的通信问题划分为许多个小问题,然后为每个小问题设计单独的协议,这样整个网络设计时会有大量的、各种各样的协议,形成一个庞大的协议簇,并且通过结构化技术,从层次结构的角度组织网络,把相近或者相类似的问题组织在同一个层次,每个层次完成特定的网络功能,最终形成一个网络体系结构。互联网中普遍使用的体系结构就是 TCP/IP 体系结构。

(1) TCP/IP 协议

TCP/IP(Transmission Control Protocol/Internet Protocol,传输控制协议/互联网络协议)协议是 Internet 的标准连接协议。它为全球范围内各种不同网络的互联和网络之间的数据传输提供了统一的规则,对 Internet 的发展具有极其深远的意义。

TCP/IP 协议不是一个单一的协议,而是一个分层的协议簇,包含了上千个协议,TCP 和 IP 是其中的两个最重要的核心协议。TCP/IP 协议将网络分成了 4 个层次,分别为网络接口层、互联网层、传输层和应用层。

① 网络接口层(Network Interface Layer),是网络的最低层,主要完成网络的硬件连接和收发数据帧。

② 互联网层(Internet Layer),根据 IP 地址完成数据转发和路由,提供一个不可靠的、无连接的端到端的数据通路。其核心协议为 IP 协议。

③ 传输层(Transport Layer),传输层实现端到端的无差错传输。其中的 TCP 协议为应用层提供了可靠的应用连接。

④ 应用层(Application Layer),是 TCP/IP 协议的最高层,直接为用户提供各种网络服务,是用户进入网络的通道。

（2）IP 地址

① IP 地址

Internet 协议地址简称 IP 地址。在网络通信过程中，互联网使用 IP 地址来标识不同的设备和主机，IP 地址是网络传输数据的依据，全球 IP 地址的规划和管理由 Internet NIC（Internet 网络信息中心）统一负责。

a. IP 地址的分类

目前采用的 IP 协议是 IPv4，即版本 4，使用的 IP 地址长 32 bit（4 Byte），分为网络号和主机号两个部分，为方便人们使用，IP 地址经常被写成四位十进制数来表示，每个 Byte 转化为一个十进制数，中间用符号"."隔开，每个十进制数的范围是 0～255，如 58.193.81.1 和 221.228.255.1 都是合法的 IP 地址。

为了更合理地分配 IP 地址，根据第一个十进制数的值，IP 地址被分为 A、B、C、D、E 五类：0 到 127 为 A 类，前 8 个 bit 为网络号；128 到 191 为 B 类，前 16 个 bit 为网络号；192 到 223 为 C 类，前 24 个 bit 为网络号；224 到 239 为 D 类，为组播地址；240 到 255 为 E 类，为保留地址，暂时不用。

b. 公有地址和私有地址

公有地址是 Internet 上的合法地址，在 Internet 中的每一台计算机均需要一个这样的 IP 地址，由 NIC 统一管理。

私有地址是在局域网内部使用的地址，无须申请。主要有以下范围：

A 类地址：10.0.0.1～10.255.255.254

B 类地址：172.16.0.1～172.31.255.254

C 类地址：192.168.0.1～192.168.255.254

c. IPv6

为了解决 IPv4 协议面临的各种问题，新的协议和标准产生了——IPv6。其中包括新的协议格式、有效的分级寻址和路由结构、内置的安全机制、支持地址自动配置等特征，最重要的是长达 128 位的地址长度，其地址空间是 IPv4 的 2^{96} 倍，能提供超过 3.4×10^{38} 个地址。

② 简单的网络诊断命令

a. ipconfig 命令

该命令用于显示计算机的 TCP/IP 配置情况，包括 IP 地址、子网掩码及缺省网关等信息，用来检验人工配置的 TCP/IP 设置是否正确，对于通过 DHCP 服务器自动获取 IP 地址的计算机，也可以通过该命令检查计算机是否成功获取了 IP 地址，以及成功获取的 IP 配置情况。

b. Ping 命令

Ping 用于确定本地主机是否能与另一台主机成功交换（发送与接收）数据包，再根据返回的信息，就可以推断 TCP/IP 参数是否设置正确，以及运行是否正常、网络是否通畅等。

若返回"reply from…"表示诊断正确，若返回"request timed out"表示诊断出错。

常见的使用方法：

Ping127.0.0.1：用于检查本地计算机的 TCP/IP 协议安装是否正常。

Ping 本机 IP 地址：用于检查本地计算机的网卡及 IP 地址配置是否有问题。

Ping 其他计算机 IP 地址：用于检查两台计算机之间是否连通。

【任务实施】

1. 设置 IP 地址

可以打开桌面上的"网络"属性对话框,如图 6-13 所示,再右击"本地连接",打开其"属性"对话框,如图 6-14 所示,双击"Internet 协议版本 4(TCP/IPv4)",打开如图 6-15 所示对话框,选中"使用下面的 IP 地址(S)",可以设置本机的 IP 地址、子网掩码、默认网关等信息。

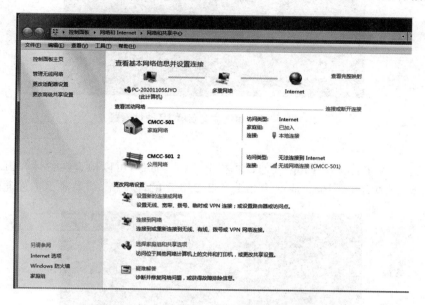

图 6-13　"网络"属性

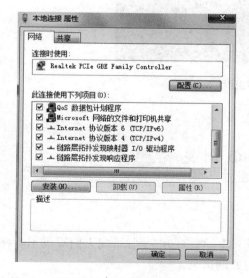

图 6-14　"本地连接"属性

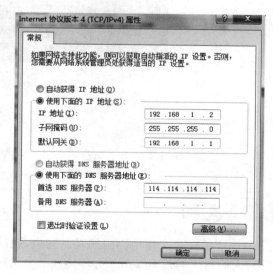

图 6-15　设置 IP 地址

2. 网络诊断命令

（1）ipconfig 命令

按下 Windows＋R 组合键，打开"运行"对话框，输入"cmd"命令，进入命令行执行界面，在命令行提示符下输入"ipconfig"命令，可以查看当前的计算机网络地址配置情况。如图 6-16 所示。

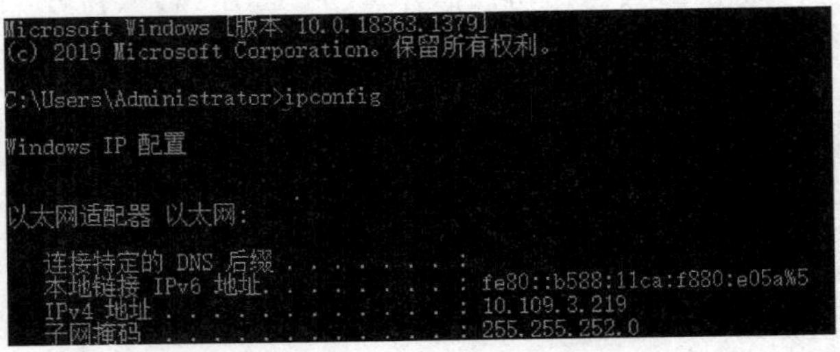

Microsoft Windows [版本 10.0.18363.1379]
(c) 2019 Microsoft Corporation。保留所有权利。

C:\Users\Administrator>ipconfig

Windows IP 配置

以太网适配器 以太网：

    连接特定的 DNS 后缀 . . . . :
    本地链接 IPv6 地址 . . . . : fe80::b588:11ca:f880:e05a%5
    IPv4 地址 . . . . : 10.109.3.219
    子网掩码 . . . . : 255.255.252.0

图 6-16　ipconfig 命令查看 IP 地址配置

（2）ping 命令

在命令行提示符下输入"Ping 其他计算机 ip 地址"命令，可以检查两台计算机之间的连接情况。如图 6-17 所示，是 Ping 地址为 221.228.255.1 的计算机，结果显示是连通的。

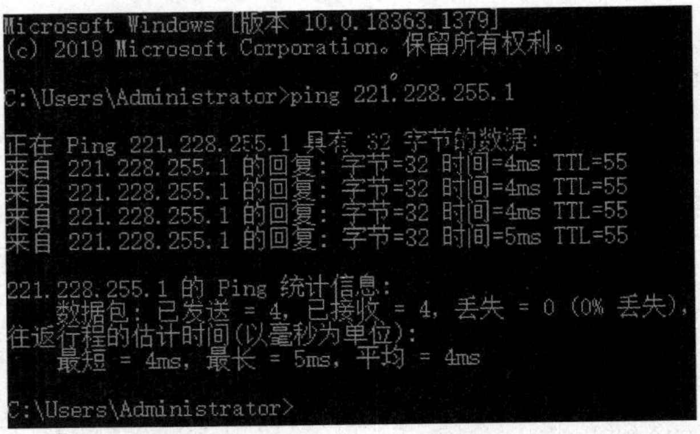

Microsoft Windows [版本 10.0.18363.1379]
(c) 2019 Microsoft Corporation。保留所有权利。

C:\Users\Administrator>ping 221.228.255.1

正在 Ping 221.228.255.1 具有 32 字节的数据:
来自 221.228.255.1 的回复: 字节=32 时间=4ms TTL=55
来自 221.228.255.1 的回复: 字节=32 时间=4ms TTL=55
来自 221.228.255.1 的回复: 字节=32 时间=4ms TTL=55
来自 221.228.255.1 的回复: 字节=32 时间=5ms TTL=55

221.228.255.1 的 Ping 统计信息:
    数据包: 已发送 = 4, 已接收 = 4, 丢失 = 0 (0% 丢失),
往返行程的估计时间(以毫秒为单位):
    最短 = 4ms, 最长 = 5ms, 平均 = 4ms

C:\Users\Administrator>

图 6-17　Ping 命令测试网络通断情况

任务 2　Web 浏览

【任务展示】

Internet 是一个全球范围内的互联网络，通过其中的数百万个网站，向人们提供了各种信息资源，人们可以通过 Internet 方便地获取自己想要的信息。

WWW（World Wide Web）服务是 Internet 上搜索和浏览信息的信息服务系统，它通过超链接把世界各地网站上的相关信息有机地组织在一起，用户只要发出检索要求，就能自动地进行定位并找到相应的检索信息。浏览器是浏览网站的一个平台,目前人们最常用的浏览器是 Windows 自带的 Internet Explorer。

【相关知识】

1. 因特网概述

Internet(因特网)本意就是互联网,它的前身是 ARPANET,采用 TCP/IP 协议将世界范围内的计算机网络连接在一起,成为目前世界上最大的国际性计算机互联网,也是信息资源最多的全球开放性的信息资源网。

(1) Internet 发展简史

1969 年,美国国防部国防高级研究计划署(DoD/DARPA)资助建立了一个名为 ARPANET 的网络,这个网络把位于洛杉矶的加利福尼亚大学分校、位于圣芭芭拉的加利福尼亚大学分校、斯坦福大学,以及位于盐湖城的犹他州州立大学的计算机主机连接起来,位于各个结点的大型计算机采用分组交换技术,通过专门的通信交换机(IMP)和专门的通信线路相互连接。这个 ARPANET 就是 Internet 最早的雏形。

1972 年,全世界电脑业和通信业的专家学者在美国华盛顿举行了第一届国际计算机通信会议,就在不同的计算机网络之间进行通信达成协议,会议决定成立 Internet 工作组,负责建立一种能保证计算机之间进行通信的标准规范(即“通信协议”);1973 年,美国国防部也开始研究如何实现各种不同网络之间的互联问题。

至 1974 年,IP(Internet 协议)和 TCP(传输控制协议)相继问世,合称 TCP/IP 协议。这两个协议定义了一种在电脑网络间传送报文(文件或命令)的方法。随后,美国国防部决定向全世界无条件地免费提供 TCP/IP,即向全世界公布解决电脑网络之间通信的核心技术,TCP/IP 协议核心技术的公开最终导致了 Internet 的大发展。

1984 年 ARPANET 分解为 ARPANET 民用科研网和 MILNET 军用计算机网。

1986 年 NSF(美国国家科学基金会)围绕其 6 个大型计算机中心建设计算机网络,1986 年 NSF 建立了 NSFNET,分为主干网、地区网和校园网三级网络,NSFNET 后来接管了 ARPANET,并将网络更名为 Internet。最初主干网的速率仅为 56 kb/s,1989—1990 年提高到 1.544 Mb/s,1990 年 ARPANET 正式关闭。

1991 年 NSF 和美国政府将 Internet 的主干网转交私人公司经营。

从 1993 年开始,由美国政府资助的 NSFNET 逐渐被若干个商用的因特网主干网替代,而政府机构不再负责因特网的运营。这样就出现了一个新的名词:因特网服务提供者 ISP(Internet Service Provider)。在许多情况下,因特网服务提供者 ISP 就是一个进行商业活动的公司,因此 ISP 又常译为因特网服务提供商。例如,中国电信、中国联通和中国移动就是我国最有名的 ISP。

CERN(欧洲原子核研究组织)开发的 WWW(万维网)被广泛应用于 Internet,大大方便了非网络专业人员对网络的使用,成为使 Internet 指数级增长的主要动力。1998 年统计有60 多万个网络连在 Internet 上,上网计算机超过 2 000 万台。

(2) 下一代 Internet 计划

1996 年 10 月,美国总统克林顿宣布在 5 年内用 5 亿美元的联邦资金实施“下一代 Internet 计划",即"NGI 计划"。

NGI 要实现的目标是：

开发下一代网络结构,以比现在的 Internet 高 100 倍的速度连接至少 100 个研究机构,以比现在的 Internet 高 1 000 倍的速率连接 10 个类似的网点。其端到端的传输速率要超过 100 Mb/s 到 10 Gb/s。

另一个目标是：使用更加先进的网络服务技术和开发出许多革命性的应用,如远程医疗、远程教育、有关能源和地球系统的研究、高性能的全球通信、环境监测和预报、紧急情况处理等。

（3）Internet 在我国的发展

1980 年,铁道部开始计算机联网实验,当时覆盖北京、济南和上海等铁路局及 11 个分局。

1989 年 11 月,我国第一个公用分组交换网 CNPAC 建成运行。由 3 个分组结点交换机、8 个集中器和 1 个双机组成的网络管理中心组成。

1993 年 9 月,建成新的公用分组交换网,改称 CHINAPAC,由国家主干网和各省内网组成。

1994 年 4 月,我国正式接入因特网,到 1996 年初,建成基于 Internet 技术并可以和 Internet 互联的 4 个全国性公用计算机网,分别为：

① CHINANET（中国公用计算机互联网）

这是中国的 Internet 骨干网,网管中心设在邮电部数据通信局,用户可用公用数字数据网（ChinaDDN）、公用分组交换网（ChinaPAC）、公用电话交换网（PSTN）接入该网,中国电信为业主,在北京、上海和广州设有高速国际出口线路与 Internet 相连,每月用户的增长率为 20%。

② CHINAGBN（中国金桥信息网）

吉通通信公司为业主,其中心节点设在北京,在 24 个发达城市建有分中心。实行天地一网,即天上卫星网和地面光纤网互联互通,互为备用,可以覆盖全国省市和自治区。

③ CERNET（中国教育和科研计算机网）

由国家教委管理,主干网租用邮电部的 DDN 线路,中心在清华大学。

④ CSTNET（中国科学技术网）

由中国科学院负责建设和管理,中国互联网络信息中心（CNNIC）就是在 CSTNET 和中国科学院网络信息中心的基础上成立的。

前两个网络属于商业性网络,向全社会开放;后两个网络为非营利性网络,主要面向科研和教育机构。

UNInet（中国联通公用互联网）：

1998 年由信息产业部批准,是 Chinanet 和 ChinaGBN 之后的第三家面向公众的计算机互联网络,1999 年建成并覆盖 100 多个城市,2000 年覆盖全国绝大部分本地网,国际出口总带宽 100 M。

CNCnet（中国网通公用互联网）：

2000 年 10 月正式开通,致力于全国宽带骨干网络建设,是我国第一个 IP/DWDM 全光纤 IP 骨干网,网络总带宽 40 G,国际出口总带宽 355 M。

CIETnet（中国国际经贸网）：国际出口总带宽 4 M。

Cmnet（中国移动互联网）：国际出口总带宽 90 M。

2004 年 2 月，我国第一个下一代互联网 CNGI 的主干网 CERNET2 试验网正式开通，并提供服务。

2007 年，Google、中国移动、T‑Mobile、三星、高通、德州仪器等领军企业将通过开放手机联盟携手开发 Android。智能手机在发展中与 3G 技术相伴而生，它是移动通信终端与 PC 融合的产物，2009 年 1 月 7 日颁发了 3 张 3C 牌照，分别是中国移动的 TD‑SCDMA、中国联通的 WCDMA 和中国电信的 WCDMA 2000。随着 3G 的出现，移动互联网得到了进一步的发展，2014 年，手机上网用户超越传统互联网。

现在，移动互联网高速发展，5G 网络建设将中国移动互联网发展推上快车道，移动、大数据、物联网、云计算传统行业全面整合。

（4）因特网提供的服务

① 网页浏览

WWW（World Wide Web）是因特网的多媒体查询工具，包含有无数以超文本形式存在的信息，使用超文本链接可以使用户自由地在多个超文本网页中跳转。WWW 是当前 Internet 上最受欢迎、最为流行、最新的信息检索服务系统。

② 文件传输（FTP）

FTP（File Transfer Protocol）是文件传输的最主要工具。它可以传输任何格式的数据。用 FTP 可以访问 Internet 的各种 FTP 服务器。访问 FTP 服务器有两种方式：一种访问是注册用户登录到服务器系统；另一种访问是用"隐名"（anonymous）进入服务器。

③ 电子邮件

电子邮件（E‑mail）服务是 Internet 所有信息服务中用户最多和接触面最广泛的一类服务。电子邮件不仅可以到达那些直接与 Internet 连接的用户以及通过电话拨号可以进入 Internet 结点的用户，还可以用来同一些商业网（如 CompuServe，America Online）以及世界范围的其他计算机网络（如 BITNET）上的用户通信联系，具有省时、省钱、方便和不受地理位置限制等优点，是因特网上使用最广的一种服务。

④ 远程登录

Telnet 是将自己的计算机作为远程计算机的终端，通过远程计算机的登录账号和口令访问该计算机。Telnet 使用户能够从与 Internet 连接的一台主机进入 Internet 上的任何计算机系统，只要你是该系统的注册用户。

2. Internet 的网络标识

IP 地址虽然可以唯一标识网上主机的地址，但用户记忆数以万计的用数字表示的主机地址十分困难。为此，Internet 提供了一种域名系统 DNS（Domain Name System），为主机分配容易记忆的域名，域名采用层次树状结构的命名方法，由多个有一定含义的字符串组成，各部分之间用圆点"．"隔开。它的层次从左到右，逐级升高，其一般格式是：

主机名.…. 二级域名. 顶级域名

域名在整个 Internet 中是唯一的，当高级域名相同时，低级域名不允许重复。一台计算机只能有一个 IP 地址，但是却可以有多个域名，所以安装在同一台计算机上的服务可以有不同的域名，但共用一个 IP。注意：在域名中，英文大小写是没有区分的。

（1）顶级域名

域名地址的最后一部分是顶级域名,也称为第一级域名,顶级域名在 Internet 中是标准化的,并分为 3 种类型:

国家顶级域名:例如 cn 代表中国、fr 代表法国、hk 代表香港、jp 代表日本、uk 代表英国、us 代表美国。

国际顶级域名:国际性的组织可在 int 下注册。

通用顶级域名:最早的通用顶级域名共 6 个。

com 表示公司、企业	net 表示网络服务机构
org 表示非营利性组织	edu 表示教育机构
gov 表示政府部门(美国专用)	mil 表示军事部门(美国专用)

随着 Internet 的迅速发展,用户的急剧增加,现在又新增加了 7 个通用顶级域名:

firm 表示公司、企业	info 表示提供信息服务的单位
web 表示突出万维网活动的单位	arts 表示突出文化、娱乐活动的单位
rec 表示突出消遣、娱乐活动的单位	nom 表示个人
store(shop)表示销售公司和企业	

（2）二级域名

在国家顶级域名注册的二级域名均由该国自行确定。我国将二级域名划分为“类别域名”和“行政区域名”。其中“类别域名”有 6 个,分别为:

ac 表示科研机构;	com 表示工、商、金融等企业;
edu 表示教育机构;	gov 表示政府部门;
net 表示互联网络、接入网络的信息中心和运行中心;	
org 表示各种非营利性的组织。	

“行政区域名”34 个,适用于我国的各省、自治区、直辖市和特别行政区。例如,bj 为北京市;sh 为上海市;tj 为天津市;cq 为重庆市;hk 为香港特别行政区;mo 为澳门特别行政区;he 为河北省;js 为江苏省等。

若在二级域名 edu 下申请注册三级域名,则由中国教育和科研网络中心 Cernet NIC 负责;若在二级域名 edu 之外的其他二级域名之下申请注册三级域名,则应向中国互联网网络信息中心 CNNIC 申请。

图 6-18 为 Internet 名字空间的结构示意图,它实际上是一棵倒置的树。树根在最上面,没有名字,树根下面一级的节点就是最高一级的顶级域节点,在顶级域节点下面的是二级域节点,最下面的叶节点就是单台计算机。

域名和 IP 地址存在对应关系,当用户要与 Internet 中某台计算机通信时,既可以使用 IP 地址,也可以使用域名。域名易于记忆,用得更普遍。由于网络通信只能标识 IP 地址,所以当使用主机域名时,域名服务器通过 DNS 域名服务协议,会自动将登记注册的域名转换为对应的 IP 地址,从而找到这台计算机。把域名翻译成 IP 地址的软件称为域名系统,翻译的过程称为域名解析。

3. Internet 的接入方式

（1）PSTN(Published Switched Telephone Network,公共电话网)

这是最容易实施的方法,费用低廉。它是一种通过调制解调器拨号实现用户接入的方式,

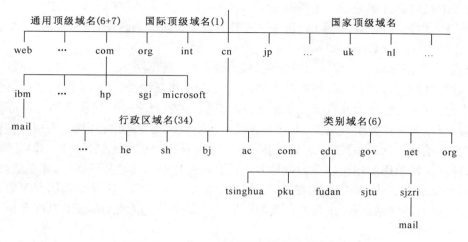

图 6-18　Internet 的名字空间结构示意图

只要一条可以连接 ISP 的电话线和一个账号就可以。但缺点是传输速度低,目前最高的速率为 56 kbps,线路可靠性差。适用于对可靠性要求不高的办公室以及小型企业。随着宽带的发展和普及,这种接入方式将被淘汰。

(2) ISDN(Integrated Service Digital Network,综合业务数字网)

俗称"一线通",它采用数字传输和数字交换技术,将电话、传真、数据、图像等多种业务综合在一个统一的数字网络中进行传输和处理。用户利用一条 ISDN 用户线路,可以在上网的同时拨打电话、收发传真,就像两条电话线一样。ISDN 基本速率接口有 2 条 64 kbps 的信息通路和 1 条 16 kbps 的信令通路,简称 2B+D,当有电话拨入时,它会自动释放一个 B 信道来进行电话接听。

就像普通拨号上网要使用 Modem 一样,用户使用 ISDN 也需要专用的终端设备,主要由网络终端 NT1 和 ISDN 适配器组成。网络终端 NT1 就像有线电视上的用户接入盒一样必不可少,它为 ISDN 适配器提供接口和接入方式。ISDN 适配器和 Modem 一样又分为内置和外置两类,内置的一般称为 ISDN 内置卡或 ISDN 适配卡;外置的 ISDN 适配器则称之为 TA。

目前在国内迅速普及,价格大幅度下降,有的地方甚至免初装费用。快速的连接以及比较可靠的线路,可以满足中小型企业浏览以及收发电子邮件的需求。而且还可以通过 ISDN 和 Internet 组建企业 VPN。这种方法的性能价格比很高,在国内大多数城市都有 ISDN 接入服务。

(3) ADSL(Asymmetrical Digital Subscriber Line,非对称数字用户环路)

ADSL 是一种能够通过普通电话线提供宽带数据业务的技术,也是目前极具发展前景的一种接入技术。ADSL 素有"网络快车"之美誉,因其下行速率高、频带宽、性能优、安装方便、不需交纳电话费等特点而深受广大用户喜爱,成为继 PSTN、ISDN 之后的又一种全新的高效接入方式。

ADSL 方案的最大特点是不需要改造信号传输线路,完全可以利用普通铜质电话线作为传输介质,配上专用的 Modem 即可实现数据高速传输。ADSL 支持上行速率 640 kbps～1 Mbps,下行速率 1 Mbps～8 Mbps,其有效的传输距离在 3～5 km 范围以内。在 ADSL 接入方案中,每个用户都有单独的一条线路与 ADSL 局端相连,它的结构可以看作是星形结构,数据传输带宽是由每一个用户独享的,可进行视频会议和影视节目传输,非常适合中、小企业。

（4）DDN(Digital Data Network)专线

这是随着数据通信业务发展而迅速发展起来的一种新型网络。DDN 的主干网传输媒介有光纤、数字微波、卫星信道等,用户端多使用普通电缆和双绞线。DDN 将数字通信技术、计算机技术、光纤通信技术以及数字交叉连接技术有机地结合在一起,提供了高速度、高质量的通信环境,可以向用户提供点对点、点对多点透明传输的数据专线出租电路,为用户传输数据、图像、声音等信息。DDN 的通信速率可根据用户需要在 $N \times 64$ kbps($N = 1 \sim 32$) 之间进行选择,当然速度越快租用费用也越高。这种方式适合对带宽要求比较高的应用,如企业网站。由于整个链路被企业独占,所以费用很高,因此中小企业较少选择。这种线路优点很多:有固定的 IP 地址、可靠的线路运行、永久的连接等。但是性能价格比太低,除非用户资金充足,否则不推荐使用这种方法。

（5）卫星接入

目前,国内一些 Internet 服务提供商开展了卫星接入 Internet 的业务。适合偏远地方又需要较高带宽的用户。卫星用户一般需要安装一个甚小口径终端(VSAT),包括天线和其他接收设备,下行数据的传输速率一般为 1 Mbit/s 左右,上行通过 PSTN 或者 ISDN 接入 ISP。终端设备和通信费用都比较低。

（6）光纤接入

在一些城市开始兴建高速城域网,主干网速率可达几十 Gbit/s,并且推广宽带接入。光纤可以铺设到用户使用地点的路边或者大楼,可以 100 Mbit/s 以上的速率接入。适合大型企业。

（7）无线接入

由于铺设光纤的费用很高,对于需要宽带接入的用户,一些城市提供无线接入。用户通过高频天线和 ISP 连接,距离在 10 km 左右,带宽为 $2 \sim 11$ MBit/s,费用低廉,但是受地形和距离的限制,适合城市里距离 ISP 不远的用户。性能价格比很高。

（8）Cable Modem(线缆调制解调器)接入

Cable Modem 是一种超高速 Modem,很多城市提供 Cable Modem 接入 Internet 方式,它利用现成的有线电视(CATV)网进行数据传输,已是比较成熟的一种技术。随着有线电视网的发展壮大和人们生活质量的不断提高,通过 Cable Modem 利用有线电视网访问 Internet 已成为越来越受业界关注的一种高速接入方式。

由于有线电视网采用的是模拟传输协议,因此网络需要用一个 Modem 来协助完成数字数据的转化。Cable Modem 与以往的 Modem 在原理上都是将数据进行调制后在 Cable(电缆)的一个频率范围内传输,接收时进行解调,传输机理与普通 Modem 相同,不同之处在于它是通过有线电视 CATV 的某个传输频带进行调制解调的。

Cable Modem 连接方式可分为两种,即对称速率型和非对称速率型。前者的 Data Upload(数据上传)速率和 Data Download(数据下载)速率相同,都在 500 kbps～2 Mbps 之间;后者的数据上传速率在 500 kbps～10 Mbps 之间,数据下载速率为 2 Mbps～40 Mbps。

采用 Cable-Modem 上网的缺点是由于 Cable Modem 模式采用的是相对落后的总线型网络结构,这就意味着网络用户共同分享有限带宽;另外,购买 Cable Modem 和初装费也都不算很便宜,这些都阻碍了 Cable Modem 接入方式在国内的普及。但是,它的市场潜力是很大的,毕竟中国 CATV 网已成为世界第一大有线电视网,其用户已达到 8 000 多万。

(9) LAN(Local Area Network,局域网)

LAN 方式接入是利用以太网技术,采用光缆＋双绞线的方式对社区进行综合布线。具体实施方案是:从社区机房敷设光缆至住户单元楼,楼内布线采用五类双绞线敷设至用户家里,双绞线总长度一般不超过 100 m,用户家里的电脑通过五类跳线接入墙上的五类模块就可以实现上网。社区机房的出口是通过光缆或其他介质接入城域网。

采用 LAN 方式接入可以充分利用小区局域网的资源优势,为居民提供 10 M 以上的共享带宽,这比现在拨号上网速度快 180 多倍,并可根据用户的需求升级到 100 M 以上。

以太网技术成熟,成本低,结构简单,稳定性、可扩充性好,便于网络升级,同时可实现实时监控、智能化物业管理、小区/大楼/家庭保安、家庭自动化(如远程遥控家电、可视门铃等)、远程抄表等,可提供智能化、信息化的办公与家居环境,满足不同层次的人们对信息化的需求。

4. WWW 服务

WWW 是 World Wide Web 的简称,译为万维网或全球网,是一种建立在因特网上的全球性、交互、动态、多平台、分布式、超文本、超媒体信息查询系统。它为用户提供了一个可以轻松驾驭的图形化界面,用户通过它可以查阅 Internet 上的信息资源。

WWW 的信息主要是以 Web 页的形式组织起来的,每个 Web 页都是超文本或超媒体的信息,通过超文本传输协议(HTTP)进行传送。这些 Web 页存放在世界各地的 WWW 服务器上,并用超链接互相关联起来,人们可以通过 WWW 摆脱地域限制,方便地往返于遍布全球的 WWW 服务器,获取想得到的信息。如今,WWW 的应用已经涉及社会的各个领域,成为 Internet 上最大的信息宝库。

下面介绍几个与 WWW 相关的术语。

(1) 超文本和超链接

超文本不仅包含文本信息,还包含了指向其他网页的链接,这种链接称为超链接。一个超文本文件中可包含多个超链接,这些超链接可分别指向本地或远地服务器上的超文本,使用户可以根据自己的意愿任意移动于不同的网页之间,以跳跃的方式进行阅读。

(2) 超媒体

超媒体是超文本的发展,除了具有超文本的特点外,还包含了图像、声音、动画等多媒体信息,极大地丰富了 Web 页的形式和内容。正是多媒体技术在超文本中的应用,使得 WWW 得到了飞速发展。

(3) 统一资源定位器(URL)

WWW 用统一资源定位器(Uniform Resource Locator,URL)来描述 Web 页的地址和访问它时所使用的协议,Internet 上的每个网页都有一个唯一的 URL 地址。

URL 的格式如下:

协议://IP 地址或域名/路径/文件名

其中协议是服务方式或获取数据的方法,如 http、ftp 等;IP 地址或域名是指存放该资源的服务器的 IP 地址或域名;路径和文件名是指网页在服务器中的具体位置和文件名。

如:http://sports.163.com/special/000525AD/roxroad08.html 就是一个网页的 URL,该网页使用 HTTP 协议,在域名为 sports.163.com 的主机上,文件夹 special/000525AD 下的一个 HTML 语言文件 roxroad08.html。

（4）超文本标记语言（HTML）

HTML是用来创建Web页的一种专用语言，通过特定的标记来定义网页内容在屏幕上的外观和操作方式，如果用户想建立自己的个人主页，就应该了解有关HTML的语法结构。

（5）超文本传输协议（HTTP）

HTTP是Web浏览器与WWW服务器之间相互通信的协议，是WWW正常工作的基础。在浏览Web页时，浏览器通过HTTP与WWW服务器建立连接并发出请求，WWW服务器将用户请求的相关网页发送到用户的计算机中，用户就可以浏览精彩的Web信息了。

（6）主页

主页是每个WWW站点的起始页，对该站点的其他Web页起着导航和索引作用。主页就像书的目录，用来介绍该站点的主要内容，使人们能很方便地了解该站点包含的内容。

（7）浏览器

浏览器是人们用来连接WWW服务器，查找和显示Web页并允许用户通过链接在页面跳转的应用软件。浏览器安装在用户机器上，负责与WWW服务器的连接、请求和接收、处理数据的全过程。浏览器有很多种，目前常用的有Microsoft公司的Internet Explorer（IE）和Google公司的Chrome。另外，还有Opera、Firefox、Safari等。

【任务实施】

1. 浏览网页

通过浏览器可以浏览网页，这里介绍Windows 10默认安装的Microsoft Edge浏览器。

双击桌面上的"Microsoft Edge"图标，可打开Microsoft Edge浏览器，通过"开始"→"Microsoft Edge"也可打开。

Microsoft Edge浏览器是由微软开发的基于Chromium开源项目及其他开源软件的网页浏览器，其屏幕元素自上到下依次为标签栏、地址栏和工具栏、工作区、状态栏。如图6-19所示。

图6-19 Windows Edge浏览器窗口

（1）输入网址

直接在地址栏中输入你想进入的网页（网站）地址，输入完成后敲回车键即开始与该网站建立链接。

在地址栏中键入地址时,浏览器的"自动完成"功能将在还未完全输入时列出与用户输入字符相符合的以前访问过的地址,可以从中选定所需的地址,而不必输入完整的 URL。

（2）前进和返回

前进和返回操作能在同一个 IE 窗口中浏览以前浏览过的网页。

"返回/前进"按钮 ←　→ 在地址栏的前面,"返回"按钮用于返回上一个网页,"前进"按钮用于前进到下一个网页。

（3）刷新当前网页

单击地址栏前"刷新"按钮 C ,浏览器会和服务器重新取得联系,并显示当前网页的内容。

（4）全屏浏览网页

全屏幕显示可以隐藏掉所有的工具栏、桌面图标以及滚动条和状态栏,以增大页面内容的显示区域。

按功能键 F11,即可切换到全屏幕页面显示状态。再次按功能键 F11,关闭全屏幕显示,切换到原来的浏览器窗口。

（5）打开多个浏览窗口

为了提高上网效率,一般应多打开几个浏览窗口,同时浏览不同的网页,可以在等待一个网页的同时浏览其他网页,来回切换浏览窗口,充分利用网络带宽。

右击标签栏,在弹出的菜单中选择"新建标签页"命令,就会打开一个新的标签页。如图 6-20 所示。

在超链接的文字上单击鼠标右键,在弹出的菜单中选择"在新标签页中打开链接"项,会打开一个新的标签页,如果选择"在新窗口中打开链接",就会打开一个新的浏览窗口。

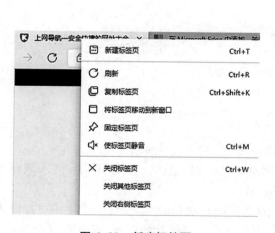

图 6-20　新建标签页　　　　　　图 6-21　"设置及其他"下拉列表

（6）自定义工具栏

点击右上角工具栏最右边的"设置及其他"按钮,出现如图 6-21 所示的下拉列表,选择"设置",打开"设置"对话框,点击左侧栏中的"外观"选项,在右边"自定义工具栏"→"选择要在工具栏上显示的按钮："下面，通过开关按钮选择要出现在工具栏的按钮。如图 6-22 所示。

图 6-22　自定义工具栏

（7）设置起始网页

对于几乎每次上网都要光顾的网页，可以直接将它设置为启动 Microsoft Edge 浏览器后自动连接的主页。在图 6-22 的"设置"对话框左侧选择"开始、主页和新建标签页"选项，在右边的"Microsoft Edge 启动时"选择"打开以下页面"，点击右边的"添加新页面"，在弹出的对话框中输入相应的网址，点击"添加"按钮，以后每次打开 Microsoft Edge 浏览器，都会打开指定的网页。如图 6-23 所示。

图 6-23　设置起始页

2. 保存网页内容和网址

（1）保存浏览器中的当前页

右击当前网页，选择"另存为"命令，弹出如图 6-24 所示对话框。

在"保存在"框中，选择准备用于保存网页的文件夹。在"文件名"框中，键入该网页的名称。在"保存类型"下拉列表中有多种保存类型。

保存后的文件可通过 Windows Edge 浏览器进行脱机浏览，点击工具栏中的"设置及其他"按钮，在打开的下拉列表中选择"下载"，可以查看已经保存的网页，点击要打开的文件下的"打开文件"命令，即可打开该保存的网页。

（2）保存超链接指向的网页或图片

如果想直接保存网页中超链接指向的网页或图像，暂不打开并显示，可进行如下操作：

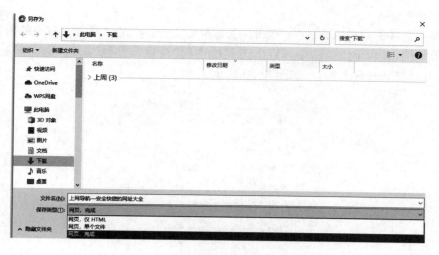

图 6-24　保存网页

- 用鼠标右键单击所需项目的链接;
- 在弹出的菜单中选择"将链接另存为"项,弹出"另存为"对话框;
- 在左侧栏中选择准备保存网页的文件夹,在"文件名"框中,键入文件的名称,在"保存类型"框中选择保存文件的类型,然后单击"保存"按钮。

（3）保存网页中的图像、动画

- 用鼠标右键单击网页中的图像或动画;
- 在弹出的菜单中选择"将图像另存为"项,弹出"另存为"对话框;
- 在左侧栏中选择合适的文件夹,并在"文件名"框中输入图片名称,在"保存类型"框中选择保存文件的类型,然后单击"保存"按钮。

3. 使用收藏夹

（1）收藏网页

当用户在浏览网页时,如果想要将当前网页收录到收藏夹中,点击工具栏上的"将此页面添加到收藏夹"按钮,可以将此网页添加到收藏夹,同时在打开的对话框中,通过"文件夹"栏选择收藏该网页的文件夹,如图 6-25 所示。

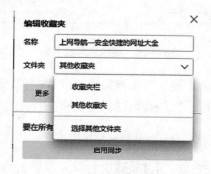

图 6-25　编辑收藏夹

（2）管理收藏夹

收藏夹和文件夹的组织方式是一致的，也是树形结构。定期地整理收藏夹的内容，保持比较好的树形结构，有利于快速访问。点击工具栏中的"设置及其他"按钮，选择下拉列表中的"收藏夹"，可以打开收藏夹窗口，如图6-26所示。

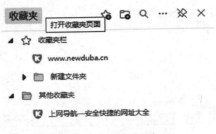

图6-26 "收藏夹"窗口

点击左上角的"收藏夹"，可以打开收藏夹页面，如图6-27所示。

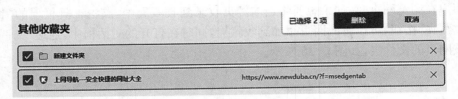

图6-27 "收藏夹"页面

在"收藏夹页面"的左侧可以查看当前浏览器的收藏夹，点击任一收藏夹或文件夹，在右侧栏可以查看该收藏夹或文件夹中收藏的网页及文件夹，点击右侧的"×"，即删除相应的网页或文件夹；删除之后在短时间内可以撤消操作。另外，还可以选中多项，点击上面的"删除"，即可同时删除多项，如图6-28所示。

图6-28 删除多项收藏夹

点击右上方的添加收藏夹、添加文件夹等按钮，可以在当前的收藏夹或文件夹中添加网页或文件夹。右击收藏的网页可以进行编辑或删除，右击文件夹可以进行重命名或删除等操作，如图6-29所示。

（3）导入和导出收藏夹

如果计算机安装了多个浏览器，通过收藏夹的导入和导出功能，可以与其他浏览器共享收藏夹的内容，也可以把导出的收藏夹文件在其他计算机的浏览器上导入。若需要重装系统，也可以通过导入收藏夹来恢复原来的收藏夹内容。点击工具栏中的"设置及其他"按钮，选择下

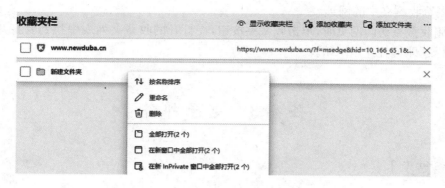

图 6-29　编辑文件夹

拉列表中的"收藏夹"，可以打开收藏夹窗口，点击上方的"更多选项"按钮，打开如图 6-30 所示的下拉列表。

选择"导出收藏夹"，弹出保存文件的对话框，确定保存文件的位置及文件名后，点击"保存"按钮，即可将当前的收藏夹保存起来，如图 6-31 所示。

要把以前保存的收藏夹文件导入浏览器，可以选择图 6-30 中的"导入收藏夹"命令，打开"导入浏览器数据"对话框，如图 6-32 所示，在"导入位置"栏中选择"收藏夹或书签 HTML 文件"，再点击下方的"选择文件"按钮，可以打开如图 6-33 所示的对话框，选择以前保存好的收藏夹文件，点击下方的"打开"按钮，即可将以前保存的收藏夹内容导入浏览器。

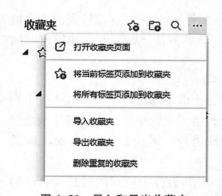

图 6-30　导入和导出收藏夹

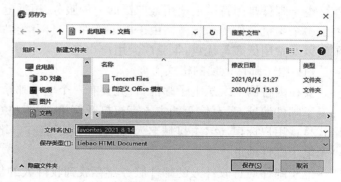

图 6-31　导出收藏夹

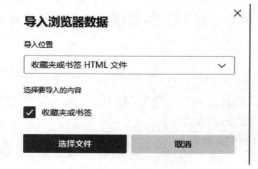

图 6-32　导入收藏夹

图 6-33　打开收藏夹文件

（4）浏览收藏夹中的网址

当使用收藏夹访问网页时，单击收藏夹按钮，在打开的收藏夹列表中找到要打开的网页，单击网站标题即可打开该网站。

任务3　电子邮件

【任务展示】

电子邮箱在上网的过程中使用越来越广泛，目前国内外许多网站都提供了免费的电子邮箱，常见的有 163、新浪、搜狐、QQ、Hotmail 等。利用电子邮箱，用户不但可以发送普通信、挂号信、加急信，也可以要求系统在对方收到信件后回送通知，或阅读信件后送回条等。另外还有定时发送、读信后立即回信或转发他人、多址投送（一封信同时发给多人）等功能。用户可以直接在邮箱系统内写信，对方收到的信件归类存档，删除无用信件。本任务通过申请一个免费邮箱，完成电子邮件的收发。

【相关知识】

1. 电子邮件概述

电子邮件是因特网上使用最广泛的一种服务，根据电子邮件地址，采用存储转发的方式由网上多个主机合作传送邮件。由于电子邮件通过网络传送，具有方便、快速、不受地域或时间限制以及费用低廉等优点，很受广大用户欢迎。

（1）电子邮件地址的格式

要在因特网上发送电子邮件，首先要有一个电子邮箱，每个电子邮箱应有一个唯一可识别的电子邮件地址，只有信箱的主人有权打开信箱，阅读和处理信箱中的邮件。电子邮件地址的格式是：〈用户标识〉@〈主机域名〉。地址中间不能有空格或逗号。例：udow@163. com 就是一个电子邮件地址。

电子邮件通过收件人的邮件服务器存放到收件人的信箱里，收件人可以随时打开自己的邮箱收取邮件，而不必和发件人同时打开邮箱来接收邮件。收发邮件都可以随时进行。

（2）电子邮件的格式

电子邮件有两个基本部分：信头和信体。信头相当于信封，信体相当于信的内容。如图 6-34 所示。

① 信头

包括以下几项内容：

收件人：收件人的 E-mail 地址。多个收件人地址之间用分号（；）隔开。

抄送：表示同时可接收到此邮件的其他人的 E-mail 地址。

主题：类似一本书的章节标题，它概括描述信件的内容。

② 信体

信的正文内容，还可以包括附件。

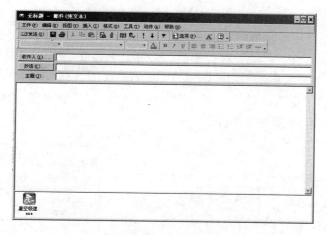

图 6-34　电子邮件格式

（3）申请免费邮箱

因特网上的许多网站都提供免费的电子邮箱，用户可以通过申请来使用这些邮箱，申请成功后，可以通过申请邮箱时填写的邮件地址、密码，进入自己的电子邮箱，进行邮件收发操作。

2. Outlook 2016 的使用

Outlook 是一款电子邮件客户端软件，和网页上的免费邮箱相比，功能更加强大，它提供了方便的信函编辑功能，在信函中可随意加入图片、文件和超级链接，如同在 Word 中编辑一样；多种发信方式，可立即发信、延时发信、信件暂存为草稿等方式；同时管理多个 E-mail 账号，如果你有多个邮件账号，可以方便管理；可通过通讯簿存储和检索电子邮件地址；提供信件过滤功能。下面以 Microsoft Outlook 2016 为例，详细介绍电子邮件的撰写、收发、阅读、回复和转发等操作。

（1）账号的设置

选择"开始→Outlook 2016"，打开 Outlook 2016。

第一次运行 Outlook，会打开一个账号设置向导，进行账户设置，点击"下一步"添加账户。

在"自动账户设置"页面，选择"手动设置或其他服务器类型"，如图 6-35 所示，点击"下一步"，选择服务，这里选择"POP 或 IMAP（P）"，如图 6-36 所示，这样，可以用前面申请的免费邮箱通过 Outlook 2016 来收发邮件。

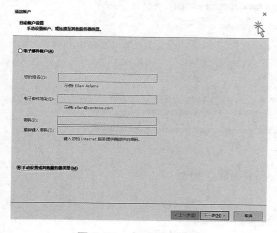

图 6-35　自动账户设置

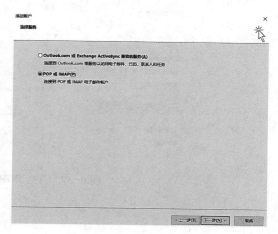

图 6-36　选择服务

点击"下一步",进入账户设置页面,如图 6-37 所示。在"电子邮件地址"栏输入已经申请的网易免费邮箱账户,"接收邮件服务器"栏输入 pop. 163. com,"发送邮件服务器(SMTP)"栏输入 smtp. 163. com,"密码"栏输入授权密码,点击"其他设置"按钮,打开"Internet 电子邮件设置"对话框,选择"发送服务器"选项卡,选中"我的发送服务器(SMTP)要求验证"选项,如图 6-38 所示。点击"确定",回到图 6-37 界面,点击"下一步",开始自动测试账户,完成测试后就可以用 Outlook 2016 来收发邮件了。

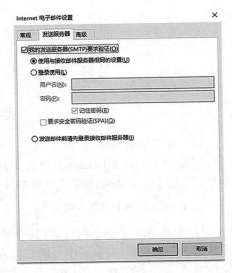

图 6-37　POP 和 IMAP 账户设置　　　　图 6-38　Internet 电子邮件设置

注:在测试账户前,要确保测试的网易免费账户已开启 POP3/SMTP/IMAP 服务,在网易免费邮箱页面中,选择"设置"选项卡左侧栏"POP3/SMTP/IMAP"完成设置,如图 6-39 所示。

图 6-39　开启 POP3/SMTP/IMAP 服务

（2）撰写与发送邮件

打开 Outlook 2016，先试着给自己发一封电子邮件，具体操作如下：

选择"开始"选项卡中的"新建电子邮件"按钮，出现如图 6-40 所示的撰写新邮件窗口。窗口上半部为信头，下半部为信体。在信头依次填写收件人：wxgyxyjdxxww@163.com（发给自己的邮件，这里用的是发件人的 E-mail 地址）及主题：测试邮件；在信体输入邮件内容。完成后单击"发送"按钮，即可发送邮件。如图 6-40 所示。

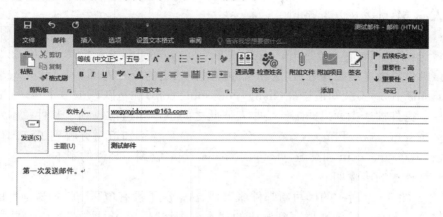

图 6-40　发送邮件

如果是脱机撰写的邮件，则邮件会保存在"发件箱"中，待下次连接到因特网时会自动发出。

邮件信体部分可以像我们编辑 Word 文档一样去操作，例如可以改变字体的颜色、大小，调整对齐格式，甚至插入表格、图形图片等。

（3）在电子邮件中插入附件

如果要通过电子邮件发送计算机中的其他文件，如 Word 文档、数码照片等，我们可以把这些文件当作邮件的附件随邮件一起发送。在撰写电子邮件时，可以按下列操作步骤在邮件中插入指定的计算机文件：

单击"添加"选项卡中的"附加文件"按钮，在出现的下拉列表中，会显示最近使用的文件，点击最下方的"浏览此电脑"，打开"插入文件"对话框，如图 6-41 所示。

图 6-41　"插入文件"对话框

在对话框中选定要插入的文件,然后单击"插入"。

在撰写新邮件的"主题"框下面会出现"附件"框,并列出所附加的文件名。

（4）密件抄送

有时我们需要将一封邮件发送给多个收件人,这时可以在抄送栏中填入多个 E-mail 地址,地址之间用分号隔开。但是如果发件人不希望多个收件人看到这封邮件都发给了谁,就可以采取密件抄送的方式。举例来说,如果按如下所示发送邮件:

收件人:王枫(peter@163.com)

抄送:bin@sina.com;高燕(yan_gao@sina.com)

密件抄送:于亮(liang_yu@sohu.com);范跃(yue_fan@163.com)

那么该邮件将发送给收件人、抄送和密件抄送中列出的所有人,但 bin@sina.com 和高燕(yan_gao@sina.com)不会知道于亮(liang_yu@sohu.com)和范跃(yue_fan@163.com)也收到了该邮件。密件抄送中列出的邮件接收人彼此之间也不知道谁收到了邮件。本示例中,于亮(liang_yu@sohu.com)和范跃(yue_fan@163.com)互相不知道对方收到了该邮件的副本,但他们知道 bin@sina.com 和高燕(yan_gao@sina.com)收到了邮件的副本。

使用密件抄送的步骤如下:

① 打开如图 6-40 所示的撰写新邮件窗口,默认情况下没有填写密件抄送地址的位置,我们可以先将收件人和抄送地址填写到对应的文本框中,然后单击"抄送"按钮 抄送(C) -> ,弹出如图 6-42 所示的"选择姓名:联系人"对话框,这里可以直接从联系人中选择密件抄送的 E-mail 地址,并通过单击"密件抄送"按钮 密件抄送(B) -> 分别将于亮和范跃添加到密件抄送列表中。

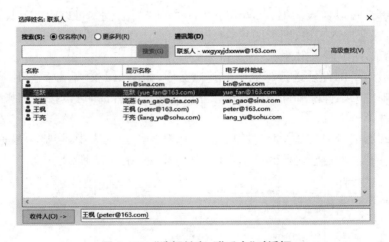

图 6-42 "选择姓名:联系人"对话框

② 填写完毕,单击"确定"按钮,这时在新邮件窗口可以看到"密件抄送"栏,并已经填好了刚才输入的 E-mail 地址,如图 6-43 所示。

③ 完成新邮件的其他部分,单击"发送"按钮,完成新邮件的发送。

（5）接收和阅读邮件

一般情况下,先连接到 Internet,然后启动 Outlook。如果要查看有没有收到电子邮件,则点击"发送/接收"选项卡左上角的"发送/接收所有文件夹"按钮,此时会出现一个邮件发送和

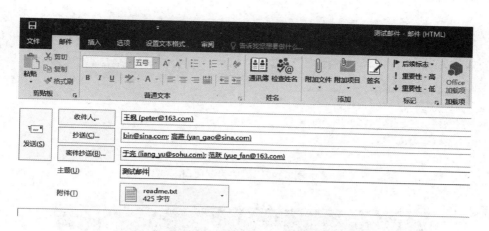

图 6-43　新邮件窗口中出现"密件抄送"栏

接收对话框,下载完邮件后,就可以查看阅读了。阅读邮件的操作如下:

① 单击 Outlook 窗口左侧 Outlook 导航栏中的"收件箱"按钮,便出现一个预览邮件窗口,如图 6-44 所示。窗口左侧为 Outlook 导航栏;中间是邮件列表区,收到的所有信件都在这里列出;右侧是邮件的阅读窗口,若在邮件列表区选择一个邮件并单击,则该邮件内容便显示在该窗口中。

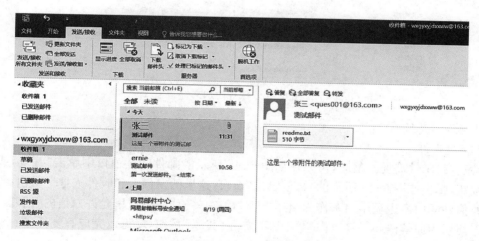

图 6-44　预览邮件窗口

② 单击邮件列表区的某个邮件可以简单地浏览该邮件,但若要详细阅读,必须双击打开,这时会出现阅读邮件窗口,如图 6-45 所示。

阅读完一封邮件后,可直接单击窗口"关闭"按钮,结束此邮件的阅读。

(6)阅读和保存附件

如果邮件含有附件,则在邮件列表区中,该邮件的右面会显示一个回形针图标 📎 ,双击邮件阅读窗口中"邮件"图标右侧的文件名(本例中为 readme.txt),就可以阅读了。

如果要保存附件到另外的文件夹中,可右击附件的文件名,在弹出的快捷菜单中,单击"另存为"命令,如图 6-46 所示。打开"保存附件"对话框,选择好文件夹后,单击"保存"按钮。

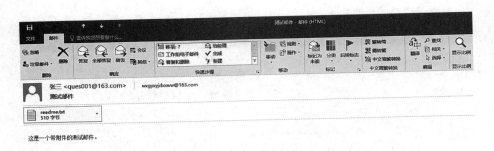

图 6-45　邮件阅读窗口

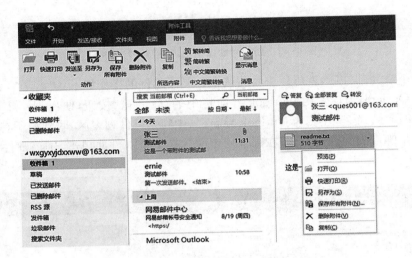

图 6-46　保存附加文件

（7）答复与转发

① 答复邮件

看完一封邮件需要答复时，可以在如图 6-45 所示的邮件阅读窗口中单击"答复"或"全部答复"按钮，弹出如图 6-47 所示的"答复邮件"窗口，这里的发件人和收件人地址都由系统自动填好，原信件的内容也显示出来作为引用内容。编写答复邮件，这里允许原信内容和复信内容交叉，以便引用原信语句。答复内容写好后，单击"发送"按钮，就可以完成答复任务。

② 转发

如果觉得有必要让更多的人也阅览自己收到的这封信，例如用邮件发布的通知、文件等，就可以转发该邮件。可进行如下操作：

对于刚阅读过的邮件，直接在邮件阅读窗口上点击"转发 📧"按钮。对于收件箱中的邮件，可以先选中要转发的邮件，然后单击"转发"按钮。之后，均可进入类似回复窗口那样的转发邮件窗口。填入收件人地址，多个地址之间用逗号或分号隔开。必要时，在待转发的邮件之下撰写附加信息。最后，单击"发送"按钮，完成转发。

（8）联系人的使用

联系人是 Outlook 中十分有用的工具之一。利用它不但可以像普通通讯录那样保存联系人的 E-mail 地址、邮编、通信地址、电话和传真号码等信息，而且还可以自动填写电子邮件地

图 6-47　"答复邮件"窗口

址、电话拨号等功能。下面简单介绍联系人的创建和使用。

① 联系人的建立

在联系人中添加联系人信息的具体步骤如下：选择"开始"选项卡，单击左侧导航栏下方的"联系人"按钮，激活"联系人"窗口，如图 6-48 所示。

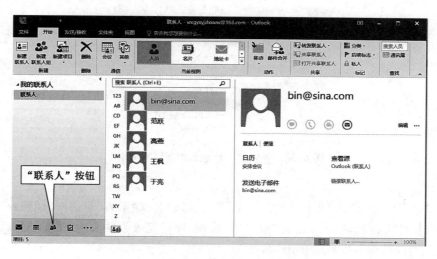

图 6-48　"联系人"窗口

选择"开始"选项卡，单击"新建联系人"按钮，在打开的窗口中输入联系人姓名以及有关联系人的其他信息，如图 6-49 所示。

完成联系人信息输入后，单击左上角的"保存并关闭"。

提示：

右键单击 E-mail 地址栏，在弹出的快捷菜单中，单击"添加到 Outlook 联系人"可以将发件人的电子邮件地址添加到联系人中，如图 6-50 所示。

② 联系人的使用

使用联系人可以自动填写电子邮件地址，使发送电子邮件变得更加轻松。具体操作步骤

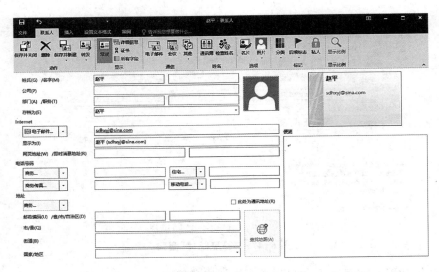

图 6-49　联系人信息

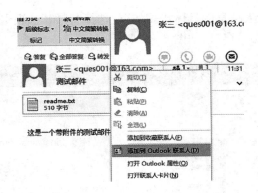

图 6-50　将发件人地址添加到联系人中

如下：

- 新建电子邮件，单击"收件人"按钮，弹出"选择姓名：联系人"对话框，如图 6-42 所示。
- 选中收件人姓名，单击下面的"收件人"按钮，即可完成收件人地址的填写。同样，还可填写"抄送""密件抄送"，完成后单击"确定"。
- 退回到新建邮件，发现"收件人""抄送"和"密件抄送"都自动填写完毕。

【任务实施】

申请网易免费电子邮箱，通过电子邮箱向同事老张（电子邮箱：zhangh@sina.com）和小王（电子邮箱：wangl@sohu.com）发送电子邮件，通知他们本周三下午 2：00 在会议室开会，并将会议文件通过附件发送给他们。

1．申请免费电子邮箱

① 打开浏览器，进入网易主页（www.163.com），单击"免费邮"，可以进入"网易免费邮箱"页面，如图 6-51 所示。

图 6-51　网易免费邮箱登录/注册界面　　　　图 6-52　申请免费邮箱

② 点击"注册新账号"按钮，进入注册免费邮页面，如图 6-52 所示，然后，按要求逐一填写各项必要的信息，如邮箱地址、密码、手机号码，完成手机短信发送，进行注册。注册成功后，就可以登录邮箱收发电子邮件了。

2. 发送电子邮件

进入申请的电子邮箱，点击"写信"，进入写信界面，如图 6-53 所示，在收件人栏填写老张和小王的电子邮箱，主题栏输入"通知开会"，邮件正文区域输入"本周三下午 2:00 在会议室开会"，点击"添加附件"，将会议文件通过附件发送给老张与小王。

图 6-53　发送邮件

3. 接收与回复邮件

进入邮箱后，单击"收信"，在打开的收件箱界面可看到收到的电子邮件名称列表，单击相应的电子邮件名称，可打开阅读，阅读完成后，单击邮件上方的"回复"按钮，系统将自动在打开的写信窗口填写收件人的地址和邮件主题，在邮件正文区域输入邮件内容后，单击"发送"按钮即可回复邮件。

知识拓展

因特网上的常用工具如下：

1. 搜索引擎

因特网上的信息丰富多彩、包罗万象，要在这浩瀚的信息海洋中快速、高效地找到所需要的内容，并不是一件容易的事。对此，出现了许多专门为用户提供信息的分类检索服务的网站，称作"搜索引擎"。像百度（www. baidu. com）、雅虎（www. yahoo. com）和搜狐（www. sohu. com）等。这些搜索引擎极大地方便了用户的信息查询工作。

使用搜索引擎主要有分类列表查询和关键字查询两种方法。

（1）分类列表查询

打开 IE，在地址栏内键入一个门户网站的网址，例如：http://123. sogou. com 后按回车键，就会显示出搜狗网址导航的搜索引擎页面。如图 6-54 所示。

图 6-54　分类列表查询

在这里列有许多不同种类的信息，用户可以选择所需查询的标题，即可进入下一级分类列表，再选择相应的类别后进入再下一级的列表，这样通过层层选择，很快就能找到所需的信息。

（2）关键字查询

使用分类列表查询的优点是操作简单、条理清晰，很适合于初学者使用。但由于搜索引擎对信息的分类和组织方法不尽相同，往往造成检索的效率不高。关键字查询是用户根据所查找的信息，找出其中有代表性的词语作为关键字进行查询，如：要查找浏览器方面的信息，就可以用"浏览器"作为查找的关键字。

① 简单查询

关键字的简单查询是在关键字的输入框直接输入所要查询信息的关键字，例如要查找搜索引擎的信息，直接输入"搜索引擎"后，按"搜索"按钮，如图 6-55 所示。结果找到 1164263867 个网页（用时 0.002 秒），并一一列出，单击各项可进行浏览。

图 6-55 关键字搜索

② 进阶查询

使用简单查询可找到大量的信息，但往往在得到的信息中有不少毫不相关的信息，这是因为简单查询对关键字不加任何限制，而查询与其相关的尽可能多的信息，甚至在查询时会将关键字分解成独立的文字，分别查询所有与其匹配的结果，因而返回一些与实际所查询的内容毫无关联的信息。

为了更精确地查找所需信息，搜索引擎提供了关键字的进阶查询方法。

a. 使用双引号

在输入关键字时，用双引号括起来，表示只查找与该关键字完全相同的信息。如图 6-55 中的关键字加上双引号，结果找到 609060397 个网页（用时 0.105 秒），可见减少了不少内容。

b. 指定关键字出现的字段

在关键字前加 t，表示搜索引擎仅在网站名称中查询；在关键字前加 u，表示仅在网页地址（URL）中查询。

2. 文件下载工具 FlashGet

FlashGet（网际快车）是在因特网上下载文件的工具软件。其主要特点是支持断点续传、多点连接和文件管理功能。断点续传是指掉线后，已经下载的内容仍然存在，下次可以继续下载其余部分，而不需再从头开始；多点连接则可将文件分为几段同时下载以提高下载速度；文件管理功能允许用户建立不限数目的类别，并为每个类别指定单独的文件目录以存储相关文件。下面介绍其使用方法。

（1）FlashGet 的安装

安装程序可以从 www.amazesoft.com/cn/ 网站或者国内其他网站下载。运行其安装程序即可，无须人工设定。安装完成后，安装程序自动在桌面上建立快捷方式。

（2）FlashGet 的界面设置

启动 FlashGet 后的界面如图 6-56 所示，并在桌面产生一个悬浮窗。

① 栏目设置

选择"查看"菜单下的"栏目"命令，打开"栏目"对话框，对任务栏的各列进行增加或删减。如图 6-57 所示。

② 程序设置

选择"工具"菜单下的"选项"命令，打开"选项"对话框，可以对 FlashGet 进行设置。如图 6-58 所示。

（3）FlashGet 的文件管理功能

FlashGet 使用类别对已下载的文件进行管理，可为每种类别指定一个磁盘目录，某种类别的任务下载完成后，所下载的文件将自动保存到对应的磁盘目录中。

缺省状态下，FlashGet 自动建立了"正在下载""已下载""已删除" 3 个类别，所有未完成的下载任务均放在"正在下载"类别中，所有完成的下载任务均放在"已完成"类别中，所有删除的任务均放在"已删除"类别中,只有从"已删除"类别中删除才被真正删除。

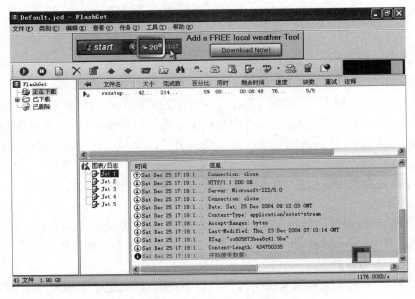

图 6-56　FlashGet 的界面

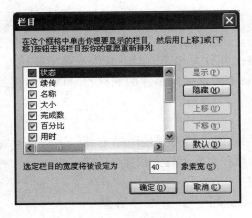

图 6-57　"栏目"对话框

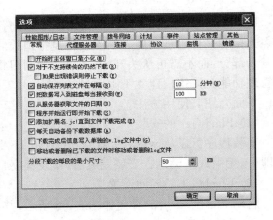

图 6-58　"选项"对话框

(4) 用 FlashGet 下载文件

添加下载任务有以下几种方法:

• 将文件链接拖曳至桌面上的悬浮窗内,在弹出的"添加链接"对话框内设置"选择分类"和"保存路径",单击"确定"后开始下载。

• 用鼠标选中文件位置链接,将其复制到剪贴板中,此时如果快车正在运行,会自动弹出"添加链接"对话框,设置"选择分类"和"保存路径",单击"确定"后开始下载。

• 运行快车软件,单击工具栏中的"新建"按钮,在弹出的"添加链接"对话框中,输入文件链接位置并设置"选择分类"和"保存路径",单击"确定"后开始下载。

• 使用右键点击文件链接,选择"使用快车(FlashGet)下载"来用网际快车进行下载。

当快车由以上几种方法调起的时候,会弹出新建任务窗口,如图 6-59 所示。

图 6-59　使用 FlashGet 下载文件

点击确定后,开始下载任务,如图 6-60 所示。

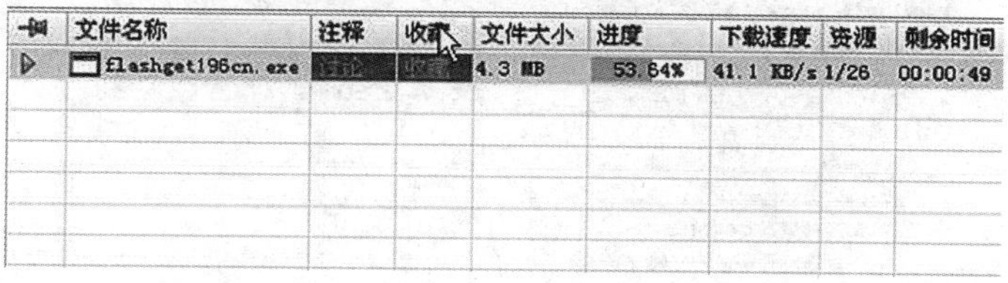

图 6-60　FlashGet 下载任务窗口

3.　文件压缩工具 WinRAR

一个较大的文件经压缩后,产生了另一个较小容量的文件。这个较小容量的文件,就叫压缩文件。目前互联网络上可以下载的文件大多属于压缩文件,文件下载后必须先解压缩才能够使用;另外在使用电子邮件附加文件功能的时候,最好也能事先对附加文件进行压缩处理,这样可以减轻网络的负荷。

目前网络上的压缩的文件格式有很多种,其中常见的有:Zip、RAR 和自解压文件格式 EXE 等。而目前在 Windows 系列系统中,最常用的压缩管理软件有 WinZIP 和 WinRAR 两种。其中,WinRAR 可以解压缩绝大部分压缩文件,WinZIP 则不能解压缩 RAR 格式的压缩文件。下面介绍 WinRAR 的使用方法。

从 www. winrar. com. cn 网站下载最新的 WinRAR 软件到硬盘,双击该软件按提示完成安装。

(1) 解压缩文件

右击压缩文件(扩展名为. rar、. zip 等)后选择"解压文件"命令,如图 6-61 所示。

出现如图 6-62 所示的对话框,设置文件解压缩后存放的路径和相关参数。按"确定"按钮完成解压缩。

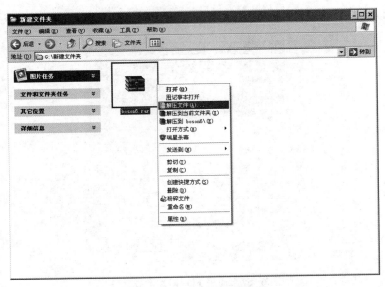

图 6-61　对压缩文件解压缩

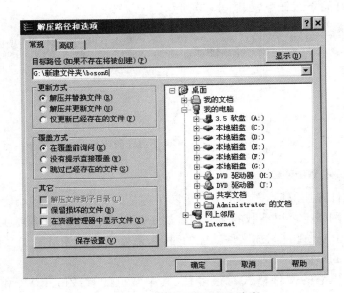

图 6-62　设置解压缩路径和参数

　　用户也可双击压缩文件,出现如图 6-63 所示的对话框,点击"解压到"按钮,出现如图 6-62 所示的对话框,设置文件解压缩后存放的路径和相关参数,点击"确定"按钮后完成解压缩。

　　(2) 制作压缩文件

　　打开要压缩的文件夹,单击选中要压缩的文件(按着 Ctrl 键可以多选);在选中的文件上点鼠标右键弹出菜单,选择"添加到压缩文件"命令,如图 6-64 所示。

　　在出现的对话框中确定压缩文件名及压缩文件格式,点击"确定"按钮后完成压缩。如图 6-65 所示。

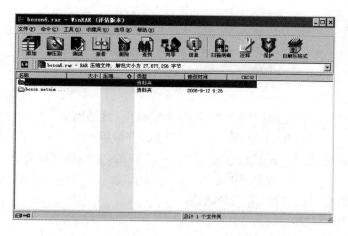

图 6-63　文件解压缩

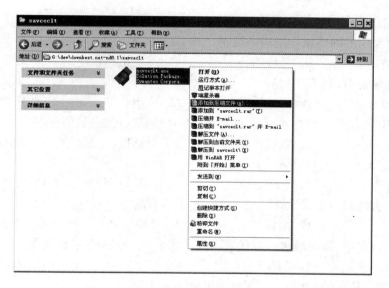

图 6-64　文件压缩

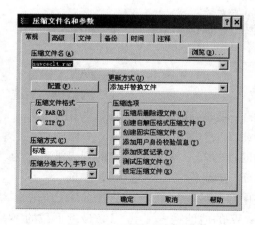

图 6-65　设置压缩参数

若在图中设置"压缩分卷大小",可以进行分卷压缩。

习　题

一、选择题

1. 计算机网络按其覆盖的范围分类,可分为局域网、城域网和_____。

A. 无线网 　　　　　B. 互联网 　　　　　C. 广域网 　　　　　D. 校园网

2. 网络中计算机之间的通信是通过_____实现的,它们是通信双方必须遵守的约定。

A. 网卡 　　　　　B. 通信协议 　　　　　C. 磁盘 　　　　　D. 电话交换设备

3. 下面关于路由器的描述,不正确的是_____。

A. 工作在数据链路层

B. 有内部和外部路由器之分

C. 有单协议和多协议路由器之分

D. 可以实现网络层以下各层协议的转换

4. 互联网采用的网络拓扑结构一般是_____。

A. 星形拓扑 　　　　　B. 总线拓扑 　　　　　C. 网状拓扑 　　　　　D. 环形拓扑

5. 计算机网络中,TCP/IP 是_____。

A. 网络操作系统 　　　　　B. 网络协议 　　　　　C. 应用软件 　　　　　D. 用户数据

6. TCP/IP 协议族把整个协议分为 4 个层次:应用层、传输层、网间层和_____。

A. 物理层 　　　　　B. 数据链路层 　　　　　C. 会话层 　　　　　D. 网络接口层

7. IP 地址分为_____。

A. AB 两类 　　　　　B. ABC 三类 　　　　　C. ABCD 四类 　　　　　D. ABCDE 五类

8. 因特网上的每台正式计算机用户都有一个独有的_____。

A. E-mail 　　　　　B. 协议 　　　　　C. TCP/IP 　　　　　D. IP 地址

9. 在主机域名中,顶级域名可以代表国家。代表"中国"的顶级域名是_____。

A. CHINA 　　　　　B. ZHONGGUO 　　　　　C. CN 　　　　　D. ZG

10. 依据前三位数码,判别以下哪台主机属于 B 类网络_____。

A. 010…… 　　　　　B. 111…… 　　　　　C. 110…… 　　　　　D. 100……

11. 统一资源定位器的英文缩写是_____。

A. http 　　　　　B. WWW 　　　　　C. URL 　　　　　D. FTP

12. HTML 是指_____。

A. 超文本标记语言 　　　　　　　　　　B. JAVA 语言

C. 一种网络传输协议 　　　　　　　　　D. 网络操作系统

13. 下面说法中错误的一项是:超链接可以是文件中的_____。

A. 一个词 　　　　　B. 一个词组 　　　　　C. 一幅图像 　　　　　D. 一种颜色

14. IE 浏览器刚刚访问过的若干 WWW 站点的列表被称之为_____。

A. 历史记录 　　　　　B. 地址簿 　　　　　C. 主页 　　　　　D. 收藏夹

15. IE 浏览器收藏夹中存放的是_____。

A. 最近访问过的 WWW 的地址 　　　　　B. 最近下载的 WWW 文档的地址

C. 用户新增加的 E-mail 地址　　　　　　　D. 用户收藏的 WWW 文档的地址

16. 在访问某 WWW 站点时,由于某些原因造成网页未完整显示,可通过单击_____按钮重新传输。

A. 主页　　　　　　B. 停止　　　　　　C. 刷新　　　　　　D. 收藏

17. 在使用 IE 浏览器时,用户常常会被询问是否接受一种被称之为"cookie"的东西,cookie 是_____。

A. 一种病毒

B. 一种小文本文件,用以记录浏览过程中的信息

C. 馅饼广告

D. 在线订购馅饼

18. 单击 IE 浏览器工具栏中的"主页"按钮,则会链接到_____。

A. 微软公司的主页　　　　　　　　　　B. 回退到当前网页的上个网页

C. 回退到当前主页的上个主页　　　　　D. Internet 选项设置中指定的网址

19. 下列关于 OutLook Express "本地文件夹"功能的描述,不正确的是_____。

A. 用户接收到的电子邮件,将首先存放在"收件箱"文件夹中

B. 用户已发出的电子邮件,将在"已发送邮件"文件夹中存留副本

C. "发件箱"文件夹中,存放的是用户待发送电子邮件

D. 被删除的电子邮件,总要存放在"已删除邮件"文件夹中

20. 电子邮件的发件人利用某些特殊的电子邮件软件,在短时间内不断重复地将电子邮件发送给同一个接收者,这种破坏方式叫做_____。

A. 邮件病毒　　　　B. 邮件炸弹　　　　C. 洛伊木马　　　　D. 蠕虫

二、思考题

1. 计算机网络由几部分组成? 各部分起什么作用?

2. 什么是通信协议?

3. 为什么要用层次化模型来描述计算机网络? 比较 OSI/RAM 与 TCP/IP 模型的不同。

4. 什么是网络分段? 分段能解决什么网络问题?

5. 说明以太网与令牌环网的工作原理。

6. 指出 IP 地址(202.206.1.31)的网络地址、主机地址和地址类型。

7. 什么叫域名系统,为什么要使用域名系统?

8. 常见的网络拓扑结构有几种?

9. 网页如何保存?

10. HTML 是什么单词的缩写,它和网页有什么关系?

11. Internet 临时文件是什么? 如何调整?

12. 除了 IE,经常用的浏览器还有哪些?

13. 电子邮件的原理是什么? 它能够 24 小时发送吗?

14. 在 E-mail 地址中,"@"表示什么?

15. 电子邮件只能包含文字吗?

16. 用 Outlook 2016 收发邮件和登录到提供邮件服务的网站收发有什么区别?

17. 用 Outlook 2016 收发邮件,可以同时给多个地址发吗?

18. 用 Outlook 2016 只能管理一个邮件地址的邮件吗?

三、操作题

1. 通过浏览器访问"搜狐"的主页 www. sohu. com,并将其设置为默认主页。

2. 使用百度 www. baidu. com 搜索引擎查找有关"计算机等级考试"的情况,并将相关网页保存到 c:\My Document 文件夹中。

3. 将下列网站添加到收藏夹

中国教育和科研计算机网 www. edu. cn

统一教学网 edu. tongyi. com

计算机基础教学网 91jichu. com

电脑爱好者 www. cfan. com. cn

全国高等院校计算机基础教育研究会 www. afcec. com

4. 用迅雷下载"千千静听"软件。

5. 申请一个免费的电子邮箱,并用来发送邮件。

6. 使用 Outlook 2016 来为多个人发送一电子邮件。

7. 将"收件箱"中的邮件转发给某人,并回复该邮件的发件人,告知邮件已收到。

参考文献

[1] 教育部考试中心. 全国计算机等级考试一级教程：计算机基础及 MS Office 应用[M]. 北京：高等教育出版社，2021.

[2] 李畅. 计算机应用基础(Windows 10＋Office 2016)[M]. 2 版. 北京：人民邮电出版社，2021.

[3] 眭碧霞. 计算机应用基础任务化教程(Windows 10＋Office 2016)[M]. 4 版. 北京：高等教育出版社，2021.

[4] 朱维. Word、Excel、PPT Office 高效办公全能手册(案例＋技巧＋视频)[M]. 北京：北京理工大学出版社，2022.

[5] IT 新时代教育. Word 高效办公应用与技巧大全[M]. 北京：中国水利水电出版社，2021.

[6] 完美在线. Excel 完美应用手册：高效人士问题解决术[M]. 北京：中国水利水电出版社，2021.

[7] 偷懒的技术. PPT 表达力：从 Excel 到 PPT 完美展示[M]. 北京：中国水利水电出版社，2021.